普通高等教育"十三五"系列教材

土壤水动力过程物理模拟

张建丰　张志昌　李涛　编著

中国水利水电出版社
www.waterpub.com.cn
·北京·

内 容 提 要

  《土壤水动力过程物理模拟》是为农业水土工程、水文水资源工程、水利工程、岩土工程、资源与环境工程等相关专业编写的理论和实验教材。全书30章，共31个实验。其中土壤水的物理特性实验6个，非饱和土壤水分入渗和蒸发实验9个，饱和土壤入渗实验11个，渗流的电模拟实验和窄缝槽实验2个，与土壤水动力过程有关的地表水文过程要素测验实验3个。另外，专门介绍了土壤含水量和泥沙含量的测控系统以及叠加喷洒式模拟降雨系统。

  本书以实验项目为主线，全面完整地介绍了实验的理论体系，给出了理论公式的推导过程，增加了对相关理论和概念的讨论，力求做到理论正确、概念准确、通俗易懂；提供了自主研发的土壤水动力过程物理模拟实验的仪器设备，介绍了其设计原理，提出了实验操作方法和数据处理方法；给出了部分实验项目的计算实例。

  本书可作为高等院校本科生和研究生的教材，也可作为研究人员开展研究时的参考，同时可供高等职业大学、成人教育学院和中等专科学校的教师、学生及有关工程技术人员参考。

图书在版编目（ＣＩＰ）数据

土壤水动力过程物理模拟 / 张建丰，张志昌，李涛
编著. -- 北京：中国水利水电出版社，2020.9
 普通高等教育"十三五"系列教材
 ISBN 978-7-5170-8792-2

Ⅰ. ①土… Ⅱ. ①张… ②张… ③李… Ⅲ. ①土壤水
－水动力学－物理模拟－高等学校－教材 Ⅳ. ①S152.7

中国版本图书馆CIP数据核字(2020)第155170号

书　　名	普通高等教育"十三五"系列教材 **土壤水动力过程物理模拟** TURANG SHUI DONGLI GUOCHENG WULI MONI
作　　者	张建丰　张志昌　李涛　编著
出版发行	中国水利水电出版社 （北京市海淀区玉渊潭南路1号D座　100038） 网址：www.waterpub.com.cn E-mail：sales@waterpub.com.cn 电话：（010）68367658（营销中心）
经　　售	北京科水图书销售中心（零售） 电话：（010）88383994、63202643、68545874 全国各地新华书店和相关出版物销售网点
排　　版	中国水利水电出版社微机排版中心
印　　刷	清淞永业（天津）印刷有限公司
规　　格	184mm×260mm　16开本　20.5印张　499千字
版　　次	2020年9月第1版　2020年9月第1次印刷
印　　数	0001—1500册
定　　价	**52.00元**

前　言

　　我国对土壤水动力过程的研究已进行了几十年，对相关机理和理论的认识逐步深入，引进了部分实验仪器和实验方法，但有些仪器和实验方法存在精度不高、操作复杂、手段落后等问题。为了解决相关问题，张建丰自20世纪80年代初开始进行土壤水动力过程研究，对相关理论和概念有比较深入的认识。在理论研究的同时，开展了与理论相关的实验仪器设备的改进和研制。首先改进了马里奥特容器进气部分结构，进而发展了串联式、负压式等形式的马里奥特容器；开发了渗吸仪，改进了双环下渗仪、沟灌入渗仪和室内土柱实验系统，使得入渗实验的精度大幅度提高，操作更为简单；研究了土壤水分运动参数的测定方法，开发了相关的仪器和设备；开发了部分饱和土壤水流运动的实验设备，例如达西渗透仪、坝体渗流模拟仪、井的渗流模拟仪、窄缝式渗流模拟仪、渗流电模拟仪以及水文测验模拟实验系统等，结合现代仪器的发展，研制的部分仪器设备实现了自动测量或全自动实验过程，已获得相关发明和实用新型专利20余项，这些仪器设备已经在国内大量推广使用。

　　本书是在张建丰多年理论和实验教学、科学研究以及仪器研发积累的基础上撰写的。每章包含以下内容：实验目的和要求、实验原理、实验设备和仪器、实验方法和步骤、数据处理和成果分析、实验中应注意的事项和思考题。除通用仪器外，其他实验仪器和设备均为张建丰团队所研制。

　　全书共30章。第1章至第3章为土壤容水度和给水度，土壤密度、重度、孔隙度、含水量和土水势、土壤毛细水测定实验。第4章和第5章为恒定水头和变水头达西渗透实验。第6章至第11章为土壤入渗参数测定实验，包括土壤垂直渗吸实验、水平土柱吸渗法测定非饱和土壤水分扩散率实验、垂直土柱入渗实验、盘式入渗实验、双环入渗实验、一维垂直土柱上渗法测定土壤非饱和导水率实验。第13章和第14章为沟灌入渗实验和降雨入渗实验。第12章和第15章为土壤含水量和泥沙含量的测控系统以及叠加喷洒式模拟降雨系统。第16章为土壤蒸发实验。第17章至第22章为地下水渗流实验，包括渗流的电模拟实验，窄缝槽模拟实验，均质土坝、心墙坝、斜墙坝、地下水非均匀渐变渗流模拟实验。第 23 章为排水沟渗流模拟实验。第 24 章至第 26 章为潜水完整井、承压水完整井和集水廊道渗流模拟实验。第 27 章为有压渗流模拟实验。第 28 章至第 30 章为水文测验实验，包括水文测站布置及大断面测量实验、水位观测和流速面积法测量流量实验。

成书过程中作者力求理论完整正确、概念准确、论述通俗易懂、讨论开放、编排合理，书中缺点和错误在所难免，对有些概念和理论的探讨与质疑，纯粹是作者自己的认识，欢迎读者讨论和指正。

作者

2019 年 11 月 1 日

目　录

第1章　土壤容水度和给水度实验

1.1　实验目的和要求

（1）认识水在土壤孔隙中的存在形式。

（2）掌握测定土壤孔隙度、容水度、持水度和给水度的原理和方法。

1.2　实验原理

土壤是孔隙介质的典型代表。水在土壤中的运动、保持、赋存的规律，一方面取决于水的物理力学性质，同时也受到土壤介质体性质和结构的制约。按照水在土壤中的存在形式可以将其分为气态水、附着水、薄膜水、毛细水和重力水等，而如果按照水势理论，水在土壤中的存在和运动主要受到重力、基质吸力（毛管作用）、压力（饱和条件）、土壤溶质、温度的作用。

土壤介质与水作用过程中，所表现的容水、持水、给水和透水性能，是土壤与水相关的物理性质。

（1）容水性：土壤能容纳一定水量的性能称为土壤的容水性，在数量上以容水度表示，其值大小也代表了土壤孔隙的总量即孔隙度，是土壤中能容纳的水的体积与土壤总体积之比，即

$$C = W/V \tag{1.1}$$

式中：C 为容水度；W 为土壤中所容纳的水的体积；V 为土壤的总体积（包括孔隙体积）。

（2）持水性：饱和土壤在重力作用下会有部分水量流出，而由于分子力和表面张力的作用，其余水量能保持在土壤空隙之中，土壤保持水分的能力称为持水性。在数量上以持水度来衡量，是土壤在重力作用下土壤孔隙中所保持的水的体积与土壤总体积之比，即

$$S_r = W_r/V \tag{1.2}$$

式中：S_r 为土壤的持水度；W_r 为在重力作用下保持在土壤空隙中的水的体积。

在农业和林业上，大多将土壤的持水度表示为田间持水量，该指标对于分析计算田间有效水量非常重要。

（3）给水性：饱和土壤在重力作用下能自由排出一定水量的性能，称为土壤的给水性。在数量上以给水度来衡量，是土壤在重力作用下能排出的水的体积与土壤总体积的比值，即

$$S_v = W_v/V \tag{1.3}$$

式中：S_v 为土壤的给水度；W_v 为在重力作用下饱和土壤排出的水的体积。

因为 $W_r + W_v = W$，则

$$C = S_r + S_v \tag{1.4}$$

$$S_v = C - S_r \tag{1.5}$$

由式（1.4）和式（1.5）可以看出，容水度为持水度与给水度之和；给水度等于容水度减去持水度。因为容水度在数量上与孔隙度相等，所以常通过测定土壤的孔隙度和持水度来确定给水度。

农业生产上将在重力作用下能在土壤中流动的水称为重力水，对于灌溉来讲，重力水如果流出作物生长主根系范围（一般会划定一个计划湿润层指标）以下，就属于深层渗漏损失。该部分损失量往往也作为灌溉回归水的主要计算量。土壤容水度可以采取对土壤进行饱和的方法来测定，而土壤持水度也可以采取对饱和土壤进行重力疏干法测定，可参考《土工试验规程》（SL 237—1999）[1]。

（4）透水性：土壤允许水通过的性质称为土壤的透水性，土壤的透水性能主要取决于土壤孔隙的大小和连通程度以及土壤对水的吸持作用，在孔隙透水、孔隙大小相等的前提下，孔隙度越大，能够透过的水量越多。衡量土壤透水性的数量指标为渗透系数，渗透系数越大，土壤的透水性越强。

土壤透水性指标的测定在第 4 章和第 5 章有专门介绍，由于黏性土壤对水的吸持力比沙性土壤对水的吸持力大，在一定的大孔隙中，虽然同样存在重力水，但是该部分水从两种土壤中排出的过程不一样，重力水从黏土中排出的过程相对比较长，因此，本章主要以沙性土壤为例介绍土壤容水度和给水度的实验方法和步骤。

1.3　实验设备和仪器

实验设备由试样筒、透水隔板、透水纱布、法兰、漏斗、开关 1、软管、开关 2、滴定管、固定螺栓和支架 1、支架 2 以及底座组成，在支架 1 上设指针 1 和指针 2，分别指向试样筒内土样的底部和顶部，如图 1.1 所示。

实验仪器为量筒、秒表、洗耳球、干布、装填土壤的小铁铲和捣实棒。

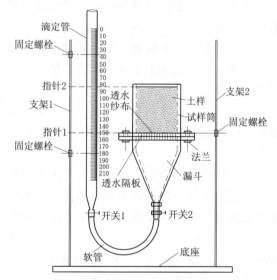

图 1.1　给水度实验设备原理示意图

1.4　实验方法和步骤

（1）装填土样。准备好需要装填的土样，用烘干法将土样烘干，测出土壤的初始含水量和土壤重度，根据试样筒内需装填土样的体积计算出所需要装填的土壤重量，用装填土样的小铁铲将土样倒入试样筒，用捣实棒轻轻将土样捣实，并使土样表面高度与所要求的高度相同。

每层装的重量为

$$G_s = \gamma_d (1 + \theta_m) V \qquad (1.6)$$

式中：G_s 为换算后某一刻度的土重，g；γ_d 为土样的设计干重度，g/cm³；θ_m 为土样的初始质量含水量，%；V 为某一刻度土柱装土的体积，cm³。

（2）记录有关参数。如试样筒的直径 D、装土高度 L、计算土壤总体积 V、记录滴定管的直径 d、计算滴定管的断面面积 A。

（3）关闭滴定管与试样筒之间的开关 2，给滴定管中充水，充水高度到刻度 0 或接近 0 的某数值，并记录。

（4）缓慢打开开关 1 和开关 2，使滴定管中水体进入到试样筒下部锥体部，并将试样筒逐渐抬高或者将滴定管逐渐向下降落，待滴定管中自由水面下降到与安装在试样筒上的指针 1 所指高度相同时，记录滴定管中水位读数 h_1，该读数即为实际起点读数。

（5）测定总容水体积 W。逐渐提高滴定管或者降低试样筒，使试样筒中水位上升，当滴定管中自由水面上升到与安装在试样筒上部的指针 2 高度相一致时，停止抬升滴定管或降低试样筒，这时读取滴定管自由水面读数 h_2。$(h_2 - h_1)$ 乘以滴定管的断面面积 A 即为总容水体积 W。

（6）测定排水体积 W_v。降低滴定管的高度或慢慢升高试样筒的高度，使滴定管的液面下降到与指针 1 所指高度一致时记下滴定管中的液面读数 h_3。$(h_2 - h_3)$ 乘以滴定管的断面面积 A 即为总排水体积 W_v。

（7）更换试样，重复上面的实验步骤。

（8）实验结束后将仪器恢复原状。

1.5　数据处理和成果分析

实验设备名称：　　　　　　　　　　　　　　仪器编号：

同组学生姓名：

已知数据：试样筒直径 $D=$ 　　cm；沙柱长度 $L=$ 　　cm；试样体积 $V=$ 　　cm³；

　　　　　滴定管直径 $d=$ 　　cm；滴定管断面面积 $A=$ 　　cm²；漏斗体积 $=$ 　　cm³。

1. 实验数据记录及计算

沙性土壤容水度和给水度实验数据记录及计算见表 1.1。

表 1.1　　　　　　　　沙性土壤容水度和给水度实验数据记录及计算表

试样名称	试样体积 V /cm³	自由水面下降与指针 1 同高 h_1/cm	自由水面上升与指针 2 同高 h_2/cm	容水体积 W cm³	自由水面下降与指针 1 同高 h_3/cm	排水体积 W_v/cm³	持水体积 W_r/cm³	容水度 W/V /%	持水度 W_r/V /%	给水度 W_v/V /%	孔隙度 /%

实验日期：　　　　　　　　教师签名：　　　　　　　　学生签名：

2. 成果分析

（1）试样体积为图 1.1 中透水隔板以上试样筒的体积。漏斗体积为透水隔板以下漏斗的体积。

（2）试样的容水体积为 $(h_2-h_1)A$，A 为滴定管的面积。

（3）试样的排水体积为 $(h_2-h_3)A$。

（4）容水度、持水度和给水度分别用式（1.1）、式（1.2）和式（1.3）计算。孔隙度数值上与容水度相同。

1.6　实验中应注意的事项

（1）实验充水和放水时，要缓慢匀速，以尽可能地使得充水过程中排净空气。

（2）实验放水时，也要缓慢匀速地放水，直到滴定管中液面趋于稳定时（2min 内退水不足 1mL），再关闭开关 1 和开关 2。

（3）装试样时，首先用干布将试样筒擦干净再装试样。

思　考　题

1. 影响容水度、持水度和给水度的因素是什么？

2. 从试样中退出的是什么水？保留在试样中的是什么水？

参　考　文　献

[1]　中华人民共和国水利部．土工试验规程：SL 237—1999 [S]．北京：中国水利水电出版社，1999．

第 2 章　土壤密度、重度、孔隙度、含水量和土水势测定实验

2.1　实验目的和要求

（1）掌握环刀法测定土壤密度的方法。

（2）掌握土壤含水量的测量方法。

（3）掌握土壤重度和含水量的计算方法。

（4）掌握土水势的概念以及各分势的表示方法。

（5）掌握用张力计测量土水势的方法。

2.2　实验原理

2.2.1　土壤密度、重度、孔隙度和孔隙比[1,2]

1. 土壤密度

土壤密度分为土壤的湿密度、干密度和土粒密度。

土壤的湿密度也称土壤的总密度，是指单位体积湿土壤的质量（忽略空气的质量），用 ρ_t 表示，即

$$\rho_t = \frac{m_t}{V_t} = \frac{m_s + m_w}{V_s + V_w + V_a} \tag{2.1}$$

式中：m_s 为土粒的质量；m_w 为水的质量；V_s 为土粒的体积；V_w 为水的体积；V_a 为空气的体积；V_t 为土壤的总体积；m_t 为土粒的质量与水的质量之和。

土壤的干密度是指干的土壤基质物质的质量与总体积的比值，用 ρ_b 表示，即

$$\rho_b = \frac{m_s}{V_t} = \frac{m_s}{V_s + V_w + V_a} \tag{2.2}$$

土壤的土粒密度称为土壤固相密度或土粒平均密度，用 ρ_s 表示，即

$$\rho_s = \frac{m_s}{V_s} \tag{2.3}$$

土粒密度 ρ_s 的值一般为 2.6～2.7g/cm³，工程中常用其平均值 $\rho_s = 2.65$g/cm³。

2. 土壤重度

土壤重度指单位体积内土壤的重量，也称为容重。土壤重度分为土壤的湿重度和干重度。

单位体积土的重量称为土壤的重度，也称湿重度，用 γ_t 表示，即

$$\gamma_t = \frac{W}{V_t} = \frac{W_s + W_w}{V_s + V_w + V_a} = \frac{(m_s + m_w)g}{V_s + V_w + V_a} = \rho_t g \tag{2.4}$$

式中：W_s 为土的重量；W_w 为水的重量；$W_s + W_w$ 为湿土重；g 为重力加速度。

单位体积土壤中土粒的重量称为土的干重度，用 γ_d 表示，即

$$\gamma_d = \frac{W_s}{V_t} = \frac{m_s g}{V_s + V_w + V_a} = \rho_b g \tag{2.5}$$

3. 土壤孔隙度和孔隙比

土壤的孔隙度是指所有土壤孔隙体积总和占整个土壤体积的百分数，或单位体积土壤中孔隙体积所占的百分数，用 n 表示，即

$$n = \frac{\text{土壤孔隙体积}}{\text{土壤总体积}} = \frac{V_t - V_s}{V_t} = 1 - \frac{V_s}{V_t} = 1 - \frac{m_s / \rho_s}{m_s / \rho_b} = 1 - \frac{\rho_b}{\rho_s} \tag{2.6}$$

土壤孔隙比是指土壤中孔隙体积与土粒体积的比值，用 n' 表示，即

$$n' = \frac{\text{孔隙体积}}{\text{土粒体积}} = \frac{V_t - V_s}{V_s} = \frac{V_t}{V_s} - 1 = \frac{\rho_s}{\rho_b} - 1 \tag{2.7}$$

2.2.2　土壤含水量[3]

土壤中水分数量的多少称为土壤含水量或含水率。土壤含水量常用的表示方法如下。

1. 重量含水量

重量含水量也称质量含水量，是指土壤中水分的质量与烘干土质量的比值，即

$$\theta_m = \frac{\text{水的质量}}{\text{烘干土质量}} = \frac{m_w}{m_s} \tag{2.8}$$

式中：θ_m 为重量含水量或质量含水量。

2. 体积含水量

体积含水量是指土壤中水所占的体积与土壤总体积的比值，即

$$\theta_v = \frac{\text{水的体积}}{\text{土壤总体积}} = \frac{V_w}{V_t} \tag{2.9}$$

一般情况下，水的密度可取 $\rho_w = 1\text{g/cm}^3$，体积含水量还可表示为

$$\theta_v = \frac{m_w / \rho_w}{m_s / \rho_b} = \frac{m_w \rho_b}{m_s \rho_w} = \theta_m \frac{\rho_b}{\rho_w} = \theta_m \rho_b \tag{2.10}$$

式中：θ_v 为体积含水量。

3. 水层厚度含水量[4]

水层厚度含水量是将一定深度土层中的含水量换算成水层厚度，即

$$h = H\theta_v \tag{2.11}$$

式中：h 为水层厚度，mm；H 为土层厚度，mm。

4. 土壤储水量[4]

在农田灌溉中灌水量常用 m^3/亩表示，为便于比较和计算，也常用水的体积（m^3/亩）来表示土壤的储水量，即

$$\text{土壤储水量}(\text{m}^3/\text{亩}) = h(\text{mm}) \times \frac{667}{1000} \tag{2.12}$$

土壤储水量还等于

$$土壤储水量（m^3/hm^2）=10h（mm） \tag{2.13}$$

5. 土壤的相对含水量[4]

在土壤或农田水量计算中，常将土壤含水量换算成占田间持水量或全蓄水量的百分数，称为土壤的相对含水量，即

$$旱地土壤的相对含水量=\frac{土壤含水量}{田间持水量}\times100\% \tag{2.14}$$

$$水田土壤的相对含水量=\frac{土壤含水量}{全蓄水量}\times100\% \tag{2.15}$$

6. 土壤的饱和度[4]

土壤含水量还可以用土壤的饱和度 S 来表示，土壤的饱和度是指土壤水的体积与土壤孔隙总体积的比值，即

$$S=\frac{水的体积}{土壤孔隙总体积}=\frac{V_w}{V_t-V_s} \tag{2.16}$$

2.2.3 土水势的概念和测量方法

2.2.3.1 土水势的概念

自然界中物质运动的能量由动能和势能组成。动能由物体运动的速度和质量所决定，其值为 $mv^2/2$，其中 m 为物体的质量，v 为物体运动的速度。势能由土壤水的相对位置及内部状态决定。在土壤中，水流的速度非常小，对土壤水的能量影响也非常小，其动能可以忽略不计，因此土壤水运动的能量主要是势能，它是制约土壤水状态及运动的主要能量，称为土水势[5]。所以土水势是土壤水分所具有的势能。

在土壤势能里，所谓相对位置，并不是一般意义上的两点之间的高度差，而是指两点之间水分的势能差异，内部状态则是指水分子在土壤中受到各种力的作用，不仅有重力，还有通过饱和液体直接传递的压力，土壤颗粒对水分子的吸持力，土壤中溶质分子、离子或者颗粒对水分子的吸力以及温度对水分子布朗运动的强度效应等[1]。

土水势的名称有过演变过程。1907 年，Buckingham 首次将土壤水的能量定义为"毛管势"。随着对土壤水能量研究的深入，对土壤水能量的解释也有多种，依据机械力学原理的称为"张力"或"应力"；依据分子动力学原理的称为"扩散压"；依据热力学原理的称为"自由能"。目前比较多的是依据热力学原理，而实质上仍使用机械力学观点来解释，统一称为土水势[3]。

1963 年，国际土壤学会对土水势定义为：可逆地和等温地从在特定高度和大气压下的纯水池转移极小量的水到土壤水（在研究中的点）单位数量的纯水所必须做的功[5]。由此可见，土水势是一种衡量土壤水能量的指标，是在土壤和水的平衡系统中，单位数量的水在恒温条件下，移动到参照状态的纯自由水体所能做的功[7]。参照状态是指在标准大气压，与土壤水具有相同温度情况下（或某一特定温度下），以及某一固定高度的假想的纯自由水体；单位数量可以是单位质量、单位体积或单位重量。

土水势的热力学原理表示方法目前有 3 种，即 Slatyer 和 Taylor 表示方法、Krammer 表示方法以及 Danirl 表示方法，文献［6］对这 3 种方法作了介绍。

Slatyer 和 Taylor 将土水势定义为体系中水化学势与同温度下纯水化学势的差值。所

谓体系是指把土壤和土壤中的水作为一个系统来考虑，或者更广泛地把土壤、土壤中的水和空气甚至把土壤、土壤中的水、空气和溶质等作为一个系统来考虑。Krammer 将土水势定义为体系中水和同温度纯水之间每摩尔体积的化学势之差。这两种定义方法均有不足之处，Slatyer 和 Taylor 的方法没有考虑体系本身的表面功和外力场等因素对化学势的影响；Krammer 的方法未考虑外力场的作用。Danirl 将土壤、空气和水 3 项物体看成一个体系，以土壤水分为研究对象，以一个大气压、25℃时处于与地下水位等高的纯自由水为标准，把体系中凡是对组分吉布斯自由能（即在某一个热力学过程中，系统减少的内能中可以转化为对外做功的部分）有影响的因素全部进行考虑，则土壤水的吉布斯自由能即为土水势。Danirl 的方法全面考虑了所有影响土壤水能量的因素，这些因素包括重力场作用的重力势、体系中外压所产生的压力势、土壤基质吸力所产生的基质势、土壤水中所有溶质所产生的溶质势、温度改变所产生的温度势。则单位重量土壤水分的总土水势（简称总水势）可表示为

$$\psi = \psi_g + \psi_p + \psi_m + \psi_s + \psi_T \qquad (2.17)$$

式中：ψ 为总水势；ψ_g 为重力势；ψ_p 为压力势；ψ_m 为基质势；ψ_s 为溶质势；ψ_T 为温度势。

可见，土水势为重力势、压力势、基质势、溶质势和温度势之和。

1. 重力势

重力势是重力对土壤水作用的结果。或者说，土壤水从参考状态移至某一高于参考状态的位置时，需要克服由于地心引力而产生的重力作用所做的功。重力势的大小由土壤水在重力场中相对于参考状态的位置所决定。参考状态的位置可任意选定，如选在地表或地下水位处，坐标原点亦选在参考状态处，其正方向根据需要可以向上，也可以向下，则单位重量土壤水分的重力势为

$$\psi_g = \pm z \qquad (2.18)$$

式中：z 为所考虑点的垂直坐标。

当垂直坐标轴 z 的正方向取向上为正时，式（2.18）取正号；当垂直坐标轴 z 的正方向取向下为正时，式（2.18）取负号。式（2.18）表明，位于参考状态以上的各点重力势为正值，位于参考状态以下的各点重力势为负值。

2. 压力势

在土壤中，由于静水压力产生的附加压强而将土壤中某点水分移动到距离参考基准面某一垂直距离所做的功称为压力势。因此，压力势一定产生在饱和土壤中，其静水压强为

$$p = \gamma h \qquad (2.19)$$

式中：γ 为水的重度，N/m^3；h 为低于自由水面的淹没深度，m。

则单位重量土壤水分的压力势为

$$\psi_p = p/\gamma = h \qquad (2.20)$$

对于非饱和土壤，考虑到通气孔隙的连通性，各点所承受的压力均为大气压，各点土壤水分不受上面水的压力作用，所以压力势为零。

3. 基质势

土壤基质是指土壤的固体颗粒。土壤水的基质势是由土壤颗粒对水的吸持作用和土壤

空隙形成的毛细管作用而引起的，是将单位重量的水从非饱和土壤中一点移到标准参考状态所做的功。

基质势用 ψ_m 表示。由于参考状态是自由水，并定义参考状态的自由水其基质势为 0，土壤水要克服基质的吸持作用才能达到自由状态，也就是说把被土壤基质和毛管吸持的水移动到自由状态是不容易的，所以土壤水所做的功为负值，其基质势就为负值。对于饱和土壤，土壤水的基质势与自由水相当，基质势 $\psi_m = 0$。

由于土壤水受力条件十分复杂，目前还很难从理论上提出基质势的数学表达式，也可以把土壤看成一束毛管，根据毛管理论公式来计算基质势。但除毛管作用外，土壤颗粒还有吸附作用，所以毛管理论不能完全代表土壤水的基质势，因此在实用上基质势常通过实验确定。

4. 溶质势

溶质势也被称为渗透势，是指单位重量的水在其他条件不变，而只考虑溶质作用时土壤中一点的水移到没有溶质的参考状态所做的功。

土壤水溶液中的溶质离子和水分子之间存在着吸附力，由于这种吸附力的存在，降低了水的自由能，使水所产生的宏观势能低于纯水的势能。参考状态下的纯自由水的溶质势为零，则其他条件相同的情况下，含有溶质的土壤水的溶质势恒为负值[5]。

溶质势可按 Vant Hoff 方法计算[5]，即

$$\psi_s = -\frac{c}{Mg}RT \tag{2.21}$$

式中：c 为单位体积溶液中含有的溶质质量（即溶液浓度），g/cm^3；M 为溶质的摩尔质量，g/mol；R 为普适气体常量（$8.3143 J \cdot mol/K$）；T 为热力学温度，K。

土壤水中溶质的存在并不显著地影响土壤水分流动[6]，在含盐很低的土壤中，溶质势可以忽略不计；但在盐碱地，溶质势在总土水势中起重要作用。许多研究[1,6]认为水在植物中以及植物与土壤界面上的行为主要是溶质势在起作用。作者认为这一认识不够全面，不够准确，因为不论多么高大的植物，其水分一定可以自根部输送到植物最高处，有些树木高度可以达到几十米甚至超过百米，那么树梢与树根的根土界面外土壤水分的势差就相当于树木的高度，但就目前的认识来讲，溶质势很难形成较高的水势差，因此水在植物中的运行一定还有目前所未揭示的生物动力作用。

对溶质势的测量，可以采用具有半透膜相隔的水室法。即设置两个水室，其中一个盛有含一定离子浓度的液体，另一个水室盛有纯自由水，两个水室用半透膜隔开，半透膜只能通过水分子而不能通过直径较大的溶质离子，在初始条件即两个水室水位相同的条件下，含有离子的液体其水的势能因离子的吸附作用而低于纯自由水条件的另一个水室中水的势能，因此，盛自由水的水室中的水将通过半透膜进入另一个水室，以达到两个水室的水势平衡。平衡后含离子水室中水位与纯自由水水室的水位差就代表了该浓度离子水的溶质势。

5. 温度势

温度势是土壤内温度场的变化所引起的势差。土壤中任一点土壤水分的温度势由该点的温度与参考状态的温度差所决定。温度势可表示为

$$\psi_T = -S_e \Delta T \tag{2.22}$$

式中：S_e 为单位数量土壤水分的熵值，$J/(mol \cdot K)$；ΔT 为土壤中任一点的温度与参考

状态的温度之差，K。

　　土壤水分熵值 S_e 目前没有明确的量值标准，所以温度势尚难以确定。许多研究者提出目前在研究土壤水分运动时，温度势的作用可以被忽略[1,3,7]。但是从式（2.22）可以看出，S_e 实际上可以被认为是在其他条件不变的情况下，当土壤中某点温度与标准参考状态温度差为1℃时，单位重量的水体从土壤中移动到标准参考状态所做的功。这样就可以采用在绝热条件下，测量出不同含水量的单位土体温度改变1℃所消耗或者产生的功与干土在温度改变1℃所消耗或者产生的功的差值来代表 S_e。

　　以上介绍了土水势的5个分势，在实际应用中，不是每个分势都需要考虑的，而是根据研究的具体问题进行具体分析。根据前人的认识，溶质势和温度势通常都很小，也不好确定，所以大多数情况下可忽略不计。而实际生产中，温度对土壤水分的运动过程是有明显影响的，特别是在计算水分入渗时，冬季的温度与夏季的温度有巨大差异，仅就水的黏滞系数来讲，也有非常大的变化。根据作者的研究，在利用土壤水分基本方程计算水分运动过程时，如果考虑到各个参数的温度影响，其计算精度将大幅度提高，而几乎不需要进行调参的步骤，所以作者认为，能够考虑温度影响时最好不要将其忽略。

2.2.3.2　非饱和土壤土水势的测量方法

　　由以上分析可以看出，对于非饱和土壤水分，一般不考虑溶质势和温度势，土水势为重力势和基质势之和。对于重力势，可以根据所研究点的位置与参考状态的高度差来决定，所以对非饱和土壤水分土水势的测量主要是基质势的测量。

　　基质势测定的仪器常用张力计，张力计由陶土头、集水管和止水环组成。陶土头是一种由陶土材料烧制成的具有极小孔隙的器件，在一定的压力条件下，水能够透过其孔隙，但孔隙中形成的水膜能够阻止空气通过。张力计又称负压计，实际测量时将张力计与U形比压计相接，通过U形比压计测量张力计中的负压力值，如图2.1所示。张力计中压力的测量也可以采用真空压力表或负压传感器。

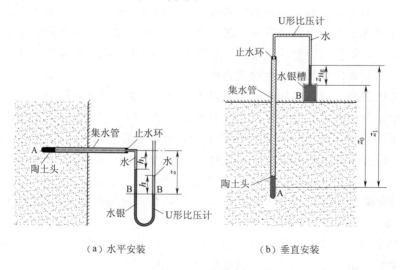

（a）水平安装　　　　　（b）垂直安装

图2.1　张力计测量基质势原理示意图

张力计、真空压力表（或U形比压计）或传感器形成土壤基质势测量系统。

在测量基质势时，首先将张力计陶土头埋置于土壤中被测点处，如图 2.1 中的 A 点，然后将 U 形比压计与陶土头相连接。当 U 形比压计中的压力差稳定时，表明张力计中的水势和陶土头周围土壤中的水势处于平衡状态，亦即 A 点的土水势 ψ_{mA} 与 B 点的土水势 ψ_{mB} 相等。由于无溶质浓度和温度的差异，A、B 两点的溶质势和温度势分别相等，对于图 2.1（a）所示的情况，取过 B 点的水平面为参考状态，设 A 点距 B—B 水平面的距离为 z，由图中可以看出，U 形比压计的右端 B—B 水平面以上的水柱高度为 h，U 形比压计的左端 B—B 水平面以上的液体为水银和水，其中水柱高度为 h_1，水银柱高度为 $z-h_1$，z 为 U 形比压计的右端 B—B 水平面与陶土头轴线之间的距离，根据等势面原理，则 A 点的基质势为

$$\psi_{mA}=h-h_1-\frac{\rho_{Hg}}{\rho_w}(z-h_1) \tag{2.23}$$

一般的，水银的密度 $\rho_{Hg}=13.6g/cm^3$，水的密度 $\rho_w=1.0g/cm^3$，代入式（2.23）得

$$\psi_{mA}=h-h_1-13.6(z-h_1) \tag{2.24}$$

对于图 2.1（b）的水银 U 形比压计，当陶土头埋于土壤中的 A 点，水银槽 B 内的水银因土壤水吸力作用沿 U 形比压计升高 z_{Hg}，亦可写出 A 点的基质势为[7]

$$\psi_{mA}=z_1-z_{Hg}(\rho_{Hg}/\rho_w) \tag{2.25}$$

式中：z_1 为水银柱顶部距 A 点的距离；z_{Hg} 为水银柱升高的高度。

因为 $z_1=z_0+z_{Hg}$，将 $\rho_{Hg}=13.6g/cm^3$，$\rho_w=1.0g/cm^3$ 代入式（2.25）得

$$\psi_{mA}=z_0-12.6z_{Hg} \tag{2.26}$$

式中：z_0 为水银槽的水银面距 A 点的距离。

如果采用真空压力表来测定负压值，如图 2.2 所示。设真空压力表到陶土头中心的距离为 a，如果真空压力表满量程刻度为 $0\sim-100kPa$，其表面读数 P 为 -100 时，相当于水势为 $-1000cm$，则基质势为[7]

$$\psi_{mA}=a-10P \tag{2.27}$$

对于式（2.27），因为真空表的位置比测点处（陶土头位置）的位置高，所以真空表的读数是克服了该高度差以后的读数，因此测点处的实际基质势应该是真空表读数减去位置差 a 以后的值。

随着测量技术的发展，目前市面上已有多种土壤水势传感器或负压传感器，例如 Decagon 公司生产的 MPS-6 基质水势传感器的测量范围为 $-9\sim-100kPa$，利用土壤水势传感器可以直接测量土壤水分的基质势，配以采集器就可以进行自动测量和自动记录。

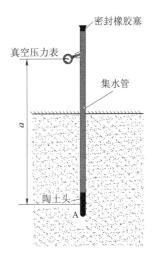

图 2.2 张力计与真空表
测量基质势原理示意图

2.2.4 土壤水分特征曲线

土壤水的基质势或土壤水吸力是土壤含水量的函数，它们之间的关系曲线称为土壤水分特征曲线。

土壤水吸力是指基质势的负值，用符号 s 表示，其与基质势的关系为

$$s = -\psi_m \tag{2.28}$$

式（2.28）表明，基质势越大土壤水吸力越小，基质势越小土壤水吸力越大，所以土壤水是从吸力小向吸力大的方向移动。

土壤水吸力表示了土壤基质对水分的吸持作用。当土壤中的水分处于饱和状态时，土壤含水量为饱和含水量 θ_s，基质势为零，即土壤水吸力 $s=0$；如果对土壤施加微小的吸力，土壤中尚无水排出，这时土壤含水量仍维持饱和含水量 θ_s；当土壤水吸力增加至某一临界值 s_a 后，土壤开始排水，表明土壤最大孔隙中的水分开始向外排出，空气随之进入土壤，相应的土壤含水量开始减小，故称此临界值 s_a 为土壤开始排水的临界吸力值，也称进气吸力或进气值。当土壤水吸力进一步提高，土壤中次大孔隙的水分开始向外排出，土壤含水量进一步减小，随着土壤水吸力的不断增大，土壤中的孔隙由大到小依次不断排水，土壤含水量也不断降低，当土壤水吸力很大时，只在十分狭小的孔隙中才能保持着极为有限的水分[3]。

土壤水的进气吸力与土壤的质地有关，一般轻质土壤或结构良好的土壤进气吸力较小，重质、黏性土壤进气吸力较大。在一定的温度条件下，这种关系仅与土壤本身的特性有关[1]。

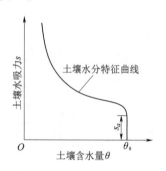

图 2.3　土壤水分特征曲线示意图

图 2.3 为土壤水分特征曲线示意图，图中曲线反映了土壤含水量 θ 随着土壤水吸力 s 的增大而减小的规律，但在土壤水吸力 s 小于临界土壤水吸力 s_a 时，土壤水分仍维持饱和含水量 θ_s。

土壤水分特征曲线目前尚不能通过理论分析得出，只能通过实验测定。但已有的研究表明，影响土壤水分特征曲线的因素主要为土壤质地、土壤结构、土壤温度。

土壤质地是指土壤中不同大小直径的矿物颗粒的组合状况。一般黏粒含量越高的土壤，同一吸力下土壤的含水量越大，或同一含水量下其吸力值越大。因此，黏土、沙性黏土、壤土、沙土依次表现为同一吸力条件下，黏土的含水量最大、其次是沙性黏土和壤土，沙土的含水量最小。

土壤结构是指土壤颗粒（包括团聚体）的排列与组合形式。越密实的土壤，大孔隙数量越少，而中小孔径的孔隙越多，因此，在同一吸力情况下，土壤的干重度越大，相应的含水量越大。

土壤温度影响水的黏滞性和表面张力，温度越高水的黏滞性越小，表面张力也下降，土壤水的基质势相应增大，土壤水的吸力减小。因此在一定的水势下，温度高时土壤保持的水量较小，反之土壤保持的水量较多[1]。

土壤水分特征曲线具有滞后现象，如图 2.4 所示，是指土壤基质势随土壤含水量的变化过程不呈单值函数。许多实验已证实，对于同一土壤，在恒温条件下，土壤吸湿

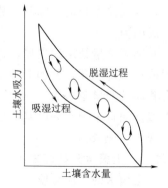

图 2.4　土壤水分特征曲线的滞后现象示意图

过程和土壤脱湿过程测得的土壤水分特征曲线不重合，土壤吸水曲线和脱水曲线不重合的现象称为滞后现象，土壤水分特征曲线的滞后现象对任何质地的土壤均存在，但滞后影响的程度是不同的，文献［7］的研究表明，土质越轻，滞后的影响越大，反之则滞后的影响越小。

2.3 实验设备和仪器

2.3.1 土壤密度和含水量测定的常用方法以及设备和仪器

土壤密度测定常用的方法有环刀法、蜡封法、灌砂法和灌水法。环刀法操作简单，准确，是室内外常用的方法。

土壤含水量测定的方法有烘箱烘干法、微波炉法、时域反射（TDR）法、中子仪法等，其中烘箱烘干法是目前国际上常用的方法，也是对其他测定方法进行标定的标准方法。

不管用何种方法测定土壤含水量，均会存在误差。误差的主要来源有偶然误差和系统误差。偶然误差由于仪器精度或取样的不一致造成。系统误差主要由取样的过程和仪器的系统偏差造成，而取样过程是一定会出现系统偏差的。按照水量平衡法对比测试的结果分析，烘箱烘干法会使土壤含水量比实际值降低大约 1‰～3‰。原因有：干燥的取土钻黏附水分，取样器取样时没有及时称重和加盖密封造成土壤表面蒸发干燥散失水分，由于用烘箱对土样烘干后土样的基质吸力极大且没有及时加盖和称重而吸附外界空气水分使得所测土壤干土重量增加。因此不管是采取试样还是对试样进行烘干后的操作，均应及时加盖密封和称重，防止产生较大的系统误差。

测量设备和仪器为体积 $100cm^3$ 或 $50cm^3$ 的钢制环刀、感量为 0.01g 的电子天平、烘箱或微波炉、削土刀、辅助压实手柄、塑料板或者玻璃板、小铁铲、干燥器、滤纸。

2.3.2 土壤水吸力测定的设备和仪器

土壤水吸力测量的传统设备如图 2.5 所示。由图 2.5 可以看出，土壤水吸力测定的设备由土盒、土盒盖、固定套管、顶丝、张力计（张力计由陶土头、集水管和密封橡胶塞组成）和真空压力表组成。土盒为长方形，长 10cm、宽 7cm、装土壤部分高 10cm；在土盒的上面设土盒盖，土盒盖用顶丝与土盒连在一起，以保证土盒内土壤不蒸发或少蒸发；在土盒盖的中心设一固定套管，固定套管内装张力计，固定套管内径比张力计外径稍大，张力计集水管用顶丝和套管相固定；在集水管上方设密封橡胶塞；在土盒盖上面设灌水孔，灌水孔布置形式为梅花形，灌水孔上用橡胶板遮盖；在土盒的底部设置支腿，以方便土盒的搬运。

土壤水吸力也可以采用土水势传感器自动测量，测量设备如图 2.6 所示。由图中可以看出，实验设备的土盒部分与传统的实验设备相同，不同的是在土壤中埋设了两个传感器，即土壤水势传感器和土壤水分传感器，土壤水势传感器用于测量土壤水的吸力，土壤水分传感器用于测量土壤含水量。测量、数据采集和处理系统为土壤水分、水势采集器和计算机。

测量仪器为电子天平、热风风扇、小铁铲、洗耳球、针管针头、橡胶板、量筒、橡皮捣实锤、毛刷、测尺、凡士林。

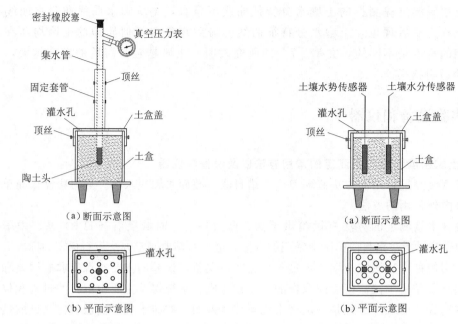

图 2.5 土壤水吸力测量的传统设备示意图　图 2.6 土壤水吸力和含水量自动测量设备示意图

2.4 实验方法和步骤

2.4.1 土壤密度和含水量测定的实验方法和步骤

（1）选具有代表性的地段，先在采土处用铁铲铲平，要保证铲土过程中不对所要采取的原土造成压实或疏松。

（2）将已知体积和重量的环刀编号，环内壁涂抹极薄层凡士林，一般需取 5 个平行样品。

（3）将环刀刀口向下放在铲平的土样上，用辅助压实手柄垂直压入土中，使土样适当高出环刀上缘为止，用削土刀将环刀上缘的多余土样切除。切除方法为垂直下切法，以保证切除过程不扰动土样的原始结构，每刀切除的厚度大约为 2mm，将切除的土样小心剥离直至切除完成，在环刀上缘用平板（可以是塑料板或者玻璃板等）做顶盖板进行保护。

（4）用手按住顶盖，然后用削土刀切开环刀周围的土样，并挖取一定深度，使取出的环刀下缘留有适当多余凸起的土壤，挖起环刀，翻转使下缘向上，仍然采用如上所述的垂直下切法切掉下缘多余的土壤。

（5）在刀口下缘一端垫上滤纸，立即加上下缘盖板以免水分蒸发，擦净环刀外面的土。

（6）将土样放在天平上称出湿重。

（7）将盛有土样的环刀除去顶盖，放入烘箱中，在 $105℃±2℃$ 下烘干。烘干时间因土的类别不同而不同，对于黏性细颗粒，烘干时间为 12h，对于黏质粉土和粉土，烘干时间不小于 6h，对其他土可参考相关标准。如果用微波炉烘烤，在额定电压（220V），微波管功率大于等于 750W 环境下，同时放置 4 个土样进行微波炉烘干脱水时，对于黏性细颗粒土壤烘烤时间为 25min，对于其他土样烘干时间为 15～20min。需要注意的是用微波炉烘烤时，不能将金属环刀直接放入微波炉内，要将环刀内的土样盛入微波炉专用器皿进行烘干，否则会发生燃烧或者高温熔结事故；对于含铁土壤（该种土壤一般重度比较大，耕层自然重度大于 1.55g/cm³）不能用微波炉法进行烘干。

（8）将烘至规定时间的土样在烘箱内自然冷却，或者放入干燥器中进行冷却。在打开烘箱门后应快速给土样加盖密封并及时称重。

（9）实验结束后将仪器恢复原状。

2.4.2　土壤水吸力测定的实验方法和步骤

（1）取自然风干的土碾碎过 2mm 筛，称出土样的干重度和初始土壤含水量。

（2）准备张力计，一般的国产张力计能够承受的负压大约为 700mmHg。进行张力计使用前准备时，需要将张力计以及表头中的空气排出。排气方法是给装有表头的张力计灌满无气水（可以采用沸水冷却后及时使用的水），具体操作方法是在张力计橡胶塞上插入注射用针头，使针头尖刚好露出橡胶塞小端表面，将橡胶塞塞入集水管上口并压紧，针头中将会有水冒出，再将针头与针管连接，用针管抽气排除水中、集气管管壁和真空表中气体。重复灌水与抽气的过程，当真空压力表的指针指向相当于 700mmHg 的负压力时（不同的真空表其标称单位不同，有些真空表采用 Pa 或 MPa 为单位，应进行换算），说明排气过程达到使用要求，然后灌满水插紧橡胶塞，拔出针头，将张力计陶土头浸入水中待用。

（3）给土盒装土样。用天平称出土样盒以及盖板的重量，按每 5cm 分层给盒中装土，根据重量法计算出每层装土体积的重量，用感量为 0.01g 的电子天平称出所需装土的重量，在装土样时，用小铁铲分层装填，每装一层，用橡皮捣实锤捣实，用毛刷将表面刮毛，再装填下一层。装好后用电子天平称出盒与土的总重量，计算出实际所装干土重量与所含水的重量。

需要注意的是，对于壤土，由于张力计测量范围的限制，一般使装土的初始含水量不低于 12% 的重量含水量为宜，否则过低的土壤含水量在张力计插入后会快速吸水，造成张力计内负压超过承受范围而通过陶土头孔隙进气，这样就破坏了张力计的使用条件。

（4）用取土钻穿过固定管取出张力计安装部位的土体，取土的深度要使张力计陶土头中心高度与土的中心高度相当，然后再称出取过土后的盒与土重，计算得到最终的干土重与水重；将准备好的张力计通过固定管插入土壤，并保证陶土头与土壤紧密接触并用顶丝固定。再将安装好张力计的土盒称重，得到总重量，实际测量时，根据实验进程对土壤水分的改变，只需要称出每次测定时的总重量，就可计算出土壤含水量，读出对应的表头读数，通过公式（2.27）计算就得到土壤水分特征曲线上对应该含水量的土壤水基质势，并用式（2.28）计算得到土壤水吸力。不断改变土壤含水量，读出对应值就可得到土壤水分特征曲线的分布点。

当采用土壤水势传感器和土壤水分传感器测量时，只需要在装土时埋入传感器，通过改变土壤含水量，测计传感器数据即可得到土壤水分特征曲线的分布点据。

（5）用针管通过灌水孔将水注入土壤中以改变土壤含水量，每次改变的量大约为重量含水量的 5%，每次加水后应再次称重，以确定准确的加水量。

（6）加水后将橡胶板盖在灌水孔上，以免土盒内的水分蒸发，等待水分在土壤中入渗和均化，一般的，均化过程大约需要持续 48h，也可以根据张力计表头读数的稳定性进行判断。

（7）重复第（5）步至第（6）步 N 次。

（8）用本章的实验仪器也可以进行土壤水分特征曲线的脱湿过程实验，方法如下。

1）在吸湿过程进行完成后，去掉土盒盖上的橡胶板。

2）打开电热风风扇，并将电热风扇对准土盒进行吹风约 2h，关闭风扇，盖上橡胶板；电扇与土盒的距离保持在 1.0m 左右。

3）等待 48h 左右，使土壤中水分分布达到均匀状态，测量读取张力计读数，或用计算机采集土壤水势和土壤水分。

4）重复步骤 1）、2）、3）N 次，直到土壤吸力接近传感器满量程附近时停止脱湿过程，实验即可结束。

（9）实验结束后将仪器恢复原状。

2.5　数据处理和成果分析

实验设备名称：　　　　　　　　　　　　　仪器编号：

同组学生姓名：

已知数据：烘箱温度 $T=$ 　　℃；烘烤时间 $t=$ 　　h。

1. 实验数据及计算成果

（1）土样湿密度、干密度和土壤含水量实验记录及计算表见表 2.1。

表 2.1　　　　　　　　土样湿密度、干密度和土壤含水量实验记录及计算表

样品编号	环刀重/g	湿土加环刀重/g	湿土重/g	土样体积/cm³	湿密度 ρ_t /(g/cm³)	干土加环刀重/g	干土重/g	干密度 ρ_b /(g/cm³)	水分重/g	质量含水量	体积含水量

学生签名：　　　　　　　　教师签名：　　　　　　　　实验日期：

（2）土壤水吸力和土壤含水量实验记录及计算见表 2.2。

表 2.2　　　　　　　　　　土壤水吸力和土壤含水量实验记录及计算表

张力计测量方法		自动测量方法	
土壤含水量测量值 /%	土壤水吸力测量值 /cm	土壤含水量测量值 /%	土壤水吸力测量值 /cm

学生签名：　　　　　　　　教师签名：　　　　　　　　实验日期：

2. 成果分析

（1）土壤密度和含水量成果分析。

1）湿土重＝湿土加环刀重－环刀重。

2）土样体积为环刀的体积。

3）湿密度＝湿土重/土样体积。

4）干土重＝干土加环刀重－环刀重。

5）干密度＝干土重/土样体积。

6）水分重＝湿土重－干土重。

7）用式（2.4）和式（2.5）计算土壤的湿重度和干重度。

8）用式（2.6）计算土壤的孔隙度。

9）质量含水量＝水分重/干土重。

10）体积含水量＝质量含水量乘以干密度。

11）将5个土样的湿密度、干密度和含水量取平均值，即为本次实验得到的湿密度、干密度和含水量。

（2）土壤水吸力和土壤含水量成果分析。

1）如果用真空压力计测量土壤水的吸力，则基质势用式（2.26）计算，土壤水吸力用式（2.27）计算。

2）如果用土壤水势传感器和土壤水分传感器测量土壤水吸力和土壤含水量，则可直接测取读数。

3）土壤重量含水量用式（2.8）计算。

4）绘制土壤水分特征曲线，即土壤水吸力与土壤含水量的关系，分析其变化规律。

2.6　实验中应注意的事项

（1）对于不同的土质，土样提取的方法不一样，在实验中必须严格按照相关标准提取土样，土样提取后应立即进行称重，并放在烘箱中烘烤，以免水分散失而产生误差。

（2）在进行土壤密度和含水量实验中，要严格控制烘箱或微波炉的温度。

（3）在给张力计排气时，注意针管只能抽水抽气而不能压水，以防破坏真空表和陶土头的使用条件。

（4）在进行土壤水吸力和含水量测量时，张力计或传感器一定要固定好，不可随意抽动，以防止陶土头或传感器与其周围土壤产生脱离现象。

思　考　题

1. 土壤密度测量的意义是什么？

2. 土壤密度和重度之间的关系是什么？

3. 测量土壤含水量对土壤水的研究有何重要意义？

4. 如果取土粒密度 $\rho_s = 2.65\text{g/cm}^3$，计算土粒的体积 V_s，并计算土壤的孔隙度和孔隙率。

5. 基质势是由什么引起的，在土水势中起什么作用。土壤水吸力与基质势的关系是什么？

6. 土壤水吸力是土壤对水的吸附作用吗？

7. 为什么说土壤水分特征曲线是研究土壤水分变化规律重要的曲线之一？影响土壤水分特征曲线的主要因素是什么？

参　考　文　献

［1］　邵明安，王全九，黄明斌．土壤物理学［M］．北京：高等教育出版社，2006．

［2］　张伯平，党进谦．土力学与地基基础［M］．北京：中国水利水电出版社，2006．

［3］　雷志栋，杨诗秀，谢森传．土壤水动力学［M］．北京：清华大学出版社，1988．

［4］　张明炷，黎庆淮，石秀兰．土壤学与农作学［M］．北京：高等教育出版社，2007．

［5］　王坚．土壤物理学［M］．北京：北京农业大学出版社，1993．

［6］　同延安．土壤—植物—大气连续体系中水运移理论与方法［M］．西安：陕西科学技术出版社，1998．

［7］　张蔚榛．地下水与土壤水动力学［M］．北京：中国水利水电出版社，1996．

第 3 章　土壤毛细水测定实验

3.1　实验目的和要求

（1）掌握土壤毛细水上升高度的测量方法。

（2）观察水在毛细管力的作用下，沙土的孔隙中因毛管作用液面上升的最大高度和时间。

（3）加深对土壤中毛管力和毛管水概念的理解。

（4）探讨毛细水上升高度与进气吸力之间的关系。

（5）分析当量孔径关系中参数的来源。

3.2　实验原理

土壤是由一系列大小不同的不规则颗粒组成，土壤颗粒之间的微小孔隙可被概化为一系列孔径不等的圆形毛管，这一概念是毛管束理论建立的基础。在毛管中水分和空气的界面呈现弯月面形状，水分在这个弯月面下承受一种吸引力，称为毛管力。毛管力的产生主要因为土壤颗粒与水之间的表面张力。土壤中的毛管水就是依靠毛细管的吸引力而被保持在土壤孔隙中的水分。土壤孔隙的毛管作用强度因毛管直径而异。一般认为[1]当孔隙直径大于 8mm 时毛管力的作用就几乎消失；直径在 8～0.1mm 时毛管作用就逐渐显露出来；直径在 0.01～0.001mm 内毛管作用最为明显；如果直径小于 0.001mm，则其间为薄膜水所填充，几乎不起毛管作用，其水分在土壤中保存和运动的性质发生了变化，在土壤学中，薄膜水部分也可以看作是滞留含水量，这一思想建立在两区模型的基础上。

影响沙土中毛细管上升高度和上升速度的主要因素有土壤颗粒成分、孔隙度、结构、水温、矿化度、水化学成分、黏滞度及土的电化学成分等。

毛管上升高度的观测一般采用肉眼观测法，该方法就是通过观察干土或沙土标本在下端有饱和的充分供水条件下，湿润的上界面在土样标本中上升的高度。这种方法直观、方便，但是应用条件的限制比较多。当土壤初始含水量大于某值（黏土的质量含水量大约为12%，沙土的质量含水量大约为 8%）时就很难观测到毛管水上升时的湿润界面了；一般情况下，土壤水分的分布并不是非常明显的分段式函数，只有在水分快速升高时才能产生明显的干湿界面。在毛管水上升到一定高度后，进一步上升的速度快速衰减，而界面处含水量在基质势作用下发生再分布现象，界面将越来越不明显。因此，采用管状土壤标本进行毛管上升实验，只能对比不同毛管直径条件下，毛管上升初期的差异，无法得到毛管水上升的最终结果（可参考土壤水分特征曲线的特征进行分析）。

　　毛管水的移动主要决定于毛管力，在毛管水进行垂直上升运动时，其上升高度取决于毛管力的大小。假定毛管是圆筒形，如图 3.1 所示，设圆筒直立于水槽内，其半径为 r，受毛管力的作用，毛管内的水面上升高度为 h，且水面呈凹月面，管中水面的曲率半径为 R，凹月面与管壁所形成的湿润角为 α，α 表示管壁对水柱上升的引力方向，引力的大小在数值上等于表面张力系数 σ。设水柱的重量为

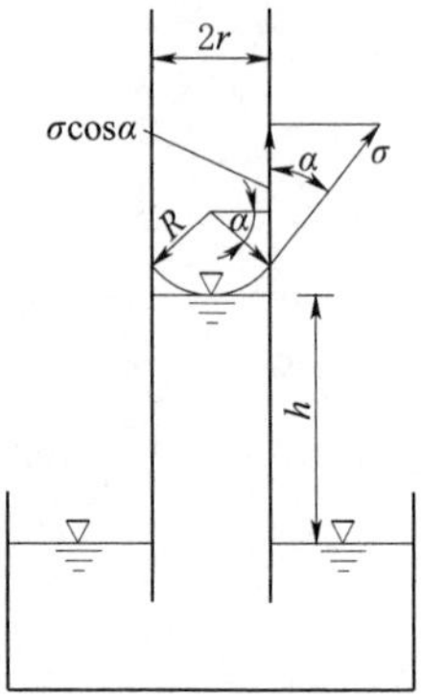

$$G = \gamma \pi r^2 h \tag{3.1}$$

沿铅直方向引力的总和为

$$F = 2\pi r\sigma\cos\alpha \tag{3.2}$$

根据力的平衡原理，$G = F$，则由式（3.1）和式（3.2）得

$$h = \frac{2\sigma}{\gamma r} = \frac{4\sigma}{\gamma d} \tag{3.3}$$

图 3.1　毛管水受力
分析简图

式中：h 为毛细水上升高度；r 为毛细管半径；d 为毛细管直径；σ 为表面张力系数；γ 为水的重度。

　　在常温条件下，即水的温度为 20℃时，$\sigma = 0.0736\text{N/m}$，水的重度可取为 $\gamma = 9800\text{N/m}^3$，代入式（3.3）得

$$h = \frac{4\sigma}{\gamma d} = \frac{3 \times 10^{-5}\,\text{m}^2}{d} = \frac{30}{d} \tag{3.4}$$

其中 d 的单位为 mm，h 的单位为 mm。

3.3　实验设备和仪器

　　实验设备是基于卡明斯基毛管上升高度测定仪的原理制成的。卡明斯基毛管上升高度测定仪是根据土中发生毛管现象时，弯液面产生基质吸力使毛管中静水压强小于大气压强，两者的差值相当于毛管水上升高度乘以水的密度（标准条件下水的密度等于 1g/cm^3）。测量原理为：连通管测定毛管水上升高度等于支持下降水柱高度的等压面。

　　实验设备由底座、水箱、支架、滑套、顶丝、透水隔板、纱布、放水孔、立杆和有机玻璃管组成，如图 3.2 所示。底座位于整个装置的最下部，用于固定立杆和放置水箱。支

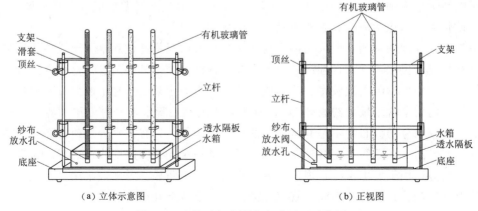

（a）立体示意图　　　　　　　　　　　　（b）正视图

图 3.2　土壤毛细水测定实验原理示意图

架用于固定立杆和有机玻璃管。水箱位于底座之上，由有机玻璃制成，给有机玻璃管提供水源，水箱上设放水孔，以放空水箱中的水。有机玻璃管由支架固定于水箱之上，有机玻璃管的直径为 2～3cm，高度为 70cm，有机玻璃管底部装透水隔板，透水隔板上用纱布包裹，各管内填充不同粒径的沙粒，用于观测毛管水的上升高度。

实验其他仪器有刻度为 mm 级的直尺、漏斗、捣实棒、秒表和量筒。实验采用的沙样为细沙（粒径 0.1～0.25mm）、小颗粒中沙（粒径 0.25～0.5mm）、大颗粒中沙（粒径 0.5～1mm）、粗沙（粒径 1～2mm）。

3.4　实验方法和步骤

（1）装样。将欲测沙样按不同粒径的沙粒从细到粗分类，用漏斗分别依次装入四根有机玻璃管中，每装入 2～3cm 高度用捣实棒轻轻敲击管壁振捣，使沙样密实均匀。

（2）将装满沙样的玻璃管固定在支架上，用滑套上的顶丝调节装有沙样的有机玻璃管，使其底端位于水箱中。

（3）用量筒向水箱注水，使水箱中的水面高出有机玻璃管底部 1～2cm。

（4）注水入水箱后，当有机玻璃管中的水面刚刚与水箱水面齐平时开始计时，以水箱中水面线为基点，用直尺测量不同有机玻璃管的毛管上升高度并记录。观测时间间隔由密到疏，分别为 5min、10min、20min、30min、60min、120min…测量和记录各时间毛细管水上升的高度，直到毛细管水上升稳定到最高点为止。实验过程中，注意要给水箱加水以使水箱水面高度保持不变。

（5）当有机玻璃管中的水面保持不变或上升过程很缓慢时，停止实验，测量此时各管中毛细水面上升高度。

（6）实验结束后将仪器恢复原状。

3.5　数据处理和成果分析

实验设备名称：　　　　　　　　　　　　仪器编号：

同组学生姓名：

已知数据：有机玻璃管直径 $d_1=$　　　cm，$d_2=$　　　cm，$d_3=$　　　cm，$d_4=$　　　cm。

　　　　　沙粒粒径范围：细沙为　　mm，小颗粒中沙为　　mm，

　　　　　大颗粒中沙为　　mm，粗沙为　　mm。

1. 实验数据及计算成果

毛细管上升高度和时间记录及计算表见表 3.1。

2. 成果分析

（1）在同一坐标系内，建立 4 种粒径沙样的毛管水上升高度与时间的关系曲线，分析其变化规律。

（2）比较 4 种沙样的毛管水上升高度与时间的关系曲线，分析不同沙样在实验初期和后期毛管水上升速度的差异及原因。

（3）用公式（3.4）求各沙样的毛细管直径。

表 3.1　　　　　　　　　　　　毛细管上升高度和时间记录及计算表

沙粒直径/mm	观测时间/min	上升高度/cm	沙粒直径/mm	观测时间/min	上升高度/cm	沙粒直径/mm	观测时间/min	上升高度/cm	沙粒直径/mm	观测时间/min	上升高度/cm

学生签名：　　　　　　　　　　教师签名：　　　　　　　　　　实验日期：

3.6　实验中应注意的事项

（1）装填沙样时，一定要均匀和捣实。

（2）在测量毛细水上升的过程中，秒表不能停，直到毛细水几乎不上升时才能停表。

（3）在用式（3.4）计算毛细管上升高度时，毛细管直径 d 的单位取 mm，计算的水面上升高度 h 的单位也为 mm，量纲才能和谐。

思　考　题

1. 毛细水是由什么原因引起的？
2. 土壤中的毛细水上升高度与毛细管直径有何关系？

参　考　文　献

［1］　同延安．土壤-植物-大气连续体系中水运移理论与方法［M］.西安：西安科学技术出版社，1998.

第4章　恒定水头达西渗透实验

4.1　实验目的和要求

（1）测定通过沙体的渗透流量与测压管水头，计算通过沙体的水头损失和流速。
（2）计算沙体的水力坡度 J。
（3）计算均质沙的渗透系数 k。
（4）确定水流通过沙体的雷诺数，判别实验是否适应达西定律。
（5）将渗透系数 k 换算为水温为10℃时的标准渗透系数 k_{10}。

4.2　实验原理

4.2.1　渗流的达西定律

1856 年法国工程师达西（H. Darcy）在装满沙的圆筒中进行渗流实验。实验装置如图 4.1 所示。在上端开口的直立圆筒侧壁上安装两支（或多支）测压管，在筒底以上一定距离处安装一块滤板 C，在滤板上面装填颗粒直径较为均一的细沙。水从上端注入圆筒，并以溢水管 B 使筒内维持一个恒定水位。通过沙体的渗透水流从短管 T 流入容器 V 中。

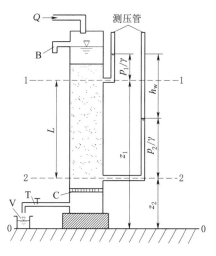

图 4.1　达西渗流实验装置示意图

以图 4.1 的底部 0—0 为基准面，设断面 1—1 的位置高度为 z_1，压强水头为 p_1/γ，断面 2—2 的位置高度为 z_2，压强水头为 p_2/γ，因为渗流流速比较小，流速水头可以忽略不计。由断面 1—1 和断面 2—2 之间的能量方程得

$$z_1 + p_1/\gamma = z_2 + p_2/\gamma + h_w \tag{4.1}$$

式中：γ 为水的重度；p_1 为断面 1—1 的压强；p_2 为断面 2—2 的压强；h_w 为水流通过断面 1—1 至断面 2—2 之间的水头损失。

由式（4.1）可以看出，水头损失 h_w 可以用断面 1—1 和断面 2—2 的测压管水头差来表示，即

$$h_w = (z_1 + p_1/\gamma) - (z_2 + p_2/\gamma) \tag{4.2}$$

单位长度上的水头损失以水力坡度 J 表示，水力坡度 J 为断面 1—1 和断面 2—2 之

23

间的水头损失除以两测压管之间的距离，即

$$J = \frac{h_w}{L} = \frac{(z_1 + p_1/\gamma) - (z_2 + p_2/\gamma)}{L} \tag{4.3}$$

式中：L 为两测压管之间的距离；J 为水力坡度。

达西分析了大量的实验资料，认为渗流量 Q 与圆筒的断面面积 A 及水力坡度 J 或水头损失 h_w 成正比，与断面间距 L 成反比，并和土壤的透水性有关，由此得到了如下基本关系式：

$$Q = kAJ = kA\frac{h_w}{L} \tag{4.4}$$

$$v = \frac{Q}{A} = kJ = k\frac{h_w}{L} \tag{4.5}$$

$$k = Q/(AJ) \tag{4.6}$$

式中：v 为渗流的断面平均流速，m/s；Q 为流量，m³/s；k 为反映孔隙介质透水性能强弱的一个综合系数，称为渗透系数或水力传导系数。

由式（4.5）可知，当 $J = 1.0$ 时，$v = k$，表明渗透系数 k 是单位水力坡降时的渗透速度，故渗透系数 k 具有流速的量纲，其单位为流速的单位。

式（4.4）～式（4.6）所表示的关系称为达西定律，它是渗流的基本定律。由式（4.5）可以看出，渗透速度 v 与水力坡度 J 呈线性关系，所以达西定律又称为线性渗流定律（见 4.2.3）。

土壤中的渗透水流实际上只是通过土粒间的孔隙而流动，但在一般的研究中，把实际上只是通过孔隙的地下水流当作是通过包括土粒在内的全断面的水流来处理，并将这个拟流称为渗流。因此，式（4.5）中的渗透速度 v 并非渗透水流在土中孔隙运动的实际速度 v'，它比实际速度 v' 小，$v = nv'$，n 为土壤的孔隙率。但在工程上，一般均利用式（4.5）计算渗流速度，用式（4.4）计算渗透量，无须确定渗流的实际速度。

4.2.2　影响渗透系数 k 的因素

渗透系数 k 是一个重要的水文地质参数。影响渗透系数 k 的因素很多，主要取决于土壤的性质（如粒度成分、颗粒排列、充填状况、裂隙性质和发育程度）和渗透流体的物理性质（如重度、黏滞性等）。

下面根据水在土柱中的运动情况来分析影响渗透系数 k 的因素。

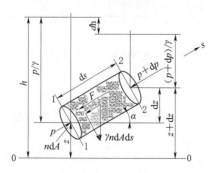

图 4.2　水在土柱中运动分析简图

达西定律代表了线性阻力的渗透定律，也可以从多孔介质中层流运动的阻力关系推导出来。图 4.2 所示为水在土柱中的运动情况。沿流线方向 s 取一土柱单元微分体，设微分体的长度为 ds，断面面积为 dA，作用在单元体上的力为两端的孔隙水压力，孔隙水流受到的自身重力及颗粒孔隙流道边壁的摩阻力。

沿土柱方向写渗流的动力平衡方程（略去水流的惯性）为

$$pn\mathrm{d}A - (p + \mathrm{d}p)n\mathrm{d}A - \gamma n\mathrm{d}A\mathrm{d}s\sin\alpha - F = 0 \tag{4.7}$$

式中：p 为作用在断面 1—1 的压强；$p + \mathrm{d}p$ 为作用在断面 2—2 的压强；n 为体积孔隙率或孔隙度；γ 为水流的重度；F 为水流受到颗粒孔隙道的摩阻力；α 为土柱轴线与水平面的夹角。

由图 4.2 可以看出，$\mathrm{d}z/\mathrm{d}s = \sin\alpha$，测压管水头 $h = z + p/\gamma$，则 $\mathrm{d}h = \mathrm{d}z + \mathrm{d}(p/\gamma)$，由此得 $\mathrm{d}p = \gamma(\mathrm{d}h - \mathrm{d}z)$，代入式（4.7）得

$$\frac{F}{\gamma n\mathrm{d}A\mathrm{d}s} = -\frac{\mathrm{d}h}{\mathrm{d}s} \tag{4.8}$$

式中：$-\mathrm{d}h/\mathrm{d}s = J$ 为水力坡度。

对于层流运动，司托克斯（Stokes）建立了一个单颗粒的层流阻力公式，即

$$D_0 = \lambda\mu v'd \tag{4.9}$$

式中：D_0 为单颗粒所受的阻力；d 为颗粒直径；λ 为物体的体型系数，对于无限水中的圆球，$\lambda = 3\pi$；v' 为孔隙水的实际流速；μ 为水流的动力黏滞系数。

若土柱中颗粒的总体积为 V，每个颗粒的体积为 V'，则 N 个颗粒的总体积与一个颗粒的体积之比为

$$N' = \frac{V}{V'} = \frac{(1 - n)\mathrm{d}A\mathrm{d}s}{\beta d^3} \tag{4.10}$$

式中：V 为土柱中颗粒的总体积；V' 为一个颗粒的体积；β 为球体系数，对于圆球，$\beta = \pi/6$。

整个土柱的总阻力为

$$F = N'D_0 = \frac{(1 - n)\mathrm{d}A\mathrm{d}s}{\beta d^3}\lambda\mu v'd \tag{4.11}$$

将式（4.8）代入式（4.11）得

$$v' = -\frac{\gamma}{\mu}\frac{\beta n}{\lambda(1 - n)}d^2\frac{\mathrm{d}h}{\mathrm{d}s} \tag{4.12}$$

将 $-\mathrm{d}h/\mathrm{d}s = J$ 和 $v' = v/n$ 代入式（4.12）得

$$v = \frac{\gamma}{\mu}\frac{\beta n^2}{\lambda(1 - n)}d^2 J \tag{4.13}$$

设 $K = \dfrac{\beta n^2}{\lambda(1 - n)}d^2$，称为渗流的内在透水率，它取决于土的物理性质，只与介质本身的性质有关，而与渗透流体的性质无关。则

$$v = K\frac{\gamma}{\mu}J \tag{4.14}$$

如果令 $k = K\gamma/\mu$，则式（4.14）可以写成

$$v = kJ \tag{4.15}$$

与达西渗透定律的式（4.5）比较，式（4.15）中的 k 即为渗透系数。

比较式（4.14）和式（4.15）可以看出，渗透系数 k 与透水率 K、水流的重度 γ、液

体的动力黏滞系数 μ 有关，与土壤的透水率 K 和水流的重度 γ 成正比，与液体的动力黏滞系数 μ 成反比。

由以上分析可以看出，土壤的种类不同，对渗透系数 k 的影响因素和程度不相同。

对于砾石土或沙土来说，颗粒级配对渗透系数影响最大，因为颗粒级配在很大程度上决定着土壤中的孔隙尺寸、形状及孔隙率等特征。颗粒越粗、越均匀、越浑圆时，土的渗透系数就越大。

黏性土的渗透系数在很大程度上取决于矿物质成分及黏粒的含量。黏土矿物中，蒙脱土的亲水性最高，膨胀性最大，故含蒙脱土较多的土，其渗透系数较小。颗粒越细，含黏粒越多的土，结合水的含水量也越高，其渗透性也越小。

渗透系数与渗透流体的性质关系表现在用同一实验装置、相同土样、同一水头差情况下，且用不同的液体进行实验所得到的渗透系数不一样，水的渗透系数大于油的渗透系数。说明液体的黏性不同，对渗透系数也有影响，由式（4.14）可以看出，黏性大的流体，动力黏滞系数大，渗透系数小。

渗透系数还与水温有关。因为动力黏滞系数为水温的函数，水的动力黏滞系数与水温的关系为[1]

$$\mu_T = \frac{0.00001792}{1+0.0337T+0.000221T^2} \tag{4.16}$$

式中：μ_T 为 $T(℃)$ 时水的动力黏滞系数，$g \cdot s/cm^2$；T 为水温，℃。

式（4.16）表明，水温越低，动力黏滞系数 μ_T 越大。由式（4.14）也可知，水温越低，渗透系数就越小。所以，同一种土在不同温度下，将有不同的渗透系数值。

一般的，考虑到地下渗流的水温为 10℃ 左右，故采用水温为 10℃ 时的渗透系数作为标准值，以便对取得的实验资料进行比较。计算时必须把在某一温度 T℃ 时测定的渗透系数 k 换算为 10℃ 时的渗透系数 k_{10}，换算关系如下

$$k_{10} = k\frac{\mu_T}{\mu_{10}} \tag{4.17}$$

式中：μ_{10} 为 10℃ 时水的动力黏滞系数，标准温度取值各国均不一致，有 10℃、15℃、20℃ 几种。

将水温为 10℃ 代入式（4.16）求出 μ_{10}，然后代入式（4.17），则

$$\frac{\mu_T}{\mu_{10}} = \frac{1.359}{1+0.0337T+0.000221T^2} = \frac{1}{0.736+0.025T+0.0002T^2} \approx \frac{1}{0.74+0.03T} \tag{4.18}$$

将式（4.18）代入式（4.17）得

$$k_{10} = \frac{k}{0.74+0.03T} \tag{4.19}$$

4.2.3　渗流流态的判别

达西定律是在沙土中水以层流运动的特定条件下得到的，因为层流运动时惯性力较小，黏滞力起主导作用，因此，渗透速度 v 与水力坡度 J 成线性比例关系，所以适用于达西定律的水流为层流运动。实验表明，在粗粒土（如砾石、卵石或填石）中，只有在较

小的水力坡度下，渗透速度与水力坡度才呈线性关系。随着渗透速度或水力坡度的增加，惯性力逐渐增加，支配层流运动的黏性阻力逐渐失去其主导作用，水在土中的流动逐渐进入紊流状态，渗透速度 v 与水力坡度 J 也离开线性关系而转入非线性关系，达西定律就不再适应。

达西定律既然适用于层流运动，其应用就有一定的限制条件。目前判断水在土壤中的运动形态主要还是采用雷诺数。常用的公式为

$$Re = vd/\nu \qquad (4.20)$$

式中：d 为代表颗粒的"有效"直径，有的取含水层颗粒的平均粒径或中值粒径 d_{50}，有的取有效粒径 d_{10}，d_{10} 为直径比它小的颗粒占全部土重的 10% 时的土壤粒径，cm；ν 为液体的运动黏滞系数，cm^2/s；v 为流速，cm/s。

另外还有巴甫洛夫斯基的雷诺数表达式，即

$$Re = \frac{1}{0.75n + 0.23} \frac{vd_{10}}{\nu} \qquad (4.21)$$

式中：n 为土壤含水层的孔隙率。

式（4.20）和式（4.21）中水流的运动黏滞系数用式（4.22）计算，即

$$\nu = \frac{0.01775}{1 + 0.0337T + 0.000221T^2} \qquad (4.22)$$

在用式（4.20）计算雷诺数时，一般认为，达西定律适用的雷诺数上限为 $Re = 1.0 \sim 10$，目前的研究结论仍只能给出范围而给不出定值。

罗斯根据自己和他人的实验资料分析得到达西定律适用的雷诺数上限为 $Re = 1.0$；纳吉和卡拉地利用人工和天然混合土料的 6 种实验分析结果为 $Re = 5.0$；亚林和佛兰克对等径球形颗粒的实验表明，在铅球直径为 $d = 1mm$ 与 $d = 2mm$ 时，雷诺数的上限可取 $Re = 1$；有的作者[2]研究了渗流的阻力系数与雷诺数的关系曲线，结果表明，整个曲线可以分为 3 段。第 1 段在雷诺数 $Re < 5$（不同介质这个值稍有差异），是斜率为 -1 的直线段；第 2 段在 $5 < Re < 100$，有一个二次曲线的过渡段；第 3 段在 $Re > 100$，是一个水平直线段；结论认为，第 1 段为层流区，黏滞力起主导作用，第 2 段仍为层流区，但从黏滞力起主导作用逐渐过渡到惯性力起主导作用，第 3 段为紊流区。达西定律适应于第 1 段，即雷诺数 $Re < 5$[2]。

总之，由于颗粒的形状、粗度和排列情况不同以及孔隙率不同，实验时的水温不同使得水流的黏滞系数不同，达西定律适应的临界雷诺数目前还没有一个十分准确的分界点，所得结论也相差较大，根据以上研究者的研究结果，作为达西定律的上限临界雷诺数 Re 以 $1 \sim 5$ 为宜。

如果用式（4.21）计算雷诺数，则临界雷诺数有相应的定值，其值为 $7 \sim 9$，但实验时需测定土壤的孔隙率。

达西定律适用的流速下限终止于黏性土壤中微小流速的渗流。它是由土壤颗粒周围的结合薄膜水的流变学特性所决定的，因此许多土壤物理研究者根据非饱和土壤水分运动特征，结合达西定律流速下限的物理机制建立了土壤水分运动的两流区模型。一般黏性土壤的渗流，只有在较大的水力坡度作用下突破结合水的堵塞才开始发生渗流，所以存在一个

起始坡降 J_0 问题，如果渗流的水力坡度 $J \leqslant J_0$，就没有渗流发生，只有当 $J > J_0$ 时，才有渗流发生，这时达西定律变为[2]

$$v = \begin{cases} 0, & J \leqslant J_0 \\ k(J - J_0), & J > J_0 \end{cases} \tag{4.23}$$

式中的起始坡降 J_0 随着黏土密度的增加而增加，随着黏土含水量的增加而减小，密实黏土的起始坡降可达 20 以上。

需要指出，关于黏性土壤起始坡降问题目前的认识并不一致，有的学者[3]认为黏土渗透过程可按达西定律确定，没有起始坡降问题。

达西定律不适用于非牛顿流体。对于气体流体，在低密度即低压状态下，达西定律也不适应。

4.3　实验设备和仪器

实验设备为自循环实验系统，如图 4.3 所示。可以看出，实验设备由底座、盛沙筒和进水系统等组成。

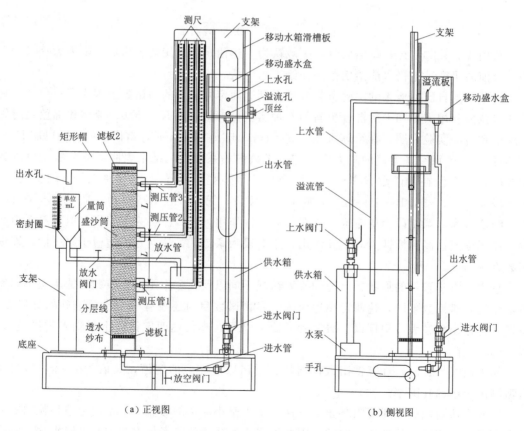

（a）正视图　　　　　　　　　（b）侧视图

图 4.3　恒定水头达西渗透实验原理示意图

盛沙筒为圆形，用透明有机玻璃制作。在盛沙筒底部设进水管，底部以上一定距离处安装滤板 1，在滤板 1 上部设透水纱布，透水纱布上面装填实验沙，在盛沙筒管壁上划有分层线，分层线为每次装沙的高度线，在实验沙的上部装入另一块滤板 2，滤板 2 的上部一定距离处设一矩形帽，矩形帽的底部为出水孔，出水孔的水流流入下部的量筒中，量筒放置在支架上，周围设密封圈止水，量筒底部设放水管与供水箱连接，放水管上设放水阀门。在圆筒的侧面设 3 根测压管，以测量测压管水头和渗流的水力坡度。

进水系统由供水箱、水泵、进水阀门、进水管、支架、移动盛水盒和出水管组成，在盛水盒中还设有溢流板和溢流管。支架的作用是支撑移动盛水盒和测压管。上水管与水泵相连接。为了调节移动盛水盒中的流量，在移动盛水盒与水泵之间设上水阀门。溢流管与供水箱相连接形成回路。出水管与盛沙筒底部的进水管相连接，在进水管上设放空阀门，以放空盛沙筒中的水。为了调节进入盛沙筒的流量，还在出水管与进水管之间设进水阀门，以改变流量的大小。

测量仪器为捣实棒、量筒、洗耳球、秒表、测尺和温度计。

盛沙筒侧面的 3 根测压管间距相等，之间的距离均为 L。设 3 根测压管的目的一方面是测量水流的水头损失，另一方面是对测量精度进行校核。在达西渗透实验中，如果在盛沙筒中装填的实验沙是均质和均匀的，则当恒定水流通过盛沙筒时，测压管 1 和测压管 2 的水头差应该与测压管 2 和测压管 3 的水头差相等。然而实际测量结果可能不相等，这是因为在装填实验沙时，由于人工操作过程不一致使得盛沙筒内各点实验沙的密实程度不均匀，或由于排气不充分使得实验沙内存在不均匀气囊，或由于实验沙不均匀使得沙的重度不一致。如果在实验中出现这种情况，应该取两个测压管水头差的平均值作为平均水头损失或者直接用测压管 1 和测压管 3 的差值计算水力坡度。

4.4　实验方法和步骤

（1）准备沙样。根据《土工试验规范》对沙样进行筛分，测定沙样的平均粒径 d 或 d_{50} 或 d_{10} 和土壤的孔隙率 n。

（2）记录已知数据，如盛沙筒的直径 D、测压孔间距 L、沙样的平均粒径 d 或 d_{50} 或 d_{10} 等。

（3）在盛沙筒中装入实验沙。在装填实验沙时应按盛沙筒中的分层线分层装填，计算出每层的体积，然后按照重量法计算出每层体积应该装填的沙重；将称量好的实验沙装入盛沙筒，边装边用捣实棒轻轻捣实，每层的捣实程度以所装填的沙刚好达到该层规定的厚度为止。

（4）将移动盛水盒放在适当位置，打开水泵，使移动盛水盒盛满水，并保持溢流状态。

（5）关闭放空阀门，适当打开进水阀门到一定开度，自下而上缓慢供水，以便使沙样饱和并将实验沙中的空气排出，在浸泡水位接近沙样的顶面时关闭进水阀门。如有条件，最好用无气水进行浸泡。

（6）待浸泡一定时间后，打开进水阀门，使水流进入实验沙体，并从盛沙筒上部溢出，经矩形帽下部的出水孔流入量筒中，再由量筒底部的放水管流入供水箱，等待水流的稳定。

（7）待水流稳定后，关闭通往供水箱的放水阀门，等水流刚刚进入量筒的底部或达到某一值时用秒表开始记录时间，同时计算两测压管的压差，用温度计测量水温。等到量筒中的水面达一定高度值时按下秒表，记录量筒中水的体积，则流量为体积除以时间。

（8）打开量筒底部的放水阀门，使量筒中的水流进入供水箱，并准备下一次测量。

（9）调节移动盛水盒的高度或进水阀门的开度，改变流量，重复第（6）步和第（7）步 N 次。

（10）实验结束后将仪器恢复原状。

（11）如果长时间不做实验，应打开进水管上的放空阀门，排出盛沙筒中的水，以防水长期存放而变质。

4.5　数据处理和成果分析

实验设备名称：　　　　　　　　　　　　　　仪器编号：

同组学生姓名：

已知数据：盛沙筒直径 $D=$　　cm；盛沙筒面积 $A=$　　cm^2；

　　　　　测压管之间距离 $L=$　　cm；水温 $T=$　　℃；沙粒直径 $d_{10}=$　　cm；

　　　　　水流运动黏滞系数 $\nu=$　　cm^2/s；孔隙率 $n=$　　。

1. 实验数据及计算成果

达西渗透实验数据记录及计算见表 4.1。

表 4.1　　　　　　　　　　　　达西渗透实验数据记录及计算表

测次	测管1读数/cm	测管2读数/cm	测管3读数/cm	Δh_1/cm	Δh_2/cm	Δh/cm	体积/cm³	时间/s	Q/(cm³/s)	J	v/(cm/s)	k/(cm/s)	k_{10}/(cm/s)	Re

学生签名：　　　　　　　　教师签名：　　　　　　　　实验日期：

2. 成果分析

（1）$\Delta h_1=$ 测管 1 读数－测管 2 读数，$\Delta h_2=$ 测管 2 读数－测管 3 读数，$\Delta h=(\Delta h_1+\Delta h_2)/2$ 为平均测压管水头差，$Q=$ 体积/时间，$v=Q/A$，$J=\Delta h/L$，Re 用式（4.20）或式（4.21）计算。

（2）渗透系数 k 用式（4.6）计算。

（3）点绘 v-J 的关系曲线，其斜率即为渗透系数 k。

（4）求雷诺数，判断渗流是否符合达西渗透定律。

（5）将实际测量的渗透系数 k 换算成水温为 10℃ 时的标准渗透系数 k_{10}。

4.6　实验中应注意的事项

（1）当渗流量为零时，两测压管水面应保持水平，如不水平，可能是测压管中有空气或测压管漏水，应排除空气或排除漏水后再实验。

（2）实验时流量不能过大，流量过大可能会使沙土浮动，也可能使雷诺数较大而超出达西定律的适用范围。

（3）实验时要始终保持移动盛水盒中的溢流板上有水流溢出，以保证水头为恒定流。

（4）测量流量时，关闭放水阀门一定要等到量筒中的水面刚刚到达量筒的底部或某一值时开始记录时间，按下秒表时要同时记录量筒中的水位上升高度，否则可能会引起较大的测量误差。

思 考 题

1. 实验时为什么要保持移动盛水盒中的溢流板上有水流溢出才能测量流量和测压管水头？

2. 达西定律适用的雷诺数范围是多少？如何通过实验判别达西定律的适用性？

3. 分析渗透速度 v 与水力坡度 J 的关系，其斜率代表了什么？为什么说达西渗透定律为线性定律？

4. 为什么要将某一温度下测量的渗透系数换算成水温为 10℃ 下的标准渗透系数？

5. 影响渗透系数 k 的因素有哪些？

参 考 文 献

［1］　归柯庭，汪军，王秋颖. 工程流体力学［M］. 北京：科学出版社，2015.

［2］　毛昶熙. 渗流计算分析与控制［M］. 北京：中国水利水电出版社，2003.

［3］　薛禹群. 地下水动力学原理［M］. 北京：地质出版社，1986.

第 5 章 变水头达西渗透实验

5.1 实验目的和要求

（1）掌握变水头达西渗透实验的原理和方法。

（2）测定黏性土壤的渗透系数 k。

5.2 实验原理

对于黏性较大的土壤，由于渗透系数很小，土样标本在一定时间内的渗流总水量就很小，或为了满足测量精度而测定总水量的时间需要很长，采用恒定水头装置（见第 4 章）进行测定受蒸发和温度变化影响的实验误差会逐渐变大，所以需采用变水头实验来提高测量精度和效率。所谓变水头实验，是指在整个实验过程中，水头和流量随时间而变化的实验方法。

图 5.1 所示为变水头实验装置示意图。设盛试样的容器断面面积为 A，变水位管断面的面积为 a，在某一时刻 t 作用于试样上的水头为 h，经过 $\mathrm{d}t$ 时段后，变水位管中的水头降落 $\mathrm{d}h$，则在 $\mathrm{d}t$ 时段内流经试样的水量为

$$\mathrm{d}Q = -a\,\mathrm{d}h \qquad (5.1)$$

式中负号表示流出水量 Q 随水头的降低而增加。

同一时段内，作用于试样上的水力坡度为 $J = h/L$，根据达西定律，其水量应为

$$\mathrm{d}Q = kJA\,\mathrm{d}t = k\frac{h}{L}A\,\mathrm{d}t \qquad (5.2)$$

式中：A 为盛试样容器的断面面积；J 为水力坡度；L 为试样高度。

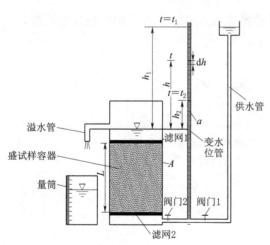

图 5.1 变水头实验装置示意图

由式（5.1）和式（5.2）得

$$\mathrm{d}t = -\frac{aL}{kA}\frac{\mathrm{d}h}{h} \qquad (5.3)$$

对式（5.3）的左边从时间 t_1 到 t_2，右边从水头 h_1 到 h_2 积分得

$$t_2 - t_1 = \frac{aL}{kA} \ln \frac{h_1}{h_2} \tag{5.4}$$

则由式（5.4）得渗透系数为

$$k = \frac{aL}{A(t_2 - t_1)} \ln \frac{h_1}{h_2} \tag{5.5}$$

第 4 章已从水流的动量平衡原理和司托克斯方程分析了达西渗透系数的影响因素，这一章从量纲分析原理和圆管的层流理论继续分析影响渗透系数的相关因素。

已知影响实际渗透流速 v' 的因素有水流的压强梯度 $\Delta p/L$、水流的密度 ρ 和动力黏滞系数 μ、土壤的平均粒径 d 和某些无量纲系数（如颗粒的形状系数 λ_1、粒径大小的分布和充填方式 λ_2 等）。写成公式为

$$F(v', \Delta p/L, \rho, \mu, d, \lambda_1, \lambda_2, \cdots) = 0 \tag{5.6}$$

对式（5.6）进行量纲分析，可得

$$F\left(\frac{\Delta p/L}{d^{-1}\rho v'^2}, \frac{\mu}{d\rho v'}, \lambda_1, \lambda_2, \cdots\right) = 0 \tag{5.7}$$

式（5.7）可以写成

$$\frac{d\Delta p/L}{\rho v'^2} = f_1\left(\frac{\mu}{d\rho v'}, \lambda_1, \lambda_2, \cdots\right) \tag{5.8}$$

式（5.8）可以进一步写成

$$\frac{d\Delta p/L}{\rho v'^2} = \frac{\mu}{d\rho v'} f_2(\lambda_1, \lambda_2, \cdots) \tag{5.9}$$

整理式（5.9）得

$$v' = \frac{d^2\Delta p}{L\mu} f_3(\lambda_1, \lambda_2, \cdots) = \frac{\gamma}{\mu} d^2 f_3(\lambda_1, \lambda_2, \cdots) \frac{\Delta p/\gamma}{L} \tag{5.10}$$

式中：$\Delta p/\gamma = \Delta h$ 为测压管水头差；$\Delta h/L = J$ 为水力坡度。

将式（5.10）中水流通过土壤的实际流速用断面平均流速来表示，即 $v = nv'$，则式（5.10）变为

$$v = \frac{\gamma}{\mu} n d^2 f_3(\lambda_1, \lambda_2, \cdots) J \tag{5.11}$$

式中：n 为孔隙率。

设 $K = nd^2 f_3(\lambda_1, \lambda_2, \cdots)$ 为土壤的透水率，则

$$v = K \frac{\gamma}{\mu} J \tag{5.12}$$

设 $k = K \dfrac{\gamma}{\mu}$ 为渗透系数，则

$$v = K \frac{\gamma}{\mu} J = kJ \tag{5.13}$$

通过比较第 4 章的式（4.14）可以看出，由量纲分析得到的渗透流速与水力坡度的关系与理论分析完全一致。影响渗透系数的因素仍然为土壤的透水率 K、水流的重度 γ 和动力黏滞系数 μ。

如果从管流的层流流速分布公式分析，也可以得到同样的结论。

由水力学已知水在圆管中做层流运动时的流速公式为

$$v' = \frac{\gamma}{8\mu} R^2 J \tag{5.14}$$

式中：R 为圆管的半径；v' 为水流在圆管中流动的流速。

设土柱中渗流层的厚度为 L，断面面积为 A，体积为 V，渗流层的孔隙率为 n，孔隙体积为 nV，在体积 V 中颗粒所占的体积为 V_d，则有

$$V = V_d + nV \tag{5.15}$$

由式（5.15）得

$$V_d / V = 1 - n \tag{5.16}$$

再设渗流层中颗粒的平均粒径为 d，单个颗粒的体积 V'_d 为

$$V'_d = \pi d^3 / 6 \tag{5.17}$$

设渗流层中有 N 颗平均粒径为 d 的颗粒，则体积 V 中颗粒所占的体积 V_d 为

$$V_d = NV'_d = N\pi d^3 / 6 \tag{5.18}$$

土柱中厚度为 L、半径为 R 的渗流层的体积 V 为

$$V = \pi R^2 L \tag{5.19}$$

比较式（5.18）和式（5.19）得

$$\frac{V_d}{V} = \frac{N\pi d^3}{6\pi R^2 L} = \frac{Nd^3}{6R^2 L} \tag{5.20}$$

将式（5.16）代入式（5.20）得

$$R^2 = \frac{Nd^3}{6(1-n)L} \tag{5.21}$$

将式（5.21）代入式（5.14）得

$$v' = \frac{Nd^3}{48L} \frac{\gamma}{\mu} \frac{1}{1-n} J \tag{5.22}$$

渗流的断面平均流速为 $v = nv'$，则 $v' = v/n$，代入式（5.22）得

$$v = \frac{Nd^3}{48L} \frac{n}{1-n} \frac{\gamma}{\mu} J = K \frac{\gamma}{\mu} J = kJ \tag{5.23}$$

其中

$$k = K \frac{\gamma}{\mu}, \quad K = \frac{Nd^3}{48L} \frac{n}{1-n}$$

因为 N、L 为常数，所以由式（5.23）可以看出，影响渗流系数的主要因素仍为土壤的孔隙率 n、颗粒的粒径 d、水流的动力黏滞系数 μ 和水流的重度 γ，与量纲分析完全一致。

5.3　实验设备和仪器

实验设备为自循环变水头达西渗透实验系统，如图 5.2 所示。实验设备由底座、盛土壤容器、供水箱、水泵、稳水箱、变水位管和进水部分组成。

底座相当于仪器的底盘，在底座的两端设手孔，以方便仪器搬运。盛土壤容器为圆

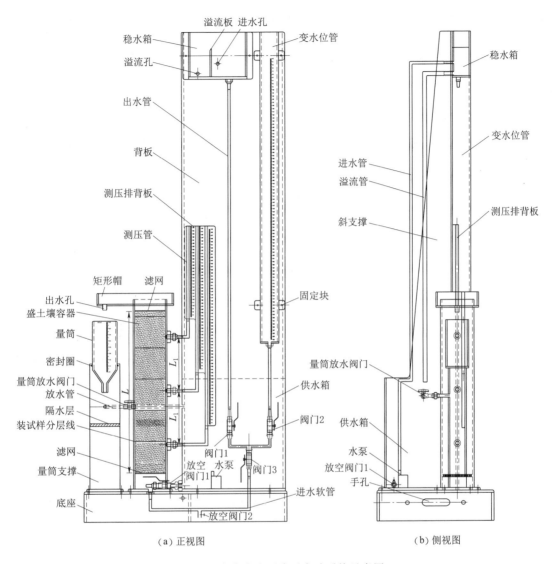

溢流板 进水孔
稳水箱
变水位管
溢流孔
出水管
背板
测压排背板
测压管
矩形帽 滤网
出水孔
盛土壤容器
量筒
密封圈
量筒放水阀门
放水管
隔水层
装试样分层线
滤网
量筒支撑
底座
固定块
供水箱
阀门2
阀门1 放空 水泵 阀门3
阀门1
进水软管
放空阀门2

（a）正视图

稳水箱
变水位管
进水管
溢流管
斜支撑
测压排背板
量筒放水阀门
供水箱
水泵
放空阀门1
手孔

（b）侧视图

图 5.2 变水头达西渗透实验系统示意图

形，用透明有机玻璃制作。盛土壤容器上刻画了装试样分层线，在盛土壤容器的底部设进水软管，进水软管上设放空阀门2以放空盛土壤容器内的水，底部以上一定距离处安装滤网，在滤网上部装填实验土壤。在盛土壤容器的上部再设一层滤网，滤网上面设矩形帽，矩形帽的底部为出水孔。出水孔的水流流入下部的量筒中，量筒固定在量筒下面的量筒支撑上，并在量筒与量筒支撑周围设密封圈，以防水流溢出，量筒支撑和量筒之间设隔水层，在量筒支撑的侧面设量筒放水阀门和放水管，放水管与供水箱相连通。

进水部分由供水箱、放空阀门1、水泵、背板、稳水箱、进水软管、变水位管、阀门1、阀门2、阀门3和斜支撑组成。供水箱和水泵的作用是给仪器供水，在供水箱下部设放空阀门1，以放空供水箱中的水。背板的作用是支撑测压管、稳水箱和变水位管，在背板的后面设一斜支撑，以保证背板的稳定性。在稳水箱中设进水管、溢流板、溢流管和出水管。进水管与水泵用软管相连接，溢流板的作用是保持稳水箱中的水头恒定，溢流管与供水箱用软管相连接。出水管与阀门 1、阀门 2 和阀门 3 相连接。变水位管通过阀门 2、阀门 3 与进水软管相连接，变水位管上设测尺，以测量管中的水位变化和渗流的水力坡度。

测量仪器为量筒、捣实棒、秒表、洗耳球、测尺和温度计。

变水头达西渗透实验装置既可以测量变水头渗流的渗透系数，也可以测定恒定水头渗流的渗透系数，测量时只要将阀门 2 关闭，即变为恒定水头测量装置。为了用变水位渗流实验装置测量恒定水头的渗透系数，在盛土壤容器的侧面设置 3 根测压管，以用于恒定水头测量，设置 3 根测压管的目的见第 4 章。

5.4　实验方法和步骤

（1）准备土样。对土样进行筛分，测定土样的平均粒径 d 或 d_{50} 或 d_{10} 以及孔隙率 n。

（2）记录已知数据，如盛土壤容器的直径 D 和面积 A、变水位管的直径 d_0 和面积 a、实验土样的高度 L。

（3）在盛土壤容器中装入实验土样。实验土样应分层装填，首先计算出每层的体积，然后按照重量法计算出每层体积应该装填的土样重量；将称量好的土样装入盛土壤容器，边装边用捣实棒轻轻捣实，每层的捣实以所装填的土样刚好达到该层规定的厚度为止。

（4）待第一层实验土样装填完成后，再装入下一分层的实验土样，直至全部装填完成为止。

（5）打开水泵，使稳水箱盛满水，并保持溢流状态。

（6）打开量筒放水阀门。

（7）打开阀门 1 和阀门 2，关闭阀门 3，使水流进入变水位管，要保持变水位管中有一定的水位。

（8）关闭阀门 1 和进水软管上的放空阀门 2，打开阀门 3，使水流通过进水软管进入盛土壤容器中，从盛土壤容器上面的矩形帽中流出，并从矩形帽下面的出水孔流入量筒中，再从量筒放水阀门经放水管流入供水箱。

（9）当出水孔有水流流出时，开始记录变水位管中的水面读数、起始时间，按照预定时间间隔（或水头间隔）记录水头和时间的变化（每次测定的水头差应大于 10cm）。

（10）将变水位管中的水位变换高度，待水位稳定后根据步骤（7）～步骤（9）重复实验，一般需要重复 5～6 次。

（11）测量水温。

（12）实验结束后将仪器恢复原状。

（13）如果长时间不进行实验，应该打开放空阀门 2 放空盛土壤容器内的水，以防水变质。

如果要测量恒定水头渗流的渗透系数，只需要在实验时将阀门 2 关闭，其实验方法见第 4 章的恒定水头达西渗透实验。

5.5 数据处理和成果分析

实验设备名称：　　　　　　　　　　　　　　仪器编号：

同组学生姓名：

已知数据：盛土壤容器直径 $D=$ 　　cm；盛土壤容器面积 $A=$ 　　cm²；

　　　　　盛土壤高度 $L=$ 　　cm；变水位管直径 $d_0=$ 　　cm；

　　　　　变水位管面积 $a=$ 　　cm²；土壤粒径 $d(d_{10})=$ 　　mm；

　　　　　水温 $T=$ 　　℃；水流运动黏滞系数 $\nu=$ 　　cm²/s。

1. 变水位达西渗透实验记录及计算

变水位达西渗透实验记录及计算见表 5.1。

表 5.1　　　　　　　　变水位达西渗透实验记录及计算表

测次	h_1 /cm	h_2 /cm	时间 t_1 /s	时间 t_2 /s	k /(cm/s)	k_{10} /(cm/s)
1						
2						
3						
4						
5						

学生签名：　　　　　教师签名：　　　　　　　实验日期：

2. 成果分析

（1）根据已知的盛土壤容器面积 A，盛土壤高度 L，变水位管面积 a 和每次测量的水头 h_1、h_2，时间 t_1、t_2，代入式（5.5）直接计算渗透系数 k。

（2）根据多次测量的渗透系数 k，取其均值即为试样的渗透系数。

（3）将实测的渗透系数换算为温度为 10℃时的标准渗透系数，换算方法见第 4 章。

5.6　实验中应注意的事项

（1）在测量变水位管中的水位 h_1、h_2 时，应同时记录时间 t_1、t_2，否则可能会因为读数不同步造成较大的测量误差。

（2）应同时准备两块秒表测量时间，这是因为水头从 h_1 下降到 h_2 时需要记录时间，但这时水头还在变化，从 h_2 继续向下降落，同时还需要记录继续向下降落的水位和时间，这时可以用另一块秒表记录这段时间，以此类推。

思　考　题

1. 变水头实验与定水头实验在实验方法上有什么区别？

2. 在什么情况下需要用变水头的方法测定渗透系数？

3. 对于同一试样，定水头实验和变水头实验测量的结果是否相同？

第6章 土壤垂直渗吸实验

6.1 实验目的和要求

（1）掌握积水条件下土壤累积入渗量和入渗率的测量方法。

（2）掌握积水条件下土壤渗吸过程中湿润锋位置的测量方法。

（3）掌握土壤渗吸速度的测量方法。

（4）根据实验绘制土壤渗吸速度（土壤渗吸率）随时间的变化关系，分析其变化规律，并与 Green - Ampt 入渗模型进行比较，验证 Green - Ampt 入渗模型的正确性。

6.2 实验原理

入渗是水分垂直地或水平地进入土壤的过程。对于垂直入渗，有许多入渗模型，如 Philip 入渗模型、Green - Ampt 入渗模型、王文焰的浑水入渗模型等，这里介绍 Green - Ampt 入渗模型[1]。

Green - Ampt 入渗模型是根据毛细管理论提出的近似入渗模型。这种入渗模型对入渗过程及土壤水分布情况进行分析和概化，有 4 个基本假设：①土壤初始含水量是均匀分布的，且入渗过程为积水入渗，表面有薄层积水；②在入渗过程中存在明显的湿润锋，且湿润锋面为水平面；③湿润后的土壤其含水量为饱和含水量，导水率为饱和导水率；④湿润锋处的土水势为固定不变的。

Green - Ampt 入渗原理如图 6.1 所示。设土壤表面积水深度为 H，不随时间而变，湿润锋处土壤水吸力为 s_f，被认为是某一定值，湿润锋的位置为 z，随时间变化。把坐标原点取在地表处，z 向下为正，地表处的总水势为 H，湿润锋面处的总水势为 $-(s_f + z)$，故其水势梯度为 $[-(s_f + z) - H]/z$，由达西定律可求出地表处的入渗率（入渗速度）为[1]

$$f(t) = K(\theta_s) \frac{z + s_f + H}{z} \quad (6.1)$$

式中：$f(t)$ 为入渗率（入渗流速），即单位时间、单位面积土壤表面入渗的水量；

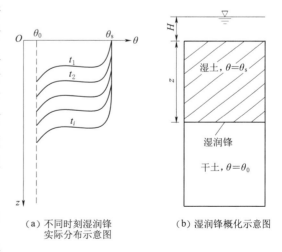

（a）不同时刻湿润锋
实际分布示意图　　（b）湿润锋概化示意图

图 6.1　Green - Ampt 入渗原理示意图

$K(\theta_s)$ 为饱和导水率。

式 (6.1) 即为入渗率 $f(t)$ 与湿润锋 z 的关系。Green - Ampt 入渗公式中的表面积水深度可以根据实验条件确定，湿润锋深度 z 可以根据累积入渗量确定，累积入渗量为

$$F(t) = (\theta_s - \theta_0)z \qquad (6.2)$$

式中：$F(t)$ 为累积入渗量，即一定时段内通过单位土壤表面入渗的累积水量；θ_s 为土壤饱和含水量；θ_0 为初始土壤含水量。

由入渗率与入渗量的关系可得

$$f(t) = \frac{\mathrm{d}F(t)}{\mathrm{d}t} = (\theta_s - \theta_0)\frac{\mathrm{d}z}{\mathrm{d}t} \qquad (6.3)$$

由式 (6.1) 和式 (6.3) 得

$$\frac{\mathrm{d}z}{\mathrm{d}t} = \frac{K(\theta_s)}{\theta_s - \theta_0}\frac{z + s_f + H}{z} \qquad (6.4)$$

对式 (6.4) 积分得

$$t = \frac{\theta_s - \theta_0}{K(\theta_s)}\left[z - (s_f + H)\ln\frac{z + s_f + H}{s_f + H}\right] \qquad (6.5)$$

式 (6.1)、式 (6.2) 和式 (6.5) 即为 Green - Ampt 入渗模型的主要入渗关系式。式中 θ_0、θ_s、$K(\theta_s)$ 和 H 为已知，由式 (6.5) 可得 z 与 t 的关系，代入式 (6.2) 和式 (6.3) 可得到 $F(t)$ 与 t 和 $f(t)$ 与 t 的关系。

由于式 (6.5) 为隐函数关系式，其中 z 实际上是 t 的函数，因此求解式 (6.5) 的解析解是比较困难的。在计算时可以假定 z 求时间 t，也可以假定时间 t 求 z，但要让等式成立就需要试算。是否可以得到累积入渗量和入渗率的显式公式呢？应该是可以的，其方法是将式 (6.5) 中右端的对数项用泰勒级数展开，设对数项为

$$f(z) = \ln\frac{z + s_f + H}{s_f + H} = \ln\left(1 + \frac{z}{s_f + H}\right) \qquad (6.6)$$

将式 (6.6) 用泰勒级数展开为

$$f(z) = \ln\left(1 + \frac{z}{s_f + H}\right) = f(0) + f'(0)z + \frac{1}{2!}f''(0)z^2 + \frac{1}{3!}f'''(0)z^3 + \cdots$$

$$= 0 + \frac{z}{(s_f + H)} - \frac{1}{2}\left(\frac{z}{s_f + H}\right)^2 + \frac{1}{3}\left(\frac{z}{s_f + H}\right)^3 + \cdots \qquad (6.7)$$

文献 [3] 认为，当 $z \ll s_f + H$ 时，作为近似计算，可以取级数的前两项，即

$$\ln\frac{z + s_f + H}{s_f + H} = \frac{z}{s_f + H} - \frac{1}{2}\left(\frac{z}{s_f + H}\right)^2 \qquad (6.8)$$

将式 (6.8) 代入式 (6.5) 得

$$t = \frac{1}{2}\frac{\theta_s - \theta_0}{K(\theta_s)}\frac{z^2}{s_f + H} \qquad (6.9)$$

由式 (6.9) 解出 z 得

$$z = \sqrt{\frac{2K(\theta_s)(s_f + H)}{\theta_s - \theta_0}t} \qquad (6.10)$$

对式 (6.10) 求 t 的导数得

$$\frac{\mathrm{d}z}{\mathrm{d}t} = \sqrt{\frac{K(\theta_s)(s_f + H)}{2(\theta_s - \theta_0)}} t^{-1/2} \tag{6.11}$$

将式 (6.10) 代入式 (6.2) 得累积入渗量的近似公式为

$$F(t) = (\theta_s - \theta_0)z = (\theta_s - \theta_0)\sqrt{\frac{2K(\theta_s)(s_f + H)}{\theta_s - \theta_0}t} = \sqrt{2K(\theta_s)(\theta_s - \theta)(s_f + H)t} \tag{6.12}$$

将式 (6.11) 代入式 (6.3) 得入渗率的近似计算公式为

$$f(t) = (\theta_s - \theta_0)\sqrt{\frac{K(\theta_s)(s_f + H)}{2(\theta_s - \theta_0)}} t^{-1/2} = \sqrt{\frac{K(\theta_s)(\theta_s - \theta_0)(s_f + H)}{2t}} \tag{6.13}$$

式 (6.12) 和式 (6.13) 均为显式计算公式。其形式与考斯加可夫 (Костяков) 的公式相同[2]。

如果将式 (6.10) 代入式 (6.1) 可得

$$f(t) = K(\theta_s) + \sqrt{\frac{K(\theta_s)(\theta_s - \theta_0)(s_f + H)}{2t}} \tag{6.14}$$

令 $S = \sqrt{2K(\theta_s)(\theta_s - \theta_0)(s_f + H)}$，则

$$f(t) = K(\theta_s) + \frac{1}{2}St^{-1/2} \tag{6.15}$$

式中：S 为吸渗率；$K(\theta_s)$ 为饱和导水率，在此可以看作是稳渗率。

式 (6.15) 与 Philip 的入渗率公式形式相同[1]。

为了提高计算精度，可以取级数的前三项作为近似计算，则

$$\ln\left(\frac{z + s_f + H}{s_f + H}\right) = \frac{z}{(s_f + H)} - \frac{1}{2}\left(\frac{z}{s_f + H}\right)^2 + \frac{1}{3}\left(\frac{z}{s_f + H}\right)^3 \tag{6.16}$$

将式 (6.16) 代入式 (6.5) 整理得

$$z^3 - \frac{3}{2}(s_f + H)z^2 + \frac{3K(\theta_s)(s_f + H)^2 t}{\theta_s - \theta_0} = 0 \tag{6.17}$$

式 (6.17) 为三次代数方程，可以按照卡尔丹诺 (Cardano) 的方法求解[4]，略去求解过程得

$$z = 2\sqrt{-p}\cos\left(\frac{\alpha}{3} + \frac{4\pi}{3}\right) + \frac{1}{2}(s_f + H) \tag{6.18}$$

$$\alpha = \arccos\left(\frac{q}{p\sqrt{-p}}\right) \tag{6.19}$$

$$q = -\frac{1}{8}(s_f + H)^3 + \frac{3}{2}\frac{K(\theta_s)(s_f + H)^2 t}{\theta_s - \theta_0} \tag{6.20}$$

$$p = -\frac{1}{4}(s_f + H)^2 \tag{6.21}$$

将式 (6.21) 代入式 (6.18) 得

$$z = (s_f + H)\cos\left(\frac{\alpha}{3} + \frac{4\pi}{3}\right) + \frac{1}{2}(s_f + H) \tag{6.22}$$

将式 (6.20) 和式 (6.21) 代入式 (6.19) 得

$$\alpha = \arccos\left[1 - \frac{12K(\theta_s)t}{(\theta_s - \theta_0)(s_f + H)}\right] \tag{6.23}$$

将式（6.22）代入式（6.1）和式（6.2）得入渗率和累积入渗量的计算公式为

$$f(t) = K(\theta_s) + \frac{2K(\theta_s)}{1 + 2\cos(\alpha/3 + 4\pi/3)} \tag{6.24}$$

$$F(t) = (\theta_s - \theta_0)(s_f + H)\left[\cos\left(\frac{\alpha}{3} + \frac{4\pi}{3}\right) + \frac{1}{2}\right] \tag{6.25}$$

算例：本算例来自原陕西机械学院李长兴的硕士论文[2]。已知陕北子州土的饱和含水量 $\theta_s = 47.16\%$，初始含水量 $\theta_0 = 28.0\%$，饱和导水率 $K(\theta_s) = 0.1635\text{mm/min}$，吸力 $s_f = 1550\text{mm}$，积水深度 $H = 100\text{mm}$，试求入渗过程湿润锋 z 随入渗时间 t 的变化关系和土壤入渗率的表达式。

解：

将 $\theta_s = 47.16\%$，$\theta_0 = 28.0\%$，$K(\theta_s) = 0.1635\text{mm/min}$，$s_f = 1550\text{mm}$，$H = 100\text{mm}$ 代入式（6.5）得

$$t = 1.172\left(z - 1650\ln\frac{z + 1650}{1650}\right)$$

假设一个 z，由上式求得时间 t，计算结果见表 6.1 的第 1 列和第 2 列。为了比较，还利用表 6.1 中求出的时间 t，用式（6.10）和式（6.22）分别计算了湿润锋 z，计算结果亦列入表 6.1 中，表中的误差分别为式（6.10）和式（6.22）与式（6.5）的误差。由表 6.1 可以看出，如果以式（6.5）的计算结果为标准，则式（6.10）和式（6.22）的误差均随着湿润锋的增加而增大，且式（6.10）的误差大于式（6.22）的误差，在计算的范围内，式（6.10）的最大误差为 8.616%，式（6.22）的最大误差为 2.643%。由此可以看出，用式（6.22）代替式（6.5），既可以避免试算的困难，而且计算精度也较高，建议采用式（6.22）计算湿润锋，用式（6.24）和式（6.25）计算入渗率和累积入渗量。

表 6.1　　　　　　　　　　　　计算的 z 和 t 关系

t/min	式(6.5) z/mm	式(6.10) z/mm	误差 %	式(6.22) z/mm	误差 %	t/min	式(6.5) z/mm	式(6.10) z/mm	误差 %	式(6.22) z/mm	误差 %
0.000	0	0.00	0.000	0.00	0.523	2.776	90	88.42	1.761	90.07	−0.095
0.035	10	9.93	0.722	9.95	−0.036	3.414	100	98.05	1.949	100.10	−0.114
0.141	20	19.93	0.368	20.01	−0.043	4.115	110	107.65	2.139	110.13	−0.140
0.316	30	29.83	0.565	30.01	0.000	4.879	120	117.22	2.321	120.17	−0.161
0.559	40	39.68	0.811	40.00	−0.009	5.704	130	126.74	2.509	130.21	−0.192
0.870	50	49.50	1.006	50.00	−0.024	6.591	140	136.24	2.688	140.27	−0.215
1.248	60	59.28	1.196	60.01	−0.065	7.537	150	145.69	2.876	150.32	−0.248
1.693	70	69.05	1.361	70.05	−0.063	8.544	160	155.11	3.054	160.40	−0.278
2.202	80	78.75	1.568	80.05	−0.077	9.609	170	164.50	3.237	170.47	−0.313

续表

t/min	式(6.5)	式(6.10)	误差	式(6.22)	误差	t/min	式(6.5)	式(6.10)	误差	式(6.22)	误差
	z/mm	z/mm	%	z/mm	%		z/mm	z/mm	%	z/mm	%
10.733	180	173.85	3.416	180.56	−0.350	38.191	350	327.94	6.302	354.28	−1.222
11.915	190	183.17	3.592	190.67	−0.385	40.266	360	336.73	6.463	364.67	−1.297
13.153	200	192.46	3.772	200.77	−0.425	42.389	370	345.50	6.622	375.09	−1.375
14.448	210	201.71	3.949	210.89	−0.470	44.560	380	354.23	6.780	385.53	−1.456
15.800	220	210.93	4.121	221.03	−0.513	46.777	390	362.94	6.939	396.00	−1.538
17.206	230	220.12	4.296	231.18	−0.560	49.041	400	371.62	7.095	406.50	−1.624
18.667	240	229.27	4.469	241.34	−0.608	51.350	410	380.27	7.252	417.02	−1.712
20.182	250	238.40	4.641	251.52	0.523	53.706	420	388.89	7.407	427.58	−1.804
21.751	260	247.49	4.812	261.71	−0.659	56.106	430	397.49	7.561	438.16	−1.897
23.373	270	256.55	4.981	271.92	−0.713	58.551	440	406.06	7.715	448.78	−1.994
25.047	280	265.58	5.150	282.15	−0.768	61.041	450	414.60	7.867	459.43	−2.095
26.773	290	274.58	5.318	292.39	−0.825	63.574	460	423.11	8.019	470.11	−2.198
28.551	300	283.55	5.484	302.66	−0.886	66.151	470	431.60	8.169	480.83	−2.305
30.379	310	292.49	5.650	312.94	−0.948	68.771	480	440.07	8.319	491.59	−2.414
32.258	320	301.40	5.814	323.24	−1.013	71.433	490	448.51	8.468	502.38	−2.527
34.187	330	310.28	5.977	333.57	−1.081	74.138	500	456.92	8.616	513.22	−2.643
36.164	340	319.12	6.141	343.91	−1.150						

将有关参数代入式（6.23）、式（6.24）和式（6.25）得

$$\alpha = \arccos\left[1 - \frac{12K(\theta_s)t}{(\theta_s - \theta_0)(s_f + H)}\right] = \arccos\left(1 - \frac{1.962t}{316.14}\right)$$

$$f(t) = 0.1635 + \frac{0.327}{1 + 2\cos\left[\dfrac{\arccos(1 - 1.962t/316.14)}{3} + \dfrac{4\pi}{3}\right]}$$

$$F(t) = 323.4\left\{\cos\left[\frac{\arccos(1 - 1.962t/316.14)}{3} + \frac{4\pi}{3}\right] + \frac{1}{2}\right\}$$

6.3 实验设备和仪器

6.3.1 土壤垂直渗吸实验的设备和仪器

实验设备如图 6.2 所示。由图中可以看出，实验设备由实验台、背板、马氏瓶、垂直土柱 4 部分组成。实验台由底座支撑。实验台上设有背板，背板用支撑固定在实验台上。马氏瓶由固定螺丝固定在背板上，马氏瓶长 5cm、宽 3cm、高 25cm，马氏瓶上设有灌水漏斗、进水通气管、马氏瓶进气口、放气阀、测尺和进水阀。垂直土柱放在实验台上，土柱直径为 5cm、高为 19cm，土柱上有测尺，土柱下方设透水隔板和排水孔。马氏瓶和土

柱之间由软管连接。

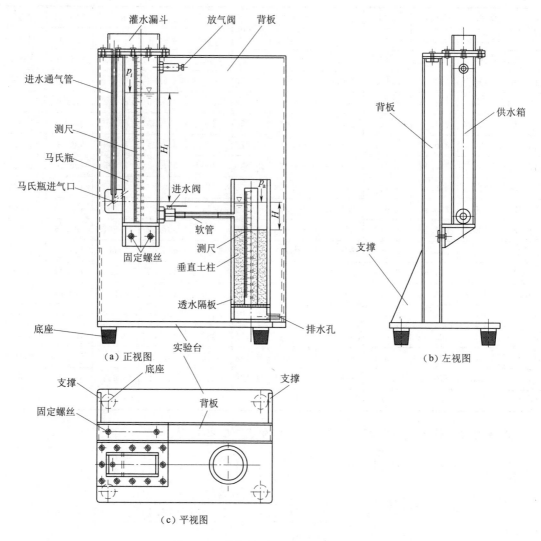

图 6.2　土壤垂直渗吸实验设备示意图

实验仪器为秒表、量筒、烧杯、带手把的滤纸、止水夹、洗耳球、直尺、橡皮捣实锤、毛刷等。

当马氏瓶通过软管给土柱供水时，马氏瓶内水面以上的空气压强为 p_i，水深为 H_i，马氏瓶进气口的压强为该水平面的大气压强 p_a，土柱土壤表层的水面与马氏瓶进气口同高，压强也为 p_a，土柱土壤表面以上积水深度为 H，如图 6.2 所示，以土柱的土壤表面为基准面，由能量方程可得

$$p_a + \gamma H = p_i + \gamma H_i + \gamma H \qquad (6.26)$$

式中：H_i 为马氏瓶进气口以上的水深；γ 为水的重度；H 为土柱表面以上积水深度。

当土壤吸渗水分，使得土柱表层的水面下降，H 减小，这时式（6.26）左面的压强小于式（6.26）右面的压强。为了保持平衡，马氏瓶中的水流将流向土柱，瓶内进气口以

上的水深 H_i 减小，瓶内该平面的压强低于进气口处同平面的大气压强，马氏瓶进气口外的大气压将气体压入瓶内，表象上可以观察到自进气口有气泡进入瓶内，以增大马氏瓶内水面以上空气的压强 p_i，同时土柱土壤表面的水深增加至原水深 H，马氏瓶中的水流停止流动，以达到新的平衡。以上过程不断反复，使得马氏瓶中的水流自动供给土柱土壤，以保持水深 H_i 基本维持稳定。由此可见，利用马氏瓶提供稳定水头的供水系统，土面以上工作水头实际上是不稳定的，土面以上水位一直处于微小的波动状态，根据相关测试数据分析，马氏瓶各部分设计比较理想时，所提供的水位可以稳定在 1mm 之内，如果设计不合理，水位的波动幅度可以达到 5mm 之多，严重的水位波动会造成测量数据的波动，引起较大的实验误差。因此，在使用马氏瓶作为恒定水头供水装置时，一定要认真分析使用条件，从而设计出各部分的合理结构。马氏瓶作为恒定水位供水装置在许多实验中得到广泛使用，以上介绍的马氏瓶装置是在马里奥特原创原理上进行适当改进后的结构形式，近些年来，根据实验需要，张建丰基于马里奥特基本原理对马氏瓶进行了系列研究和创新，分别介绍如下。

6.3.2 串联式恒压供液装置

串联式恒压供液装置是根据马氏瓶原理设计的，其工作原理如图 6.3 所示，图中 A 为密闭容器，E 为用水单元。在密闭容器的侧面设进气孔 B。设密闭容器内水面上作用的压强为 p_i，进气口的压强为大气压强 p_a，密闭容器内水深为 H_i；由于用水单元 E 顶部为开敞式，用水单元 E 液面上作用的压强亦为大气压强 p_a，所以点 B、C、D 为等压面，以等压面 0 - 0 为基准面，则由能量方程得

$$p_a = p_i + \gamma H_i \qquad (6.27)$$

式中：p_i 为密闭容器内水面上的气体压强；H_i 为容器内液面至 0—0 线的高度，即等压面以上水深。

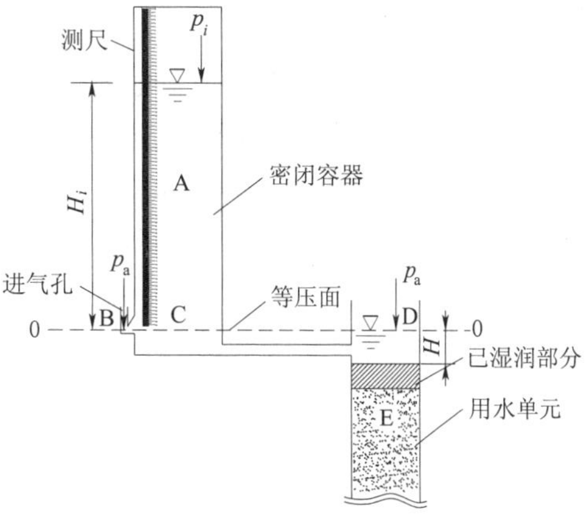

由式（6.27）可以看出，作用在密闭容器液面上的压强 p_i 小于大气压强 p_a，即为负压强。

图 6.3 串联式恒压供液装置工作原理图

当用水单元 E 用水时，D 点处的液面要下降，这时各点的压力将不再平衡，C 点的压强大于 D 点的压强，形成压强差，密闭容器 A 中将有液体在此压力差的作用下流向用水单元 E 中，则密闭容器 A 中的液面将下降，水深 H_i 会减小，因此，$\gamma H_i + p_i < p_a$，在大气压的作用下，将有空气通过进气口的 B 点进入到密闭容器 A 中，以提高 p_i，使系统重新达到平衡。随着用水单元 E 中液体量的不断需求，以上供液和进气的过程将不断重复。当然，只有当 B 点的供气能力大于从密闭容器 A 中向用水单元 E 中供液的能力时，这一稳定状态才能够保持。

在许多情况下，需要测量用水单元 E 中用液量的变化过程，这一要求可以通过在密闭容器 A 边壁上设置的测尺上读出来。当密闭容器 A 中需液量比较大而且需液过程并不

是很快时，密闭容器 A 的体型就要比较大。这样密闭容器 A 中单位刻度代表的液量就比较大，相应的其读数误差会增加。

为此开发了串联式恒压供液装置，如图 6.4 所示。从图中可以看出，串联式恒压供液装置由密闭容器 1、密闭容器 2 和用水单元构成。

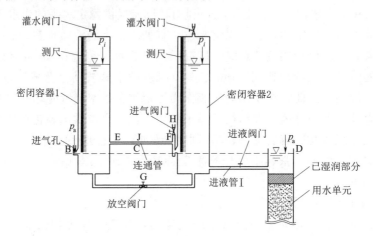

图 6.4　串联式恒压供液装置工作原理图

在密闭容器 1 恒压供液装置上增加了一个出液出气孔 E，在密闭容器 2 恒压供液装置上增加了进液进气孔 F，E 的开孔高度位于大气压面 B、C、D 平面以上，F 的开孔高度比 B、C、D 大气压面略高 3～5mm。在密闭容器 1 恒压供液装置的出水口安装放空阀门 G，在其打开情况下保持密闭容器 1 和密闭容器 2 的水力联系，在实际使用中该阀门应保持开启状态。在密闭容器 2 与用水单元之间设进液管 I，进液管上设进液阀门，在密闭容器 2 恒压供液装置的进气口安装进气阀门 H，串联工作时，H 是关闭的，在密闭容器 1 和密闭容器 2 之间用连通管 J 相连接，用以保持两个容器之间的气体联系。

串联恒压供液装置的工作过程如下。

当密闭容器 1 和密闭容器 2 装置中装满待用液体后，通过进液管 I 和进液阀门向外适当放出待用液，当进气孔 B 有气泡开始进入容器时，说明供液系统已经达到压力平衡状态，可以正常使用。

工作时，随着用水单元的用水，密闭容器 1 中的液体将经密闭容器 2 供给用水单元，密闭容器 1 中的液面开始下降，通过进气孔 B 补充空气给密闭容器 1 中的密封空腔，其过程与上述马氏瓶原理的过程相同。

当密闭容器 1 中的液面下降到 B、C、D 气压面时，空气将由进液进气孔 E 通过密闭容器 2 的进气口进入到密闭容器 2 中，这时密闭容器 2 中的液面开始下降，以后的工作过程与前述过程相同。

6.3.3　高压式恒压供液装置

在相关的实验中，有时需要较高的水头（如 5m 以上的水头）、较小的流量和水量，流量的计量精度要求很高，比如地下渗灌灌水实验，如果用传统的马氏瓶供水，就需要将其放置在很高的位置上，因而给实验操作和数据读取造成困难。为了克服仪器操作和读数的困难，李久生、张建丰等基于传统马氏瓶原理研制了一种新型的供水装置，即高压式恒压供液装置。

高压式恒压供液装置的工作原理是在原马氏瓶内的液面上作用一个压强，此压强大于大气压强，在此压强的作用下，使得原马氏瓶的高度不变，但作用在马氏瓶内的水头提高了，从而实现了较高水头条件下的恒压供水过程，仪器的操作和读数与普通马氏瓶相同。

高压式恒压供液装置如图6.5所示，它由高压气罐、密闭容器（马氏瓶）和用水单元3部分组成。

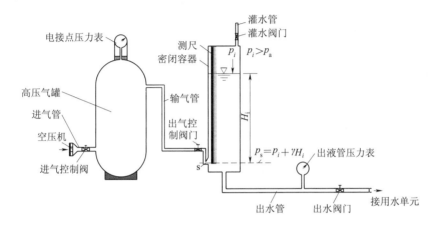

图 6.5　高压式恒压供液装置工作原理图

高压气罐为钢制高压容器，在高压气罐的一侧装空压机作为压力源，在空压机后面装进气管，在进气管上安装进气控制阀控制进气量，高压气罐内的压力大小由电接点压力表测量；电接点压力表可以自动控制高压气罐中的压力，在高压气罐的另一侧设置输气管，输气管上安装出气控制阀门，输气管与密闭容器的进气口（s点）相连通。密闭容器上设读数测尺，顶部设灌水管和灌水阀门，底部设出水管和出水阀门，在出水管上安装出液管压力表，以测量出水管的压力。出水管与用水单元相连通。

高压式恒压供液装置的工作过程如下。

打开密闭容器上的灌水阀门，关闭密闭容器底部出水管上的出水阀门，关闭输气管上的出气控制阀门，用灌水管对密闭容器灌水至顶部附近的某一高度，然后关闭灌水阀门。打开进气管上的进气控制阀，开启空压机给高压气罐充气加压，当压力升至设置的需要值时，电接点压力表接点断开，空压机停止供气。打开出气控制阀门，这时高压气体通过输气管进入密闭容器，使得密闭容器液面上的压强 p_i 大于大气压强 p_a。打开出水管上的出水阀门为供水单元提供恒定水头供水，随着密闭容器内液体的不断流出，高压气罐内的气体不断地注入密闭容器内，从而高压气罐内的压强会有所降低，当罐内压强降至压强的设定下限时，电接点压力表接点闭合，空压机开始工作，给高压气罐补充空气，当压力升至设定的上限时，电接点压力表接点再一次断开，空压机停止供气，如此反复，可保证高压气罐内输出的压强基本保持稳定。为了保证出水管的输出压强达到要求值，高压气罐内压强的下限设定为输出压强的1.1～1.2倍，上限设定为输出压强的1.3倍，高压气罐的体积为密闭容器体积的10倍左右，以防止频繁启动空压机而影响输出压强的稳定。

6.4　实验方法和步骤

以下实验方法和步骤所采用的仪器设备为图 6.2。

（1）取直径 5cm 的滤纸一张，置入垂直土柱透水隔板上。

（2）取自然风干的土碾碎过 2mm 筛，与细粉沙按一定比例混合。

（3）装土样。将混合好的扰动土装进圆柱筒中，装土高度为 11.5cm。在装土样时，应分层装填，每装一层，用橡皮捣实锤捣实，用毛刷将表面刷毛，再装下一层。

（4）将进水阀和垂直土柱之间的软管拔开，使土柱与马氏瓶分离。

（5）给马氏瓶加水。打开马氏瓶上的放气阀，关闭进水阀。用盛水量筒通过灌水漏斗给马氏瓶灌水，当马氏瓶中水面到达放气阀出口高度附近时为止。如果在灌水过程中灌水漏斗不下水，可用洗耳球将灌水漏斗中的空气排出，空气排出后再继续灌水。马氏瓶水位达到要求时将放气阀关闭。

（6）缓慢打开进水阀门，当马氏瓶进气口开始有气泡进入马氏瓶时，关闭进水阀。并观察进水通气管中水位是否稳定在马氏瓶进气口附近，如果水位稳定，说明马氏瓶可以正常工作。

（7）连接进水阀和垂直土柱之间的软管。

（8）已知土柱的直径为 5cm，土层表面以上的水深为 2cm，土层表面以上水的体积为 39.27cm^3，用烧杯盛入体积为 39.27cm^3 的水量待用。

（9）在土样的表面盖一层带手把的滤纸。

（10）记录马氏瓶中的初始水位。

（11）各项工作准备好后，打开进水阀，紧接着将量杯中备用的水倒入土柱上端，倒水时动作要轻，以免扰动土样。备用水倒入后，取出带手把的滤纸，进水阀打开的同时用秒表开始计时。

（12）测量和记录。在初始时入渗速度快，一般每 60s 记录一次马氏瓶的水位读数，同时用测尺测量土壤湿润峰的位置，以后随着入渗速度减小，记录时间的间隔可适当加大至 300s 左右，直到土柱中的土壤完全发生渗透，且土柱下端出水并达到稳定为止。

（13）实验结束后将仪器恢复原状。

6.5　数据处理和成果分析

实验设备名称：　　　　　　　　　　　　仪器编号：

同组学生姓名：

已知数据：马氏瓶长 $a=$　　 cm；宽 $b=$　　 cm；马氏瓶横截面积 $A_1=$　　 cm^2；

土柱半径 $R=$　　 cm；土柱横截面积 $A_2=$　　 cm^2；

土柱高度 $L=$　　 cm；土柱筒表面水深 $H=$　　 cm。

1. 实验记录及计算

垂直入渗实验记录及计算见表 6.2。

表 6.2   垂直入渗实验记录及计算表

时间 t_i /s	间隔时间 Δt /s	累计时间 t /s	马氏瓶 水面读数 /cm	水位下降值 h_i /cm	土柱筒 水面读数 /cm	湿润锋 深度 z_f /cm	累积入渗量 $F(t)$ /cm³	入渗速度 /(cm/min)

学生签名：   教师签名：   实验日期：

2. 成果分析

（1）入渗量的计算。Δt 时段内的入渗量为

$$\Delta F(\Delta t) = h_i A$$

式中：A 为马氏瓶横截面积。

$$h_i = t_i \text{ 时刻的马氏瓶读数} - t_0 \text{ 时刻的马氏瓶读数}$$

累积入渗量为

$$F(t) = A \sum_{i=1}^{n} h_i$$

（2）用式（6.24）和式（6.25）分别计算入渗率和累积入渗量并将计算结果与实际的累积入渗量进行比较，分析其误差以及误差的原因。

（3）也可以在直角坐标系中绘制出入渗量 $F(t)$ 与入渗时间 t 的关系，拟合出方程 $F = F(t)$。然后对其求导数得 $f(t) = \mathrm{d}F(t)/\mathrm{d}t$，即为入渗率（入渗速度）。

（4）在直角坐标系中绘制土壤入渗率（入渗速度）与入渗时间的关系，分析入渗率（入渗速度）随时间的变化规律。

（5）绘制湿润锋运移距离与时间的关系，分析湿润锋随时间的变化规律。

6.6   实验中应注意的事项

（1）实验前首先检查马氏瓶是否漏气，检查的方法是使马氏瓶中充满水，关闭放气阀，如果进水通气管中的水位不断上升，说明马氏瓶上部有漏气现象。漏气的原因可能是放气阀没关紧，也可能是灌水漏斗与水箱之间接缝处漏气，或者马氏瓶粘接缝有开裂。放气阀没关紧产生的漏气，只要将放气阀关紧即可；灌水漏斗与水箱之间接缝处漏气，应打开灌水漏斗与马氏瓶之间的螺栓，将灌水漏斗与马氏瓶之间的接触面擦干净，再涂一薄层

凡士林，然后再上好螺栓即可；马氏瓶粘接缝有开裂时，擦干马氏瓶，用三氯甲烷粘接。处理好后再进行加水工作，如果水位稳定，说明马氏瓶可以正常工作。

（2）在开始实验前，首先打开进水阀让马氏瓶与土柱之间的连接管道完全充水，然后将准备好的备用水用烧杯迅速倒入土柱顶部以提供供水水头所需水量，如果在连接管道中封闭有气囊，将导致短时间内马氏瓶不供水，引起土柱上水位的较大下降，影响实验过程和结果。

（3）在实验过程中，一旦开始测量，中途秒表不能停，直到测量结束才能按下秒表。

思　考　题

1. 马氏瓶工作的原理是什么，为什么能够维持恒定水头？
2. 影响土壤垂直入渗的因素有哪些？
3. 入渗水头对入渗过程有何影响？
4. 串联式马氏瓶与普通马氏瓶相比有什么改进和优点？
5. 高压式马氏瓶的原理是什么，有什么优点和缺点？

参　考　文　献

［1］　雷志栋，杨诗秀，谢森传．土壤水动力学［M］．北京：清华大学出版社，1988.
［2］　李长兴．陕北黄土单点入渗的实验研究及入渗模式在产流计算中的探讨［D］．西安：陕西机械学院，1985.
［3］　同延安．土壤-植物-大气连续体系中水运移理论与方法［M］．西安：陕西科学技术出版社，1998.
［4］　现代工程数学编委会．现代工程数学手册（第Ⅰ卷）［M］．武汉：华中工学院出版社，1985.

第7章　水平土柱吸渗法测定非饱和土壤水分扩散率

7.1　实验目的和要求

（1）掌握水平土柱法测量土壤水分扩散率 $D(\theta)$ 的原理和方法。

（2）掌握水平土柱入渗特征参量的测量和计算方法。

7.2　实验原理

在土水势的作用下水分在土壤中沿水平方向的入渗过程称为水平入渗。

对于一个半无限长的土柱，假定土壤初始含水量为均匀分布，则水平入渗的 Richards 定解方程以及边界条件可表示如下[1]。

定解方程：

$$\frac{\partial \theta}{\partial t} = \frac{\partial}{\partial x}\Big[D(\theta)\frac{\partial \theta}{\partial x}\Big] \tag{7.1}$$

边界条件：

$$\left.\begin{array}{l} \theta(x,\,0)=\theta_0 \\ \theta(0,\,t)=\theta_s \\ \theta(\infty,\,t)=\theta_0 \end{array}\right\} \tag{7.2}$$

式中：$D(\theta)$ 为土壤水分运动的扩散率；θ 为土壤的含水量；θ_0 为初始土壤含水量；θ_s 为进水端的边界土壤含水量，一般为饱和含水量；t 为时间；x 为水平方向的坐标。

土壤水分运动的扩散率 $D(\theta)$ 不为常数，可以利用微分法则分析得到 $D(\theta)$ 与土壤含水量 θ、时间 t 和距离 x 的函数关系。

以水平距离 x 为因变量，X 为土壤含水量 θ 和时间 t 的函数，表示成 $X(\theta,t)$ 为未知函数，已知 $\theta=\theta(x,t)$，在 $\partial\theta/\partial x$ 不等于零处，也即在含水量不随距离变化的位置范围内，对于初始含水量分布一致的土体标本来讲，位置坐标 x 可以通过入渗后湿润锋范围以内的土壤含水量分布曲线函数 $X(\theta,t)$ 来确定，也即在入渗湿润段范围内某点位置 $x=X(\theta,t)$，而对于湿润锋未达到的位置范围，因为 $X(\theta,t)$ 不由含水量 θ 和时间 t 决定，$x\neq X(\theta,t)$。所以在已湿润范围内水平距离 x 的函数关系可以写成为[2-3]

$$x - X(\theta,\,t) \equiv 0 \tag{7.3}$$

对式（7.3）求 x 的偏导数，t 作为常数看待，其对 x 的偏导数为 0，结果为

$$1 - \frac{\partial X(\theta,\,t)}{\partial \theta}\frac{\partial \theta}{\partial x} = 0$$

对式（7.3）求 t 的偏导数，x 作为常数看待，其对 t 的偏导数为 0，结果为

$$-\left(\frac{\partial X(\theta, t)}{\partial \theta}\frac{\partial \theta}{\partial t}+\frac{\partial X(\theta, t)}{\partial t}\right)=0$$

由以上两式可得

$$\frac{\partial \theta}{\partial x}=1\Big/\frac{\partial X(\theta, t)}{\partial \theta} \tag{7.4}$$

$$\frac{\partial \theta}{\partial t}=-\frac{\partial X(\theta, t)}{\partial t}\Big/\frac{\partial X(\theta, t)}{\partial \theta} \tag{7.5}$$

因为在 $\partial\theta/\partial x$ 不等于零范围内，$x=X(\theta,t)$，因此式（7.4）和式（7.5）中 $X(\theta,t)$ 就可以用 x 替代，即式（7.4）和式（7.5）可以写成

$$\frac{\partial \theta}{\partial x}=1\Big/\frac{\partial x}{\partial \theta} \tag{7.6}$$

$$\frac{\partial \theta}{\partial t}=-\frac{\partial x}{\partial t}\Big/\frac{\partial x}{\partial \theta} \tag{7.7}$$

将式（7.6）和式（7.7）代入式（7.1）得以 x 为因变量的方程为

$$\frac{\partial x}{\partial t}=-\frac{\partial}{\partial \theta}\left[\frac{D(\theta)}{\partial x/\partial \theta}\right] \tag{7.8}$$

Boltzman 假设方程（7.8）有解，该解分别是由两个独立变量 θ 和 t 各自的独立函数相乘得到[4]，即

$$x=\eta(\theta)s(t) \tag{7.9}$$

对式（7.9）中的 $\eta(\theta)$ 和 $s(t)$ 求偏导数得

$$\frac{\partial x}{\partial t}=\frac{\mathrm{d}[\eta(\theta)s(t)]}{\mathrm{d}t}=\eta(\theta)\frac{\mathrm{d}s(t)}{\mathrm{d}t} \tag{7.10}$$

$$\frac{\partial x}{\partial \theta}=s(t)\frac{\mathrm{d}\eta(\theta)}{\mathrm{d}\theta} \tag{7.11}$$

将式（7.10）和式（7.11）代入式（7.8）得

$$s(t)\frac{\mathrm{d}s(t)}{\mathrm{d}t}=-\frac{1}{\eta(\theta)}\frac{\partial}{\partial \theta}\left[\frac{D(\theta)}{\mathrm{d}\eta(\theta)/\mathrm{d}\theta}\right] \tag{7.12}$$

式（7.12）的左端为 t 的函数，右端为 θ 的函数，即该式对任一 t 和 θ 均成立。可见等式两端必为同一常数，设该常数为 a，故式（7.12）可以写成

$$s(t)\frac{\mathrm{d}s(t)}{\mathrm{d}t}=-\frac{1}{\eta(\theta)}\frac{\mathrm{d}}{\mathrm{d}\theta}\left[\frac{D(\theta)}{\mathrm{d}\eta(\theta)/\mathrm{d}\theta}\right]=a \tag{7.13}$$

由此得

$$s(t)\frac{\mathrm{d}s(t)}{\mathrm{d}t}=a \tag{7.14}$$

$$-\frac{1}{\eta(\theta)}\frac{d}{\mathrm{d}\theta}\left[\frac{D(\theta)}{\mathrm{d}\eta(\theta)/\mathrm{d}\theta}\right]=a \tag{7.15}$$

对式（7.14）积分得

$$s(t)=[2a(t+c_1)]^{1/2} \tag{7.16}$$

式中：c_1 为积分常数。

将式 (7.16) 代入式 (7.9) 得

$$x = \eta(\theta)\left[2a(t+c_1)\right]^{1/2} \tag{7.17}$$

引入参数 $\lambda(\theta) = (2a)^{1/2}\eta(\theta)$，代入式 (7.17) 得

$$x = \lambda(\theta)(t+c_1)^{1/2} \tag{7.18}$$

由式 (7.2) 的第二个边界条件，当 $t>0$，$x=0$ 时，$\theta=\theta_s$，代入式 (7.18) 可得

$$0 = \lambda(\theta_s)(t+c_1)^{1/2} \tag{7.19}$$

因为式 (7.19) 中的 $t+c_1 \neq 0$，所以

$$\lambda(\theta_s) = 0 \tag{7.20}$$

由式 (7.2) 的第一个边界条件，当 $t=0$，$x>0$ 时，$\theta=\theta_0$，代入式 (7.18) 可得

$$\lambda(\theta_0) = x/\sqrt{c_1} \tag{7.21}$$

由此可知 c_1 必为 0 或 ∞，当 $c_1 \to \infty$ 时，$\lambda(\theta_0)=0$，结果是 $\theta_0=\theta_s$，为饱和稳定流动，与所讨论的问题不符。故 $c_1=0$，即

$$\lambda(\theta_0) = \infty \tag{7.22}$$

将 $c_1=0$ 代入式 (7.18) 得

$$x = \lambda(\theta)t^{1/2} \tag{7.23}$$

或

$$\lambda(\theta) = xt^{-1/2} \tag{7.24}$$

式 (7.23) 和式 (7.24) 即为 Boltzman 变换。

对式 (7.23) 的土壤含水量 θ 和时间 t 求导数，即

$$\frac{\mathrm{d}x}{\mathrm{d}\theta} = t^{1/2}\frac{\mathrm{d}\lambda(\theta)}{\mathrm{d}\theta} \tag{7.25}$$

$$\frac{\mathrm{d}x}{\mathrm{d}t} = \frac{1}{2}\lambda(\theta)t^{-1/2} \tag{7.26}$$

将式 (7.25) 和式 (7.26) 代入式 (7.8)，并将偏微分方程写成常微分方程得

$$-\frac{1}{2t^{1/2}}\lambda(\theta) = \frac{\mathrm{d}}{\mathrm{d}\theta}\left[\frac{D(\theta)}{t^{1/2}\mathrm{d}\lambda(\theta)/\mathrm{d}\theta}\right] \tag{7.27}$$

整理式 (7.27) 得

$$\lambda(\theta)\mathrm{d}\theta = -2\mathrm{d}\left[\frac{D(\theta)\mathrm{d}\theta}{\mathrm{d}\lambda(\theta)}\right] \tag{7.28}$$

对式 (7.28) 积分得

$$\int_{\theta_0}^{\theta}\lambda(\theta)\mathrm{d}\theta = -2D(\theta)\left[\frac{\mathrm{d}\theta}{\mathrm{d}\lambda(\theta)}\right] \tag{7.29}$$

由于式 (7.29) 中的 $\lambda(\theta)$ 为坐标 x 和时间 t 的函数，所以式 (7.29) 表示了土壤含水量 θ 随时间 t 和入渗距离 x 的变化关系。

由式 (7.29) 可得

$$D(\theta) = -\frac{1}{2}\frac{\mathrm{d}\lambda(\theta)}{\mathrm{d}\theta}\int_{\theta_0}^{\theta}\lambda(\theta)\mathrm{d}\theta \tag{7.30}$$

$\lambda(\theta)$ 难以表达成一个解析式，在实用上常将式 (7.30) 改写成差分形式，即

$$D(\theta_i) = -\frac{1}{2}\frac{\Delta\lambda(\theta_i)}{\Delta\theta_i}\sum_{\theta_0}^{\theta}\lambda(\theta_i)\Delta\theta_i \tag{7.31}$$

将式（7.23）的 $\lambda(\theta) = xt^{-1/2}$ 代入式（7.31）得

$$D(\theta_i) = -\frac{1}{2}\frac{\Delta(x_i t^{-1/2})}{\Delta \theta_i}\sum_{\theta_0}^{\theta}(x_i t^{-1/2})\Delta \theta_i = -\frac{1}{2t}\frac{\Delta x_i}{\Delta \theta_i}\sum_{\theta_0}^{\theta}x_i \Delta \theta_i \tag{7.32}$$

式（7.32）即为土壤水分运动的扩散率 $D(\theta)$ 与土壤含水量 θ、入渗距离 x 和时间 t 的差分解关系式。

式（7.32）的计算过程如下

$$D(\theta_1) = -\frac{1}{2t}\frac{\Delta x_1}{\Delta \theta_1}x_1 \Delta \theta_1 \tag{7.33}$$

$$D(\theta_2) = -\frac{1}{2t}\frac{\Delta x_2}{\Delta \theta_2}(x_1 \Delta \theta_1 + x_2 \Delta \theta_2) \tag{7.34}$$

$$D(\theta_3) = -\frac{1}{2t}\frac{\Delta x_3}{\Delta \theta_3}(x_1 \Delta \theta_1 + x_2 \Delta \theta_2 + x_3 \Delta \theta_3) \tag{7.35}$$

$$\cdots$$

$$D(\theta_i) = -\frac{1}{2t}\frac{\Delta x_i}{\Delta \theta_i}(x_1 \Delta \theta_1 + x_2 \Delta \theta_2 + x_3 \Delta \theta_3 + \cdots + x_i \Delta \theta_i) \tag{7.36}$$

对于水平入渗，土壤累积入渗量和入渗率的计算方法如下。

Philip 采用 Boltzman 变换，给出了土壤累积入渗量和入渗率公式。累积入渗量公式为

$$F(t) = \int_0^{\infty}(\theta_s - \theta_0)\mathrm{d}x = \int_{\theta_0}^{\theta_s}x\mathrm{d}\theta \tag{7.37}$$

将 $x = \lambda(\theta)t^{1/2}$ 代入式（7.37）得

$$F(t) = \int_{\theta_0}^{\theta_s}x\mathrm{d}\theta = \int_{\theta_0}^{\theta_s}\lambda(\theta)t^{1/2}\mathrm{d}\theta \tag{7.38}$$

令 $S = \int_{\theta_0}^{\theta_s}\lambda(\theta)\mathrm{d}\theta$，则式（7.38）变为

$$F(t) = St^{1/2} \tag{7.39}$$

式中：S 称为吸水系数或吸渗率，为常数。

入渗率 $f(t)$ 为

$$f(t) = \frac{\mathrm{d}F(t)}{\mathrm{d}t} = \frac{1}{2}St^{-1/2} \tag{7.40}$$

式（7.39）和式（7.40）称为 Philip 土壤累积入渗量和入渗率公式。

7.3 土壤水分运动的扩散率、入渗量和入渗率计算实例

本算例采用西安理工大学（原陕西机械学院）学生王崇伟在 1991 年对西峰黄土所做的实验数据。已知土的干重度 $\gamma_d = 1.35\mathrm{g/cm^3}$，土柱直径为 9.2cm，土柱段长度为 80cm，实验时间为 $t = 1502\mathrm{min}$，用 γ 射线法测量土壤的含水量 θ_i。实测土壤含水量 θ_i 与入渗距离 x_i 的关系见表 7.1。

1. 土壤水分运动扩散率 $D(\theta)$ 的计算

根据实测的土壤含水量 θ_i 和入渗距离 x_i 列表计算，见表 7.1。在计算时，表中第 1

列为实测入渗距离 x_i；第 2 列为实测含水量 θ_i；第 3 列为 Δx_i，即表中第 1 列数据的第 2 行减去第 1 行，第 3 行减去第 2 行的结果，以此类推；第 4 列为 $\Delta\theta_i$，即表中第 2 列数据的第 2 行减去第 1 行，第 3 行减去第 2 行的结果，以此类推；第 5 列为 $-\Delta x_i/\Delta\theta_i$；第 6 列为 x_i 的平均值 $\overline{x_i}$，即表中第 1 列数据的第 1 行与第 2 行的算术平均值，第 3 行与第 2 行的算术平均值等，以此类推；第 7 列 $\overline{x_i}\Delta\theta_i$；第 8 列为 $\sum\overline{x_i}\Delta\theta_i$；第 9 列为 $(\Delta x_i/\Delta\theta_i)/(2t)$，$t$ 为实验时间，即 $t=1502\text{min}$；第 10 列为土壤水分运动的扩散率 $D(\theta_i)$，即用表 7.1 中的第 8 列乘以第 9 列得到。

表 7.1 土壤水分运动扩散率计算表

1	2	3	4	5	6	7	8	9	10
x_i	θ_i	Δx_i	$\Delta\theta_i$	$-\Delta x_i/\Delta\theta_i$	$\overline{x_i}$	$\overline{x_i}\Delta\theta_i$	$\sum\overline{x_i}\Delta\theta_i$	$(\Delta x_i/\Delta\theta_i)/(2t)$	$D(\theta_i)$
/cm	/(cm³/cm³)	/cm	/(cm³/cm³)	/cm	/cm	/cm	/cm	/(cm/min)	/(cm²/min)
45.9	0.0305								
45.8	0.050	−0.10	0.0195	5.128	45.85	0.894	0.894	0.001707	0.001526
45.6	0.100	−0.2	0.05	4.00	45.70	2.285	3.179	0.001332	0.004233
45.4	0.150	−0.2	0.05	4.00	45.50	2.275	5.454	0.001332	0.007262
45.0	0.200	−0.4	0.05	8.00	45.20	2.260	7.714	0.002663	0.020543
44.4	0.250	−0.6	0.05	12.00	44.70	2.235	9.949	0.003995	0.039743
43.6	0.300	−0.8	0.05	16.00	44.00	2.200	12.149	0.005326	0.064708
42.5	0.350	−1.1	0.05	22.00	43.05	2.153	14.302	0.007324	0.104742
40.6	0.400	−1.9	0.05	38.00	41.55	2.078	16.380	0.012650	0.207204
36.8	0.450	−3.8	0.05	76.00	38.70	1.935	18.315	0.025300	0.463362
35.2	0.460	−1.6	0.01	160.00	36.00	0.360	18.675	0.053262	0.994674

2. 土壤累积入渗量 $F(t)$ 和入渗率 $f(t)$ 的计算

土壤累积入渗量用式（7.38）计算，式（7.38）可以表示为差分形式，即

$$F(t)=\int_{\theta_0}^{\theta_s}x\,\mathrm{d}\theta=\sum_{\theta_0}^{\theta_s}\overline{x}_i\Delta\theta_i \tag{7.41}$$

由表 7.1 可以看出，表中的第 8 列最后一行即为该时刻土壤的累积入渗量 $F(t)$，由表中的数据可得 $F(t)=18.675\text{cm}$。

水平入渗吸渗率 S 可由式（7.39）计算，即

$$S=F(t)/t^{1/2}=18.675/1502^{1/2}=0.482$$

西峰黄土的土壤入渗率可用式（7.42）计算，即

$$f(t)=\frac{1}{2}St^{-1/2}=0.241t^{-1/2} \tag{7.42}$$

实测西峰黄土水平入渗距离 x 和土壤含水量 θ 的关系如图 7.1 所示。

由图 7.1 可以看出，西峰黄土的土壤含水量 θ 随着入渗距离 x 的增加而迅速衰减，在土柱的进水端，土壤含水量为饱和土壤含水量或接近土壤饱和含水量，在土柱相对于进水断面的远端，土壤含水量等于土壤初始含水量。

将表 7.1 结果绘于图 7.2 得到西峰黄土的土壤水分运动扩散率 $D(\theta)$ 与土壤含水量 θ 的关系图，由图 7.2 可以看出，土壤水分运动扩散率 $D(\theta)$ 随着土壤含水量 θ 的增大而增大，当土壤含水量 θ 较小时，土壤水分运动扩散率 $D(\theta)$ 变化较小，但当土壤含水量增大

到接近土壤的饱和含水量时，土壤水分运动的扩散率 $D(\theta)$ 急剧增大。

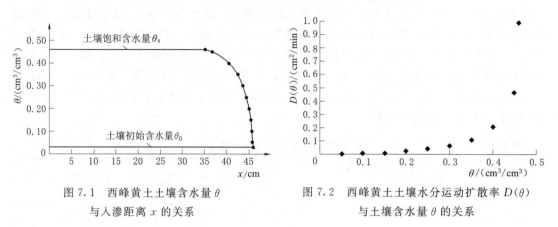

图 7.1　西峰黄土土壤含水量 θ 与入渗距离 x 的关系

图 7.2　西峰黄土土壤水分运动扩散率 $D(\theta)$ 与土壤含水量 θ 的关系

7.4　实验设备和仪器

实验装置如图 7.3 所示。由图中可以看出，实验装置由实验台、背板、马氏瓶、水平

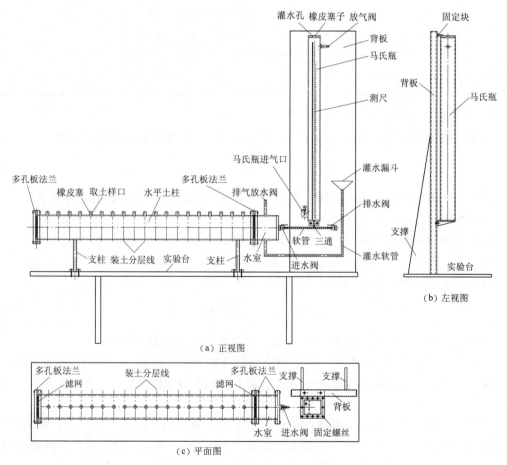

（a）正视图

（b）左视图

（c）平面图

图 7.3　水平土柱实验装置示意图

土柱 4 部分组成。实验台上设有背板，背板用支撑固定在实验台上，背板上设固定块，用以固定马氏瓶。马氏瓶由固定螺丝固定在背板上，供水马氏瓶长 5cm、宽 6cm、高 80cm、马氏瓶上设有灌水孔、橡皮塞子、马氏瓶进气口、放气阀、测尺，马氏瓶的下端设三通，三通的一端接土柱，另一端接排水阀。水平土柱用支柱支撑在实验台上，土柱直径为 10cm、长为 100cm，在土柱的前端为水室，水室直径为 10cm，长为 10cm，水室与进水阀相连接，水室顶部设排气放水阀，下部用灌水软管与灌水漏斗连接。土柱的两端设多孔板法兰和滤网，顶部每隔 5cm 设取土样口，取土样口用橡皮塞堵住，土柱上有装土分层线，间隔为 5cm。

实验仪器为秒表、烧杯、洗耳球、灌水漏斗、止水夹、量筒、取土铝盒、取土样器、烘箱、天平、直尺、凡士林、夯土器等。

7.5 实验方法和步骤

（1）取自然风干的土碾碎过 2mm 筛，称出土样的干重度和初始含水量。

（2）装填土样。利用重量法计算出每层装土厚度土样的重量，装填土样时将水平土柱垂直放置，打开土柱上一侧的多孔板法兰和滤网，然后分层填装土样，每层装土厚度为 5cm，每层装土时都要用夯土器击实，并且保证层与层之间的良好接触。

（3）给马氏瓶装水。打开马氏瓶上的放气阀，关闭进水阀和排水阀，用盛水量筒通过灌水孔给马氏瓶灌水，当马氏瓶中水面到达放气阀出口高度时为止。马氏瓶中的水位达到要求时将放气阀门关闭。

（4）土柱中的土样装填完成后，安装相应的多孔板法兰和滤网，然后将土柱放平，用软管将进水阀和马氏瓶下端的三通相连接。

（5）将马氏瓶进气口位置设置在比水平土柱水室顶部排气放水阀管嘴底部高出 2～5mm 的位置。

（6）开始实验。准备好与水室的体积同体积的水量，打开排气放水阀，打开进水阀，使马氏瓶开始给水室供水，同时将备好的水量用灌水漏斗装入水室，灌水完成后用止水夹将灌水软管夹住。

（7）测量和记录。在打开进水阀的同时记录入渗时间和马氏瓶的初始水位，实验中每隔 30min 读取一次马氏瓶的水位和土柱湿润锋的值。待水平土柱中的湿润锋到达土柱总长度的 2/3～4/5 时，关闭进水阀，停止计时并读取马氏瓶中的水位，同时将灌水漏斗放低，将水室中的水通过灌水漏斗放掉，放掉后用止水夹夹住灌水软管。

（8）从湿润锋附近开始，用事先准备好的取土样铝盒和取土样器迅速取土样，用烘干法测出每个取样口的土样含水量。

（9）实验结束后将仪器恢复原状。

7.6 数据处理和成果分析

实验设备名称：   仪器编号：

同组学生姓名：

已知数据：马氏瓶长 $a=$ 　　 cm；宽 $b=$ 　　 cm；马氏瓶横截面积 $A_1=$ 　　 cm^2；

土柱直径 $d=$ 　　 cm；土柱横截面积 $A_2=$ 　　 cm^2；

土柱装土段长度 $L=$ 　　 cm；试样的干重度 $\gamma_d=$ 　　 g/cm^3；

入渗总时间 $t=$ 　　 min。

1. 实验过程记录

水平土柱入渗实验过程记录见表 7.2。

表 7.2　　　　　　　　　　　水平土柱入渗实验记录表

时间 t /min	马氏瓶水面读数 /cm	湿润锋长度 x_f /cm

学生签名：　　　　　　　教师签名：　　　　　　　实验日期：

2. 各取样口含水量测量及参数计算

各取样口含水量测量及参数计算见表 7.3。

表 7.3　　　　　　　　　各取样口含水量测量及参数计算表

土样编号	距离 x /cm	铝盒号	湿土重（带盒） /g	干土重（带盒） /g	盒重 /g	水重 /g	干土重 /g	重量含水量	体积含水量	$\lambda=xt^{-1/2}$ /(cm/min$^{1/2}$)

学生签名：　　　　　　　教师签名：　　　　　　　实验日期：

质量含水量计算公式为

$$\theta_m = \frac{土壤水质量}{烘干土质量} = \frac{湿土重 - 干土重}{干土重} \tag{7.43}$$

体积含水量计算公式为

$$\theta_v = 质量含水量 \times \frac{土壤重度}{水的密度} \tag{7.44}$$

水的密度可取 $1g/cm^3$。

3. 实测土壤含水量和土壤水分运动扩散率计算

实测土壤含水量和土壤水分运动扩散率计算见表7.4。

表 7.4 实测土壤含水量和土壤水分运动扩散率计算表

1	2	3	4	5	6	7	8	9	10
x_i /cm	θ_i /(cm³/cm³)	Δx_i /cm	$\Delta \theta_i$ /(cm³/cm³)	$-\Delta x_i/\Delta \theta_i$ /cm	$\overline{x_i}$ /cm	$\overline{x_i}\Delta \theta_i$ /cm	$\sum \overline{x_i}\Delta \theta_i$ /cm	$(\Delta x_i/\Delta \theta_i)/(2t)$ /(cm/min)	$D(\theta)$ /(cm²/min)

4. 成果分析

（1）根据表7.2实测的马氏瓶水位的下降高度，计算水平土柱的入渗水量。

（2）在直角坐标系中绘制土壤湿润锋与入渗时间的关系，累计入渗量与时间的关系，分析湿润锋随时间的变化规律，入渗率随时间的变化规律。

（3）将取出的湿土样放在天平上称出湿土重（连盒），然后放在烘箱内烘烤，烘烤的温度设为 $100 \sim 105℃$，烘烤时间为 $6 \sim 12h$。烘烤完后将土样取出放在天平上称出干土重（连盒），则质量含水量为

$$\theta_m = \frac{土壤水质量}{烘干土质量} = \frac{湿土重（带盒） - 干土重（带盒）}{干土重 - 盒重}$$

体积含水量可由式（7.44）求出。

将求得的土壤含水量记录在表7.3中，并计算参数 $\lambda(\theta)$。

（4）根据实测的水平入渗距离 x 和土壤含水量 θ，通过表7.4求土壤水分运动的扩散率 $D(\theta)$。

（5）根据表 7.4 的数据绘制入渗距离 x 与土壤含水量 θ 的关系图和土壤水分运动扩散率 $D(\theta)$ 与土壤含水量 θ 的关系图。

（6）分析入渗距离 x 与土壤含水量 θ 的分布规律。

（7）分析土壤水分运动扩散率 $D(\theta)$ 随土壤含水量 θ 的变化规律。

（8）由式（7.41）计算水平入渗量。

（9）由式（7.39）计算渗吸率。

（10）由式（7.42）计算水平入渗率。

（11）将计算的土壤入渗量与实测的入渗量比较，分析测量结果的正确性。

7.7　实验中应注意的事项

（1）实验前首先检查马氏瓶是否漏气，检查的方法见第 6 章实验中应注意的事项第 1 条。

（2）在开始实验前，将准备好的备用水用烧杯通过灌水漏斗迅速倒入水平土柱，水倒完后，用止水夹夹住灌水软管，然后打开进水阀开始计时和测量。

（3）在实验过程中，一旦开始测量，中途秒表不能停，直到测量结束才能按下秒表。

（4）实验结束后，应立即关闭进水阀，迅速将水室中的水放掉，水放掉后，要用止水夹夹住灌水软管。

（5）取土样时要按规定的方法提取，并注意土样编号、铝盒编号和距离相对应。

思　考　题

1. 水平土柱马氏瓶的工作原理是什么？
2. 水平土柱直径对入渗实验有何影响？
3. 影响土壤水分运动扩散率的因素有哪些？

参　考　文　献

［1］雷志栋，杨诗秀，谢森传．土壤水动力学［M］．北京：清华大学出版社，1988.

［2］张蔚榛．地下水与土壤水动力学［M］．北京：中国水利水电出版社，1996.

［3］肖树铁．包气带水分运移问题讲座（三）：地面入渗水分在包气带的运动［J］．水文地质工程地质，1981（3）：45-50.

［4］邵明安，王全九，黄明斌．土壤物理学［M］．北京：高等教育出版社，2006.

第 8 章 垂 直 土 柱 入 渗 实 验

8.1 实验目的和要求

（1）掌握土壤垂直入渗的原理及其 Philip 方程和 Parlange 方程的求解过程。

（2）掌握垂直土柱法测量土壤入渗量和入渗率的方法。

（3）掌握垂直入渗条件下土壤渗吸湿润锋位置的测量方法。

8.2 实验原理

8.2.1 土壤垂直一维入渗的 Philip 解

土壤垂直一维入渗的 Richards 定解方程和定解条件[1]为

定解方程：

$$\frac{\partial \theta}{\partial t} = \frac{\partial}{\partial z}\left[D(\theta)\frac{\partial \theta}{\partial z}\right] - \frac{\partial K(\theta)}{\partial z} \tag{8.1}$$

定解条件：

$$\begin{cases} t=0, \ z \geqslant 0, \ \theta = \theta_0 \\ t>0, \ z=0, \ \theta = \theta_s \\ t>0, \ z \to \infty, \ \theta = \theta_0 \end{cases} \tag{8.2}$$

式中：$D(\theta)$ 为土壤水分运动的扩散率；$K(\theta)$ 为土壤非饱和导水率；θ 为土壤含水量；θ_0 为土壤的初始含水量；θ_s 为进水边界端的土壤含水量或饱和含水量；t 为入渗时间；z 为土壤的垂向入渗方向或垂向坐标，向下为正。

Philip 对 Richards 方程进行了求解，求解过程如下。

对式（8.1）左侧利用微分法则可以得到

$$\frac{\partial \theta}{\partial t} = -\frac{\partial z(\theta, \ t)}{\partial t} \bigg/ \frac{\partial z(\theta, \ t)}{\partial \theta} \tag{8.3}$$

$\partial \theta / \partial z(\theta, \ t)$ 可以写成

$$\frac{\partial \theta}{\partial z(\theta, \ t)} = 1 \bigg/ \frac{\partial z(\theta, \ t)}{\partial \theta} \tag{8.4}$$

将式（8.3）、式（8.4）代入式（8.1）得

$$-\frac{\partial z(\theta, \ t)}{\partial t} = \frac{\partial}{\partial \theta}\left[\frac{D(\theta)}{\partial z(\theta, \ t)/\partial \theta}\right] - \frac{\mathrm{d}K(\theta)}{\mathrm{d}\theta} \tag{8.5}$$

Philip 借用了一维水平入渗过程 Boltzman 变换的基本思想，同时认为土壤含水量和

时间是相互独立的函数，因此提出了一个级数解法，假设

$$z(\theta,\ t)=\varphi_1(\theta)t^{1/2}+\varphi_2(\theta)t+\varphi_3(\theta)t^{3/2}+\varphi_4(\theta)t^2+\cdots=\sum_{i=1}^{\infty}\varphi_i(\theta)t^{i/2}$$

$$(8.6)$$

式中：$\varphi_i(\theta)$ 为土壤含水量 θ 的函数。

对于垂直入渗，累积入渗量可表示为

$$F(t)=\int_{\theta_0}^{\theta_s}z(\theta,\ t)\mathrm{d}\theta+K(\theta_0)t \tag{8.7}$$

式中：右端第 1 项为土壤剖面中土壤水的增量；第 2 项为下边界的重力下渗量；$K(\theta_0)$ 为初始含水量相应的导水率。

将式（8.6）代入式（8.7）得累积入渗量为

$$F(t)=\int_{\theta_0}^{\theta_s}z(\theta,\ t)\mathrm{d}\theta+K(\theta_0)t$$

$$=\int_{\theta_0}^{\theta_s}\big[\varphi_1(\theta)t^{1/2}+\varphi_2(\theta)t+\varphi_3(\theta)t^{3/2}+\varphi_4(\theta)t^2+\cdots\big]\mathrm{d}\theta+K(\theta_0)t \quad (8.8)$$

Philip 认为，由于这种级数收敛较快，一般取前 4 项就能达到足够的精度。作为一种近似计算，取级数的前 4 项得

$$F(t)=\int_{\theta_0}^{\theta_s}\big[\varphi_1(\theta)t^{1/2}+\varphi_2(\theta)t+\varphi_3(\theta)t^{3/2}+\varphi_4(\theta)t^2\big]\mathrm{d}\theta+K(\theta_0)t \tag{8.9}$$

如果令 $\int_{\theta_0}^{\theta_s}\varphi_1(\theta)\mathrm{d}\theta=A_1$，$\int_{\theta_0}^{\theta_s}\varphi_2(\theta)\mathrm{d}\theta=A_2$，$\int_{\theta_0}^{\theta_s}\varphi_3(\theta)\mathrm{d}\theta=A_3$，$\int_{\theta_0}^{\theta_s}\varphi_4(\theta)\mathrm{d}\theta=A_4$，则

$$F(t)=A_1t^{1/2}+[A_2+K(\theta_0)]t+A_3t^{3/2}+A_4t^2 \tag{8.10}$$

土壤入渗率为

$$f(t)=\frac{\mathrm{d}F(t)}{\mathrm{d}t}=\frac{1}{2}A_1t^{-1/2}+[A_2+K(\theta_0)]+\frac{3}{2}A_3t^{1/2}+2A_4t \tag{8.11}$$

式中：$\varphi_1(\theta)$ 实际上就是水平入渗引入的参数 $\lambda(\theta)$。

文献［2］对以上分析进行了证明，介绍如下。

将式（8.5）等式右端的第一项可以写成

$$\frac{\partial}{\partial\theta}\bigg[\frac{D(\theta)}{\partial z(\theta,\ t)/\partial\theta}\bigg]=\bigg[\frac{\partial D(\theta)}{\partial\theta}\bigg/\frac{\partial z(\theta,\ t)}{\partial\theta}-D(\theta)\frac{\partial z^2(\theta,\ t)}{\partial\theta^2}\bigg]\bigg/\bigg[\frac{\partial z(\theta,\ t)}{\partial\theta}\bigg]^2$$

$$(8.12)$$

将式（8.12）代入式（8.5）得

$$D(\theta)\frac{\partial^2z(\theta,\ t)}{\partial\theta^2}+\bigg[\frac{\mathrm{d}K(\theta)}{\mathrm{d}\theta}-\frac{\partial z(\theta,\ t)}{\partial t}\bigg]\bigg[\frac{\partial z(\theta,\ t)}{\partial\theta}\bigg]^2-\frac{\mathrm{d}D(\theta)}{\mathrm{d}\theta}\frac{\partial z(\theta,\ t)}{\partial\theta}=0$$

$$(8.13)$$

对式（8.6）的 $\varphi_i(\theta)$ 求导数

$$\frac{z(\theta,\ t)}{\partial\theta}=\frac{\partial\varphi_1(\theta)}{\partial\theta}t^{1/2}+\frac{\partial\varphi_2(\theta)}{\partial\theta}t+\frac{\partial\varphi_3(\theta)}{\partial\theta}t^{3/2}+\cdots=\sum_{i=1}^{\infty}\frac{\partial\varphi_i(\theta)}{\partial\theta}t^{i/2} \tag{8.14}$$

对式（8.14）的两端平方得

$$\bigg[\frac{z(\theta,t)}{\partial\theta}\bigg]^2=\bigg[\frac{\partial\varphi_1(\theta)}{\partial\theta}\bigg]^2t+2\frac{\partial\varphi_1(\theta)}{\partial\theta}\frac{\partial\varphi_2(\theta)}{\partial\theta}t^{3/2}+\bigg\{2\frac{\partial\varphi_1(\theta)}{\partial\theta}\frac{\partial\varphi_3(\theta)}{\partial\theta}+\bigg[\frac{\partial\varphi_2(\theta)}{\partial\theta}\bigg]^2\bigg\}t^2$$

$$+ 2 \left[\frac{\partial \varphi_1(\theta)}{\partial \theta} \frac{\partial \varphi_4(\theta)}{\partial \theta} + \frac{\partial \varphi_2(\theta)}{\partial \theta} \frac{\partial \varphi_3(\theta)}{\partial \theta} \right] t^{5/2} + \cdots \tag{8.15}$$

对式 (8.14) 的 $\varphi_i(\theta)$ 求二次导数得

$$\frac{z^2(\theta, t)}{\partial \theta^2} = \frac{\partial^2 \varphi_1(\theta)}{\partial \theta^2} t^{1/2} + \frac{\partial^2 \varphi_2(\theta)}{\partial \theta^2} t + \frac{\partial^2 \varphi_3(\theta)}{\partial \theta^2} t^{3/2} + \cdots = \sum_{i=1}^{\infty} \frac{\partial^2 \varphi_i(\theta)}{\partial \theta^2} t^{i/2} \tag{8.16}$$

对式 (8.6) 的时间 t 求一次导数得

$$\frac{z(\theta, t)}{\partial t} = \frac{1}{2} \varphi_1(\theta) t^{-1/2} + \varphi_2(\theta) + \frac{3}{2} \varphi_3(\theta) t^{1/2} + \cdots = \sum_{i=1}^{\infty} \frac{i}{2} \varphi_i(\theta) t^{i/2-1} \tag{8.17}$$

将式 (8.15)～式 (8.17) 代入式 (8.13), 并注意到 $\varphi_i(\theta)$ 是含水量 θ 的函数, 式中的 $\partial \varphi_i(\theta)/\partial \theta = \mathrm{d}\varphi_i(\theta)/\mathrm{d}\theta$, $\partial^2 \varphi_i(\theta)/\partial \theta^2 = \mathrm{d}^2 \varphi_i(\theta)/\mathrm{d}\theta^2$, 由此得

$$\left\{ D(\theta) \frac{\mathrm{d}^2 \varphi_1(\theta)}{\mathrm{d}\theta^2} - \frac{\mathrm{d}D(\theta)}{\mathrm{d}\theta} \frac{\mathrm{d}\varphi_1(\theta)}{\mathrm{d}\theta} - \frac{\varphi_1(\theta)}{2} \left[\frac{\mathrm{d}\varphi_1(\theta)}{\mathrm{d}\theta} \right]^2 \right\} t^{1/2}$$

$$+ \left\{ D(\theta) \frac{\mathrm{d}^2 \varphi_2(\theta)}{\mathrm{d}\theta^2} + \frac{\mathrm{d}K(\theta)}{\mathrm{d}\theta} \left[\frac{\mathrm{d}\varphi_1(\theta)}{\mathrm{d}\theta} \right]^2 - \frac{\mathrm{d}D(\theta)}{\mathrm{d}\theta} \frac{\mathrm{d}\varphi_2(\theta)}{\mathrm{d}\theta} \right.$$

$$\left. - \varphi_1(\theta) \frac{\mathrm{d}\varphi_1(\theta)}{\mathrm{d}\theta} \frac{\mathrm{d}\varphi_2(\theta)}{\mathrm{d}\theta} - \varphi_2 \left[\frac{\mathrm{d}\varphi_1(\theta)}{\mathrm{d}\theta} \right]^2 \right\} t + \cdots = 0 \tag{8.18}$$

式中: t 可取任意值, 因此要使式 (8.18) 等于零, 各项系数必为零, 由此条件可得

$$D(\theta) \frac{\mathrm{d}^2 \varphi_1(\theta)}{\mathrm{d}\theta^2} - \frac{\mathrm{d}D(\theta)}{\mathrm{d}\theta} \frac{\mathrm{d}\varphi_1(\theta)}{\mathrm{d}\theta} - \frac{\varphi_1(\theta)}{2} \left[\frac{\mathrm{d}\varphi_1(\theta)}{\mathrm{d}\theta} \right]^2 = 0 \tag{8.19}$$

给式 (8.19) 除以 $\left[\mathrm{d}\varphi_1(\theta)/\mathrm{d}\theta \right]^2$ 得

$$D(\theta) \frac{\mathrm{d}^2 \varphi_1(\theta)}{\mathrm{d}\theta^2} \Big/ \left[\frac{\mathrm{d}\varphi_1(\theta)}{\mathrm{d}\theta} \right]^2 - \frac{\mathrm{d}D(\theta)}{\mathrm{d}\theta} \Big/ \frac{\mathrm{d}\varphi_1(\theta)}{\mathrm{d}\theta} - \frac{1}{2} \varphi_1(\theta) = 0 \tag{8.20}$$

因为 $\dfrac{\mathrm{d}}{\mathrm{d}\theta} \left[\dfrac{D(\theta)}{\mathrm{d}\varphi_1(\theta)/\mathrm{d}\theta} \right] = \dfrac{\mathrm{d}D(\theta)}{\mathrm{d}\theta} \Big/ \left(\dfrac{\mathrm{d}\varphi_1(\theta)}{\mathrm{d}\theta} \right) - D(\theta) \dfrac{\mathrm{d}^2 \varphi_1(\theta)}{\mathrm{d}\theta^2} \Big/ \left[\dfrac{\mathrm{d}\varphi_1(\theta)}{\mathrm{d}\theta} \right]^2$, 所以

$$D(\theta) \frac{\mathrm{d}^2 \varphi_1(\theta)}{\mathrm{d}\theta^2} \Big/ \left[\frac{\mathrm{d}\varphi_1(\theta)}{\mathrm{d}\theta} \right]^2 = \frac{\mathrm{d}D(\theta)}{\mathrm{d}\theta} \Big/ \left(\frac{\mathrm{d}\varphi_1(\theta)}{\mathrm{d}\theta} \right) - \frac{\mathrm{d}}{\mathrm{d}\theta} \left[\frac{D(\theta)}{\mathrm{d}\varphi_1(\theta)/\mathrm{d}\theta} \right] \tag{8.21}$$

将式 (8.21) 代入式 (8.20) 可得

$$\varphi_1(\theta) = -2 \frac{\mathrm{d}}{\mathrm{d}\theta} \left[\frac{D(\theta)}{\mathrm{d}\varphi_1(\theta)/\mathrm{d}\theta} \right] \tag{8.22}$$

将式 (8.22) 与第 7 章的水平入渗公式 (7.27) 比较, 可见 $\varphi_1(\theta)$ 就是 $\lambda(\theta)$。由此可以得出结论, Philip 垂直入渗解的式 (8.6) 中的第一项 $\varphi_1(\theta) t^{1/2}$ 表示的就是忽略重力作用后的水平入渗解。

令 $S = A_1 = \int_{\theta_0}^{\theta_s} \varphi_1(\theta) \mathrm{d}\theta$, S 仍称为吸水系数或吸渗率, 在实用上, 通常取式 (8.10) 和式 (8.11) 的前两项, 并设 $A_2 + K(\theta_0) = A$, 则

$$F(t) = St^{1/2} + At \tag{8.23}$$

$$f(t) = \frac{1}{2} St^{-1/2} + A \tag{8.24}$$

式中: A 为稳渗率。

当应用 Philip 公式解决实际问题时, 吸渗率 S 和常数 A 根据入渗实验实测数据求出。

Philip 的垂直入渗公式是对半无限均质土壤、在初始含水量分布均匀、有薄层积水条件下求得的，因此该入渗公式只适用于均质土壤一维垂直入渗的情况。另外，随着时间的增加，级数的收敛性越来越差，当模拟计算的入渗时间值很大时级数有可能不收敛。所以 Philip 的级数公式只适用于入渗时间不很长的情况。

Philip 的土壤垂直入渗计算实例：

本算例采用西安理工大学（原陕西机械学院）学生阮英会在 1991 年对西峰黄土所做的实验数据。已知土的干重度 $\gamma_d = 1.35 \text{g/cm}^3$，垂直土柱直径为 11.8cm，土柱段长度为 80cm，土柱土壤上表面积水深度为 5cm，马氏瓶直径为 9.2cm，实验时间 $t = 1200 \text{min}$，土壤的初始含水量 $\theta_0 = 0.0305$，饱和含水量 $\theta_s = 0.460$，实测土壤含水量、入渗量、湿润锋随时间的关系见表 8.1。

1. 吸渗率 S 计算

实测的湿润锋 z、入渗时间 t、土壤含水量 θ 见表 8.1。在计算时，表中第 1 列为实测湿润锋 z；第 2 列为实测的入渗时间 t；第 3 列为土壤含水量 θ。第 4 列为 $\varphi_1 = zt^{-1/2}$；第 5 列为 $\Delta\theta$，即表中第 3 列数据的第 2 行减去第 1 行，第 3 行减去第 2 行的结果，以此类推；第 6 列为 $\overline{\varphi}_1$，$\overline{\varphi}_1$ 为 φ_1 的算术平均值，即表中第 4 列数据的第 2 行与第 1 行的算术平均值，第 3 行与第 2 行的算术平均值的结果，以此类推，第 7 列为 $\overline{\varphi}_1\Delta\theta$；第 8 列为 $\sum\overline{\varphi}_1\Delta\theta$；第 9 列为入渗量 V，即马氏瓶水面下降高度与马氏瓶断面面积的乘积除以土柱的截面面积。

垂直入渗吸渗率 $S = \int_{\theta_i}^{\theta_s}\varphi_1(\theta)\mathrm{d}\theta = \sum_{\theta_0}^{\theta_s}\varphi_1(\theta)\Delta\theta$，由表 8.1 可以看出，表中的第 8 列最后一行即为所得吸渗率 $S = 0.6275 \text{cm/min}^{1/2}$。

表 8.1　　　　　　　　　　　吸 渗 率 S 计 算 表

z /cm	t /min	θ /(cm³/cm³)	$\varphi_1 = zt^{-1/2}$ /(cm/min$^{1/2}$)	$\Delta\theta$ /(cm³/cm³)	$\overline{\varphi}_1$ /(cm/min$^{1/2}$)	$\overline{\varphi}_1(\theta)\Delta\theta$ /(cm/min$^{1/2}$)	$\sum\overline{\varphi}_1(\theta)\Delta\theta$ /(cm/min$^{1/2}$)	入渗量 V /(cm³/cm²)
50.8	1200.00	0.0305	1.4665					21.313
50.0	1160.92	0.326	1.4675	0.2955	1.4670	0.4335	0.4335	20.913
47.5	1057.92	0.370	1.4604	0.044	1.4639	0.0645	0.4979	19.832
45.0	963.80	0.400	1.4495	0.03	1.4549	0.0436	0.5416	18.800
42.5	869.69	0.420	1.4411	0.02	1.4453	0.0289	0.5705	17.726
40.0	776.37	0.432	1.4356	0.012	1.4386	0.0173	0.5877	16.611
37.5	689.59	0.442	1.4280	0.01	1.4318	0.0143	0.6020	15.521
35.0	609.24	0.450	1.4180	0.008	1.4230	0.0114	0.6134	14.459
32.5	534.08	0.455	1.4063	0.005	1.4122	0.0071	0.6205	13.409
30.0	458.13	0.460	1.4016	0.005	1.4040	0.0070	0.6275	12.282

2. 土壤累积入渗量 $F(t)$ 和入渗率 $f(t)$ 的计算

土壤累积入渗量用式（8.23）计算。由表 8.1 可以看出，表中的第 9 列的第一行即为该时刻土壤的累积入渗量 $F(t)=21.313\text{cm}$。

将 $S=0.6275\text{cm/min}^{1/2}$、$F(t)=21.313\text{cm}$ 和入渗时间 $t=1200\text{min}$ 代入式（8.23）求得 A 近似为 0，由此得西峰黄土累积入渗量方程为

$$F(t)=St^{1/2}+At=0.6275t$$

西峰黄土的土壤入渗率方程为

$$f(t)=\frac{1}{2}St^{-1/2}+A=0.31375t^{-1/2}$$

实测西峰黄土的土壤含水量 θ 与垂直入渗距离 z 的关系如图 8.1 所示。

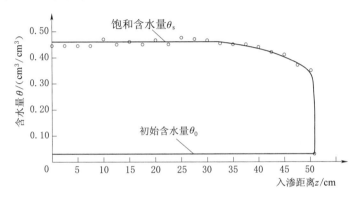

图 8.1 西峰黄土入渗量 θ 与入渗距离 z 的关系

8.2.2 土壤垂直一维入渗的 Parlange 解

式（8.5）可以写成

$$-\frac{\partial z(\theta,t)}{\partial t}=\frac{\partial}{\partial\theta}\left[\frac{D(\theta)}{\partial z(\theta,t)/\partial\theta}-K(\theta)\right] \tag{8.25}$$

定解条件仍为式（8.2）。

Parlange 解是一种半解析迭代方法。其指导思想是：当已知第 p 次迭代结果为 $z_p(\theta,t)$ 后，对其求导数得到 $\partial z_p(\theta,t)/\partial t$，积分一次得到 $\partial z_{p+1}(\theta,t)/\partial\theta$，再积分一次得到 $p+1$ 次迭代结果 $z_{p+1}(\theta,t)$。连续进行迭代，直到前后两次迭代所得 $z(\theta,t)$ 之差小于允许的误差，其结果即为所求的解。文献［2］的求解过程如下。

设已知第 p 次的迭代结果为 $z_p(\theta,t)$，根据基本方程式（8.25），有

$$-\frac{\partial z_p(\theta,t)}{\partial t}=\frac{\partial}{\partial\theta}\left[\frac{D(\theta)}{\partial z_{p+1}(\theta,t)/\partial\theta}-K(\theta)\right] \tag{8.26}$$

式（8.26）表示 $z_p(\theta,t)$ 对时间 t 的一次导数。对式（8.26）从 θ_0 到 θ 积分，并变形得到

$$-\frac{\partial z_{p+1}(\theta,t)}{\partial\theta}=\frac{D(\theta)}{K(\theta)-\displaystyle\int_{\theta_0}^{\theta}\frac{\partial z_p(\theta,t)}{\partial t}\mathrm{d}\theta} \tag{8.27}$$

对式（8.27）再积分一次，积分限由 z 到地表（$z=0$），相应的土壤含水量由 θ 至 θ_s（边界土壤含水量），为了避免积分变量与积分限混淆，第一次积分将变量符号 θ 改为 β，第二次积分变量符号改为 γ，则

$$-z_{p+1}(\theta,\ t)=\int_{\theta}^{\theta_s}\frac{D(\gamma)}{K(\gamma)-\int_{\theta_i}^{\gamma}\frac{\partial z_p(\beta,\ t)}{\partial t}\mathrm{d}\beta}\mathrm{d}\gamma \tag{8.28}$$

式（8.28）即为已知 p 次迭代结果 $z_p(\theta,\ t)$，求第 $p+1$ 次迭代解 $z_{p+1}(\theta,\ t)$ 的一般表达式。

下面根据 Parlange 解的指导思想求解式（8.25）。

作为一级近似，可以取满足 $\partial z_0(\theta,\ t)/\partial t=0$ 的 $z_0(\theta,\ t)$ 作为迭代的初值，代入式（8.26）得

$$-\frac{\partial z_0(\theta,\ t)}{\partial t}=\frac{\partial}{\partial\theta}\left[\frac{D(\theta)}{\partial z_1(\theta,\ t)/\partial\theta}-K(\theta)\right] \tag{8.29}$$

将 $\partial z_0(\theta,\ t)/\partial t=0$ 代入式（8.29）得

$$\frac{\partial}{\partial\theta}\left[\frac{D(\theta)}{\partial z_1(\theta,\ t)/\partial\theta}-K(\theta)\right]=0 \tag{8.30}$$

式（8.30）表明，$\dfrac{D(\theta)}{\partial z_1(\theta,\ t)/\partial\theta}-K(\theta)$ 与土壤含水量 θ 无关，对式（8.30）积分得

$$\left[\frac{D(\theta)}{\partial z_1(\theta,\ t)/\partial\theta}-K(\theta)\right]=c(t) \tag{8.31}$$

式中：$c(t)$ 为与时间 t 有关的积分常数，$c(t)=-f(t)$，$f(t)$ 为地表处的入渗率。

式（8.31）可以改写成

$$\frac{\partial z_1(\theta,\ t)}{\partial\theta}=\frac{D(\theta)}{c(t)+K(\theta)} \tag{8.32}$$

对式（8.32）从 z 到 0 积分，土壤含水量由 θ 至 θ_s 积分，得

$$z_1(\theta,\ t)=-\int_{\theta}^{\theta_s}\frac{D(\alpha)}{c(t)+K(\alpha)}\mathrm{d}\alpha \tag{8.33}$$

可见，只要求得 $c(t)$，则第一次迭代解 $z_1(\theta,\ t)$ 便可由式（8.33）求出。

式（8.33）的关键是求解 $c(t)$。对式（8.33）求导数得

$$\frac{\partial z_1(\theta,\ t)}{\partial t}=\int_{\theta}^{\theta_s}\frac{D(\alpha)\partial c(t)/\partial t}{[c(t)+K(\alpha)]^2}\mathrm{d}\alpha \tag{8.34}$$

将式（8.34）与式（8.25）联立得

$$-\int_{\theta}^{\theta_s}\frac{D(\alpha)\partial c(t)/\partial t}{[c(t)+K(\alpha)]^2}\mathrm{d}\alpha=\frac{\partial}{\partial\theta}\left[\frac{D(\theta)}{\partial z_1(\theta,\ t)/\partial\theta}-K(\theta)\right] \tag{8.35}$$

对式（8.35）由 θ_0 至 θ_s 积分得

$$-\int_{\theta_0}^{\theta_s}\left\{\int_{\theta}^{\theta_s}\frac{D(\alpha)\partial c(t)/\partial t}{[c(t)+K(\alpha)]^2}\mathrm{d}\alpha\right\}\mathrm{d}\theta=\left[\frac{D(\theta)}{\partial z_1(\theta,\ t)/\partial\theta}-K(\theta)\right]_{\theta_0}^{\theta_s} \tag{8.36}$$

根据定解条件，在湿润锋面处土壤含水量为初始含水量，因此土壤含水量梯度可假定为零；同时，如果初始土壤含水量比较小，则相应的导水率可以认为是零，即

当 $\theta = \theta_0$ 时，$\dfrac{D(\theta)}{\partial z_1(\theta,\ t)/\partial \theta} - K(\theta) = 0$，当 $\theta = \theta_s$ 时，$\dfrac{D(\theta)}{\partial z_1(\theta,\ t)/\partial \theta} - K(\theta) = c(t) = -f(t)$，则

$$-\int_{\theta_0}^{\theta_s}\left\{\int_{\theta}^{\theta_s}\frac{D(\alpha)\partial c(t)/\partial t}{[c(t)+K(\alpha)]^2}\mathrm{d}\alpha\right\}\mathrm{d}\theta = c(t) \tag{8.37}$$

式（8.37）左端的重积分经变换得

$$-\int_{\theta_0}^{\theta_s}\frac{D(\alpha)(\alpha-\theta_0)\partial c(t)/\partial t}{[c(t)+K(\alpha)]^2}\mathrm{d}\alpha = c(t) \tag{8.38}$$

由式（8.38）得

$$\frac{\partial c(t)}{\partial t} = -\frac{c(t)}{\displaystyle\int_{\theta_0}^{\theta_s}\frac{D(\alpha)(\alpha-\theta_0)}{[c(t)+K(\alpha)]^2}\mathrm{d}\alpha} \tag{8.39}$$

这是关于 $c(t)$ 的一阶常微分方程。

式（8.39）可以整理为

$$-\mathrm{d}t = \int_{\theta_0}^{\theta_s}\frac{D(\alpha)(\alpha-\theta_0)\mathrm{d}\alpha}{[c(t)+K(\alpha)]^2}\frac{\mathrm{d}c(t)}{c(t)} \tag{8.40}$$

对式（8.40）积分得

$$t = \int_{\theta_0}^{\theta_s}\frac{D(\alpha)(\alpha-\theta_0)}{K^2(\alpha)}\left[\ln\frac{K(\alpha)+c(t)}{c(t)} - \frac{K(\alpha)}{c(t)+K(\alpha)}\right]\mathrm{d}\alpha \tag{8.41}$$

当已知 $D(\theta)$ 和 $K(\theta)$ 后，可由式（8.41）求得 $c(t)$，也可得到地表入渗率 $f(t)$。

当已知 $c(t)$ 后，代入式（8.33），则可求得 $z_1(\theta,\ t)$，然后由迭代公式（8.28）可求得第二次迭代结果 $z_2(\theta,\ t)$。

对于第二次迭代结果也可以直接求出。将式（8.34）直接代入式（8.28）得

$$-z_2(\theta,\ t) = \int_{\theta}^{\theta_s}\frac{D(\gamma)}{K(\gamma) - \displaystyle\int_{\theta_0}^{\gamma}\left\{\int_{\beta}^{\theta_s}\frac{D(\alpha)\partial c(t)/\partial t}{[c(t)+K(\alpha)]^2}\mathrm{d}\alpha\right\}\mathrm{d}\beta}\mathrm{d}\gamma \tag{8.42}$$

将式（8.39）代入式（8.42）得

$$-z_2(\theta,\ t) = \int_{\theta}^{\theta_0}\frac{D(\gamma)}{K(\gamma) + \displaystyle\int_{\theta_0}^{\gamma}\left\{\int_{\beta}^{\theta_s}\frac{D(\alpha)c(t)}{[c(t)+K(\alpha)]^2}\mathrm{d}\alpha\right\}\mathrm{d}\beta \Big/ \displaystyle\int_{\theta_0}^{\theta_s}\frac{D(\alpha)(\alpha-\theta_0)}{[c(t)+K(\alpha)]^2}\mathrm{d}\alpha}\mathrm{d}\gamma \tag{8.43}$$

8.2.3 土壤垂直一维入渗的经验公式

1. Костяков 公式

Костяков 在 1932 年提出的入渗公式为

$$f(t) = Bt^{-\alpha} \tag{8.44}$$

式中：B、α 为取决于土壤及入渗初始条件的经验常数，由实验或实测资料拟合得出。

由式（8.44）可以看出，当 $t \to 0$ 时，$f(t) \to \infty$，当 $t \to \infty$ 时，$f(t) \to 0$，所以只有

在水平吸渗条件下才可能发生，而垂直入渗的条件显然不完全符合此公式的边界条件。

2. Horton 公式

Horton 在 1940 年提出的公式为

$$f(t) = f_c + (f_0 - f_c)e^{-kt} \tag{8.45}$$

式中：f_c 为稳定入渗率；f_0 为初始入渗率；k 为经验常数。

由式（8.45）可以看出，当 $t \to 0$ 时，$f(t)$ 不是无穷大，而是趋于某一有限值 f_0，当 $t \to \infty$ 时，$f(t) \to f_c$，故 f_c 为稳定率。k 值决定了入渗率由 f_0 减小为 f_c 的速度。

3. Holtan 公式

Holtan 在 1961 年提出的公式为

$$f(t) = f_c + \alpha (W - F)^n \tag{8.46}$$

式中：f_c、α、n 为与土壤及作物种植条件有关的经验常数；W 为表层土壤蓄水容量，如表层土壤取厚度为 h，则 $W = (\theta_s - \theta_0)h$。

8.3　实验设备和仪器

垂直土柱入渗实验设备如图 8.2 所示。

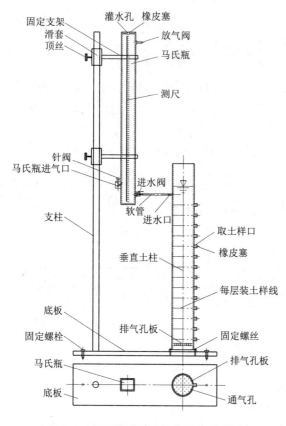

图 8.2　垂直土柱入渗实验设备示意图

由图 8.2 可以看出，实验设备由底板、垂直土柱、马氏瓶、支柱 4 部分组成。底板用固定螺栓固定在地面上，底板上设有支柱，支柱焊接在底板上，垂直土柱用固定螺丝固定在底板上。垂直土柱直径为 10cm、高为 90cm，在土柱的下部设排气孔板，孔板上设通气孔，土柱上部通大气，侧面设进水口，土柱另一侧面从进水口下面 5cm 开始设取土样口，每个取土样口的间距为 5cm，在土样口上标有每层装土样线，取土样口用橡皮塞堵住。马氏瓶由固定支架、滑套和顶丝固定在支柱上，马氏瓶长5cm、宽 6cm、高 80cm，马氏瓶上设有灌水孔、橡皮塞、放气阀、测尺、马氏瓶进气口、针阀和进水阀。进水阀用软管与土柱的进水口相接通。

实验仪器为秒表、烧杯、洗耳球、灌水漏斗、量筒、取土铝盒、取土样器、烘箱、天平、直尺、毛刷、夯土器等。

8.4 实验方法和步骤

（1）取自然风干的土碾碎过 2mm 筛，称出土样的干重度和初始土壤含水量。

（2）检查马氏瓶并给马氏瓶装水。关闭马氏瓶上的进水阀，打开马氏瓶放气阀和马氏瓶顶部的橡皮塞，用灌水漏斗通过灌水孔向马氏瓶内装满水，水装满后用橡皮塞子堵住灌水孔，关闭马氏瓶放气阀，检查马氏瓶是否漏水漏气，如果漏水或漏气需进行检修，直至不漏水不漏气为止。检修完成后再给马氏瓶装满水。

（3）装填土样。装土前先称取每层（一层厚 5cm）所要填土的重量，将称好的土样分层装入土柱。每层装入土后都要先整平，然后用夯土器击实，使得装入的土与该层事先标定好的每层装土样线相平齐，然后用毛刷将土面刷毛，以保证土体密度的均一性和层与层之间的良好接触，然后再进行下一层土的填装。

（4）已知土柱的直径为 10cm，土层表面以上的水深为 5cm，土层表面以上水的体积为 392.7cm³，用烧杯或量筒盛入体积为 392.7cm³ 的水量待用。

（5）设定土柱表层水面高度位置，调整马氏瓶进气口的高度，使其高度与土柱表层水面设计高度同高。

（6）在土样的表面盖一层带手把的滤纸以防止在向土面注水时水流冲击而扰动土面结构。

（7）各项工作准备好后，打开进水阀和马氏瓶上的针阀，同时用秒表开始计时，然后将烧杯或量筒中备用的水倒入土柱上表面，倒水时动作要轻，以免扰动土样。备用水倒入后，取出带手把的滤纸。

（8）测量和记录。在打开进水阀门的同时记录入渗时间和马氏瓶的初始水位，实验中每隔 3～30min（入渗初始阶段间隔短，随着时间推进逐渐延长）读取一次马氏瓶的水位和土柱湿润锋的值。一直到设计入渗过程进行完毕，关闭进水阀门，停止计时。

（9）从湿润锋附近开始，用事先准备好的铝盒和取土样器迅速取土样，用烘干法测出每个取样口的土样含水量。

（10）实验结束后将仪器恢复原状。

8.5 数据处理和成果分析

实验设备名称：　　　　　　　　　　　　　仪器编号：

同组学生姓名：

已知数据：马氏瓶长 $a=$ 　　cm；宽 $b=$ 　　cm；马氏瓶横截面积 $A_1=$ 　　cm²；

　　　　　　土柱直径 $d=$ 　　cm；土柱横截面积 $A_2=$ 　　cm²；

　　　　　　土柱装土高度 $H=$ 　　cm；土壤干重度 $\gamma_d=$ 　　g/cm³；

　　　　　　土壤初始含水量 $=$ 　　；入渗总时间 $t=$ 　　min。

1. 实验过程记录

垂直土柱入渗实验记录见表 8.2。

表 8.2 垂直土柱入渗实验记录表

时间 t /min	马氏瓶水面读数 /cm	土壤入渗量 /(cm³/cm²)	湿润锋长度 z /cm	$\varphi_1(\theta) = zt^{1/2}$ /(cm/min$^{1/2}$)

学生签名： 教师签名： 实验日期：

表 8.2 中的土壤入渗量为马氏瓶水面下降高度乘以马氏瓶的截面面积除以土柱的截面面积。

2. 各取样口土壤含水量测量及参数计算

各取样口土壤含水量测量及参数计算见表 8.3。

表 8.3 取样口土壤含水量测量及参数计算表

土样编号	距离 z /cm	铝盒号	湿土重（带盒） /g	干土重（带盒） /g	盒重 /g	水重 /g	干土重 /g	质量含水量	体积含水量

学生签名： 教师签名： 实验日期：

3. 成果分析

（1）将取出的湿土样放在天平上称出湿土重（连盒），然后放在烘箱内烘烤，烘烤的温度设为 $100\sim105℃$，烘烤时间为 $6\sim12h$。烘烤完后将土样取出放在天平上称出干土重（连盒），则质量含水量为

$$\theta_m = \frac{土壤水质量}{烘干土质量} = \frac{湿土重（带盒）-干土重（带盒）}{干土重-盒重}$$

体积含水量可由第 7 章的式（7.44）求出。将实测结果记录在表 8.3 中。

（2）根据表 8.2 实测的马氏瓶下降的高度，计算垂直土柱的入渗水量。将求得的土壤入渗量记录在表 8.2 中。

（3）在直角坐标系中绘制土壤含水量和湿润锋与入渗时间的关系，分析含水量和湿润锋随时间的变化规律。

（4）根据实测的垂直距离 z 和入渗时间 t，求 $\varphi_1(\theta)=zt^{-1/2}$，拟合出 $\varphi_1(\theta)$ 与含水量 θ 的变化关系式，将此关系式代入 $S = \int_{\theta_i}^{\theta_s}\varphi_1(\theta)\mathrm{d}\theta$ 积分求吸渗率 S。如不能拟合成公式，则可以应用算例的方法计算，计算过程见表 8.1。

（5）将吸渗率 S、入渗量 $F(t)$ 和入渗时间 t 代入式（8.23），反求系数 A。

（6）用式（8.24）求入渗率 $f(t)$。

（7）也可以直接拟合入渗率与湿润锋、入渗率与时间的关系，分析其变化规律。

8.6 实验中应注意的事项

（1）选择土样时，一般认为偏壤性的土壤用来实验效果较好。装土时，所装填土样干重度的选取必须符合实际，并且在装土样时保证层与层之间的良好接触，否则在入渗时会出现分层现象，影响最终的实验结果。

（2）在开始实验前，先打开进水阀开始计时和测量，紧接着将准备好的备用水用烧杯或量筒倒入垂直土柱内，水倒完取出滤纸。

（3）在实验过程中，一旦开始测量，中途秒表不能停，直到测量结束才能按下秒表。

（4）实验结束后，应立即关闭进水阀门，停止计时。

（5）实验结束后，应迅速从湿润锋附近开始取土测土壤含水量，取土速度要快，如果取土时间较长，土样在空气中停留过长时间，会造成土壤含水量的损失，从而导致实验结果的不准确。

（6）取土样时要按规定的方法提取，并注意土样编号、铝盒编号和距离相对应。每取完一个土样，所用的取土器要擦干净，然后再取下个土样。

思 考 题

1. Philip 垂直入渗理论的适应条件是什么？

2. 垂直土柱入渗和水平土柱入渗的异同点是什么，入渗方程的参数有什么联系和

特点？

　　3. 垂直土柱马氏瓶的工作原理与水平土柱是否相同？

参　考　文　献

［1］　邵明安，王全九，黄明斌．土壤物理学［M］．北京：高等教育出版社，2006.

［2］　雷志栋，杨诗秀，谢森传．土壤水动力学［M］．北京：清华大学出版社，1988.

第9章 盘式入渗实验

9.1 实验目的和要求

（1）掌握盘式入渗的实验原理。

（2）掌握盘式入渗仪测量土壤入渗量的方法。

（3）掌握盘式入渗仪测量土壤饱和导水率的方法。

9.2 实验原理

当土壤表面有积水时，入渗的初始阶段受土壤毛细管作用控制，随着时间的延长，水源大小和几何形状以及重力均影响入渗速率。对于均质土壤，入渗速率最终会达到稳定值，这一稳定速率是由毛细管、重力、积水面积及水压力大小所控制。

盘式入渗仪又称负压式入渗仪，是用于测量非饱和导水率、吸渗率、宏观毛管上升高度等土壤水动力参数的仪器，适用于野外实地监测和室内测量，具有不破坏土样、便于野外操作、省时、省力、计算精度高等优点。其原理是利用负压管为储水管提供一个稳定的负压，通过一个圆盘界面对土壤进行负压入渗。实验时通过调节负压大小，记录累积入渗时间和累积入渗量，然后分析得到所需的土壤水动力参数。根据研究，可以通过改变盘式入渗仪上面压力的大小，计算出土壤孔隙的大小[1]。

1988 年 Perroux 等首次利用盘式入渗仪进行了非饱和界面的入渗研究。Ankeny 等研究了盘式入渗仪的自动监控系统[2]，该系统在储水管的底部和上部安装了两个传感器。缺点是对两个传感器分别进行标定时会引起一定的误差[3]。2002 年，Casey 和 Derby 对 Ankeny 等的装置进行了改进[4]，用一个差分传感器代替两个传感器，测量和精度提高了两个数量级[3]。2003 年，Schwart 和 Evett 将 TDR 应用于盘式入渗仪，使得测量精度进一步提高[5]。2011 年，林琳等设计了用差压传感器的自动记录盘式入渗仪，该仪器主要采用传感器和 TDR 两种方法记录储水管中的水位变化，设计了采集系统和记录系统[6]。

对盘式入渗仪的入渗模型，前人也做了大量的研究。文献［7］比较分析了 Whiteand 和 Sully、Hussen 和 Warruck、Ankeny 等、Zhang 的入渗模型。其中 Whiteand 和 Sully 的入渗模型是 1987 年提出的，该模型假定稳定负压对应的导水率 $K=0$，推导出了用单个圆盘渗透仪的单个吸力入渗数据计算土壤导水的参数，但该模型最困难的事情是确定稳态入渗率。1993 年，Hussen 和 Warruck 提出了一个入渗模型的经验公式，通过实验可以确定 3 个未知数，即土壤的吸水系数、稳态入渗量和常数。1991 年，Ankeny 等推导了用相同盘径同一地点两个或两个吸力以上的入渗数据计算土壤导水参数的方法，该模型为线性方程组，结构简单，计算方便，但在计算水力传导度时会遇到稳态入渗时间无法确定的问题。1997 年和 1998 年，Zhang 提出了利用单个盘、两个或两个以上吸力任意时刻的入渗数据计算该条件下的土壤导水参数，其中 1997 年提出的公式形式与 Philip 的垂直入渗公式相似，但式中的系数 S 和 A 用 c_1 和 c_2 代替。文献［7］比较分析后认为，Whiteand 和 Sully 的入渗模型不适合用于田间入渗数据的计算；Hussen 和 Warruck 的入渗模型参数较多，在计算中会遇到收敛性问题；Ankeny 等的入渗模型对稳定入渗时间的确定以及宏观毛管上升高度的估算存在不确定因素的问题；Zhang 的入渗模型不能较准确地确定土壤毛管上升高度，在计算时需对该入渗模型进行改进。

文献［8］列举了 3 个入渗模型，即 Philip 一维入渗公式、Haverkamp 三维入渗公式和 Vandervaere 入渗模型。

Philip 一维入渗模型为

$$F(t) = St^{1/2} \tag{9.1}$$

式中：$F(t)$ 为一定供水压力下的累积入渗量；t 为吸渗时间；S 为一定供水压力下的吸渗率。

Haverkamp 入渗模型在形式上与 Philip 的垂直入渗公式一样，即

$$F(t) = St^{1/2} + At \tag{9.2}$$

式中：A 为稳渗率。

Haverkamp 给出了 A 的经验公式为

$$A = \frac{1.4K}{3} + \frac{0.75S^2}{r(\theta_0 - \theta_s)} \tag{9.3}$$

式中：K 为土壤的非饱和导水率；r 为圆盘半径；θ_0 为初始体积含水量；θ_s 为最终体积含水量。

对式（9.2）求导数得 Haverkamp 三维入渗率的改进式为

$$f(t) = \frac{\mathrm{d}F(t)}{\mathrm{d}t} = \frac{1}{2}St^{-1/2} + A \tag{9.4}$$

Vandervaere 入渗模型为[8][9]

$$F(t) = F(c) + S\sqrt{t - t_c} + A\left(\sqrt{t - t_c}\right)^2 \tag{9.5}$$

式中：$F(c)$ 和 t_c 为湿润接触沙层所需的水量和时间。

对式（9.5）中的时间 $\sqrt{t - t_c}$ 求导数得

$$\frac{\mathrm{d}F(t)}{\mathrm{d}\sqrt{t - t_c}} = S + 2A\sqrt{t - t_c} \tag{9.6}$$

因为随着渗吸时间的增加，t_c 相对于 t 变得越来越小，可以忽略不计，则

$$\frac{\mathrm{d}F(t)}{\mathrm{d}\sqrt{t}} = S + 2At^{1/2} \tag{9.7}$$

文献［10］介绍了当表面有一半径为 r 的圆形积水，水势为 ψ_0，稳定入渗量 Q 的计算方法，即

$$Q = \pi r^2(K_0 - K_n) + 4r\psi_m \tag{9.8}$$

式中：Q 为累积总入渗量；r 的圆盘半径；K_0 为水势 ψ_0 时的土壤导水率；K_n 为初始土

壤水势 ψ_n 时的土壤导水率；ψ_m 为基质势。

许多实验结果证明该公式适用于较长时间入渗过程的情况。

对于相对较干的土壤，K_n 远小于 K_0，可以忽略。基质势 ψ_m 与导水率的关系为

$$\psi_m = K_0 \lambda_c \tag{9.9}$$

式中：λ_c 为宏观毛管上升高度或平均孔隙长度。λ_c 越大，相对于重力而言，毛细管对入渗的影响就越大。

λ_c 与土壤吸渗率和导水率有关，其经验表达式为[11]

$$\lambda_c = bS^2 / [(\theta_s - \theta_0) K_0] \tag{9.10}$$

式中：b 为常数，其值为 $0.5 \sim 0.785$，对于大田土壤，b 的平均值为 0.55。

将式（9.9）、式（9.10）代入式（9.8），忽略 K_n 得

$$Q = \pi r^2 K_0 + \frac{4rbS^2}{\theta_s - \theta_0} \tag{9.11}$$

由式（9.11）解出 K_0 得

$$K_0 = \frac{Q}{\pi r^2} - \frac{4bS^2}{(\theta_s - \theta_0)\pi r} \tag{9.12}$$

在圆盘入渗初期，毛管力控制的入渗与积水面积（圆盘面积）大小无关，在较短的入渗期内，近似为一维入渗，这样，累积入渗量与土壤吸渗率以及时间有以下关系

$$S = \frac{Q}{\pi r^2 t^{1/2}} \tag{9.13}$$

式中：t 为入渗时间。

9.3 实验设备和仪器

盘式入渗实验设备如图 9.1 所示。由图中可以看出，实验设备由马氏瓶负压管、支柱、入渗盘和储水管 4 部分组成。马氏瓶负压管直径为 6cm、高度为 100cm，在负压管的不同高度设置了 4 个马氏瓶通气孔，通气孔用针阀控制，在马氏瓶通气管的上方设进水孔和进水孔控制阀，侧面设连接口、连接口阀门和测尺，底部用固定螺栓固定在地面上。支柱的作用是固定马氏瓶负压管，支柱上设固定支架、滑套和顶丝，固定支架与马氏瓶负压管连接在一起，滑套可以调节固定支架的位置，顶丝用来固定滑套。入渗盘直径为 18cm、厚度为 1.5cm，在入渗盘的下面设渗透膜，渗透膜下面为一层厚度为 1.5cm 的细沙，细沙下面为土壤。在入渗盘的上面设储水管，储水管直径为 4cm、高度为 100cm，在储水管侧面设进水阀和测尺，上方设抽气孔和抽气孔控制阀。马氏瓶负压管和储水管之间用软管连接。

实验仪器为秒表、洗耳球、灌水漏斗、量筒、取土环刀和铝盒、喷壶、烘箱、天平、刮尺、夯土器、水准仪或水平尺、内径为 18.5cm 的钢环等。

设图 9.1 中马氏瓶通气孔的针阀 1 打开，其他针阀关闭。以图 9.1 的参考平面为基准面，设位置 1 的压强为大气压强 p_a，根据等压面原理，位置 2 的压强 $p_2 = p_a$，由能量方程得位置 3 的压强 p_3 为

$$p_3 = p_a - \gamma h_1 \tag{9.14}$$

式中：h_1 为马氏瓶负压管内水面至参考平面的距离；γ 为水的重度。

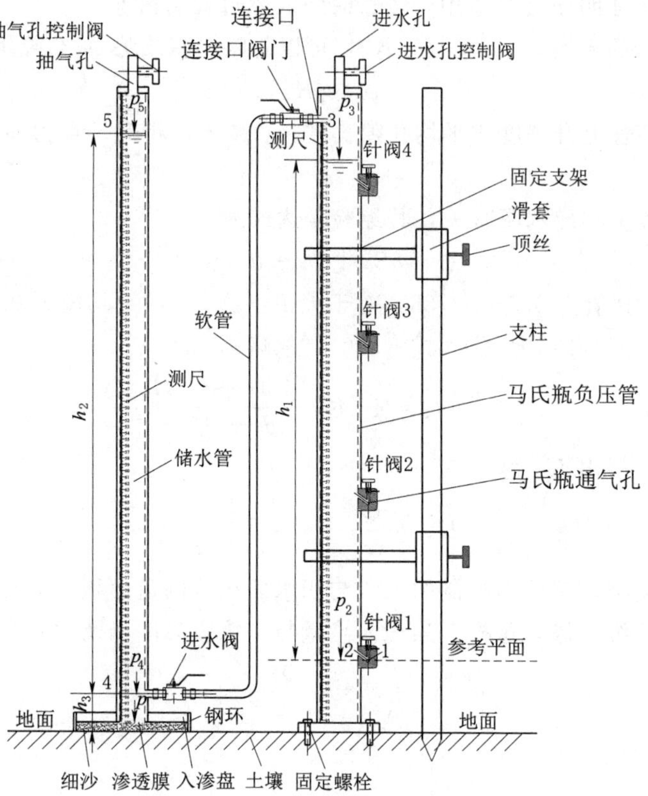

图 9.1 盘式入渗实验设备

因为位置 3 与位置 4 用软管连通，当连接口阀门和进水阀打开时，位置 4 的压强 p_4 与位置 3 的压强 p_3 相同，由此可求储水管水面的压强 p_5 为

$$p_5 = p_4 - \gamma h_2 = p_3 - \gamma h_2 = p_a - \gamma h_1 - \gamma h_2 \tag{9.15}$$

设土壤表面的压强为 p，由能量方程可得

$$p = p_5 + \gamma h_2 + \gamma h_3 = p_a - \gamma h_1 - \gamma h_2 + \gamma h_2 + \gamma h_3 = p_a - \gamma (h_1 - h_3) \tag{9.16}$$

设大气压强 p_a 为零，则作用在土壤表面上的负压水头为

$$p/\gamma = -(h_1 - h_3) \tag{9.17}$$

式 (9.17) 表明，作用在土壤表面上的水头为马氏瓶负压管参考平面以上水深 h_1 与储水管位置 4 到土壤表面的距离 h_3 之差的负值，即作用在土壤表面上的水头为负水头。

在实际运行中，位置 4 的负压值保持不变，因此，就给渗透膜位置提供了一个稳定的负压水头，而渗透膜与土面之间仅有一薄层细沙，因此可以认为在土面上提供了一个稳定的负压水头，这个负压水头的大小等于位置 4 的负压水头减去土面到位置 4 的距离。储水管中的水分在土壤水势的作用下，将向土壤中入渗，就形成了负压条件下的入渗过程。

实验时如果需要改变位置 4 的负压值，则根据实验设计的负压值，选择打开适合位置马氏瓶通气孔上的针阀，并使其他针阀处于关闭状态，其负压的计算方法仍然采用式 (9.17)，但需注意此时的 h_1 为打开的马氏瓶进气口到水面的距离。

9.4 实验方法和步骤

（1）选好测点，除去测点上的植被，并把土层表面整平，测定点的半径要大于入渗盘底座的半径。

（2）在整平后的地面上将内径为18.5cm（稍大于圆盘外直径18cm）的钢环置于测点上并压紧，用水准仪或水平尺调平钢环，然后在其里面铺200～300目的石英沙（如图9.1所示），用喷壶喷少许水使沙层湿润并用夯土器夯实，石英沙夯实后（夯实过程中注意不要动钢环）用刮尺沿钢环四周刮平。铺设沙层的目的在于使渗透膜和土壤表层能够紧密连通。

（3）关闭连接口阀门和所有马氏瓶负压管进气口的针阀，打开进水口控制阀，在马氏瓶负压管的进水口用漏斗和量筒为马氏瓶负压管加水，水面位于负压管的连接口之下，关闭进水口控制阀，然后打开需要采用的某个马氏瓶进气口的针阀，检查其气密性，若该处进气口不出水且水位稳定，则说明负压管不漏气，然后关闭进气口针阀，可以继续下面的步骤。

（4）将调整好的负压管立于土面，用支柱上的固定支架将其固定，并用顶丝将滑套顶紧。

（5）给储水管充水。将马氏瓶负压管与储水管之间的连接软管自连接口处分开，打开进水阀，打开抽气孔控制阀，用漏斗通过连接软管给储水管灌水，有条件时也可以采用真空泵通过抽气孔抽气，而将连接软管的管口放入水体中进行抽水的方式给储水管灌水。当储水管内水位到达储水管顶部附近时，停止灌水，关闭抽气孔控制阀，将连接软管管口放在与进水阀相应的高度附近，将会有少量的水从储水管中流出，如果储水管是密封不漏气的，在流出少量水后，出水管中的水位将保持在某一高度不变；如果出水管中水位持续下降，说明储水管密封破坏，需要进行修理。在确认储水管完好情况下，关闭进水阀，将软管与连接口连接，并保证连接完整不会漏气，并观测记录所用水的水温。

（6）擦干附着在入渗盘面的水珠。将入渗盘轻轻放在沙层上并稍作旋转，使沙层与渗透膜紧贴在一起。

（7）打开连接口阀门和进水阀，开始计时并读取储水管的初始读数，最初每隔60s读数一次，十次后每隔300s读数，然后逐渐增加读数的时间间隔。

（8）入渗结束后，立即拿开入渗仪，铲去沙层并用铝盒采集表层2～3cm的土样放在密闭容器中，将所采的样品带回室内，测定土壤含水量。

（9）实验结束后将仪器恢复原状。

9.5 数据处理和成果分析

实验设备名称：　　　　　　　　　　　　　　　仪器编号：

同组学生姓名：

已知数据：入渗盘半径 $r=$ 　　cm；入渗盘横截面积 $A_1=$ 　　cm²；

储水管半径 $r_1=$　　cm；储水管横截面积 $A_2=$　　cm^2；

储水管初始水面读数 $H_0=$　　cm；$h_3=$　　cm；

水温 $T=$　　℃。

1. 实验过程记录

盘式入渗实验记录见表9.1。

表9.1　　　　　　　　　　　　　盘式入渗实验记录表

测量时间 t /s	储水管水面读数 h_i /cm	H_0-h_i /cm	进入土壤的水体积 /cm^3	入渗量 Q /cm^3

学生签名：　　　　　　　教师签名：　　　　　　　实验日期：

2. 土壤含水量测量及参数计算。

土壤含水量测量及参数计算见表9.2。

表9.2　　　　　　　　　　　土壤含水量测量及参数计算

土样 编号	铝盒号	湿土重（带盒） /g	干土重（带盒） /g	盒重 /g	水重 /g	干土重 /g	重量 含水量	体积 含水量

学生签名：　　　　　　　教师签名：　　　　　　　实验日期：

3. 成果分析

（1）根据表9.1实测的储水管水面的下降高度，计算进入土壤的水量，将计算结果记录在表9.1中。水量的计算公式为

$$V=\pi r_1^2(H_0-h_i)$$

式中：V 为进入土壤的水体积；r_1 为储水管半径。

（2）计算入渗量。入渗量为水的体积除以入渗时间。将求得的入渗量记录在表9.1中。

（3）用式（9.13）计算吸渗率 S。

（4）将取出的湿土样放在天平上称出湿土重（连盒），然后放在烘箱内烘烤，烘烤的温度设为 $100 \sim 105℃$，烘烤时间为 $6 \sim 12h$。烘烤完后将土样取出放在天平上称出干土重（连盒），则质量含水量为

$$\theta_m = \frac{土壤水质量}{烘干土质量} = \frac{湿土重（带盒）- 干土重（带盒）}{干土重 - 盒重}$$

体积含水量可由第 7 章的式（7.44）计算。将实验结果记录在表 9.2 中。

（5）求初始体积含水量 θ_0 和最终体积含水量 θ_i 的平均值。

（6）用式（9.12）计算导水率 K_0。

（7）用式（9.10）计算平均孔隙长度 λ_c，即宏观毛细管上升高度。

（8）在直角坐标系中绘制土壤入渗量与时间的关系，分析入渗量随时间的变化规律。

（9）在直角坐标系中绘制土壤导水率与时间的关系，分析导水率随时间的变化规律。

9.6　实验中应注意的事项

（1）测试点地表整平时，不能破坏土壤结构。

（2）钢环要埋入地面以下一定深度，在填沙、夯实沙子时，钢环必须保持不动。

（3）钢环表面要用水准仪或水平尺调平，才能保证沙面的水平。

（4）入渗盘的渗透膜应该和沙面紧密接触。

（5）在实验过程中，一旦开始测量，中途秒表不能停，直到测量结束才能按下秒表。

（6）实验结束后，应迅速移开入渗盘，铲去沙子取土样，取土速度要快，如果取土时间长时，土样在空气中停留过长时间，会造成含水量的损失，从而导致实验结果的不准确。

（7）取土样时要按规定的方法提取，并注意土样编号、铝盒编号和取土位置相对应。每取完一个土样，所用的取土器要擦干净，然后再取下个土样。

思　考　题

1. 盘式入渗的实验原理是什么？

2. 盘式入渗测定的导水率是土壤的饱和导水率还是非饱和导水率？

3. 盘式入渗仪马氏瓶的工作原理是什么？

4. 你能设计出更好的盘式入渗仪吗？

参　考　文　献

［1］　樊军，邵明安，王全九．田间测量土壤导水率的方法研究进展［J］．中国水土保持科学，2006，4
（2）：114 - 119.

［2］　Ankeny M D, Kaspar T C, Horton R. Design for an automated tension infiltrometer［J］. Soil Sci.

Son. Am. J. 1988，52：893－896.

［3］ 王琳芳，樊军，王全九.用自动盘式吸渗仪测定土壤导水率［J］.农业工程学报，2007，23（9）：72－75.

［4］ Casey FX M，Derby N E. Improved design for an automated tension infiltrometer［J］. Soil Sci. Son. Am. J. 2002，66：64－67.

［5］ Schwart R C，Evett S R. Conjunctive use of tension infiltrometery and Time－Domain Reflectometry for inverse estimation of soul hydraulic properties［J］. Vadose Zone Journal，2003，2：530－538.

［6］ 林琳，陈婕，张中彬.基于差压传感器的自动录盘式负压入渗仪设计［J］.传感器与微系统，2011，30（2）：94－97.

［7］ 邹朝旺，张仁锋，薛绪掌.基于圆盘渗透仪常用计算模型的比较和分析［J］.灌溉排水学报，2005，24（6）：26－34.

［8］ 佘冬立，高雪梅，房凯.利用圆盘入渗仪测定不同土地利用类型土壤吸渗率［J］.农业工程学报，2014，30（18）：151－157.

［9］ 付秋萍，王全九，樊军.盘式渗吸仪吸渗率计算方法比较［J］.农业机械学报，2009，40（9）：57－61.

［10］ 许明祥，刘国彬，卜崇峰，等.圆盘入渗仪法测定不同利用方式土壤渗透性试验研究［J］.农业工程学报，2002，18（4）：54－58.

［11］ White I，Sully M J. Macroscopic and microscopic capillary length and tims scales fyom fieki infiltration［J］. Water Resources Research，1987，23：1514－1522.

第 10 章 双 环 入 渗 实 验

10.1 实验目的和要求

（1）掌握双环入渗的实验原理。
（2）掌握双环入渗仪测量土壤入渗量的方法。
（3）掌握双环入渗仪测量土壤饱和导水率的方法。

10.2 实验原理

土壤的入渗规律受到许多因素的影响，特别是在野外原位条件下，土壤的入渗规律难以准确确定，最早的思想就是将大田一个较大面积上的入渗概化为一个点的入渗问题来看待，开发出了所谓单环入渗法和双环入渗法。单环入渗法就是在田间用一个一定直径范围内的入渗实验来研究该地段上土壤入渗规律的方法。其核心就是用一个一定高度的圆环切入到土表以下一定深度，然后在圆环内进行充分供水条件的入渗，地表以上的水深一般控制在 5.0cm 左右，测出水进入土表的过程就可得到入渗规律，并将长时间入渗末段的入渗率近似地作为土壤饱和导水率。该方法由于入渗环深入土壤表面以下的部分相对于入渗湿润锋的推进长度要小很多，通过揭示入渗后湿润区域的分布特征发现，在湿润锋推进长度大于入渗环切入土表以下的深度后，湿润的范围除了向下推进的部分外，还有一部分水分向入渗环所代表的投影面积范围以外的区域进行了横向扩展，这样的入渗实验结果就不能完全代表一个单纯的垂直一维入渗，在此基础上开发出了双环入渗仪。双环入渗仪就是将两个大小不同的同心圆环切入到地表以下某深度，在地表以上留出一定的高度，同时给内环和外环内的土表以上形成一定的水深条件，造成充分供水的垂直一维入渗，外环的主要作用就是保证内环在入渗过程中其范围内的湿润锋始终是垂向推进的，而外环的湿润锋在一定深度后有少量水分会横向扩散，为了保证外环的入渗锋面与内环的入渗锋面推进速度一致，而在内外环之间的地表以上所形成的入渗水头适当高于入渗内环的入渗水头。我国的水文地质部门曾经大量采用双环法进行田间土壤饱和导水率的测量，积累了一定的经验，将内环面积确定为 $1000cm^2$ 左右即可基本代表大田实验结果，来建斌等[1]等经过大量实验和数值模拟认为采用直径 30cm 的入渗环进行 7 次重复测得的结果与采用 80cm 入渗环的一次测量结果相当，而且，80cm 直径的入渗环测定的入渗规律基本与大田大面积入渗的结果是一致的。张婧[2]通过大量田间实验后对入渗剖面的挖掘观察得出结论认为，由于入渗环在切入土壤过程中造成环壁附近土壤扰动而在入渗过程中可能会造成沿环壁附近的集中渗流现象，因此建议在开展入渗时最好能够在土壤表面先铺设一层沙以减小集中渗流对大田实际测定结果造成的影响。

实验中，记录入渗水量和相应时刻的数据，通过分析得到土壤的入渗率曲线，在较长时间入渗的后期，当入渗率接近稳定时，所测的值可以近似认为是土壤的饱和导水率 $K(\theta_s)$。

设时段入渗量为 Q，Δt 为入渗时段，A 为内环的横截面面积，则近似的饱和导水率为

$$K(\theta_s) = \frac{Q}{A\Delta t} \tag{10.1}$$

10.3　实验设备和仪器

双环入渗实验设备如图 10.1 所示。由图 10.1 可以看出，实验设备由马氏瓶、支柱、双环入渗仪以及辅助设施组成。马氏瓶内径为 14cm、高度为 155cm，在马氏瓶下部合适位置设马氏瓶进气孔，马氏瓶进气孔根据需要可设一个或多个，进气孔用针阀控制，在马氏瓶的上方设灌水孔和橡皮塞，侧面设放气阀、测尺和放水阀。支柱的作用是固定马氏瓶，支柱上设固定支架、滑套和顶丝，固定支架与马氏瓶连接在一起，滑套可以调节固定支架的位置，顶丝用来固定滑套。

入渗环分为内环和外环。内环的内径为 28cm、外径为 30cm，外环的内径为 58.4cm、外径为 60cm，双环入渗仪入渗环高度均为 20cm，其中 10cm 埋入地下，10cm 露出地面。内环用无缝钢管制作，表面采用镀铬处理，外环用焊接钢管制作。为了使钢管顺利插入土里，在进入地面 10cm 高度范围内将钢管的外缘打磨成刀口形，内缘尺寸不变，在内环和外环的外侧各设了 3 个定位片，定位片的位置距环底部 10cm，当内外环的定位片刚刚接触地表时，表明内环和外环的入土深度为 10cm。在内环上面设加压盖，在外环上设了 3 个敲击垫，以便双环入土时便于加压和击打。入渗内环上装有两个把手，以便实验结束时提起入渗环。

在以往的双环设计中，有两个主要的缺点。

（1）由于内环直径一般较大，将环压入土壤时常因受力不均匀而使土壤横向断裂，或由于振动使土体结构松散，环壁与土壤接触不良，使水沿环壁产生集中渗漏，影响实验的效果和量测精度。

（2）内环直径大，面积大，当环内入渗水头发生微小变化时，水量的变化很大，水头不稳定将造成较大的测量误差，实验精度难以保证，实验资料的可靠性较差。

为了解决以上两个问题，张建丰对双环入渗仪的内环做了改进，主要有两个方面。

（1）在内环上面设加压盖，加压盖与内环接触处为圆形，内外径与内环相同，加压盖的中间为铁棒，四周由钢板和支撑焊接而成，在加压盖的四周焊接 4 个固定卡，在安装内环时，将加压盖套在内环上，通过打击加压盖可使内环均匀受压而平稳进入土体，从而避免土体扰动以及因入渗环边壁与土壤接触不良引起的集中渗漏。

（2）在内环中加了一个套环，套环的底部用透明有机玻璃制作，套环的外径略小于内环的内径，设计套环的外径为 27.6cm，在内环和套环之间留有 2.0mm 的空隙，套环的

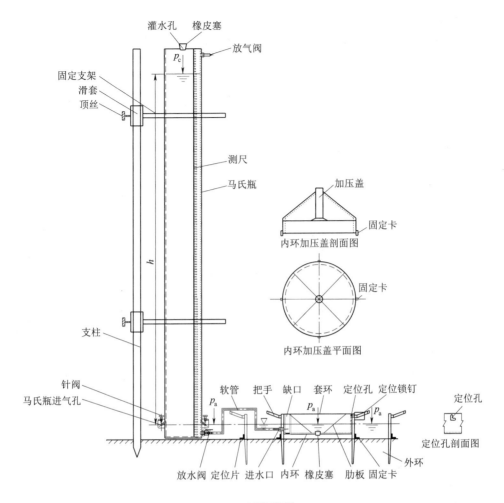

（a）双环正视图

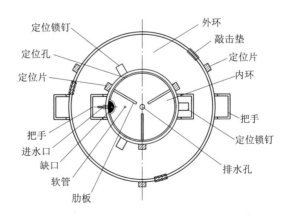

（b）双环平面图

图 10.1 双环入渗仪实验设备

高度为 12cm，实验时保持底面距离地面 2cm，在套环壁面的适当位置设 3 个定位孔，定位孔为 L 形，定位锁钉穿过定位孔与内环连接在一起。当套环处于定位孔的高位时，表明其套环底面距地面 2cm，当套环处于定位孔的低位时，其底面与地面处于同一水平。

在套环的侧壁上留有一个半圆形的透明缺口，缺口半径为 2.5cm，在缺口的底板上设多个小孔以保持缺口处的水与内环中的水体联系。缺口的作用是可以观测和测量环内的水深、传递水流、稳定内环里的水位和地面免受冲刷。当水流通过进水口进入缺口时，通过缺口底部的多个小孔和侧缝流向内环，小孔对水流有阻隔消能作用，使进入内环的水流比较稳定，由于受缺口底板的阻隔，水流不直接冲击地面，使得地面免受冲刷。

为了在间歇入渗时排水方便，在套环的底部开有一个直径为 2cm 的排水孔。在进行入渗实验时，可将排水孔用橡皮塞塞住，需要排水时，拔掉橡皮塞，将套环旋转一个角度后向下压就可使水进入套环中，当水全部进入套环中后，塞上橡皮塞，提出套环，再用洗耳球吸出内环内土壤表面的剩余水量，排水过程即完成。套环内收集的排水和吸出的水量可以通过量筒进行测量，并与入渗初始加水量进行比较，其差值可以用来校正入渗数据系列，确定初始入渗率。

套环的优点是减小了内环的表面面积，提高了内环水流的稳定性和入渗水量对水位的敏感性，保护内环地面不受水流冲刷，在实验过程中，还可以通过套环的透明有机玻璃底板观察土壤入渗状况和土壤表面变化，大幅度提高了测量的灵敏度和精度。

实验仪器为榔头、秒表、洗耳球、灌水漏斗、量筒、盛水器等。

10.4　实验方法和步骤

（1）选择有代表性的地块，该地块没有人、畜踩压和机械碾压过。

（2）将内环和外环放入需要实验的地块，用手先将内、外环压入土里，然后在内环上扣入加压盖，用榔头均匀地打击加压盖和外环上的敲击垫，当内外环的定位片刚刚接触地表时，表明内环和外环的入土深度为 10cm。

（3）去掉内环上的加压盖，将套环放入内环中，将定位锁钉对准定位孔的高位，表明套环的底面距地面 2cm，将定位锁钉拧紧，用橡皮塞将套环底部的排水孔堵住。

（4）将支柱固定在地面上，检查支柱是否牢固。将支柱上的固定支架调节到合适位置，并用顶丝将滑套固定。

（5）安装马氏瓶。将马氏瓶固定在支柱上，调节马氏瓶的高度，使马氏瓶进气口与内环中的设计水面同高。

（6）关闭马氏瓶上的针阀和放水阀，拔掉灌水口的橡皮塞，用灌水漏斗和量筒向马氏瓶中加水，当马氏瓶中水位达到放气阀附近时停止加水，塞紧灌水口橡皮塞，关闭放气阀。

（7）检查马氏瓶是否漏气或漏水。将软管接在放水阀上，微开放水阀，使马氏瓶内减压，直至软管不连续出水为止，关闭放水阀；打开马氏瓶进气口上的针阀，则马氏瓶进气口可能有少量水溢出。等待一会，马氏瓶进气口应停止溢水，如持续溢水，说明上面的灌水口或进气阀密封不好，应进行修理。如果不持续溢水，说明马氏瓶正常待用。

（8）将放水阀和内环进水口用软管连接。

（9）设定内外环中的入渗水头 h，计算内外环所需的水量。对于内环

$$V_1 = \pi r_1^2 h_1 + \pi(r_1^2 - r_0^2)(h - h_1) \tag{10.2}$$

对于外环

$$V_2 = \pi(r_3^2 - r_2^2)h \tag{10.3}$$

式中：h 为内外环地面以上的水深；h_1 为内环中套环底面距地面的距离，取为 2cm；r_0 为套环的外半径；r_1 为内环的内半径；r_2 为内环的外半径；r_3 为外环的内半径；π 为圆周率；V_1 为内环所需保持水头的水量；V_2 为外环所需保持水头的水量。

一般入渗水头可定为 5～6cm，如果取水深为 5cm，对于内环，其所需水量为

$$V_1 = \pi r_1^2 h_1 + \pi(r_1^2 - r_0^2)(h - h_1) = \pi \times 14^2 \times 2 + \pi(14^2 - 13.9^2) \times (5 - 2) = 1249.03 \text{cm}^3$$

对于外环，其所需水量为

$$V_2 = \pi(r_3^2 - r_2^2)h = \pi(29^2 - 15^2) \times 5 = 9676.11 \text{cm}^3$$

用盛水器准备好内外环所需的初始水量。

（10）准备好秒表和记录纸，记下马氏瓶的初始水位。

（11）实验开始，将内环准备好的一定水量倒入套环中，打开放水阀门，待水流进入内环时，拔掉套环底部的橡皮塞，同时启动秒表计时，待入渗环中自由水面与套环内水面相同时，塞上橡胶塞，堵住套环中心孔。在不同时刻记录马氏瓶中的水位值于表 10.1 中。

（12）在向内环加水的同时，将外环准备好的一定水量倒入内外环之间。由于外环的作用只是保证内环入渗区为垂直入渗，所以外环水面与内环水面不必同高。实验中外环水面最好高于内环水面 1～2cm，所以在实验过程中要不断地给外环补水，所补充的水量不用记录。

（13）入渗进行一段时间后，入渗量将会减小。为进一步提高灵敏度，则应将马氏瓶进气孔中的一个关闭。

（14）当实验至马氏瓶中的单位时间供水量稳定不变时，实验停止。

（15）实验停止后，将套环中橡皮塞拔掉，迅速将套环下压至地面，这时内环中没有下渗的水流进入套环中，当水全部进入套环后，用橡皮塞堵住排水孔，取出套环，排水过程结束。记录进入套环内的水量。

（16）用洗耳球吸出内环中土壤表面剩余的水、贯入量杯计入水量。

（17）实验结束后将仪器恢复原状。

10.5　数据处理和成果分析

实验设备名称：　　　　　　　　　　　　　仪器编号：

同组学生姓名：

已知数据：套环外半径 $r_0 = $　　 cm；内环内半径 $r_1 = $　　 cm；

内环外半径 $r_2 = $　　 cm；外环内半径 $r_3 = $　　 cm；

入渗水头 $h = $　　 cm；入渗时间 $t = $　　 min。

马氏瓶内径 $R = $　　 cm；马氏瓶横截面面积 $A = $　　 cm^2；

马氏瓶初始水面读数 $H_0 = $　　 cm。

1. 实验过程记录

双环入渗实验过程记录见表 10.1。

表 10.1   双环入渗实验记录表

入渗时间 t /min	马氏瓶水面读数 H_i /cm	$H_0 - H_i$ /cm	入渗水量 Q /cm³	导水率 K cm/s

学生签名：   教师签名：   实验日期：

注 入渗时间开始时每 1min 测读一次，10min 后每 2min 读一次，1h 后每 5min 读测一次。

2. 成果分析

（1）根据表 10.1 实测的马氏瓶水面的下降高度，计算马氏瓶进入土壤的水量，将计算结果记录在表 10.1 中。水量的计算公式为

$$Q = \pi R^2 (H_0 - H_i) \tag{10.4}$$

式中：Q 为 t 分钟内进入内环土壤的水量；R 为马氏瓶半径；H_0 为初始马氏瓶水面读数；H_i 为各时间间隔马氏瓶的水面读数。

（2）计算导水率 K。导水率 K 用式（10.1）计算。将求得的导水率记录在表 10.1 中。

（3）在直角坐标系中绘制土壤入渗量与时间的关系曲线，分析入渗量随时间的变化规律。

（4）在直角坐标系中绘制土壤导水率与时间的关系曲线，分析导水率随时间的变化规律。

（5）在直角坐标系中绘制土壤导水率与入渗量的关系曲线，分析导水率随入渗量的变化规律。

10.6 实验中应注意的事项

（1）测试点地表应平整，在安装内外环时不能破坏土壤结构。

（2）在安装马氏瓶时，应轻拿轻放，特别注意马氏瓶进气口、放水阀、放气阀不能受

碰、受扭，以免损坏。

（3）在安装套环前，最好在排水孔下方的地面上放一些植被，以免灌水时破坏地面。

（4）在实验过程中，需要给外环不断地补充水量，操作比较麻烦。如果可能，可以再设一个马氏瓶专门给外环供水。

（5）在实验过程中，一旦开始测量，中途秒表不能停，直到测量结束才能按下秒表。

（6）实验结束后，应迅速拔掉套环中的橡皮塞，将套环下压，使内环中的剩余水量快速进入套环内，然后塞上橡皮塞，提出套环，将套环中的水倒入量筒进行计量。

（7）在计算内环进入土壤的水量时，应该是马氏瓶的水量＋内环的定量水量－最终从内环中取出的水量。

（8）实验结束后，应将内外环用清水洗净。

（9）仪器使用一段时间后，应对马氏瓶进行保养和维护。

思 考 题

1. 双环入渗的实验原理是什么？

2. 双环入渗与单环入渗有什么不同，哪个精度高，为什么？

3. 在内环中加套环有什么优点，对实验有无影响？

4. 内环尺寸对土壤的饱和导水率有无影响，如果有影响，应如何改变内环的尺寸，使之将影响减少到最小？

参 考 文 献

［1］ Lai J B，Ren L. Assessing the size dependency of measured hydraulic conductivity using double‐ring infiltrometers and numerical simulation ［J］. Soil Sci. Soc. Am. J.，2007，71：1667－1675.

［2］ 张婧. 土壤入渗与优先流测量方法研究 ［D］. 北京：中国农业大学，2017.

第11章 一维垂直土柱上渗法测定土壤非饱和导水率实验

11.1 实验目的和要求

（1）掌握一维垂直土柱上渗法测定土壤非饱和导水率的原理和实验方法。

（2）掌握土壤含水量、土壤水吸力沿土柱垂直高度的分布规律。

（3）分析土壤水吸力与土壤含水量的关系。

（4）分析土壤非饱和导水率与土壤含水量的关系。

11.2 实验原理

一维垂直土柱上渗法测定土壤非饱和导水率的方法也称为瞬时剖面法。由于土壤中水分运动为非稳定运动，所测土壤含水量和土壤水吸力分布是瞬时的，故称瞬时剖面法。早在 20 世纪 60 年代，国外就采用瞬时剖面法测定土壤的非饱和导水率[1]。这种方法是采用在一维垂直土柱上进行上渗实验，测得不同时刻土壤剖面的土壤含水量和土壤水吸力分布，通过计算可得土壤的非饱和导水率 $K(\theta)$。该方法概念清楚、操作简单方便，特别是在土壤水分传感器和土壤水势传感器得到充分发展后，应用将会得到较大普及。

对于土壤非饱和垂直一维流动，如坐标取向上为正，则非饱和土壤的白金汉-达西定律可以写成

$$q = -K(\theta)\frac{(\partial\psi_m + \partial z)}{\partial z} = -K(\theta)(\frac{\partial\psi_m}{\partial z} + 1) \tag{11.1}$$

式中：q 为水流通量；θ 为土壤含水量；$K(\theta)$ 为土壤的非饱和导水率；ψ_m 为基质势；z 为垂直坐标，向上为正。

土壤的基质势 ψ_m 与土壤基质吸力之间的关系为 $\psi_m = -s$，s 为土壤水吸力，代入式（11.1）得

$$q = K(\theta)\left(\frac{\partial s}{\partial z} - 1\right) \tag{11.2}$$

由式（11.2）可得土壤非饱和导水率为

$$K(\theta) = \frac{q}{\partial s/\partial z - 1} \tag{11.3}$$

由式（11.3）可知，欲求得某含水量 θ 条件下的土壤非饱和导水率 $K(\theta)$，必须知道土柱某一点处的水流通量 q 和土壤水吸力梯度 $\partial s/\partial z$。欲求得 q 和 $\partial s/\partial z$，就须知道土壤入渗过程中任两时刻的水分剖面和土壤水吸力分布。

如果取坐标向下为正时，土壤非饱和导水率为[2]

$$K(\theta) = \frac{q}{\partial s/\partial z + 1} \qquad (11.4)$$

垂直土柱上渗实验原理示意图如图 11.1 所示，由图中可以看出，上渗实验由土柱和马氏瓶组成，土柱下面为储水盒，上面为实验用的土，储水盒和土之间用孔板隔开，孔板夹在两片法兰之间；在马氏瓶和土柱之间用软管连接，马氏瓶给垂直土柱供水并维持土柱中的水位不变。图中坐标向上为正，坐标原点设在马氏瓶进气口处，该处正好对应孔板的上缘。土柱上部不密封，但要在土柱上端盖上一个盖板以防止蒸发。

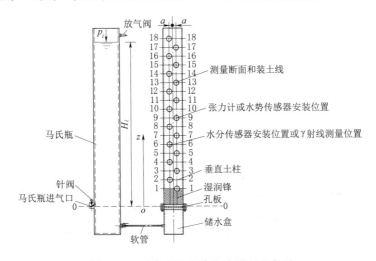

图 11.1　垂直土柱上渗实验原理示意图

土壤含水量可以采用 γ 射线法、时域反射仪（TDR）法、烘干法或利用土壤水分传感器采样的电测法测量。γ 射线法、TDR 法或电测法测量土柱的土壤含水量不受采样的干扰，是比较理想的测量方法。雷志栋等在《土壤水动力学》中就指出[1]，土壤含水量的测定不宜用取土称重法，因为这样会破坏土柱，所以有条件时尽量采用不破坏土柱的 γ 射线法、TDR 法或其他电测法等测量方法，根据目前土壤水分测定传感器的发展，采用微型 TDR 或其他电测法都已经成为现实，并且精度与取土烘干法相当。

土壤断面的土壤水吸力可以采用张力计或水势传感器测量。如果采用张力计测量，沿土柱布设测量断面，测量断面的布置可根据需要设置，一般 5～10cm 布置一个测量断面，在测量断面上安装张力计（读数可以采用真空表或 U 形比压计，也可以采用负压传感器智能表），因为临近水面处土壤水吸力值及其变化均很小，一般采用 U 形比压计。如果采用水势传感器测量，可以将水势传感器直接埋入土壤中。水势传感器也可以和水分传感器共同布置在土柱中，利用计算机在线监测系统同时采集土壤水吸力和土壤含水量。

设时刻 t_1 和时刻 t_2 分别测得各断面的土壤含水量 θ 沿土柱高度 z 的分布如图 11.2 所示。由图中可以看出：当 $t=0$ 时，土柱中的土壤含水量为初始土壤含水量 θ_0，当 $t=t_1$ 时，土壤含水量为 $\theta(t_1)$，当 $t=t_2$ 时，土壤含水量为 $\theta(t_2)$。根据水量平衡原理，土柱内土壤含水量的增加量应等于马氏瓶在该时段的补给水量，由此可以计算任意位置 z 处的水流通量 q。由水流的连续性方程可得

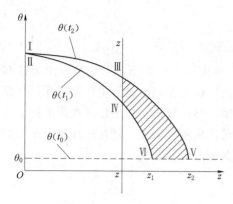

图 11.2 土壤含水量分布

$$\frac{\partial \theta}{\partial t} = \frac{\partial q}{\partial z} \tag{11.5}$$

对式（11.5）积分，积分限从 z_0 到 z，得

$$\int_{z_0}^{z} \frac{\partial \theta}{\partial t} \mathrm{d}z = q(z_0) - q(z) \tag{11.6}$$

由式（11.6）得

$$q(z_0) - q(z) = \int_{z_0}^{z} \frac{\partial \theta}{\partial t} \mathrm{d}z = \frac{\partial}{\partial t} \int_{z_0}^{z} \theta \mathrm{d}z \tag{11.7}$$

式中：$q(z_0)$ 为时段内通过 $z = 0$ 断面的水流通量，写成 q_0，q_0 可用式（11.8）计算，即

$$q(z_0) = q_0 = V/(At) \tag{11.8}$$

式中：V 为在 t 时段内从马氏瓶得到的补给水量，可由马氏瓶水面的下降高度与其横断面面积相乘求得；A 为垂直土柱的横断面面积；t 为测量时段。

$q(z)$ 为时段内通过 z 断面处的水流通量，写成 q_z，式（11.7）可写成

$$q_z = q_0 - \frac{1}{\Delta t} \left[\int_{0}^{z} \theta(t_2) \mathrm{d}z - \int_{0}^{z} \theta(t_1) \mathrm{d}z \right] \tag{11.9}$$

由 t_1 和 t_2 时刻的土壤含水量与坐标 z 关系（图 11.2）中的 $\theta(t_1)$ 和 $\theta(t_2)$ 曲线，可以通过式（11.9）计算得到时段内任意 z 断面处的水流通量 q_z。由于 $\theta(t_1)$ 和 $\theta(t_2)$ 可以以函数形式表示，所以在计算时，最好将图 11.2 中的曲线拟合成 θ 与 z 的函数关系，然后求积分即可得到 q_z。

同样的方法，用张力计或土壤水势传感器测出 t_1 和 t_2 时刻土柱各测点的土壤水吸力，绘制土壤水吸力与坐标 z 的关系，如图 11.3 所示。由图中可以看出，当 $t = t_1$ 时，土壤水吸力曲线为 $s(t_1)$，当 $t = t_2$ 时，土壤水吸力曲线为 $s(t_2)$。在计算时，如果能拟合出 s 与 z 的函数关系，可分别计算出 t_1 和 t_2 时刻的 $\partial s / \partial z$，然后用算术平均法计算出 $\Delta t = t_2 - t_1$ 时段内 $\partial s / \partial z$ 的平均值。

如果土壤含水量 θ 和土壤水吸力 s 与 z 不能拟合成函数关系（一般情况下都是无法拟合成函数的），则可以从图 11.2 的土壤含水量分布曲线和图 11.3 的土壤水吸力分布曲线用图解

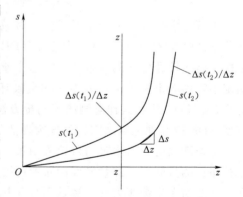

图 11.3 土壤水吸力分布

数值积分法求得 $\int_{z_0}^{z} \frac{\partial \theta}{\partial t} \mathrm{d}z$ 和 $\frac{\partial s}{\partial z}$，具体步骤如下。

（1）绘制 t_2 和 t_1 时刻土壤含水量 θ 和土壤水吸力 s 与坐标 z 的关系，如图 11.2 和图 11.3 所示的曲线，则测量时段为 $\Delta t = t_2 - t_1$。

（2）设任两断面之间的距离为 $\Delta z = z_{i+1} - z_i$。

（3）已知边界 $z = 0$ 处的水流通量为 q_0。

（4）计算任一断面的水流通量 q_z。如图 11.2 所示，如果忽略土柱上端的蒸发水量，则图 11.2 中的 Ⅲ-Ⅳ-Ⅵ-Ⅴ 所示的阴影面积即为土柱高度 z 处在 $\Delta t = t_2 - t_1$ 时段内单位面积上所通过的水量，该值除以 Δt 则为此时段内 z 处的平均水流通量 q_z。

（5）用土壤水吸力分布图 11.3 计算 $\partial s(t_1)/\partial z$ 和 $\partial s(t_2)/\partial z$，在计算时用 $\Delta s(t_1)/\Delta z$ 和 $\Delta s(t_2)/\Delta z$ 代替 $\partial s(t_1)/\partial z$ 和 $\partial s(t_2)/\partial z$。在土壤水吸力分布图中找到 z 断面，分别在 t_1 和 t_2 时刻的 $s-z$ 曲线上用做图法求该点曲线的斜率即为 $\Delta s(t_1)/\Delta z$ 和 $\Delta s(t_2)/\Delta z$，Δt 时段内 $\Delta s(t_1)/\Delta z$ 和 $\Delta s(t_2)/\Delta z$ 的算术平均值即为 z 断面的平均土壤水吸力梯度。

为了避免做图求斜率的困难，土壤水吸力梯度也可以用以下方法计算。因为 $\partial s/\partial z$ 为土壤水吸力曲线上任一点的斜率，在计算时可以将曲线上的 z 坐标分成若干个 Δz，对应于土壤水吸力曲线上就有若干个 Δs（在图上量取 Δz 对应的 Δs，如图 11.3 所示），土壤水吸力梯度可近似用差分 $\Delta s/\Delta z$ 代替微分 $\partial s/\partial z$，为了提高计算精度，Δz 不能取得太大，否则计算误差就较大。

平均土壤水吸力梯度还可以利用式（11.10）近似计算[3]，即

$$\frac{\partial s}{\partial z} = \frac{(s_1 + s_2) - (s_3 + s_4)}{2\Delta z} \tag{11.10}$$

式中：s_1、s_2、s_3、s_4 分别为 t_1 和 t_2 时刻 z 断面上下各 5cm 处的张力计读数或土壤水势传感器读数。

该方法也可以用在下渗试验中。要求测量土壤含水量和土壤水吸力的传感器有较小的滞后效应或水分含量变化缓慢的情况。

算例： 某中壤土野外下渗实验，采用双环法，实验时土壤含水量采用 γ 射线测量，土水势用张力计测量，张力计的规格为长 70cm、直径 2cm、埋设深度 46cm；γ 射线测量的两观测管的间距为 35.3cm，分别位于野外下渗仪内环外侧同一直径线上。实验过程中，将两观测管里分别放置的放射源与测量探头每间隔一定时间，同时自下而上测定不同深度处土壤含水量，可得到不同时刻下渗剖面上土壤含水量的分布；下渗实验供水装置采用直径为 11.8cm 的马氏瓶，入渗水头设置为 5cm；土壤水分特征曲线测定采用在入渗实验后期将 γ 射线测量位置设置在张力计陶土头埋设位置，即地表以下 46cm，每间隔一段时间同时测量该位置土壤水分和张力计读数，由此获得该土壤水分特征曲线为，在土壤含水量 $0 < \theta < 0.3297$ 时，土壤水吸力 $s = 97.65360\theta^{-0.6973}$，当 $0.3297 < \theta < \theta_s$ 时，$s = 6.1354 \times 10^{-7} \theta^{-17.6925}$，其中，$\theta_s$ 为土壤的饱和体积含水量（cm^3/cm^3），θ 为土壤的体积含水量（cm^3/cm^3），s 为土壤的吸力（cm）。入渗实验过程中共测得 5 个水分剖面，计算时采用时间 $t_1 = 44min$ 和 $t_2 = 88min$ 两个时刻的水分剖面进行土壤导水率的计算。实测土壤含水量 θ、计算的土壤水吸力 s 与入渗深度 z 的关系如图 11.4 和图 11.5 所示。

由图 11.4 和图 11.5 可以看出，实测的土壤含水量 θ、计算的土壤水吸力 s 与入渗深度 z 的关系比较离散，这主要是因为野外试验测量环境条件、土壤均匀度不一致等因素带来的测量误差造成的。为了分析方便，对图 11.4 和图 11.5 中的离散点进行适线处理，如图中的 $\theta(t_1)$、$\theta(t_2)$、θ_0、$s(t_1)$、$s(t_2)$ 曲线所示，$\theta(t_1)$ 和 $\theta(t_2)$ 曲线表示 $t_1 = 44min$ 和 $t_2 = 88min$ 时刻的土壤含水量，θ_0 为土壤的初始含水量，$s(t_1)$、$s(t_2)$ 曲线表示 $t_1 =$

44min 和 $t_2 = 88$min 时的土壤水吸力。

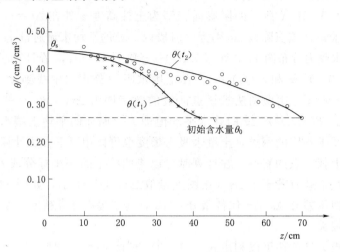

图 11.4　实测土壤含水量 θ 与入渗深度 z 的关系

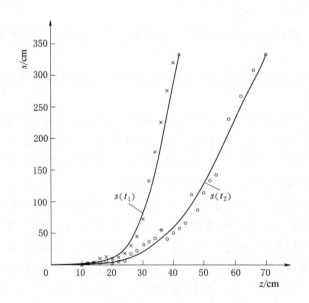

图 11.5　计算的土壤水吸力 s 与入渗深度 z 的关系

根据适线求得土壤含水量 θ 与入渗深度 z 的关系见表 11.1。表中第 1 列为入渗深度 z，第 2 列到第 6 列为时间 $t_1 = 44$min 时刻测量和计算的参数。其中第 2 列 θ 为各入渗深度点的土壤体积含水量；第 3 列 $\overline{\theta}$ 为土壤体积含水量 θ 的算术平均值，即表 11.1 中第 2 列的第 1 行与第 2 行的算术平均值，以此类推；第 4 列某行为第 1 列的该行减去前 1 行的差值，以此类推；第 5 列为第 3 列乘以第 4 列；第 6 列为第 5 列对应行与以上行的求和。

第 7 列至第 11 列为时间 $t_2 = 88$min 时刻的测量和计算的参数。

表 11.1　　　　　　　土壤含水量 θ 与入渗深度 z 的适线关系

入渗深度	$t_1 = 44$min 时刻					$t_2 = 88$min 时刻				
z /cm	θ /(cm³/cm³)	$\overline{\theta}$ /(cm³/cm³)	Δz /cm	$\overline{\theta}\Delta z$ /cm	$\sum\overline{\theta}\Delta z$ /cm	θ /(cm³/cm³)	$\overline{\theta}$ /(cm³/cm³)	Δz /cm	$\overline{\theta}\Delta z$ /cm	$\sum\overline{\theta}\Delta z$ /cm
0	0.450					0.450				
2	0.448	0.449	2	0.898	0.899	0.449	0.450	2	0.899	0.899
4	0.446	0.447	2	0.894	1.792	0.449	0.449	2	0.898	1.797
6	0.444	0.445	2	0.890	2.682	0.448	0.448	2	0.896	2.693

入渗深度	$t_1 = 44\min$ 时刻					$t_2 = 88\min$ 时刻				
z /cm	θ /(cm³/cm³)	$\overline{\theta}$ /(cm³/cm³)	Δz /cm	$\overline{\theta}\Delta z$ /cm	$\sum \overline{\theta}\Delta z$ /cm	θ /(cm³/cm³)	$\overline{\theta}$ /(cm³/cm³)	Δz /cm	$\overline{\theta}\Delta z$ /cm	$\sum \overline{\theta}\Delta z$ /cm
8	0.442	0.443	2	0.886	3.568	0.447	0.447	2	0.895	3.588
10	0.439	0.440	2	0.881	4.449	0.445	0.446	2	0.892	4.480
12	0.436	0.437	2	0.875	5.323	0.443	0.444	2	0.889	5.369
14	0.432	0.434	2	0.867	6.190	0.441	0.442	2	0.884	6.253
16	0.427	0.429	2	0.858	7.049	0.437	0.439	2	0.878	7.131
18	0.421	0.424	2	0.848	7.896	0.434	0.436	2	0.872	8.002
20	0.414	0.417	2	0.835	8.731	0.431	0.432	2	0.865	8.867
22	0.406	0.410	2	0.820	9.551	0.427	0.429	2	0.858	9.725
24	0.397	0.401	2	0.802	10.353	0.423	0.425	2	0.851	10.576
26	0.386	0.391	2	0.783	11.135	0.420	0.421	2	0.843	11.419
28	0.373	0.380	2	0.759	11.895	0.415	0.417	2	0.835	12.254
30	0.357	0.365	2	0.730	12.625	0.411	0.413	2	0.827	13.080
32	0.338	0.347	2	0.695	13.319	0.407	0.409	2	0.818	13.898
34	0.318	0.328	2	0.656	13.975	0.402	0.405	2	0.809	14.708
36	0.301	0.310	2	0.619	14.594	0.398	0.400	2	0.800	15.507
38	0.287	0.294	2	0.587	15.182	0.393	0.395	2	0.791	16.298
40	0.275	0.281	2	0.562	15.743	0.388	0.390	2	0.781	17.079
42	0.267	0.271	2	0.542	16.285	0.383	0.385	2	0.771	17.849
44	0.267	0.267	2	0.534	16.819	0.377	0.380	2	0.760	18.609
46	0.267	0.267	2	0.534	17.353	0.371	0.374	2	0.748	19.357
48	0.267	0.267	2	0.534	17.887	0.364	0.368	2	0.735	20.092
50	0.267	0.267	2	0.534	18.421	0.357	0.361	2	0.722	20.814
52	0.267	0.267	2	0.534	18.955	0.350	0.354	2	0.707	21.522
54	0.267	0.267	2	0.534	19.489	0.342	0.346	2	0.692	22.214
56	0.267	0.267	2	0.534	20.023	0.335	0.338	2	0.677	22.891
58	0.267	0.267	2	0.534	20.557	0.327	0.331	2	0.661	23.552
60	0.267	0.267	2	0.534	21.091	0.319	0.323	2	0.645	24.198
62	0.267	0.267	2	0.534	21.625	0.311	0.315	2	0.629	24.827
64	0.267	0.267	2	0.534	22.159	0.302	0.306	2	0.613	25.440
66	0.267	0.267	2	0.534	22.693	0.292	0.297	2	0.594	26.034
68	0.267	0.267	2	0.534	23.227	0.281	0.287	2	0.573	26.607
70	0.267	0.267	2	0.534	23.761	0.267	0.274	2	0.548	27.155

　　根据适线求得土壤水吸力 s 与入渗深度 z 的关系见表11.2。表中第1列为土壤入渗深度 z，第2列～6列为时间 $t_1 = 44\min$ 时刻的测量和计算的参数。计算过程与表11.1相同；第5列为差分 $\Delta s/\Delta z$，即土壤水吸力梯度的近似值。

　　第6列～9列为时间 $t_2 = 88\min$ 时刻的测量和计算的参数。

表 11.2　　　　　　　　　　　**土壤水吸力 s 与入渗深度 z 的关系**

入渗深度 z/cm	$t_1 = 44\text{min}$ 时刻				$t_2 = 88\text{min}$ 时刻			
	s/cm	Δs/cm	Δz/cm	$\Delta s/\Delta z$	s/cm	Δs/cm	Δz/cm	$\Delta s/\Delta z$
0	0.000				0.000			
2	0.320	0.320	2	0.160	0.120	0.120	2	0.060
4	0.645	0.325	2	0.163	0.275	0.155	2	0.078
6	1.000	0.355	2	0.178	0.460	0.185	2	0.093
8	1.455	0.455	2	0.228	0.655	0.195	2	0.098
10	2.070	0.615	2	0.308	0.845	0.190	2	0.095
12	2.785	0.715	2	0.358	1.365	0.520	2	0.260
14	3.825	1.040	2	0.520	1.845	0.480	2	0.240
16	5.385	1.560	2	0.780	2.345	0.500	2	0.250
18	7.740	2.355	2	1.178	2.950	0.605	2	0.303
20	11.260	3.520	2	1.760	4.225	1.275	2	0.638
22	16.655	5.395	2	2.698	6.080	1.855	2	0.928
24	25.405	8.750	2	4.375	8.570	2.490	2	1.245
26	39.175	13.770	2	6.885	11.985	3.415	2	1.708
28	58.530	19.355	2	9.678	15.915	3.930	2	1.965
30	73.375	14.845	2	7.423	20.705	4.790	2	2.395
32	112.400	39.025	2	19.513	26.940	6.235	2	3.118
34	152.500	40.100	2	20.050	34.250	7.310	2	3.655
36	207.890	55.390	2	27.695	42.065	7.815	2	3.908
38	271.765	63.875	2	31.938	50.380	8.315	2	4.158
40	298.570	26.805	2	13.403	59.565	9.185	2	4.593
42	333.520	34.950	2	17.475	70.065	10.500	2	5.250

根据表 11.1 和表 11.2 的数据计算土壤的导水率 $K(\theta)$。首先用式（11.9）计算水流通量 q_z，式（11.9）可以写成差分形式：

$$q_z = q_0 - \frac{1}{\Delta t}\left[\sum_0^z \theta(t_2)\Delta z - \sum_0^z \theta(t_1)\Delta z\right] \tag{11.11}$$

式中：$\sum_0^z \theta(t_2)\Delta z$ 为表 11.1 中的第 11 列，$\sum_0^z \theta(t_1)\Delta z$ 为表 11.1 中的第 6 列。

对于 $z = 0$ 断面的水流通量 q_0，有 3 种计算方法。

（1）根据马氏瓶读数求出 Δt 时段的供水量 V，然后代入式（11.8）求出 q_0，式（11.8）中的 t 为测量时段 $\Delta t = 88 - 44 = 44(\text{min})$，$A$ 为实验土柱的横断面面积。

（2）图 11.4 中的 $\theta(t_1)$、$\theta(t_2)$ 和 θ_0 所围的曲面面积通过调用计算机中的面积计算命令可以直接得出，然后除以 Δt 即得 q_0。

（3）由表 11.1 中的第 11 列中的最后 1 行减去第 6 列中的最后 1 行，再除以 Δt 即近似得 q_0。

根据第 3 种方法计算 q_0，由表 11.1 可以看出，$q_0 = (27.155 - 23.761)/44 = 0.07714$（cm/min），各点的水流通量 q_z 的计算见表 11.3。

表 11.3　　　　　　　　　土壤导水率 $K(\theta)$ 计算表

入渗深度	$\sum \theta \Delta z$/cm		q_z	$\Delta s/\Delta z$		平均值	$K(\theta)$	θ
z/cm	$t_2=88$min	$t_1=44$min	/(cm/min)	$t_1=44$min	$t_2=88$min	$\Delta s/\Delta z$	/(cm/min)	/(cm³/cm³)
0								
2	0.899	0.899	0.077	0.160	0.060	0.110	0.069	0.449
4	1.797	1.792	0.077	0.163	0.078	0.120	0.069	0.448
6	2.693	2.682	0.077	0.178	0.093	0.135	0.068	0.447
8	3.588	3.568	0.077	0.228	0.098	0.163	0.066	0.445
10	4.480	4.449	0.076	0.308	0.095	0.201	0.064	0.443
12	5.369	5.323	0.076	0.358	0.260	0.309	0.058	0.441
14	6.253	6.190	0.076	0.520	0.240	0.380	0.055	0.438
16	7.131	7.049	0.075	0.780	0.250	0.515	0.050	0.434
18	8.002	7.896	0.075	1.178	0.303	0.740	0.043	0.430
20	8.867	8.731	0.074	1.760	0.638	1.199	0.034	0.425
22	9.725	9.551	0.073	2.698	0.928	1.813	0.026	0.419
24	10.576	10.353	0.072	4.375	1.245	2.810	0.019	0.413
26	11.419	11.135	0.071	6.885	1.708	4.296	0.013	0.406
28	12.254	11.895	0.069	9.678	1.965	5.821	0.010	0.399
30	13.080	12.625	0.067	7.423	2.395	4.909	0.011	0.389
32	13.898	13.319	0.064	19.513	3.118	11.315	0.005	0.378
34	14.708	13.975	0.060	20.050	3.655	11.853	0.005	0.366
36	15.507	14.594	0.056	27.695	3.908	15.801	0.003	0.355
38	16.298	15.182	0.052	31.938	4.158	18.048	0.003	0.344
40	17.079	15.743	0.047	13.403	4.593	8.998	0.005	0.336
42	17.849	16.285	0.042	17.475	5.250	11.363	0.003	0.328

由于实验时取 z 轴向下为正，则土壤的导水率 $K(\theta)$ 用式（11.4）计算，式中各点的土壤水吸力梯度见表 11.2 中的第 5 列和第 9 列。

根据式（11.11）、式（11.4）、表 11.1 和表 11.2 中的数值，计算各点的土壤导水率 $K(\theta)$ 见表 11.3。表 11.3 中的土壤含水量 θ 为 $t_1 = 44$min 时刻和 $t_2 = 88$min 时刻各断面土壤含水量的算术平均值（表 11.1 中的第 3 列和第 8 列的 $\overline{\theta}$ 的算术平均值）。

根据表 11.3 中的土壤含水量 θ 与土壤的非饱和导水率 $K(\theta)$，点绘 $K(\theta)$ 与 θ 的关系如图 11.6 所示。由图中可以看出，土壤的非饱和导水率 $K(\theta)$ 随着含水量 θ 的增大而增加，当土壤的含水量 θ 为饱和含水量 θ_s 时，$K(\theta)$ 即为饱和导水率 $K(\theta_s)$。同时可以看出，当土壤体积含水量小于 $0.4\text{cm}^3/\text{cm}^3$ 时，导水率比较小，而当土壤体积含水量大于 $0.4\text{cm}^3/\text{cm}^3$ 以后，导水率快速增加，说明大孔隙在土壤饱和渗流中占主导地位。

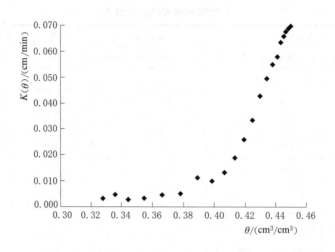

图 11.6　土壤非饱和导水率 $K(\theta)$ 与含水量 θ 的关系

11.3　实验设备和仪器

用土壤水分传感器和土壤水势传感器测量土壤水分和吸力的实验设备如图 11.7 所示。由图 11.7 可以看出，实验设备由马氏瓶、支柱、垂直土柱、土壤水分水势采集器、计算机组成。马氏瓶内径为 6cm、高度为 100cm，在马氏瓶下部合适位置设马氏瓶进气孔，进气孔用针阀控制，在马氏瓶的上方设灌水孔和橡皮塞，侧面设放气阀、测尺和放水阀。支柱的作用是固定马氏瓶，支柱上设固定支架、滑套和顶丝，固定支架与马氏瓶连接在一起，滑套可以调节固定支架的位置，顶丝用来固定滑套。

垂直土柱直径 12cm、高度 100cm。土柱由两部分组成，土柱下面的储水盒部分和上面的装土部分，两部分之间设孔板，孔板用法兰连接在一起。在土柱上设了 8 个测量断面，测量断面的底部从孔板的上表面算起，每种传感器测量断面之间的距离为 10cm。

土壤含水量和土壤水吸力可以用土壤水分传感器和土壤水势传感器测量，传感器布置在土柱轴线的两侧，如图 11.7 所示，在轴线的右侧布置土壤水分传感器，在土柱轴线的左侧布置土壤水势传感器，在测量时将土壤水分和水势传感器接入土壤水分水势采集器，采集器与计算机连接，用计算机采样和进行数据处理。

土壤含水量和土壤水吸力也可以用 γ 射线法和张力计测量。如果采用电测式张力计或用压力传感器代替张力计负压表头，也可以用计算机采集数据和进行成果分析。

在土柱的下方设进水口，进水口和放水阀之间用软管连接。

实验仪器为夯土器、秒表、洗耳球、灌水漏斗和量筒等。

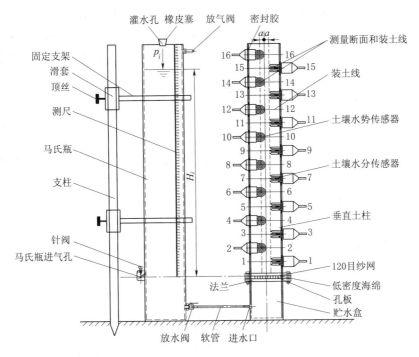

图 11.7 土壤水分传感器和土壤水势传感器测量土壤含水量和水吸力原理示意图

11.4 实验方法和步骤

（1）取自然风干的土碾碎过 2mm 筛，称出土样的干重度和初始土壤含水量。

（2）在土柱的法兰以下装入滤料，然后将孔板用法兰固定在土柱上。

（3）装填土样。装土前先称取每层（一层厚 5cm）所要填土的重量，将称好的土样分层装入土柱。每层装入土后都要先整平，然后用夯土器击实，使得装入的土与该层事先标定好的每层装土样线相平齐，然后用刷毛将土面抛毛，以保证土体密度的均一性和层与层之间的良好接触，然后再进行下一层土的填装。

（4）如果用土壤水分传感器和土壤水势传感器测量土壤的含水量和土壤水吸力，则需按照图 11.7 的方法在土柱的测量断面上装入土壤水分传感器和土壤水势传感器。并将传感器的引线与土壤水分水势采集器的相应编号连接，再将土壤水分水势采集器与计算机连接。

（5）关闭马氏瓶上的针阀和放水阀，拔掉灌水口的橡皮塞子，用灌水漏斗和量筒给马氏瓶中加水，当马氏瓶中水位达到放气阀处停止加水，塞紧灌水口橡皮塞子，关闭放气阀。

（6）检查马氏瓶是否漏气或漏水。微开放水阀，使马氏瓶内减压，直至放水阀不连续出水为止，关掉放水阀；打开马氏瓶进气孔上的针阀，则马氏瓶进气孔可能有少量水溢出。等待一会，马氏瓶进气孔应停止溢水，如持续溢水，说明上面的灌水口或进气阀密封不好，应用凡士林或橡皮泥将橡皮塞子周围涂抹密封，将进气阀关紧，直至马氏瓶进气孔无水溢出为止。

（7）将放水阀和进水口用软管连接。

（8）调整马氏瓶进气孔的高度，其高度与土柱孔板上表面同高。

（9）打开马氏瓶下面的放水阀，给土柱供水。待土柱中的水面刚刚到达孔板上表面时，记录马氏瓶中水面的初始读数，同时按下秒表开始计时，观测土壤湿润锋的变化。

（10）按一定的时间间隔，测量马氏瓶水面下降高度。

（11）根据一定的时间间隔，用土壤水分传感器和土壤水势传感器测量土壤的含水量和土壤水吸力。或用 γ 射线仪测量各断面的土壤含水量，用张力计或压力传感器测量各断面的土壤水吸力。

（12）待垂直土柱中的湿润锋超过最高处的张力计时，关闭进水阀门，同时测量终了时刻的马氏瓶水面下降高度、土壤含水量和土壤水吸力。

（13）实验结束后将仪器恢复原状。

11.5　数据处理和成果分析

实验设备名称：　　　　　　　　　　　　　　仪器编号：

同组学生姓名：

已知数据：马氏瓶半径 $r=$　　　cm；马氏瓶横截面积 $a=$　　　cm^2；

　　　　　土柱半径 $R=$　　　cm；土柱横截面积 $A=$　　　cm^2；

　　　　　土柱土壤段高度 $H=$　　　cm；土壤干重度 $\gamma_d=$　　　g/cm^3；

　　　　　初始土壤含水量＝　　　；马氏瓶初始水面读数 $H_0=$　　　cm。

1. 实验过程记录

马氏瓶水面读数、入渗水量和湿润锋高度实验记录见表 11.4，断面土壤含水量和土壤水吸力实验记录见表 11.5。

表 11.4　马氏瓶水面读数、入渗水量和湿润锋高度实验记录表

入渗时间 t /min	马氏瓶水面读数 H_i /cm	H_0-H_i /cm	入渗水量 V /cm^3	湿润锋高度 /cm

学生签名：　　　　　　　教师签名：　　　　　　　实验日期：

表 11.5　　　　**断面土壤含水量 θ (cm³/cm³) 和土壤水吸力 s (cm) 实验记录表**

t /min	断面 1		断面 2		断面 3		断面 4		断面 5		断面 6		断面 7		断面 8		入渗水量 V /cm³
	θ	s	θ	s	θ	s	θ	s	θ	s	θ	s	θ	s	θ	s	

学生签名：　　　　　　　　教师签名：　　　　　　　　实验日期：

2. 成果分析

（1）根据表 11.4 实测的马氏瓶水面的下降高度，计算马氏瓶进入土壤的水量，将计算结果记录在表 11.4 中。入渗水量的计算公式为

$$V = \pi r^2 (H_0 - H_i) \tag{11.12}$$

式中：V 为 t 时段内进入土壤的水量；r 为马氏瓶半径；H_0 为初始马氏瓶水面读数；H_i 为 t_i 时刻马氏瓶的水面读数。

（2）在表 11.5 的实验数据中，任意选取两个不同时刻组的 θ 和 s，点绘土壤含水量 θ 和土壤水吸力 s 与坐标 z 的关系，如图 11.2 和图 11.3 所示。

（3）计算任意两个断面之间的距离 $\Delta z = z_{i+1} - z_i$。

（4）测量时间 $\Delta t = t_{i+1} - t_i$。

（5）拟合土壤含水量 θ 和土壤水吸力 s 与坐标 z 的函数关系。

（6）用公式（11.8）计算两个相邻的不同时刻组的已知边界 $z = 0$ 处的水流通量 q_0。

（7）将拟合的土壤含水量 θ 与坐标 z 的函数关系代入式（11.9）积分计算任一断面的水流通量 q_z。

（8）对拟合的土壤水吸力 s 与坐标 z 的函数关系求偏导数 $\partial s(t_1)/\partial z$ 和 $\partial s(t_2)/\partial z$，取其平均值得 $\partial s/\partial z$。

（9）将 q_z 和 $\partial s/\partial z$ 代入式（11.3）求非饱和土壤的导水率 $K(\theta)$。

（10）取一系列的 z 值，按上述方法分别求出 q、$\partial s/\partial z$ 和 $K(\theta)$ 值，便可得出 $K(\theta)$ 与 θ 或 $K(\theta)$ 与 s 关系。

（11）非饱和土壤导水率 $K(\theta)$ 计算结果见表 11.6。

表 11.6　　　　　　　　　　　非饱和土壤导水率 $K(\theta)$ 计算

断面编号	时段 $\Delta t/\min$	时段内平均 q_0 /(cm/min)	$\partial s(t_1)/\partial z$	$\partial s(t_2)/\partial z$	$\partial s/\partial z$	平均 q_z /(cm/min)	$K(\theta)$ /(cm/min)	t_1 时刻 θ	t_2 时刻 θ	平均值 θ

（12）如果土壤含水量 θ 和土壤水吸力 s 与坐标 z 不能拟合成函数关系，则可以用做图法求非饱和土壤的导水率 $K(\theta)$，计算表格可参照算例。

11.6　实验中应注意的事项

（1）装土时，试样干重度的选取必须符合实际，并且在装土时保证层与层之间的良好接触，否则在入渗时会出现分层现象，影响最终的实验结果。

（2）在安装土壤水势传感器、张力计或压力传感器时要按规定位置安装，不可有偏差，因为土壤水吸力的测量对计算非饱和导水率影响很大。

（3）土壤水分传感器亦要按规定位置安装。

（4）用 γ 射线法测量土壤含水量时，要严格按操作规程进行实验，注意人身保护和安全。

（5）在安装马氏瓶和土柱时，马氏瓶进气孔与土柱孔板的上表面一定要在同一高度。

（6）在实验过程中，一旦开始测量，中途秒表不能停，直到测量结束才能按下秒表。

（7）实验结束后，应立即关闭进水阀门，停止计时。

（8）在计算土壤的非饱和导水率时，q_0、q_z、$\partial s/\partial z$ 都取 Δt 时段的平均值。

（9）对土壤含水量剖面需根据水量平衡原理进行校核，方法是每一时段土柱土壤含水量的增加量应等于边界处在这一时段的供水量，据此可对曲线进行修正，控制差值不超过 2%，这样的曲线可认为是可靠的。

思　考　题

1. 用瞬时剖面法测量非饱和土壤导水率的实验原理是什么，实验难点是什么？

2. 分析土壤水吸力与土壤含水量的关系。

3. 分析土壤非饱和导水率与土壤含水量的关系。

4. 分析非饱和土壤湿润锋随时间的变化规律。

参 考 文 献

［1］ 雷志栋，杨诗秀，谢森传．土壤水动力学［M］．北京：清华大学出版社，1988．

［2］ 张建丰，王文焰．利用野外一维垂向入渗试验确定土壤水分运动参数［J］．水土保持学报，1994，8（1）：69－72．

［3］ 席临平，杨胜科．水文与水资源实验技术［M］．北京：化学工业出版社，2008．

第 12 章　土壤含水量和泥沙含量的测控系统

　　土壤含水量的测量方法是土壤物理学研究的重要组成部分。土壤含水量的测量方法主要有两大类，即直接测量和间接测量。直接测量以烘干法应用最为广泛，本书第 2、7、8、9 章在测量土壤含水量时均采用烘干法。烘干法设备简单、方法易行、有较高的精度，但劳动强度大、费时、费力，在取土样时破坏了实验环境，不能定点、连续测量[1]。虽然烘干法在测量土壤含水量过程中会产生较大的系统误差（实测含水量往往会比实际含水量小 2％～3％），但是，到目前为止，烘干法仍然是公认的最准确的方法，常用于对其他方法进行标定。间接测量主要有中子法、TRD（time domain reflectometry）法、γ 射线法和基于各种电磁测量原理制造的土壤水分传感器法。中子法和 TRD 方法常用于田间土壤水分的测定。土壤水分传感器法是近几年才发展起来的，随着元器件和软件技术的快速发展，各种水分传感器发展势头迅猛。γ 射线法是 1950 年由 Belcher. D 等提出来的；1953 年苏联的丹尼林等首次使用 γ 射线法测量土壤含水量；在 20 世纪 50 年代中期，苏联的土壤改良研究所及泥炭研究所进行了田间实验，初步肯定了 γ 射线法测量土壤含水量的精度不低于烘干法；20 世纪 50 年代末，特别是 60 年代以后，在美国和欧洲一些国家已广泛进行了这方面的实验研究，其测试设备和测试手段做了相应的改进[1]。

　　20 世纪 60 年代，熊运章将 γ 射线测量土壤含水量技术引进至国内，80 年代以来，西安理工大学王文焰、张建丰、王志荣等对 γ 射线法测量土壤含水量做了更深入系统的研究，认为 γ 射线法有测量迅速、不破坏土体、层间分辨率高和测量精度较高等优点，不仅适用于一维土柱，也适合于二维土槽的实验[2]。

　　2002 年，张建丰在多年研究的基础上，开发了基于 γ 射线法的土壤水分运动模拟和泥沙含量的测控系统，该系统既可进行一维土柱（垂直、水平）或二维土槽的土壤水分运动模拟实验，又可用于测量管道水流中泥沙含量的变化过程。系统的操作完全由计算机自动控制，测量数据可以在线显示、绘图和保存。在脱机状态下，可以用 Excel 对数据进行再处理和分析。

12.1　测控系统的组成

　　系统由被测土体、放射源、能谱探头、3 个方向的驱动电机、机械传动、点位传感器阵列和点位采集器、现场点位显示器、测控仪、γ 射线计数定标器、工业 PC 机、打印机、恒水头供水装置（马氏瓶）、模拟降雨器等部分组成，土壤水分模拟实验、泥沙含量测控系统原理结构示意图如图 12.1 所示，电路系统如图 12.2 所示。

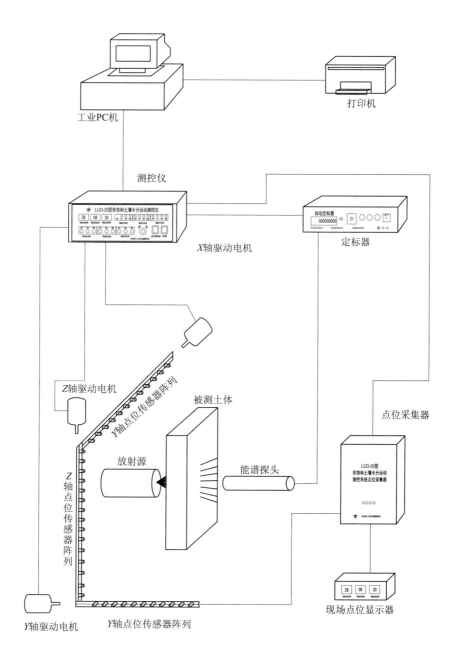

图 12.1 土壤水分模拟实验、泥沙含量测控系统原理结构示意图

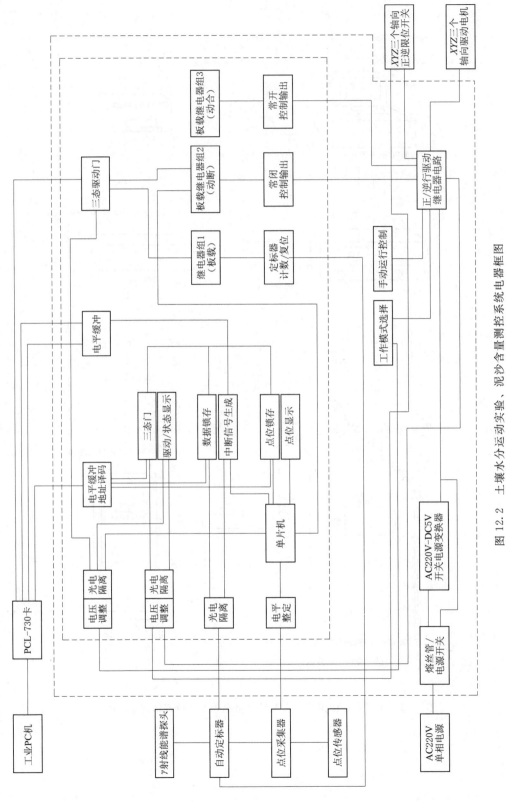

图 12.2　土壤水分运动实验、泥沙含量测控系统电器框图

12.2　测控系统的性能指标

（1）整个系统测架为移动式，并具有调平功能。

（2）测桥上的水分或泥沙含量测定的点位测定系统，在 x 方向具有同步水平移动功能，水平移动范围为 0～150cm；在 z 方向具有同步自动升降功能，升降范围为 20～220cm。

（3）根据实验要求的不同，测桥的间距可在 y 方向自动调整，其变动范围为 20～80cm。

（4）测量点的重复定位误差为 2mm，土壤水分测量的空间分辨率小于 2cm。

（5）控制台与测架分离，并具有可移动功能。

（6）土壤水分测量范围 0～100%（体积比），测量误差±1.5%。

（7）泥沙含量测量范围为 0～1400kg/m³，测量误差为±1.43%。

（8）二维土体的实验范围为长 1.2m、宽 0.2m、高 2.0m；采用单土柱实验时，可同时放置 3 个垂直土柱，每个土柱直径 0.15m、高 2.0m；也可以进行水平土柱实验，能够放置一个水平土柱，其直径为 0.1m、长度为 1.0m。

（9）在水平方向上最少可以有 30 个测量断面，每个断面上设置有不少于 30 个测点。

12.3　测控系统的运行原理

测控系统的机械运动部分由 3 个驱动电机驱动，分别带动放射源和射线测量探头沿 x、y、z 3 个方向运动。y 方向的运动是用于调整放射源和探头之间的间距，最大调节距离为 100cm，最小调节步长为 5cm，其调节过程应该在正式实验以前完成，一次实验的过程中不允许对该方向进行操作；x 和 z 方向为探头和放射源进行土壤水分或泥沙含量测量的运行方向，其中 x 方向运行范围为 1.6m，最小运行步长为 5cm，z 方向运行范围为 2.2m，最小运行步长为 5cm。为了保证运行安全，各方向的运行端点设有限位开关。

在计算机控制下，各方向电机驱动机械系统带动放射源和探头到达某一测点，然后，计算机启动定标器对射线穿过介质后的强度进行测量，按照定标器上设定的采样时间，等待数据稳定后，计算机自动采集定标器的数据，并保存到指定的文件中进行计算，求得土壤含水量或泥沙含量，同时显示、存储测量和计算结果。

一个测点测量完成以后，计算机指导机械系统运行，带动放射源和传感器到下一个测点测量。

测量数据可以在离线情况下由 Excel 电子表格软件进行处理和分析。

12.4　γ透射法工作原理及计算公式

放射性物质的辐射主要由 α 粒子流、β 粒子流和 γ 射线流即光子流所构成。其中 γ 射线是一种波长极短（小于 10^{-8}cm）、频率很高的高能电磁波，它具有光子的特性。

近代物理学研究表明，在 γ 射线穿过物质的过程中，发生着极其复杂的相互作用。例如对于射线平均能量为 0.66MeV 的铯 137(^{137}Cs) 放射源，在与物质（如土壤和水）发生作用后，一部分能量被物质所吸收，而穿过物质的剩余射线能量（以射线强度表示）将被减弱，其减弱程度与放射源的原有能量、吸收体的性质和厚度有关，关系为

$$I = I_0 e^{-\mu L} \tag{12.1}$$

式中：I、I_0 分别为 γ 射线穿过物质前后的射线强度，脉冲数/单位时间；L 为吸收体的厚度，cm；μ 为与密度有关的吸收体对 γ 射线的线性吸收系数，1/cm。

μ 可表示为

$$\mu = \rho \mu_m \tag{12.2}$$

式中：ρ 为吸收体的单位体积重量，即密度，g/cm^3；μ_m 为吸收体的质量吸收系数，cm^2/g。

γ 射线穿过液、固双相介质的固体颗粒（土壤或含沙水体）时，其减弱程度可用式 (12.3) 计算，即

$$I = I_0 e^{-(\rho_w \mu_w + \rho_s \mu_s) L} \tag{12.3}$$

式中：μ_w、ρ_w 分别为水的质量吸收系数和单位土壤容积中的水量；μ_s、ρ_s 分别为固体颗粒的质量吸收系数和干密度。

假设时刻 t_1 和 t_2 的水和固体颗粒的质量变化前后分别为 ρ_{w1}、ρ_{w2} 和 ρ_{s1}、ρ_{s2}，则穿过厚度为 L 的固、液双相介质土壤的射线强度为

$$I_1 = I_0 e^{-(\rho_{w1} \mu_w + \rho_{s1} \mu_s) L} \tag{12.4}$$

$$I_2 = I_0 e^{-(\rho_{w2} \mu_w + \rho_{s2} \mu_s) L} \tag{12.5}$$

若在测定过程中固体颗粒的干密度不变，即 $\rho_{s1} = \rho_{s2}$，则由式 (12.4) 和式 (12.5) 可得

$$I_2 / I_1 = e^{-\mu_w (\rho_{w2} - \rho_{w1}) L} \tag{12.6}$$

式中：$\rho_{w2} - \rho_{w1}$ 为水体的增量 $\Delta\rho_w$，实际上表示了单位体积含水量的增量，用 $\Delta\theta$ 表示，则

$$\Delta\theta = \frac{1}{\mu_w L} \ln \frac{I_1}{I_2} = \frac{\ln I_1 - \ln I_2}{\mu_w L} \tag{12.7}$$

设在初始时刻 t_1 固体颗粒单位体积中的水量为 ρ_{w1}，用 θ_0 表示，在 t_2 时刻固体颗粒单位体积中的水量为 ρ_{w2}，用 θ 表示，则 t_2 时刻固体颗粒的实际含水量为

$$\theta = \theta_0 + \Delta\theta = \theta_0 + \frac{\ln I_1 - \ln I_2}{\mu_w L} \tag{12.8}$$

式 (12.8) 即为 γ 射线法测定土壤含水量的基本公式。

用 γ 射线法也可以测定管道或径流的含沙量，由于含沙水流中仍为液、固两相介质，水沙作用下射线的减弱规律仍符合式 (12.3)。如果被测的土、水系统以水为主，如含沙水体，目的在于测量水体的含沙量变化情况，则由式 (12.4) 和式 (12.5) 得

$$I_2 / I_1 = e^{[-\mu_w (\rho_{w2} - \rho_{w1}) - \mu_s (\rho_{s2} - \rho_{s1})] L} \tag{12.9}$$

令 $\Delta\rho_w = \rho_{w2} - \rho_{w1}$，$\Delta\rho_s = \rho_{s2} - \rho_{s1}$，则

$$I_2 / I_1 = e^{(-\mu_w \Delta\rho_w - \mu_s \Delta\rho_s) L} \tag{12.10}$$

显然单位水体的沙量和水量的变化是彼此消长的，即

$$\Delta\rho_w = 1 - \Delta\rho_s \tag{12.11}$$

将式（12.11）代入式（12.10）得

$$\Delta\rho_s = \frac{\mu_w + (\ln I_2 - \ln I_1)/L}{\mu_w - \mu_s} \tag{12.12}$$

式（12.12）为 γ 射线法测定含沙水体中含沙量的基本计算公式。

由式（12.8）和式（12.12）可以看出，要计算土壤的含水量或泥沙含量，首先要确定水的质量吸收系数 μ_w 和固体颗粒的质量吸收系数 μ_s。所谓质量吸收系数是指 γ 射线在物质中穿过单位厚度以后，其能量被物质吸收的份额。

水的质量吸收系数 μ_w 值可以从式（12.8）直接求出。当含水量 $\theta = 100\%$，而 $\theta_0 = 0$ 时，由式（12.8）得

$$\mu_w = (\ln I - \ln I_c)/L \tag{12.13}$$

式中：I 为未向容器加水前的 γ 射线透射强度；I_c 为向容器内加水后的 γ 射线透射强度；L 为容器厚度。

因此，水的质量吸收系数可以通过测量空容器（$\theta_0 = 0$）和盛满水（$\theta = 100\%$）条件下的 γ 射线透射强度的变化 I 和 I_c 由式（12.13）计算得到。

固体颗粒的质量吸收系数 μ_s 确定方法如下。

已知水的质量吸收系数后，根据式（12.12），将水样人工配置成已知含沙量，如 10%，则式（12.12）就可写成

$$\mu_s = \mu_w - \frac{\mu_w + (\ln I_2 - \ln I_1)/L}{\Delta\rho_s} \tag{12.14}$$

此时 $\Delta\rho_s$ 为已知，再将水的质量吸收系数式（12.13）代入式（12.14），即可计算得出固体颗粒的质量吸收系数。

在实验中，也可用标定法测量固体颗粒的泥沙含量。用与测量时相同条件的容器（相同透射长度、相同边壁材料、足够大的几何尺寸）装满清水，用 γ 射线测量得到射线强度 I_c，然后配置不同浓度的待测含泥沙水，测量各不同泥沙浓度时的射线强度 I_i，通过实验数据分析可知，水的射线强度和泥沙浓度可用指数函数形式的经验公式表示为

$$I = I_c e^{-B\rho} \tag{12.15}$$

式中：B 为参数；ρ 为泥沙浓度。

通过拟合，可得到拟合参数 B。将拟合后的 B 代入式（12.15），实际测量时只要测得 I，即可根据式（12.15）计算得到 ρ。大量实验证明，这一方法实际测量精度比较高，可作为泥沙浓度测量的推荐方法。

12.5　土壤含水量和泥沙含量的测控系统操作说明

土壤水分运动模拟实验、泥沙含量测控系统测控仪面板（下面简称测控仪）布置如图 12.3 所示。

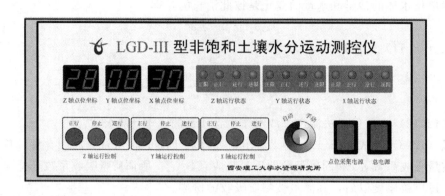

图 12.3　测控仪面板布置图

测控系统测控仪面板上可操作的开关有：1 个工作模式选择挡位开关，可选择"自动"或"手动"模式；9 个按键，供手动控制伺服系统运行或停止；2 个船形开关为总电源开关和点位采集器电源开关。

其中电源开关的操作为：按上半部分打开电源，按下半部分关闭电源。

测控仪的测量点坐标显示，只有当前点坐标在被测点位上时，才显示该点位。此时点位坐标以数值显示。当前点不在被测点位上时，不显示数值，只以亮点提示。伺服系统由当前被测点到达下一被测点时，显示相应的坐标数值，并有声音提示。

测控仪具有以下控制方式。

1. 手动模式

将操作模式选择挡位开关调至"手动"挡，此时"手动"指示灯亮，表示当前控制仪正处于手动操作状态。此时可通过操作控制仪面板上各个轴向的"正行""逆行"和"停止"按键来控制测试伺服系统运动，选择测点。

在手动操作模式下，又有"连续"和"间歇"两种方式。

(1) 连续工作方式。将操作模式选择挡位开关调至"连续"挡，即可选择"连续"方式。如果选择"连续"方式，则操作某按键使伺服系统处于运动状态后，伺服系统保持连续运行直到"停止"按键被按下，或者伺服系统运行至上下左右的某一端。

(2) 间歇工作方式。将操作模式选择挡位开关调至"间歇"挡，即可选择"间歇"方式。如果选择"间歇"方式，则操作某按键使伺服系统处于运动状态后，伺服系统运行到下一个点位即自动停止。

需要注意的是，面板上有 3 组"正行""逆行""停止"按键，分别控制 3 个轴向上的运动状态，不能互换使用。

2. 自动模式

将操作模式选择挡位开关调至"自动"挡，此时"自动"指示灯亮，表示当前控制仪正处于自动操作状态。此时通过控制用计算机来对该系统进行操作。计算机软件的具体操作方法请参阅控制软件操作说明。

测控仪背板如图 12.4 所示。

本测控系统的连线都是采用特制的专用电缆，其信号交换有特殊的定义。为了本测控

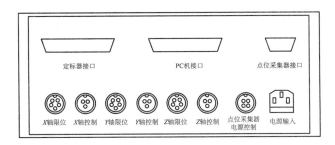

图 12.4 测控仪背板示意图

系统的安全和实验得以正常进行，不能将插头任意互换，也不要用别的规格的市售电缆代替。

其中背板上的保险管电流为 0.5A，更换时必须选用相同规格。

12.6 测控系统软件操作说明

1. 安装软件

将光盘放入 CD-ROM 驱动器中，在 D：\ 盘下建立文件夹土壤测试系统软件，将光盘内容全部拷入该文件夹下。点击 disk1 两次，根据提示安装软件，软件安装路径选为 D：\program files\土壤测试系统，进行安装。安装完毕，在桌面上会自动生成"土壤 SWSM3"图标。

2. 运行软件

在桌面点击"土壤 SWSM3"图标，进入测试系统。出现测试系统封面，等待约 3s 后出现"请输入密码"对话框，如图 12.5 所示。

密码为 tr。

输入正确密码后，点击确认按钮，进入初始参数输入界面。

3. 初始参数输入界面

初始参数输入界面如图 12.6 所示。该界面用于输入初始参数。操作如下。

图 12.5 "请输入密码"对话框

（1）测量对象选择。在输入初始参数之前，必须先选择要进行水分测量还是泥沙测量。

如果点击水分测量，则开启水分测量模式，输入干重度 γ_d 初始参数，测量界面均自动变为蓝色。

如果点击泥沙测量时，则开启泥沙测量模式，这时需要同时选择泥沙测量的计算公式，计算公式有两种：理论公式或回归公式。选择使用理论公式时，输入 μ_s 初始参数；采用回归公式时，使用 B 初始参数。测控系统默认使用理论公式，相关参数输入后，测量界面均自动变为土黄色。

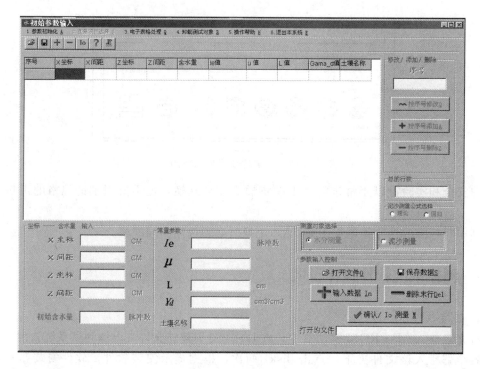

图 12.6　初始参数输入界面

（2）初始参数输入。在坐标–含水量输入栏及常量参数栏内输入各初始参数。在输入一组参数后，点击"＋输入数据"按钮，本组数据即被记录在屏幕数据表格中。然后可以再输入一组数据，以同样的方法记录在表格中。点击"－删除末行"，则数据表格中的最后一行将被删除。

（3）修改/添加/删除。在数据项中如果要修改数据，则可以重新输入一组数据，再改变序号，点击"按序号修改"，则原序号的数据被修改。如果点击"按序号添加"，则在此序号处又添加一组数据。如果点击"按序号删除"，则删除此序号所在的一组数据。

（4）保存数据。点击"保存数据"按钮，将表格中的数据保存在数据文件中。

水分测量初始参数数据保存在"＼DATA＿IN"文件夹中，扩展名为 swm。

泥沙测量初始参数数据，选择理论公式时保存在"＼DATA＿IN＿S＿U"文件夹中，扩展名为 sum；选择回归公式时保存在"＼DATA＿IN＿S＿B"文件夹中，扩展名为 sbm。

（5）打开文件。如果在"＼DATA＿IN"文件夹中已有所要的初始参数文件，点击"打开文件"按钮，在"＼DATA＿IN"中选择要打开的文件打开。

（6）确认/I_0 测量。点击"确认/I_0 测量"按钮，出现"放弃/返回"询问对话栏，需要保存数据点击是，重新回到初始参数输入界面；不需保存数据点击否，进入二维土壤 I_0 测量界面。

（7）帮助。点击"?"按钮，出现帮助菜单，您可以在帮助文件中了解本系统的说明。

（8）退出系统。点击"关门"按钮，或选择"退出系统"菜单，则退出测试系统，回到 WINDOWS 界面。

4. 初始值 I_0 测量界面

初始值 I_0 测量界面见图 12.7。

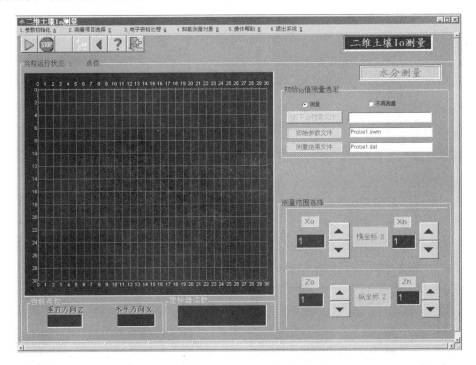

图 12.7 初始值 I_0 测量界面

进入二维土壤 I_0 测量界面有两种方法。

(1) 在主菜单中点击"运行方式选择",选择"初始值测量方式",进入二维土壤 I_0 测量界面。

(2) 在"初始参数输入"界面点击"确认/I_0测量"按钮,在对话栏中选择"否"。

在这个界面里,按以下步骤,完成土壤的初始值 I_0 测量任务。

1) 初始 I_0 值测量选定。测量前先决定是否进行 I_0 测量,如果在"\ DATA _ I_0"文件夹中已有所要的初始 I_0 测量文件,则点击"不再测量",再点击"打开 I_0 测量文件"按钮,在这个文件夹中选择要打开的文件打开。水分测量的初始 I_0 测量文件在"\ DATA _ I_0"文件夹中,扩展名为 .dio;泥沙测量的初始 I_0 测量文件在"\ DATA _ I_0 _ S"文件夹中,扩展名为 .dis。选择"不再测量"后,点击"全扫描"或"人机交互"按钮,继续进行测量。如果文件夹中没有初始 I_0 文件,则点击"测量"。

2) 设定测量范围。横坐标起点值为 X_0,终点值为 X_n,纵坐标起始值为 Z_0,终点值为 Z_n,点击上下箭头,设定测量范围。

3) 开始测量。点击"启动运行"按钮,则系统自动进行测量,直到测量完成,并有声音提示。

4) 继续下一步。测量完成或者打开了 I_0 测量文件后,点击"全扫描"或"人机交互"按钮,可以继续进行测量。

5)放弃/返回。点击"放弃/返回"按钮,可以从 I_0 测量界面退出,回到初始参数输入界面,可以选择重新进入初始值测量方式,测量 I_0 值。

6)停止。在测量过程中,如果要终止测量,可以点击"停止"按钮,则停止测量,电机也停止运行。在这种情况下,要让测头回到原位,必须按"放弃/返回"按钮,回到初始参数输入界面后,再选择"卸载测量对象"菜单,测头才能回到原位。也可以选择在测量仪器上采用手动点动方式让测头走到点位上,再重新进入 I_0 测量界面进行测量。

7)退出。点击"退出"按钮,就会退出测量系统,回到 WINDOWS 界面。

5. 全扫描测量界面

全扫描测量界面见图 12.8。

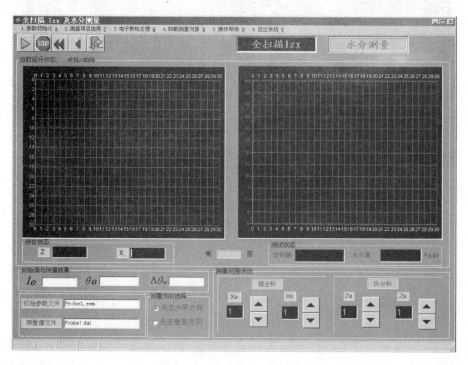

图 12.8　全扫描测量界面

进入全扫描测量界面有两种方法。

(1)在初始 I_0 测量界面里,点击"运行方式选择"菜单,选择"全扫描测量方式",进入全扫描测量界面。

(2)在初始 I_0 测量界面里,点击"全扫描"按钮,进入全扫描测量界面。

在这个界面里,按以下步骤,完成全扫描 I_{zx} 测量任务。

1)测量方向选择。在测量前首先决定测量行走的方向,如果是进行水平土柱测量,点击"先走水平方向";如果是进行垂直土柱测量,点击"先走垂直方向"。

2)设定测量范围。横坐标起始值为 X_0,终点值为 X_n,纵坐标起始值为 Z_0,终点值

为 Z_n，点击上下箭头，设定测量范围。

3）开始测量。点击"启动运行"按钮，则系统自动进行测量，直到测量完成，并有声音提示。水分测量结果数据自动存入"\ Data_M"文件夹中，扩展名为 .dat，泥沙测量结果数据自动存入"\ Data_M_S"文件夹中，扩展名为 .dat。

4）放弃/返回。点击"放弃/返回"按钮，可以从全扫描测量界面退出，回到 I_0 测量界面；点击"放弃/返回"按钮，回到初始测试输入界面，可以继续选择其他操作方式。

5）停止。在测量过程中，如果要终止测量，可以点击"停止"按钮，则停止测量，电机也停止运行。在这种情况下，要让测头回到原位，必须按"放弃/返回"按钮，回到 I_0 测量界面后，再选择"卸载测量对象"菜单，测头才能回到原位。

6）退出。点击"退出"按钮，就会退出测量系统，回到 WINDOWS 界面。

6. 人机交互界面

人机交互界面见图 12.9。

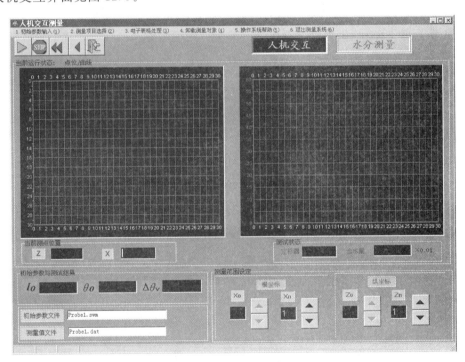

图 12.9　人机交互测量界面

I_0 测量界面。点击"运行方式选择"菜单，选择"人机交互测量方式"，点击"人机交互"按钮，进入人机交互测量界面。

在这个界面里，按以下步骤，完成二维土壤随机测量任务，即可以进行任意一点的测量。

1）设定测量点的坐标值。横坐标的终点值为 X_n，纵坐标的终点值为 Z_n，点击上下箭头，设定被测量的终点坐标值。

2) 开始测量。点击"启动运行"按钮，则系统自动测量一个点，如果需要测量其他点位，请不要退出该界面，再接着设定测量点的坐标值，再点击"启动运行"按钮，就又测量了一个点位，直到测量完成。

3) 放弃/返回。点击"放弃/返回"按钮，可以从测量界面退出，回到 I_0 测量界面；若点击"放弃/返回"按钮，则回到初始参数输入界面，可以继续选择其他操作方式。

4) 停止。在测量过程中，如果要终止测量，可以点击"停止"按钮，则停止测量，电机也停止运行。在这种情况下，要让测头回到原位，必须按"放弃/返回"按钮，回到初始参数输入界面后，再选择"卸载测量对象"菜单，测头才能回到原位。

5) 退出。点击"退出"按钮，就会退出测量系统，回到 WINDOWS 界面。

7. 电子表格处理

电子表格处理界面见图 12.10。在各界面，点击"电子表格处理"菜单，选择"自动转换测量数据"，出现打开文件对话框。由于测量结果文件在测量过程中被自动存入文件夹中，水分测量数据在"\DATA_M"文件夹中，泥沙测量数据在"\DATA_M_S"文件夹中，在此文件夹中选择要转换的测量数据文件（*.dat），点击"打开"按钮，则可转换成电子表格 Excel 文件，可以保存、编辑、处理数据。

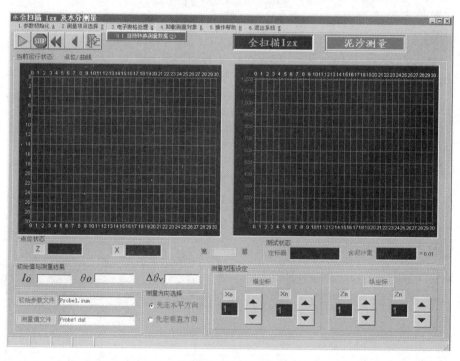

图 12.10　电子表格处理界面

在此窗口中，必须正确地输入电子表格或其他数据处理系统所在的完整目录及其可执行文件的名称，或从窗口中单击文本框右侧的选择按钮，在文件管理器中浏览并选择系统可执行文件的名称。

本测控系统已经安装了 Microsoft Office，其套件中包含了 Excel，而且本系统已经对电子表格的配置做了正确的设定，因此无须用户修改。一般当系统重新安装时，这一配置必须重新进行设定。

8. 操作帮助

点击帮助菜单，选择相关选项，就可以了解到该系统的相关说明。

9. 卸载测量对象

在以下情况下，需要使用卸载测量对象功能。

（1）在进行初始 I_0 测量或全扫描测量及人机交互测量过程中，如果按了"停止"按钮，测头会停在某一点处，由于所停的位置可能不在点位上，要重新进行测量，必须先将测头返回原位。

（2）在进行测量后，测头会停在设定的起始点测点上，如果需要装土或者卸土，必须让测头回到原位。

方法：在初始参数输入界面中，点击卸载测试菜单，选择返回原点，测头会自动返回原位。

10. 退出系统

点击退出本系统菜单，或点击"关门"图标按钮，将退出测量系统，返回 WINDOWS 界面。

11. 测量结果文件的位置

数据文件分为几种形式，一种是系统运行时的格式，∗.dat；另一种是电子表格 Excel 格式，它是在数据存盘时由系统自动生成的，文件名与相应的数据库文件 ∗.DBF 相同，仅后缀名称是 XLS。

另外，所有的水分测量结果数据文件包括数据文件 ∗.dat 和电子表格文件 ∗.XLS 均在"D：\土壤测试 2002\Data_M"这个文件夹下；所有的泥沙测量结果数据文件包括数据文件 ∗.dat 和电子表格文件 ∗.XLS 均在"D：\土壤测试 2002\Data_M_S"这个文件夹下。因此，存储数据时，一定要将文件定位到这个文件夹下，否则，有可能造成系统的数据丢失。

12. 测量结果文件的结构

测量结果文件用于存储实际测量中所得到的数据。

水分测量数据分别为序号、年、月、日、时、分、秒、测点横坐标、测点横坐标间距、测点纵坐标、测点纵坐标间距、测点的初始含水量 θ_0、测点的初值 I_e、μ、L、γ_d、初始 I_0 值、测点的当前计数值 I_{xz} 值、测点当前的含水量测量值 θ_{xz} 值、土壤名。

泥沙测量数据分别为序号、年、月、日、时、分、秒、测点横坐标、测点横坐标间距、测点纵坐标、测点纵坐标间距、测点的初始含泥沙量 θ_0、测点的初值 I_e、μ、L、μ_s 值（用回归公式时为 B 值）、初始 I_0 值、测点的当前计数值 I_{xz} 值、测点当前的含泥沙测量值 θ_{xz} 值、土壤名。

13. 计算公式

含水量测量计算公式为式（12.8）；含泥沙量测量计算公式为式（12.12）；回归公式为式（12.15）。

参 考 文 献

［1］ 王志荣．土壤含水量及土壤水分运动参数的测定［M］//沈晋，王文焰，沈冰，等．动力水文实验研究．西安：陕西科学技术出版社，1991．

［2］ 王文焰，张建丰，王志荣．γ透射法在土壤水动态研究中的测量精度控制［M］//沈晋，王文焰，沈冰，等．动力水文实验研究．西安：陕西科学技术出版社，1991．

第13章　沟灌入渗实验

13.1　实验目的和要求

（1）掌握沟灌实验的理论和方法。

（2）了解影响沟灌土壤入渗率的因素，沟的不同形状对沟灌入渗特性的影响。

（3）掌握测量单沟和双沟情况下土壤入渗规律的方法。

（4）绘制不同时刻土壤入渗湿润锋的界面，分析沟灌条件下土壤湿润锋的变化规律。

（5）根据Kostiakov入渗模型，通过实验确定相关参数，掌握实验参数的确定方法。

13.2　实验原理

地面灌溉方法主要有沟灌、畦灌、淹灌、漫灌[1]和波涌灌溉[2]等。其中沟灌是地面灌溉中普遍应用于中耕作物的一种比较节水的灌水方法。

沟灌是指灌溉水流经作物行间垄沟，借助重力与毛管作用湿润土壤的灌水方法，又称重力灌水法。

实施沟灌技术，首先要在作物行间开挖灌水沟，水从输水渠道进入灌水沟后，在流动的过程中，沿沟壁的湿润边界在重力作用和土壤毛细管作用下向周围湿润土壤。沟灌的优点是不会破坏作物根部附近的土壤结构，不易导致田面结板，能减少土壤蒸发损失，适合于宽行距的作物（如黄瓜、西瓜、西葫芦、番茄、豆类、草莓和果树等），沟灌不适合窄行距作物。

灌水沟的坡度一般为$0.5\% \sim 2\%$，当坡度较大时，可以与地形等高线成锐角，使灌水沟获得适宜的坡度。沟的间距视土壤性质而定，一般轻质土壤的间距较窄，为$50 \sim 60cm$，中质土壤为$65 \sim 75cm$，重质土壤为$75 \sim 80cm$。具体情况需根据作物类型和种植要求而定。

灌溉水沿灌水沟向土壤中入渗时受重力及土壤基质吸力两种力的作用，重力作用主要使沿灌水沟流动的灌溉水垂直下渗，而土壤基质吸力或毛细管力的作用除使灌溉水向下浸润外，也向周围扩散，甚至向上浸润，因此，沿灌水沟断面不仅有纵向下渗湿润土壤，同时也有横向入渗浸润土壤，由于在沟长方向各个断面土壤沟灌入渗基本相似或相同，所以沟灌入渗一般简化为二维入渗。

灌水沟中纵、横两个方向的浸润范围主要取决于土壤的透水性能与灌水沟中的水深，或灌水沟中水流浸润的时间长短。由于轻质土壤灌水沟中的水流受重力作用，其垂直下渗速度较快，而向灌水沟周围沟壁的侧渗速度相对较弱，所以其土壤湿润范围呈长椭圆形，如图13.1中的沙性土壤湿润范围线所示；重质土壤其基质吸力相对较大，导水率相对较小，因此灌水沟中水流通过沟底的垂直下渗与通过沟壁的侧渗接近平衡，故其土壤湿润范围呈扁椭圆形，如图 13.1 中的黏性土壤湿润范围线所示[1]。

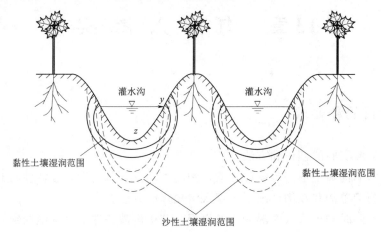

图 13.1　沟灌水分入渗示意图

沟灌的水力特性一般从沟面的水流特性和非饱和土壤的入渗特性两方面进行分析和表达。

对于沟面水流特性，可以应用明渠非恒定流有流量流出或流入时的圣维南基本方程，即

连续性方程
$$\frac{\partial A}{\partial t} + \frac{\partial Q}{\partial x} \pm f(t) = 0 \tag{13.1}$$

运动方程
$$i = J_f + \frac{\partial h}{\partial x} + \frac{1}{g}\frac{\partial v}{\partial t} + \frac{v}{g}\frac{\partial v}{\partial x} \tag{13.2}$$

其中
$$J_f = Q^2/(C^2 A^2 R)；v = \frac{Q}{A}$$

式中：A 为渠道的过水断面面积；Q 为通过渠道中的流量；$f(t)$ 为单位沟长上的入渗率［流入沟渠时 $f(t)$ 前取负号，流出沟渠时 $f(t)$ 前取正号，因为土壤入渗时流出了沟渠，所以 $f(t)$ 前取正号］；i 为灌水沟的底坡；J_f 为作用于单位重量液体上的阻力，称为摩阻坡度；h 为渠中水深；v 为渠中水流的流速；g 为重力加速度；x 为沿沟长方向的距离。

对于沟灌，由于水流运动比较平缓，因此可以假定沿程各点符合明渠均匀流条件，所以沟灌时水流的运动方程式（13.2）中等号右端的后 3 项可以省去，其运动方程简化为

$$i = J_f = \frac{Q^2}{C^2 A^2 R} \tag{13.3}$$

或
$$Q = AC\sqrt{Ri} \tag{13.4}$$
$$C = R^{1/6}/n$$

式中：R 为水力半径；C 为谢才系数；n 为糙率。

对于非饱和土壤的入渗特性，假设土壤为各向同性、均质的多孔介质，不考虑土壤内部的空气阻力、温度以及蒸发对入渗的影响，任一点的土壤含水量为 θ，则沟灌入渗的微分方程采用土壤水分运动基本方程的二维表达式[3]，即

$$\frac{\partial \theta}{\partial t} = \frac{\partial}{\partial y}\left[D(\theta)\frac{\partial \theta}{\partial y}\right] + \frac{\partial}{\partial z}\left[D(\theta)\frac{\partial \theta}{\partial z}\right] + \frac{\partial K(\theta)}{\partial z} \tag{13.5}$$

式中：y、z 为平面坐标，如图 13.1 所示，规定 z 向下为正；t 为入渗时间，其他符号含义同前。

式（13.5）为 y、z 方向的二阶偏微分方程，目前还无法求出解析式，一般多采用数值解。

近年来，用于二维非饱和土壤入渗模型的经验公式有[4] Philip 入渗模型、Kostiakov 入渗模型、王文焰的浑水入渗模型等。

Philip 入渗模型在第 8 章已作了介绍，如第 8 章的式（8.23）和式（8.24）。

Kostiakov 入渗模型为

$$F(t) = at^m \tag{13.6}$$

$$f(t) = \frac{\partial F(t)}{\partial t} = mat^{m-1} \tag{13.7}$$

式中：$F(t)$ 为单位沟长上的累积入渗水量；t 为入渗时间；a、m 为经验参数。

Kostiakov 入渗模型实质上为一维入渗模型，1982 年，Elliott 和 Walker 在采用动水法进行沟灌入渗特性测定的基础上，对 Kostiakov 的一维入渗模型进行了修正，修正后的入渗模型可以用于二维入渗，修正后的入渗模型为[5]

$$F(t) = at^m + f_0 t \tag{13.8}$$

$$f(t) = \frac{\partial F(t)}{\partial t} = mat^{m-1} + f_0 \tag{13.9}$$

$$f_0 = \frac{Q_{in} - Q_{out}}{L} \tag{13.10}$$

式中：f_0 为二维稳定入渗率；Q_{in} 为进入实验沟段的流量；Q_{out} 为流出实验沟段的流量；L 为沟段长。

王文焰等的浑水入渗模型[6]为

$$F_{hun}(t) = At^B \tag{13.11}$$

式中：$F_{hun}(t)$ 为浑水的累积入渗水量；A、B 为系数。

王文焰认为，系数 A 的含义为第一分钟末的累积入渗量。在土壤质地、前期含水量、入渗水流的含沙量一定的条件下，它是反映土壤入渗能力大小的重要参数之一。如果以清水条件下的系数 A（以 A_0 表示）为基准，并以不同的含沙量 S 与 A/A_0 来表示土壤的入渗能力随不同含沙水流浓度的衰减程度，以 α、β 分别表示 A/A_0 和 B/B_0，则

$$\alpha = \frac{A}{A_0} = 1 - aS^c \tag{13.12}$$

$$\beta = \frac{B}{B_0} = 1 + bS^d \tag{13.13}$$

式中：a、b、c、d 为经验系数。

将式（13.12）和式（13.13）代入式（13.11），得

$$F_{hun}(t) = \alpha A_0 t^{\beta B_0} \tag{13.14}$$

对式（13.14）求导数得浑水的入渗率 $f_{hun}(t)$ 为

$$f_{hun}(t) = \frac{dF_{hun}(t)}{dt} = \alpha\beta A_0 B_0 t^{\beta B_0 - 1} \qquad (13.15)$$

影响沟灌入渗的因素比较复杂，有沟的底坡、形状、沟长、糙率、沟中水深、土壤的重度、孔隙特征、初始含水量、入渗时间等，如果是多沟，还与沟的间距有关。

13.3　实验设备和仪器

13.3.1　沟灌实验仪器的研究

沟灌入渗的田间实验一般采用动水法或静水法。动水法是通过记录流入和流出实验沟段的水量而获得测试沟段的入渗规律；静水法是通过记录维持恒定水头所加注于沟段的水量来获得测试沟段的入渗规律。

动水法和静水法测量二维土壤入渗率的仪器主要有循环沟灌入渗仪、人工注水静水法入渗仪、改进的人工注水静水法入渗仪和沟灌静水入渗仪等[5]。

1982 年，Malano 设计了循环沟灌入渗仪，该仪器的实验操作属于动水法，能较好地模拟实际沟灌的几何条件和水力条件，缺点是设备复杂、实验操作难度大，推进水流的水力坡度大，湿周沿程变差大，所测得的入渗规律并非设计湿周条件下的入渗规律。1957 年，Bondurant 研制了沟灌入渗仪，也称改进的人工注水静水法入渗仪，该方法将人工注水改为水箱注水，将人工控制沟内水位改为在沟段进水管管口设置浮球阀控制沟内水位，使得实验精度和自动化程度得到了有效提高，但该仪器控制水位的精度较低，使得实验数据离散性较大。1993 年，孙西欢和张建丰[7]提出了沟灌静水入渗仪，该仪器由马氏瓶、实验段内套、窄缝漏斗、供水阀和退水阀组成，马氏瓶既可以供水，也可以控制沟中的水位，由于马氏瓶能够较好地保持沟内水位稳定、再加上为实验段设置了减小实验沟段内自由水面面积的内套，使得实验精度大幅度提高，同时马氏瓶自动供水减少了初始注水工作量，而窄缝漏斗进行初始水量补充方法的使用减小了初始加水对实验段沟面的冲刷，退水阀的设置使得测试段余水在不扰动沟的几何特性条件下迅速排出。在沟灌静水入渗仪基础上，研制了室内沟灌实验设备用于单沟或双沟入渗实验规律的测定。

13.3.2　沟灌实验设备和仪器

实验设备如图 13.2 和图 13.3 所示，图 13.2 为单沟沟灌入渗仪示意图，图 13.3 为双沟沟灌入渗仪示意图。

由图中可以看出，实验设备由底座、马氏瓶、实验槽和固定支架 4 部分组成。底座起支撑实验槽和固定支架的作用；在底座的上方设实验槽，实验槽长 80cm、宽 20cm、高 70cm，在实验槽中设沟，沟的形状根据需要设定，可以是矩形、三角形、梯形、圆形、抛物线形、双曲线形或其他形状，可以是单沟、双沟或多沟，实验槽的底部设排水管，为了分层装土和绘制湿润锋的轮廓线，在实验槽中给出了 y、z 坐标系和坐标线，单沟的坐标原点设在沟底，双沟的坐标原点设在沟的最高处，坐标线的间距为 5cm，实验时可以根据该坐标系和坐标线测量土壤的湿润界面。固定支架由固定块固定在实验槽的两个侧面。马氏瓶由顶丝固定在固定支架上，马氏瓶长 5cm、宽 6cm、高 100cm，马氏瓶上设有灌水孔、橡皮塞、马氏瓶进气口、放气阀、测尺，马氏瓶的下端设进水管，进水管的一端接马

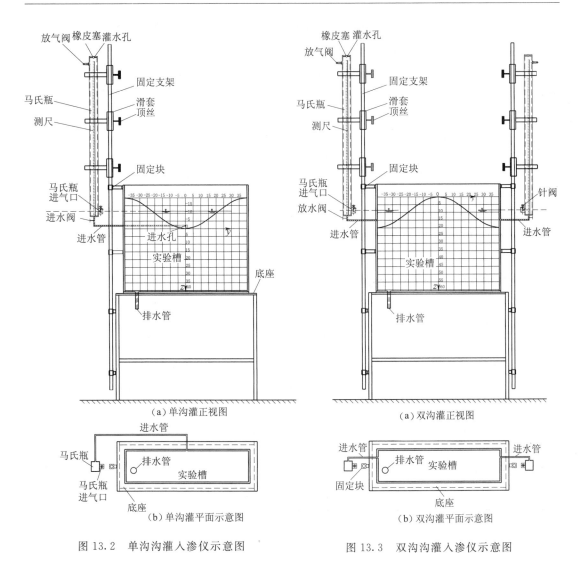

图 13.2 单沟沟灌入渗仪示意图

图 13.3 双沟沟灌入渗仪示意图

氏瓶，另一端通过软管与实验槽相连接，进水口高于土壤的最低点，低于沟中的水面，在进水管上设进水阀。

实验仪器和相关材料包括实验专用细沙、筛子、秒表、烧杯、洗耳球、灌水漏斗、止水夹、量筒、取土铝盒、取土样器、烘箱、天平、直尺、凡士林、夯土器、塑料膜、画笔、方格纸等。

13.4 实验方法和步骤

（1）制作土壤标本，用烘箱烘干后称出土样的干重度，计算初始含水量。

（2）在实验槽中分层填装土样，每层厚度为 5cm，按重量法计算出每层土样的重量，然后分层装入，每层装土时都要用夯土器击实，并且保证层与层之间的良好接触。当土样装到某一高度时，按照沟的形状做出水沟并将周围夯实。

（3）根据沟的形状和沟内的设计稳定水深，计算出过水断面面积，面积乘以水槽的宽度即为水的体积。用量筒盛以同体积的水待用。

（4）在实验槽沟面的土壤上面铺一层塑料膜，防止马氏瓶供水和倒水时水流冲刷沟面引起土壤表面的冲刷。

（5）用止水夹夹住排水管。

（6）打开马氏瓶供水，开始记录马氏瓶的初始读数，同时将待用水倒入水沟中，并及时抽掉塑料膜，使水渗入土壤，用秒表记录开始入渗的时间。

（7）观察马氏瓶读数和土壤的入渗情况，每隔一定的时间记录马氏瓶的下降高度，湿润锋的周界范围，用画笔在实验槽的玻璃板上绘出湿润锋的轮廓线，根据实验槽中给出的坐标系和坐标线在方格纸上或计算机上绘制湿润锋界面的坐标。

（8）实验结束后，关闭马氏瓶，停止计时，将仪器恢复原状。

13.5 数据处理和成果分析

实验设备名称：　　　　　　　　　　　　　仪器编号：

同组学生姓名：

已知数据：马氏瓶长度＝　　 cm；马氏瓶宽度＝　　 cm；马氏瓶横截面积 $A=$　　 cm^2；

马氏瓶初始读数 $H_0=$　　 cm；沟长 $L=$　　 cm；沟的横截面积 $A_1=$　　 cm^2；

实验槽宽度＝　　 cm；沟中最大水深＝　　 cm；土壤干重度 $\gamma_d=$　　 g/cm^3；

土壤初始含水量 $\theta_0=$　　 ；入渗总时间 $t=$　　 min；待用水体积＝　　 cm^3。

1. 实验过程记录和计算

（1）入渗时间及土壤入渗量计算见表 13.1。

表 13.1　　　　　　　　　　　入渗时间及土壤入渗量计算

入渗时间 t /min	马氏瓶水面读数 /cm	累积入渗总量 $F(t)$ /cm^3	入渗时间 t /min	马氏瓶水面读数 /cm	土壤入渗量 $F(t)$ /cm

学生签名：　　　　　　　教师签名：　　　　　　　实验日期：

注　土壤的总入渗量应为马氏瓶的下降高度乘以马氏瓶的断面面积，加上待用水体积。

（2）湿润锋轮廓线测量及记录。各时段 t_i、t_{i+1}、…、t_n 所测得土壤的湿润锋轮廓线记录见表 13.2。由于土壤湿润锋以灌水沟中心线量测对称分布，所以只需测量 1/2 剖面，绘图时按对称分布绘出另一半。

表 13.2　　　　　　　　各时段湿润锋轮廓线测量和记录

入渗时间 t/min	湿润锋读数										
	y/cm										
	z/cm										
	y/cm										
	z/cm										
	y/cm										
	z/cm										
	y/cm										
	z/cm										
	y/cm										
	z/cm										

2. 成果分析

（1）根据表 13.1 绘制土壤的入渗量 $F(t)$ 和时间 t 的关系，拟合出计算公式，确定 Kostiakov 入渗模型的参数 a 和 m。

（2）根据表 13.2 绘制不同时刻的土壤入渗界面，分析土壤入渗界面即湿润锋的变化规律。

（3）根据式（13.7）计算沟灌土壤的入渗率，分析土壤入渗率随时间的变化规律。

13.6　实验中应注意的事项

（1）试样的选取非常重要，由于土样在干湿交替过程中会产生裂缝，所以最好用细沙作为实验样本。并且在装试样时须保证层与层之间的良好接触，否则会影响实验结果。

（2）在安装马氏瓶时，马氏瓶进气口与沟中的设计水面需在同一高度。

（3）抽塑料膜时要把握速度，抽得太快容易引起沟面冲刷，太慢则影响自由入渗。

（4）在实验过程中，一旦开始测量，中途秒表不能停，直到测量结束才能按下秒表。

（5）实验过程中应避免灯光直接照射和室内温度过高，以防水量蒸发对实验结果的影响。

思　考　题

1. 沟灌实验为二维入渗实验，分析二维入渗与一维入渗的相同点和不同点。

2. 影响沟灌的主要因素有哪些？

3. 沟灌入渗的渠道剖面、沟中水深、沟的坡度对土壤入渗率和土壤含水量有什么影响?

4. 如果在沟的剖面上敷一层膜孔测量土壤的入渗率, 其实验方法与本实验是否相同, 膜孔对入渗率有何影响?

参 考 文 献

[1] 郭元裕. 农田水利学 [M]. 2 版. 北京: 水利电力出版社, 1986.

[2] 王文焰. 波涌灌溉实验研究与应用 [M]. 西安: 西北工业大学出版社, 1994.

[3] 雷志栋, 杨诗秀, 谢森传. 土壤水动力学 [M]. 北京: 清华大学出版社, 1988.

[4] 缴锡云, 王文焰, 张江辉, 等. 覆膜灌溉理论与技术要素实验研究 [M]. 北京: 中国农业科技出版社, 2001.

[5] 吴普特, 朱德兰, 吕宏兴, 等. 灌溉水力学引论 [M]. 北京: 科学出版社, 2012.

[6] 王文焰, 张建丰, 王全九, 等. 黄土浑水入渗能力的试验研究 [J]. 水土保持学报, 1994, 8 (1): 59-62.

[7] 孙西欢, 张建丰. 沟灌静水入渗仪的研制 [J]. 西北水资源与水工程, 1993, 4 (1): 83-88.

第14章　降雨入渗实验

14.1　实验目的和要求

（1）掌握测量降雨强度的方法。
（2）掌握降雨入渗的实验原理和方法。
（3）掌握定雨强条件下用 Green-Ampt 模型计算入渗率的方法。

14.2　实验原理

14.2.1　降水与入渗

1. 降水

大气中的水分以各种形式降落到地面，称为降水。降水是自然界水循环和水量平衡的基本要素之一，是形成径流的必要条件。降水形式包括雨、雪、冰、雹、霜、霰等，但从补给河川径流来说，以雨和雪为主，而降雨与水文现象的关系最为密切。

降雨的形式有锋面雨、地形雨、对流雨和台风雨[1]。锋面雨分为冷锋面雨和暖锋面雨，前者降雨强度大、历时短、雨区面积小；后者降雨强度小、历时长、雨区广；地形雨是由于丘陵、高原、山脉等迫使暖湿气流上升而引起的降雨，多发生在山地的迎风面；对流雨又称雷阵雨，强度大、雨区小、历时短；台风雨是热带海洋上的风暴带到大陆来的降雨，一般属于狂风暴雨。

降雨可用降雨量、降雨历时、降雨强度、降雨面积和降雨中心位置等指标来描述，称为降雨特性。

降雨量：一定时段内降落到地面的总雨量，常以水层深度表示，以 mm 计。

降雨历时：指一次降雨过程所经历的时间，包括降雨过程中的短暂间歇在内，常以分（min）、时（h）或天（d）计算。

降雨强度：单位时间内的降雨量，以 mm/min、mm/h 或 cm/h 计。

降雨面积：降雨所覆盖的水平面积，以 km² 计。

降雨中心：降雨覆盖面积上降雨最为集中、降雨强度最大且范围较小的局部区域。

我国气象部门规定，降雨强度按其雨量大小可分为六级，见表 14.1[2]。

表 14.1　　　　　　　　　我国降雨强度分级

雨强等级	mm/(12h)	mm/(24h)
小雨	0.2～5.0	<10
中雨	5～15	10～25

续表

雨强等级	mm/(12h)	mm/(24h)
大雨	15～30	25～50
暴雨	30～70	50～100
大暴雨	70～140	100～200
特大暴雨	>140	>200

目前对雨量的观测主要有人工读数雨量器和自记雨量计。在一次降雨历时中，雨量可能时大时小，也可能时停时下，各点雨量、强度和持续时间是不同的。而雨量站用雨量器或雨量计观测到的雨量为点雨量，如果要求得一个流域或地区在一定时段内的平均降雨量，即面雨量，可以用算术平均法、等雨量线法和泰森多边形法计算[1]。其中算术平均法最为简单，即将所研究的流域内各雨量站同时期的降雨量相加，再除以站数，得出的算术平均值为该流域的平均降雨量，即

$$\overline{h} = \frac{h_1 + h_2 + h_3 + \cdots + h_n}{n} \tag{14.1}$$

式中：h_1、h_2、h_3、h_n 为各雨量站同时段（相同起讫时间）的降雨量，mm；$\overline{h}$ 为计算流域同时段的平均降雨量，mm；n 为站数。

等雨量线法和泰森多边形法计算平均降雨量见文献 [2]。

2. 入渗

入渗是指水渗入土壤的过程。入渗可以分为 3 个阶段，即自由入渗阶段、顶托入渗阶段和渗透阶段，如图 14.1 所示。

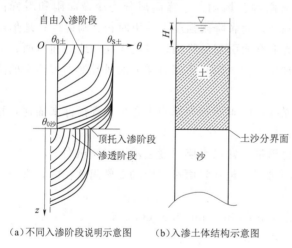

（a）不同入渗阶段说明示意图　（b）入渗土体结构示意图

图 14.1　入渗的 3 个阶段

自由入渗阶段：土表的水受重力、土壤分子力、毛管吸力等作用而渗入土壤的过程称为自由入渗。

顶托入渗阶段：当入渗的湿润前锋到达某界面后，湿润锋面的前移过程停止，而使得入渗边界至湿润锋面之间土壤水分含量不断聚集的过程称为顶托入渗阶段。

有时也把第一、第二阶段合称为非饱和入渗。

渗透阶段：当入渗界面至湿润锋面之间土壤孔隙接近或者完全被水充满时，水分主要受重力作用而透过界面向下做稳定的渗流运动，称为渗透阶段，属于饱和入渗。

入渗对于土壤水、地下水和植物生长是一种补给。

入渗初期，由于土壤干燥，水分主要在分子力的作用下迅速被表层土壤所吸附，此时入渗率最大。随着入渗的继续和土壤含水量的增加，分子力和毛管力作用逐渐减弱，入渗

率也随之降低。当土壤水分达到并超过田间持水量以后，大孔隙中的水分主要在重力作用下入渗，入渗率逐渐趋于稳定，接近为常数。

天然情况下的土壤入渗率与土壤的性质、前期土壤含水量和降雨时程分配有关。就单点入渗而言，如果设某一时段的降雨强度为 R，土壤的入渗能力（入渗率）为 $f(t)$，在一次实际降雨过程中，可能出现 $R > f(t)$，$R = f(t)$ 或 $R < f(t)$ 3 种情况，当前两种情况发生时，实际入渗率为 $f(t)$，当 $R < f(t)$ 时，实际入渗率为 $f(t) = R$。

14.2.2 定雨强条件下的降水入渗过程

设定雨强为 R_0，入渗时间为 t，入渗率为 $f(t)$，降雨强度 $R_0 = f(t)$ 时的入渗时间为 t_p。在开始入渗后一段时间内，当 $t < t_p$ 时，由于降雨强度 R_0 小于土壤的入渗率 $f(t)$，所以实际的入渗率即为降雨强度 R_0，如图 14.2 中的 ab 线所示；当 $t = t_p$ 时，降雨强度正好等于入渗率，即 $R_0 = f(t)$；当 $t > t_p$ 以后，降雨强度大于土壤的入渗能力，即 $R_0 > f(t)$，此时实际的入渗率为 $f(t)$，如图 14.2 中的 bc 线所示。当 $t > t_p$ 时，超出入渗率的降雨则形成地表积水或地表径流，如图 14.2 中的阴影所示。因此可以将降雨入渗过程分为两个阶段：第一阶段为降雨强度控制阶段，这一阶段为无压入渗；

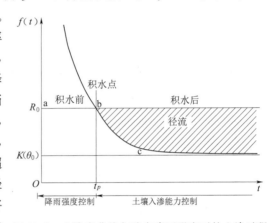

图 14.2 入渗率曲线与稳定降雨强度下的入渗过程

第二阶段为土壤入渗能力控制阶段，为积水入渗或有压入渗。两阶段的交点即为积水点。

14.2.3 定雨强条件下的降水入渗模型

降雨入渗过程可以采用 Philip 入渗模型、Green‐Ampt 入渗模型以及 Horton 等经验公式进行模拟。由于 Green‐Ampt 入渗模型比较简单，具有较强的物理概念基础，所以常用于对降雨入渗的计算。Green‐Ampt 入渗模型为干土积水入渗模型，1973 年，Mein 和 Larson 改进了 Green‐Ampt 入渗模型，提出了定雨强条件下的降水入渗计算方法[4]。

Green‐Ampt 入渗模型在第 6 章已介绍过，已知累积入渗量为式（6.2），入渗时间为式（6.5），将式（6.2）变形代入式（6.5）可得

$$K(\theta_s)t = F(t) - (H + s_f)(\theta_s - \theta_0)\ln\left[1 + \frac{F(t)}{(H + s_f)(\theta_s - \theta_0)}\right] \tag{14.2}$$

对式（14.2）求导数可得入渗率公式为

$$f(t) = K(\theta_s)\left[1 + \frac{(H + s_f)(\theta_s - \theta_0)}{F(t)}\right] \tag{14.3}$$

式（14.2）和式（14.3）为根据 Green‐Ampt 假定推导得到的入渗总量和入渗率的计算公式，式中符号同前。

根据 Green‐Ampt 入渗模型可以分析降雨条件下入渗率的计算方法。

设稳定降雨强度为 R_0，由以上分析可知，只有当降水强度大于土壤的入渗能力时，地表才形成积水。记开始积水的时间为 t_p，由式（14.3）可知，入渗率 $f(t)$ 随着累积入

渗量 $F(t)$ 的增加而减小，当累积入渗量达到某值，即 $F_p(t)$ 值时，$f(t) = R_0$，此时地面开始积水，由于不是由 $t=0$ 时开始积水，故不能直接由式（14.2）计算累积入渗量。

当以 R_0 等雨强开始降雨入渗，实际入渗过程为非充分供水的入渗，土壤表面无积水，土壤瞬时入渗率随着降雨入渗的持续逐渐降低，其与降雨强度相等所需的时间为 t_p；假定给该土壤直接进行积水入渗，由于是充分供水条件的入渗，其累积入渗量达到与非充分供水的入渗相同值所用的时间为 t'_p，t'_p 也称为积水状态下累积入渗量为 $F_p(t)$ 时的虚拟入渗时间，显然 $t'_p < t_p$，所以在应用 Green-Ampt 入渗模型时，Mein 和 Larson 认为需对式（14.2）进行修正，修正后的公式为

$$K(\theta_s)[t-(t_p-t'_p)] = F(t)-(H+s_f)(\theta_s-\theta_0)\ln\left[1+\frac{F(t)}{(H+s_f)(\theta_s-\theta_0)}\right]$$

$$(14.4)$$

当 $F(t)=F_p(t)$ 时，$t=t_p$，则由式（14.4）可得开始积水时累计入渗量 $F_p(t)$ 的计算式为

$$K(\theta_s)t'_p = F_p(t)-(H+s_f)(\theta_s-\theta_0)\ln\left[1+\frac{F_p(t)}{(H+s_f)(\theta_s-\theta_0)}\right] \quad (14.5)$$

当 $F(t)=F_p(t)$、$f(t)=R_0$ 时，由式（14.3）得

$$f(t)=R_0=K(\theta_s)\left[1+\frac{(H+s_f)(\theta_s-\theta_0)}{F_p(t)}\right] \quad (14.6)$$

由式（14.6）解出

$$F_p(t)=\frac{(H+s_f)(\theta_s-\theta_0)}{R_0/K(\theta_s)-1} \quad (14.7)$$

开始积水时，$t_p=F_p(t)/R_0$，则

$$t_p=\frac{F_p(t)}{R_0}=\frac{(H+s_f)(\theta_s-\theta_0)}{R_0[R_0/K(\theta_s)-1]} \quad (14.8)$$

当 $t \leqslant t_p$ 时，即可由式（14.7）计算土壤的总入渗量。

当 $t > t_p$ 时，土壤表层有积水，则累积入渗量由式（14.4）解出

$$F(t)=K(\theta_s)[t-(t_p-t'_p)]+(H+s_f)(\theta_s-\theta_0)\ln\left[1+\frac{F(t)}{(H+s_f)(\theta_s-\theta_0)}\right]$$

$$(14.9)$$

其中，t'_p 可以由式（14.5）解出

$$t'_p=\frac{F_p(t)}{K(\theta_s)}-\frac{(H+s_f)(\theta_s-\theta_0)}{K(\theta_s)}\ln\left[1+\frac{F_p(t)}{(H+s_f)(\theta_s-\theta_0)}\right] \quad (14.10)$$

如果地表水层厚度 H 很小，对入渗影响可不考虑时，则式（14.9）、式（14.6）和式（14.10）可简化为

$$F(t)=K(\theta_s)[t-(t_p-t'_p)]+s_f(\theta_s-\theta_0)\ln\left[1+\frac{F(t)}{s_f(\theta_s-\theta_0)}\right] \quad (14.11)$$

$$f(t)=K(\theta_s)\left[1+\frac{s_f(\theta_s-\theta_0)}{F_p(t)}\right] \quad (14.12)$$

$$t'_p=\frac{F_p(t)}{K(\theta_s)}-\frac{s_f(\theta_s-\theta_0)}{K(\theta_s)}\ln\left[1+\frac{F_p(t)}{s_f(\theta_s-\theta_0)}\right] \quad (14.13)$$

在用式（14.11）计算 $F(t)$ 时，需要试算或迭代计算，为了避免试算，可以先假定 $F(t)$，再计算时间 t，则式（14.11）可以写成

$$t = (t_p - t'_p) + \frac{F(t)}{K(\theta_s)} - \frac{s_f(\theta_s - \theta_0)}{K(\theta_s)} \ln\left[1 + \frac{F(t)}{s_f(\theta_s - \theta_0)}\right] \tag{14.14}$$

算例：该算例来自文献［4］。设一种土壤的饱和含水量 $\theta_s = 0.48$，初始含水量为 $\theta_0 = 0.20$，饱和导水率 $K(\theta_s) = 0.05\text{cm/h}$，湿润锋处的土壤水吸力 $s_f = 25\text{cm}$，稳定降雨强度 $R_0 = 0.6\text{cm/h}$，地表水层很薄，可忽略不计，试计算土壤的累积入渗量和入渗率。

解：

由式（14.7）计算开始积水时的入渗量 $F_p(t)$，当不计地表水层厚度 H 时，有

$$F_p(t) = \frac{s_f(\theta_s - \theta_0)}{R_0/K(\theta_s) - 1} = \frac{25 \times (0.48 - 0.20)}{0.6/0.05 - 1} = 0.6364(\text{cm})$$

由式（14.8）计算开始积水的时间 t_p

$$t_p = F_p(t)/R_0 = 0.6364/0.6 = 1.061(\text{h})$$

由式（14.13）计算积水状态下累积入渗量为 $F_p(t)$ 时的虚拟入渗时间 t'_p

$$t'_p = \frac{F_p(t)}{K(\theta_s)} - \frac{s_f(\theta_s - \theta_0)}{K(\theta_s)} \ln\left[1 + \frac{F_p(t)}{s_f(\theta_s - \theta_0)}\right]$$

$$= \frac{0.6364}{0.05} - \frac{25 \times (0.48 - 0.20)}{0.05} \ln\left[1 + \frac{0.6364}{25 \times (0.48 - 0.20)}\right] = 0.5457(\text{h})$$

将已知的 t_p、t'_p、θ_s、θ_0、s_f 和 $K(\theta_s)$ 代入式（14.14）和式（14.12）计算不同累积入渗量所需的时间 t 和入渗率 $f(t)$，即

$$t = 0.5135 + \frac{F(t)}{0.05} - 140\ln\left[1 + \frac{F(t)}{7}\right]$$

$$f(t) = K(\theta_s)\left[1 + \frac{s_f(\theta_s - \theta_0)}{F(t)}\right] = 0.05\left[1 + \frac{7}{F(t)}\right]$$

列表计算如下，计算时，先假定入渗量 $F(t)$ 求时间 t，再计算入渗率 $f(t)$，计算结果见表 14.2。

表 14.2　　　　　　　　　　入渗量 $F(t)$ 和入渗率 $f(t)$ 计算表

$F(t)/\text{cm}$	t/h	$f(t)/(\text{cm/h})$	备　注
0	0	0.6000	自由入渗
0.6463	1.0759	0.5915	自由入渗
0.7	1.1701	0.5500	积水入渗
0.8	1.3636	0.48750	积水入渗
0.9	1.5801	0.43889	积水入渗
1	1.8191	0.40000	积水入渗
1.1	2.0800	0.36818	积水入渗
1.2	2.3621	0.34167	积水入渗
1.3	2.6651	0.31923	积水入渗
1.4	2.9885	0.30000	积水入渗

续表

$F(t)$/cm	t/h	$f(t)$/(cm/h)	备 注
1.5	3.3317	0.28333	
1.6	3.6942	0.26875	
1.7	4.0757	0.25588	
1.8	4.4757	0.24444	
1.9	4.8937	0.23421	积水入渗
2	5.3295	0.22500	
2.1	5.7825	0.21667	
2.2	6.2524	0.20909	

绘制 $F(t)$ 和 $f(t)$ 与时间 t 的关系如图 14.3 所示。由图 14.3 可以看出，降雨入渗总量随时间的增加而增加，入渗率随时间的增加而减小。两条曲线的交汇点即为地面积水时间。

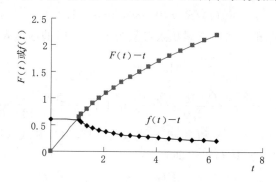

图 14.3　降雨入渗率（或入渗总量）与入渗时间关系

14.3　实验设备和仪器

14.3.1　降雨强度测量的仪器

降雨强度一般用雨量器测量。雨量器有人工雨量器和自记雨量器两种。自记雨量器有虹吸式、翻斗式、称重式、软盘斗式、融雪式雨量器以及光学雨量器和雷达雨量器。本节只介绍人工雨量器和虹吸式自记雨量器。

1. 人工雨量器[5]

人工雨量器由雨量筒和雨量杯两部分组成，如图 14.4 所示。雨量筒包括承雨器、漏斗、储水筒、储水器和器盖，用于观测和收集降水。雨量杯用于测量降水量。

承雨器为圆筒状，内径为 200mm，安装时器口距离地面 700mm，在承雨器内嵌入一个漏斗，漏斗内壁光滑，倾角约为 40°～45°，

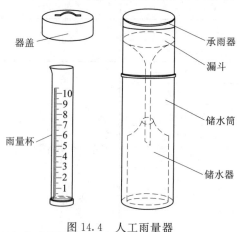

图 14.4　人工雨量器

极限情况下，进入承雨器的降水不溅出承雨器口外。在漏斗的下方设储水器，储水器的作用是收集雨水。

雨量杯内径为40mm，其截面积为承雨器的1/25，即在承雨器内1mm的降水量，倒入雨量杯内的高度为25mm，高度放大了25倍。因此雨量杯的刻度以25mm高度作为降水量1mm的标定值。雨量杯的刻度精确至0.1mm，最大刻度为10.5mm，最小刻度为0.1mm。

人工雨量器还可以测量降雪，方法是当降雪时，仅用外筒作为盛雪器具，待雪融化后计算降水量。

2. 虹吸式自记雨量器[5]

虹吸式自记雨量器是利用虹吸原理来测量降水量的仪器，可以连续测量液态降水量、降雨强度和降水起止时间。

虹吸式自记雨量器由承雨器、漏斗、小漏斗、浮子、浮子室、虹吸管、储水器、笔档、自记钟筒、记录笔和观察窗组成，如图14.5所示。

降雨进入承雨器后，经下部的漏斗注入小漏斗流入浮子室，浮子室是一个圆筒，在浮子室的左下侧有一个斜形管状的壶口，上面可插入虹吸管，浮子室内装入浮子，当降雨进入浮子室时，浮子上升，在浮子杆上装有记录笔，记录笔随浮子上升而上升，并自动在自记钟筒的记录纸上画出曲线。当浮子室内的降水深度达到10mm时，由于虹吸作用虹吸管将浮子室内的全部降水迅速排出存放在储水器内，此时笔杆跟着下落到"0"线位置，若仍有降水，则笔杆又重新开始上升，如此往返持续记录降雨过程。

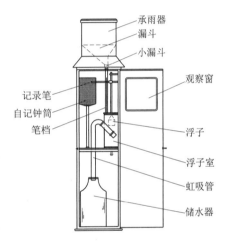

图14.5 虹吸式自记雨量器

承雨器内径为200mm，浮子室内径为63mm。由于承雨器的截面积为浮子室截面积的10倍，因而记录笔在自记纸上的上升高度是实际降水深度的10倍，即每0.1mm的降水量在自记纸上的线距是1mm，所以虹吸式自记雨量器的分辨率为0.1mm，降雨强度适用范围为0.01～4.0mm/min。

记录纸上记录的曲线为累计曲线，横坐标表示时间，纵坐标表示降雨量，曲线的坡度即为降雨强度。因此虹吸式自记雨量器的记录纸上可以确定出降雨的起止时间、雨量大小、降雨量累计曲线和降雨强度的变化过程。

14.3.2 针管式降雨装置

自20世纪90年代开始，国内外学者已经研制了4种类型的模拟降雨装置，分别为喷嘴式、管网式、悬线式和针管式[6]。喷嘴式是指水从喷嘴或喷孔喷出形成雨滴，缺点是降雨均匀度比较低，控制范围不好限定；管网式是指在实验管道上每隔一定的距离钻出小孔，水从孔中喷出形成雨滴，缺点是灵活性差、受压力影响大，不易控制，雨滴直径过大；悬线式与管网式比较相似，水滴流出出水孔后随着孔口外悬挂的一段细线下行，在细线末端以初速度为零条件下滴形成降雨，该方式的缺点是雨滴降落到地面时难以达到天然降雨落地的终点速度，其降雨强度也不好控制；针管式降雨器是指水在较低压力下通过针头流出形成间断的雨滴下落而达到模拟降雨目的的一种降雨器，该方式降雨的雨滴直径比较均匀、通过更换针头的粗细和改变施加在针头上的水压力来控制降雨强度，通过调整针头位置距离地面的高度可以模拟雨滴落地速度，是进行小型模拟降雨的较好装置。

　　针管式降雨入渗实验装置如图 14.6 所示。由图 14.6 可以看出，针管式降雨入渗实验装置由垂直土柱、马氏瓶、降雨器、固定支架、集雨筒、径流量筒和雨量杯组成。

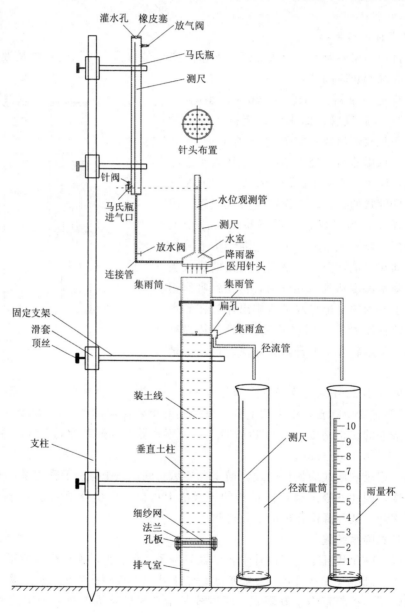

图 14.6　针管式降雨入渗实验装置

垂直土柱高 100cm、直径 15cm，在土柱的底部设孔板，孔板用法兰连接在一起，孔板上面铺一层细纱网，下面为排气室，土柱上设装土线，装土线的间距为 5cm，在垂直土柱的土面上方 3～5mm 处开设一个高 10mm、宽度为 20mm 的扁孔，当孔口有径流流出时，则相当于土面上部集水水深 $H=3$～5mm，扁孔外设集雨盒，集雨盒的底部设径流管，径流管的出口设径流量筒，径流可以通过扁孔流入集雨盒，再通过集雨盒流入径流管，然后流入径流量筒，以测量径流量；在土柱的顶部设活动集雨筒，集雨筒可以叠放在垂直土柱上，在集雨筒的侧面设集雨管，集雨管的出口设雨量杯，以测量降雨量和降雨强度。马氏瓶一侧设马氏瓶进气口和针阀，马氏瓶上部设放气阀、灌水孔、橡皮塞。马氏瓶的侧面设测尺，以观测马氏瓶中的水位变化，在马氏瓶的下部装连接管和放水阀，连接管与降雨器相连接；降雨器由水室、医用针头、水位观测管和测尺组成，针头按梅花形布置，针头密度可以根据要求设计，针头的粗细可以根据降雨强度的不同使用不同的针头型号，水位观测管的作用是在针头上部形成不同的水头，水位观测管的水面与马氏瓶进气口同高，可以通过调节马氏瓶的高度来调节水位观测管的水面高度，水面高度不同，降雨强度也不同，一般的，降雨器针头以上水位高度与降雨强度之间呈线性关系，降雨入渗实验前需先标定雨强与水位观测管内水头的关系；固定支架由支柱、滑套和顶丝组成，用来支撑垂直土柱和马氏瓶。

实验仪器为两块秒表、洗耳球、灌水漏斗、止水夹、取土铝盒、取土样器、烘箱、天平、塑料布和直尺。

14.4 实验方法和步骤

1. 实验前的准备工作

（1）根据实验需要，将待实验土样自然风干碾碎过 2mm 筛，用烘箱烘干后称出土样的干重度，计算初始含水量 θ_0。

（2）将土样取出一部分装入饱和土壤的达西渗透实验装置（见第 4 章），测定土壤的饱和导水率 $K(\theta_s)$。并用烘干法测定饱和土壤的含水量 θ_s。

（3）测量土壤湿润锋处的吸力 s_f，测量方法见第 11 章。绘出土壤水吸力与土壤含水量的关系，即土壤水分特性曲线，土壤湿润锋处吸力 s_f 一般可用土壤的进气吸力值代替，即土壤开始排水的临界吸力值。

（4）将土样分层装入土柱，每层厚度为 5cm，每层装土时都要用夯土器击实，每夯实一层，将其上表面 5mm 范围的土层进行疏松（该范围内土壤的干重度比设计要求的干重度高 15％以上），以保证层与层之间的良好接触并使层间节理发育尽可能降低。每层装土的重量用第 1 章的式（1.6）计算。

2. 降雨量和降雨强度的调试和标定方法

（1）将活动雨量筒放在垂直土柱的上方，与垂直土柱叠放在一起，如图 14.6 所示，再将雨量杯放在集雨管的下方。

（2）调节马氏瓶的高度，使马氏瓶进气口高度位于降雨器水位观测管某高度。

（3）关闭马氏瓶与降雨器之间连接管上的放水阀，给马氏瓶装满水，记录马氏瓶的初始水面读数。

（4）打开放水阀，使水流通过放水阀进入降雨器，开始降雨，观测降雨器上面的水位观测管中水头的变化，直到水位观测管的水头达到马氏瓶进气口的高度。

（5）当水位观测管中的水头稳定后，说明降雨强度已为某定雨强，开始记录降雨历时和雨量杯中的水深，降雨历时可根据需要设置。

（6）测量降雨装置顶部的水位观测管水头读数。

（7）求降雨量和降雨强度。降雨量由雨量杯直接读出，降雨强度为降雨量除以降雨历时。

（8）当一次降雨实验完成后，调节马氏瓶的高度，使得水位观测管中的水头提高或降低，重复第（6）至第（7）步 N 次。

（9）绘制降雨器水头与降雨强度的关系，得到该条件下降雨器的水位-雨强关系公式以备后用。

（10）标定结束后关闭放水阀。

3. 土壤入渗实验的方法和步骤

（1）根据设计降雨强度，利用水位-雨强关系公式计算出降雨器上的水位值，调节马氏瓶的高度达到相应位置，给马氏瓶充满水，打开放水阀，待水位观测管中的水面达到设计高度并保持恒定。

（2）去掉垂直土柱上的集雨筒，使雨水降入土壤表面，开始记录入渗时间。

（3）观测记录垂直土柱中土壤湿润锋的变化情况，初始时入渗速度快，可每 5 分钟测量一次，以后可根据需要设定测量时间。

（4）当土壤表面有积水（积水深度 H 设计为 5mm）且形成径流时，径流将从径流管流出，这时记录形成径流的开始时间，用量筒测量某一时段的径流总量 V_i。

（5）当土壤的湿润峰达到入渗装置的某一深度时，关闭放水阀门，记录实验停止的时间。

（6）计算径流量，径流量 q 等于量筒中的水量 V_i 除以测量时间 t。

（7）实验结束后将仪器恢复原状。

14.5　数据处理和成果分析

实验设备名称：　　　　　　　　　　　　　仪器编号：

同组学生姓名：

已知数据：针头直径 $d=$ 　　cm；针头间距 $b=$ 　　cm；降雨器直径 $D=$ 　　cm；

　　　　　土的干重度 $\gamma_d=$ 　　g/cm³；土壤初始体积含水量 $\theta_0=$ 　　cm³/cm³；

　　　　　土壤初始质量含水量 $\theta_m=$ 　　；土壤饱和体积含水量 $\theta_s=$ 　　cm³/cm³；

　　　　　土壤饱和导水率 $K(\theta_s)=$ 　　cm/min；土壤水吸力 $s_f=$ 　　cm；

　　　　　马氏瓶的横截面积 $A=$ 　　cm²；土柱的横截面积 $F=$ 　　cm²。

1. 实验过程记录和计算

（1）降雨量和降雨强度实验过程记录及计算见表 14.3。

表 14.3　　　　　　　　　降雨量和降雨强度实验记录和计算

降雨历时 /min	降雨量 /mm	降雨强度 /(mm/min)	水位观测管水头读数 /cm

学生签名：　　　　　　　　教师签名：　　　　　　　　实验日期：

（2）湿润锋与入渗时间的测量结果记录见表 14.4。

表 14.4　　　　　　　　　湿润锋与入渗时间的测量结果

（降雨量 $h=$ 　　mm，降雨强度 $R_0=$ 　　mm/min）

入渗时间/min	入渗深度/cm	入渗时间/min	入渗深度/cm	入渗时间/min	入渗深度/cm

学生签名：　　　　　　　　教师签名：　　　　　　　　实验日期：

2. 成果分析

（1）降雨量和降雨强度成果分析。

1）根据表 14.3 绘制降雨量和降雨强度与水位观测管水头的关系。

2）分析降雨量和降雨强度与水位观测管水头的变化规律，拟合出降雨强度与水位观测管水头关系的经验公式。

135

（2）土壤入渗成果分析。

1）当土壤表面有积水时，可以认为地面表层湿度刚达到土壤的饱和湿度，可在土壤表层取样确定土壤的饱和含水量 θ_s；也可以根据饱和土壤的达西渗透实验取样确定土壤的饱和含水量 θ_s。

2）土壤的饱和导水率 $K(\theta_s)$ 可根据饱和土壤的达西渗透实验确定，实验方法见第 4 章。

3）土壤的进气吸力 s_f 可根据第 11 章的一维土柱测量土壤水分特征曲线的方法确定。

4）根据表 14.4 绘制湿润锋与入渗时间的关系，分析湿润锋与入渗时间的变化规律。

5）计算进入土壤的总入渗水量，计算公式为

$$W_i = h_i \times A \tag{14.15}$$

式中：A 为马氏瓶横截面积；$h_i = t_i$ 时刻的马氏瓶读数 $- t_0$ 时刻的马氏瓶读数；W_i 为总入渗水量。

6）计算土壤的入渗量。当土壤表面无积水时，土壤的入渗量为

$$F(t_i) = W_i / F \tag{14.16}$$

当土壤表面有积水时，根据入渗总量计算 t_i 时刻进入土壤的累积入渗量为

$$F(t_i) = (W_i - V_i) / F \tag{14.17}$$

式中：F 为土柱的横截面积；V_i 为 t 时段内量筒中的径流总水量。

7）计算径流量。径流量 $q = V_i / t$。

8）根据实测的饱和土壤含水量 θ_s、初始土壤含水量 θ_0、土壤饱和导水率 $K(\theta_s)$、降雨强度 R_0、土壤水吸力 s_f 和土壤表面积水深度 H，由式（14.7）计算开始积水时的累计入渗量 $F_p(t)$，由式（14.8）计算 $F_p(t)$ 时的入渗时间 t_p，由式（14.13）计算 t_p'，由式（14.11）计算土壤的累积入渗量 $F(t)$，由式（14.12）计算土壤的入渗率 $f(t)$，由第 6 章的式（6.2）计算湿润锋的入渗深度 z。

9）将以上计算结果与实验结果进行对比分析，验证 Green - Ampt 降雨入渗模型。

14.6　实验中应注意的事项

（1）在制作降雨器时，针头的间距和排列以及针头的粗细对降雨强度和土壤入渗率的影响很大，所以要严格按照设计尺寸制作降雨器。

（2）安装降雨装置时，必须按设计要求安装，特别注意针头不要碰弯和损坏。

（3）在土柱中装土时，试样干重度的选取必须符合实际，在装土时要保证层与层之间的良好接触。否则会影响实验结果。

（4）在实验过程中，一旦开始测量，中途秒表不能停，直到测量结束才能按下秒表。

（5）实验结束后，应立即关闭放水阀，停止计时。

思　考　题

1. 降雨量和降雨强度是什么关系，在实验中如何测量降雨量和降雨强度。

2. 简述降雨入渗和其他入渗方式（例如灌溉入渗、河渠入渗）的共同点和不同点。

3. 通过降雨入渗实验，简述土壤湿润锋随时间的变化规律。

4. 通过实验，说明 Green - Ampt 降雨入渗模型的优缺点。

参 考 文 献

［1］ 蒋金珠. 工程水文及水利计算 ［M］. 北京：中国水利水电出版社，2003.

［2］ 杨维，张戈，张平. 水文学与水文地质学 ［M］. 北京：机械工业出版社，2008.

［3］ 邵明安，王全九，黄明斌. 土壤物理学 ［M］. 北京：高等教育出版社，2006.

［4］ 雷志栋，杨诗秀，谢森传. 土壤水动力学 ［M］. 北京：清华大学出版社，1988.

［5］ 罗国平，陈松生，张建新. 水文测验 ［M］. 北京：中国水利水电出版社，2017.

［6］ 孙恺，张季如. 针管式人工降雨装置的设计与应用 ［J］. 武汉理工大学学报，2013，35（12）：125 - 129.

第15章　叠加喷洒式模拟降雨系统

降雨是影响水文循环最重要的因素之一，是水文学研究的主要对象。本书第14章已经介绍了降雨量、降雨强度和降雨入渗的基本理论和实验方法。

文献［1］介绍了国外的降雨装置研究状况。早在20世纪30年代，国外就有研究人员使用喷壶作为雨滴发生器来进行模拟降雨实验。1932年Duley D. Hbys、1934年Hendzinksen、1940年Zingg等应用人工模拟降雨器来研究微小面积上的土壤侵蚀现象，实验小区面积仅为$1.275\sim3.168m^2$。1952年，Mamisao等在一个巨型水箱的底部安装了许多小钢管，利用该装置研究了降雨强度为$25.4\sim406.4mm/h$范围内系统均匀降雨的特性。同年Passerinni设计了一种装有细管喷嘴的6根钢管，平行排列组成桁架式降雨装置进行降雨模拟。1967年，Worin等研制了喷头式降雨器。20世纪70年代，日本人渡边武夫设计了一种针管压力盒组合式降雨装置，该装置有60个压力盒，针头间距为5cm，针头内径为0.8mm，由高水箱供水，用浮标式流量计测量流量，实验的降雨强度范围为$100\sim200mm/h$，降雨覆盖面积为$9.6m^2$，该装置具有可组合性，适用于不同形状和尺寸范围的降雨模拟；20世纪70年代以后，国外在降雨装置的研究方面主要有Veyer和Harmon（1978年）、Miller（1987年）、Cerda等（1997年）、Hignett等（1995年）、Romkens等（2001年）、Paige等（2003年）、Parson和stoal（2006年）、Tromp‐van Meerveld（2008年）、Hafzullah Aksoy等（2012年）、Roberto Corona等（2013年）、Stlvia和Carvalho（2014年），这些研究者的降雨强度范围从$10\sim400mm/h$不等，降雨装置大多采用喷头喷洒式降雨方式[2]。Odgen和Van Es（1997）、Peterson和Bubenzer（1986）报道了采用模拟降雨法进行土壤入渗实验的模拟降雨装置，该装置依据天然降雨情况，在维持均匀不变的降雨强度条件下，观测实验区的地表径流过程和土壤入渗过程[3]。

我国的人工降雨装置起步于20世纪50年代后期，大致可以分为3个阶段，1962—1979年为第一阶段，有少量研究成果，例如1962年，徐在庸和胡玉山利用人工降雨装置研究了坡面径流[4]；1967年中国科学院地理研究所水文室采用喷嘴往复运动进行降雨模拟。20世纪70年代末，铁道科学院西南研究所采用网状管路降雨装置进行降雨模拟[5]；1980—1999年为第二阶段，人工降雨装置的研究呈上升趋势[6]，1987年山西省水土保持研究所采用静止喷嘴侧喷式降雨装置进行降雨模拟[5]；西安理工大学在20世纪80年代提出了新型针管式降雨装置，该装置由马氏瓶、供水管路、控制阀、分立针管式降雨器组成，该装置的降雨强度可在一定范围内任意调整，实验过程中既可使雨强保持均匀、稳定，又可按设计要求模拟雨强随时间的变化以及沿坡长方向的空间变化[7]；1989年加拿大学者与山西水土保持研究所合作研究喷嘴静止下喷降雨装置，此装置可以改变喷嘴压力[5]，此外还有黄毅（1997年）、刘素媛（1998）分别采用不同孔径的喷头组合型喷洒式降雨装置[2]。2000 年以后为第三阶段，这一阶段的人工降雨装置趋于成熟，控制系统自动化和智能化得到普遍使用，形成了基于以上不同原理不同控制方式的模拟降雨系统。

据有关研究表明[6]，我国从 1959—2017 年，共研制了近 80 种人工模拟降雨装置，国外从 1938—1999 年，共发明改造了 229 种人工模拟降雨装置。这些人工模拟降雨装置根据雨滴产生的原理不同，分为喷嘴式、管网式、针管式和悬线式，在这些降雨装置中，喷嘴式占 65%，管网式占 10%，针管式占 23%，悬线式占 2%。采用最广泛的是静止喷嘴式中的侧喷式和下喷式，两者占 37%，其次是振动针管式、摆动下喷式和管网下喷式，分别占 11%、7% 和 5% 左右。

2001 年，张建丰在多年研究的基础上，开发了叠加喷洒式模拟降雨系统，已用于中国科学院水土保持研究所、西北农林科技大学、太原理工大学、天津大学、青海大学、重庆大学、天津理工大学、西安理工大学、交通部公路研究所等高校和研究单位。该系统由供水装置、控制装置和计算机等几部分组成，可用于模拟降雨过程、降雨强度，其中降雨强度的递增或递减，系统的操作完全由计算机自动控制，测量数据可以在线显示、绘图和保存。在脱机状态下，可以用 Excel 对数据进行再处理和分析。具体原理、设备组成、操作方法介绍如下。

15.1　叠加喷洒式降雨系统的降雨原理

喷洒式降雨系统是水从喷头以一定的初速度喷出，在空中散成不同大小的水滴降落到地面。为了使降落到地面的水滴尽可能地与天然降雨产生相同的效果，在设计喷洒式降雨装置时，应当满足不同的雨强要求，并且能够调节；在降雨所要求覆盖的面积上达到一定的降雨强度分布的均匀度要求；雨滴直径有一定的分布特征，基本符合雨滴落地时的速度或动能等，降雨装置应具有较好的稳定性和重复性[2]。

叠加喷洒式降雨系统的降雨强度控制方式为调节同时工作的喷头组数，通过不同的喷头组来实现不同的降雨强度，叠加喷洒式降雨系统设有 3 类 8 组喷头，通过调节不同的喷头组合可使其降雨强度的范围为 0.2~2.8mm/min。

降雨的均匀性主要以降雨均匀系数来表示[8]，即

$$k = 1 - \sum_{i=1}^{n} \frac{x_i - \overline{x}}{n\overline{x}} \tag{15.1}$$

式中：k 为降雨均匀系数；x_i 为测点雨强；$\overline{x}$ 为各测点平均雨强；n 为测点数。

根据实测天然降雨分析，一般要求设计的降雨系统的降雨均匀系数 $k > 0.8$。而叠加喷洒式降雨系统是根据单喷头喷洒特性经过喷头分布组合形式的数值实验方法，确定出满足均匀度和单组雨强的喷头分布布置形式和参数，使得降雨均匀性大大提高，根据单喷头喷洒特性通过数值实验方法模拟得到的降雨均匀系数可达 0.9 以上。

雨滴动能可以用雨滴达到地面时的速度来表示，雨滴在下落过程中，受到重力、空气阻力、云层阻力等的作用，当重力与阻力相平衡时，雨滴下落的速度不再增加，即雨滴以匀速落向地面，称为雨滴的落地速度，也叫雨滴末速。

雨滴的落地速度与雨滴直径有关，文献［8］介绍了罗斯等的研究成果，结果表明，

天然雨滴直径为 0.1~6mm，其相应的落地速度为 2~2.9m/s，90％以上雨滴所需要的降落高度为 7~9m。

雨滴直径可根据面粉球法、摄影法或色斑法测定，面粉球法适应于雨滴较小、精度要求较高的实验，摄影法适用于室内试验，色斑法是历史最为悠久的一种雨滴直径测量方法[10]。色斑法测量雨滴直径的方法是基于雨滴在同一材料上形成的色斑大小与雨滴的直径成正比，在滤纸上涂刷一层曙红与滑石粉混合色料，当雨滴降落在滤纸上后能够形成色斑图案，通过测量色斑直径 D，即可求出雨滴直径 d。雨滴直径的计算公式为[8]

$$d = 0.33D^{0.73} \tag{15.2}$$

式中：d 为雨滴直径，cm；D 为色斑直径，cm。

雨滴速度的计算有多种方法，例如 Laws 雨滴速度的计算公式为[9]

$$v = 3.81 \ln d + 3.67 \tag{15.3}$$

式中：v 为雨滴的落地速度，cm/s。

日本学者三原义秋的公式为[9]

$$v = 9.1549\sqrt{d} - 2.6549 + 2.5342e^{-3.727\sqrt{d}} - 0.389d^{2.48} \tag{15.4}$$

我国常用沙玉清的雨滴速度公式，当雨滴直径 $d \leqslant 1.9$mm 时

$$v = 0.496 \times 10^{\sqrt{28.32 + 6.524\lg(0.1d) - (\lg d)^1} - 3.665} \tag{15.5}$$

当雨滴直径 $d^{[9]} > 1.9$mm 时

$$v = 17.20 - 0.26563d^{3/2} \tag{15.6}$$

雨滴动能为[9]

$$E = \frac{1}{2mv^2} \tag{15.7}$$

式中：E 为雨滴落地时的动能；m 为雨滴质量。

雨滴质量为[8]

$$m = \rho\frac{\pi d^3}{6} \tag{15.8}$$

式中：ρ 为水的密度，g/cm³。

最新的雨滴末速测定采用激光闪烁照相的方法，有市售的仪器，精度比较高。

叠加喷洒式降雨系统可以通过喷头安装的不同高度控制雨滴的降落速度，通过不同的喷头出口形式控制雨滴的直径，从而可以较好地控制雨滴落地时的动能。

雨滴谱是降水最基本的微物理特征量，是雨滴数浓度随雨滴尺度变化的函数。单位体积内各种大小雨滴的数量随其直径的分布称为雨滴谱，单位体积内的雨滴个数称为雨滴数浓度，也称雨滴数密度（个/m³）或雨滴尺度分布。

在非常稳定的降雨中，雨滴大小的分布（雨滴谱）非常接近一个负指数函数的形式，这个特征是 Marshall 和 Palmer 分析发现的，因此将该分布称为 Marshall - Palmer 分布（M-P 分布）[10]，用公式表示为

$$n(d) = n_0e^{-\lambda d} \tag{15.9}$$

式中：$n(d)$ 为雨滴谱；n_0、λ 为参数。

由式（15.9）可以看出，雨滴谱随雨滴直径的增大而减小，最大雨滴直径称为谱宽，

一般为 2～3mm，很少超过 6mm。形成雨滴谱特征是雨滴生成、下落、增长、破碎、蒸发等过程的综合结果。随着云的种类、降水机制等而不同，在一次降雨中也可能有明显的变化，如阵性降水的雨滴谱一般较宽，谱密度随直径减少较缓；连续性降水雨滴谱较窄，谱密度随直径减少较陡。

15.2　叠加喷洒式模拟降雨系统的组成

　　叠加喷洒式模拟降雨系统由供水系统、电磁阀和喷头、控制器和控制用 PC 机组成，如图 15.1 所示。供水系统包括供水设备（如供水箱）、水泵、供水管道和压力调节器；电磁阀和安装在实验管道上的喷头；控制器用于控制降雨强度、降雨时间、各喷头以及控制水泵；控制用 PC 机用于监测和控制降雨过程以及对降雨数据和相关参数的保存。

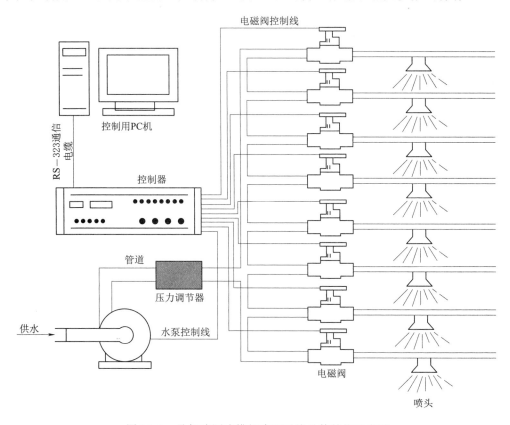

图 15.1　叠加喷洒式模拟降雨系统总体结构示意图

15.3　叠加喷洒式模拟降雨系统操作说明

　　叠加喷洒式模拟降雨系统控制器面板布置如图 15.2 所示。
　　叠加喷洒式模拟降雨系统控制器具有以下控制方式。

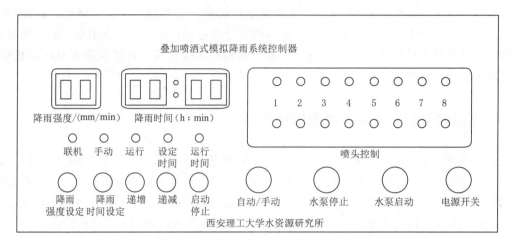

图 15.2　叠加喷洒式模拟降雨系统控制器面板布置图

1. 手动控制方式

该方式可通过直接控制喷头的开启和停止，设定一定的降雨强度。

（1）检查电源线、控制线的插头，确保连接可靠。

（2）在开启控制器电源之前，请确认"喷头控制"的 1～8 号各开关处于关闭状态。

（3）确认"自动/手动"按钮处于"手动"状态，即该按钮处于按下状态，这时"手动"指示灯亮。

（4）按一次"电源开关"按钮，开启控制器电源。此时面板显示如图 15.3 所示。"降雨强度"为"0.0"，"降雨时间"为"——：——"，"手动"指示灯亮，而喷头控制 1～8 号的指示灯未被点亮。

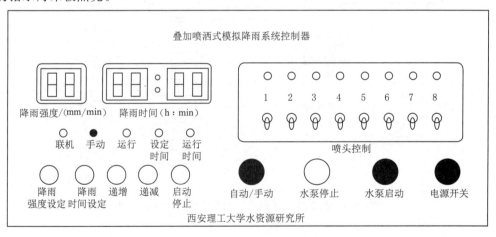

图 15.3　开机后控制器面板显示

（5）按一次"水泵启动"按钮，开启水泵电源。此时水泵控制红色指示灯亮，水泵开始工作。

（6）根据所需降雨强度，打开"喷头控制"1～8 号开关中相应的喷头控制开关，设定方法如下：

控制器"喷头控制"1～4号开关控制的降雨强度各为0.2mm/min，5～6号开关控制的降雨强度各为0.4mm/min，7～8号开关控制的降雨强度各为0.6mm/min。

（7）用户可在0.2～2.8mm/min的降雨强度之间选择某一降雨强度进行设定。如用户需设定降雨强度为1.6mm/min，则打开的"喷头控制"开关为8号+6号+1号+2号+3号，叠加后的降雨强度为0.6+0.4+0.2+0.2+0.2=1.6mm/min。设定后的叠加喷洒式模拟降雨系统控制器面板如图15.4所示。

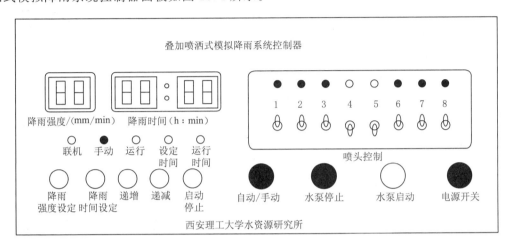

图15.4 手动工作方式下降雨强度设定示例

（8）降雨过程完毕，将"喷头控制"1～8号开关全部关闭，按一次"水泵停止"按钮，使水泵停止工作。

（9）按一次"电源开关"按钮，关闭控制器电源，此时所有指示灯熄灭，控制器停止工作。

2. 自动控制方式

该方式可通过数值输入设定一定的降雨强度及在该强度上的持续降雨时间，持续计时完毕，控制器自动关断所有喷头。

（1）检查电源线、控制线的插头，确保连接可靠。

（2）在开启控制器电源之前，请确认"喷头控制"的1～8号各开关处于关闭状态。

（3）确认"自动/手动"按钮处于"手动"状态，即该按钮处于按下状态，"手动"指示灯亮。

（4）按一次"电源开关"按钮，开启控制器电源。此时面板显示如图15.5所示，"降雨强度"为"－－"，"降雨时间"为"－－：－－"，"手动"指示灯亮，而喷头1～8号各指示灯未被点亮。

（5）按一次"水泵启动"按钮，开启水泵电源。此时水泵控制红色指示灯亮，水泵开始工作。

（6）按下"自动/手动"按钮，此时"手动"指示灯熄灭，"降雨强度"数值显示为"0.0"，"降雨时间"为"00：00"，控制器处于本机自动控制方式。

（7）按一次控制器左下方"降雨强度设定"按钮，此时"降雨强度"数值亮灭交替闪烁显示，表示控制器正在进行降雨强度数值的设定，此时可按"递增"及"递减"按钮以调整降雨强度数值。

按一次"递增"，降雨强度数值加 0.2mm/min，增至"2.8mm/min"时，再按一次"递增"，降雨强度数值变为"0.0"。

按一次"递减"，降雨强度数值减 0.2mm/min，当降雨强度减至"0.0"时，再按一次"递减"，降雨强度数值变为"2.8mm/min"。

调整好降雨强度数值后，按一次"降雨强度设定"按钮，降雨强度数值被确认并退出降雨强度设定状态。

（8）按一次控制器左下方"降雨时间设定"按钮，此时"设定时间"指示灯亮，"降雨时间"的左边两位数值亮灭交替闪烁显示，表示控制器正在进行降雨时间"小时"数值的设定，此时可按"递增"或"递减"按钮以调整降雨时间的小时数值。

按一次"递增"，降雨时间"小时"数值加 1，增至"48"时，再按一次"递增"，"小时"数值变为"0.0"。

按一次"递减"，"小时"数值减 1，减至"0.0"时，再按一次"递减"，"小时"数值变为"48"。

调整好降雨时间"小时"数值后，按一次"降雨时间设定"按钮，"小时"数值被确认，随即进入降雨时间"分钟"数值设定状态，"降雨时间"的右边两位数值亮灭交替闪烁显示。设定方法同上，分钟的最大值为 59。

调整好降雨时间"分钟"数值后，再按一次"降雨时间设定"按钮，降雨时间"分钟"数值被确认并退出降雨时间设定状态。

（9）按一次"启动/停止"按钮，相应的喷头被打开，"运行时间"指示灯亮，表示控制器当前显示的是降雨计时时间，"运行"指示灯亮，表示降雨过程已被启动。

（10）如果需要中断正在进行的降雨过程，可按一次"启动/停止"按钮，控制器将关闭全部喷头，"运行"指示灯熄灭，并返回"设定时间"显示状态。

（11）降雨过程运行完毕后，控制器将关闭全部喷头，"运行"指示灯熄灭。按一次"水泵停止"按钮，使水泵停止工作。

（12）按一次"电源开关"按钮，关闭控制器电源，此时所有指示灯熄灭，控制器停止工作。

3. 计算机联机控制方式

该方式可通过计算机软件控制实现不同雨型、雨强和降雨历时的降雨过程，在该方式下，通过系统界面输入设定一组降雨强度及在各个强度上的持续降雨时间，如图 15.5 所示。启动后计算机开始计时，并将相应时段的降雨强度通过通信电缆传输至控制器，同时实时显示降雨系统的工作状态及工作进程。持续计时完毕，PC 机通过向控制器发送命令，关断所有喷头，降雨过程结束。

（1）检查电源线、控制线和通信线的插头，确保连接可靠。

（2）在开启控制器电源之前，请确认"喷头控制"的 1~8 号各开关处于关闭状态。

（3）"确认"按钮处于"手动"状态，即该按钮处于按下状态。

（4）按一次"电源开关"按钮，开启控制器电源。此时，"降雨强度"为"－－"，

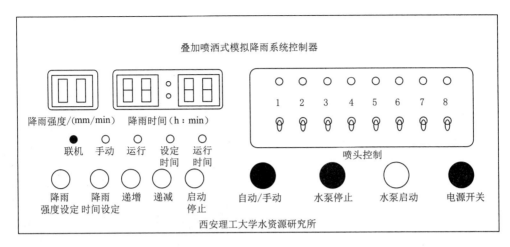

图 15.5 联机工作方式面板指示状态

"降雨时间"为"——：——"，"手动"指示灯亮，而喷头 1～8 号的指示灯未被点亮。

（5）按一次"水泵启动"按钮，开启水泵电源。此时水泵控制红色指示灯亮，水泵开始工作。

按下"自动/手动"按钮，此时"手动"指示灯熄灭，"降雨强度"数值为"0.0"，"降雨时间"为"00：00"，控制器处于本机自动控制方式。

（6）打开控制用计算机的电源开关，待计算机正常启动后，打开"模拟降雨系统"控制软件，输入操作密码，然后进行参数设定，设定好后开始运行，运行完毕后退出该控制软件。当控制器收到计算机发送的命令后，自动转入计算机联机控制方式，此时"联机"指示灯及"运行"指示灯点亮，降雨时间显示为"——：——"，表示控制器本机并不计时。"模拟降雨系统"控制软件的具体操作方法见下节说明。

（7）在计算机联机控制方式状态下，如果需要紧急中断正在进行的降雨过程，可按一次控制器上的"启动/停止"按钮，控制器将关闭全部喷头，转入本机自动控制方式，"运行"指示灯熄灭，并返回"设定时间"显示状态。此时需立即退出"模拟降雨系统"控制软件。

（8）计算机"模拟降雨系统"控制软件设定的降雨时间全部执行完毕后，屏幕会自动给出提示，此时可退出该控制软件，并关闭计算机。

（9）按一次"水泵停止"按钮，使水泵停止工作。

（10）按一次"电源开关"按钮，关闭控制器电源，此时所有指示灯熄灭，控制器停止工作。

15.4 计算机控制软件操作说明

控制软件为 Microsoft Windows98™ 视窗操作系统上的界面化软件，具有直观的显示及人机交互界面。

待 Microsoft Windows98™视窗操作系统正常启动后，点击屏幕上的"模拟降雨系统"，打开叠加喷洒式模拟降雨系统控制软件。此时界面显示如图 15.6 所示。

点击任意一点，界面上出现密码输入提示。本软件的密码为"YKJ"三个字母，大小写都可以。输入密码后点击"确认"键，系统即进入下一个界面，如图 15.7 所示。

图 15.6　控制软件打开后的欢迎界面

图 15.7　密码输入操作提示界面

密码输入正确，系统弹出"输入降雨控制参数"，此时可根据需要，编辑降雨强度及降雨时间的控制参数，如图 15.8 所示，或者打开已经存在的降雨控制参数文件。输入参数时，降雨时间累计值必须大于 10min。

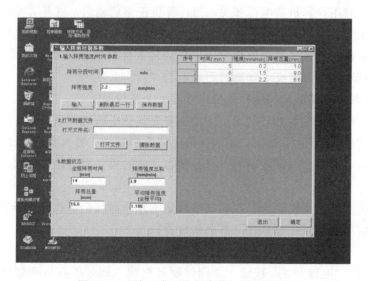

图 15.8　"输入降雨控制参数"操作界面

输入参数后，如本次的参数需要保存以备下次之用，可对参数进行文件保存。点击"保存数据"，此时弹出"保存文件"对话框，如图 15.9 所示。输入一个合适的文件名称，然后点击"保存"即可。

如需打开已存在的文件，可点击"打开文件"，此时弹出"打开"对话框。选择所需要的文件，点击"打开"即可。

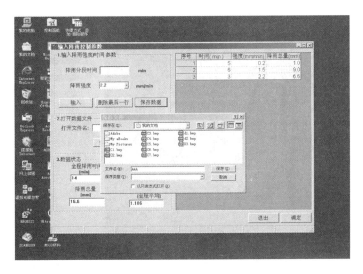

图 15.9　"保存文件"操作界面

参数输入完毕，点击"确定"，即可进入下一个主要控制界面。进入控制界面后屏幕显示如图 15.10 所示。

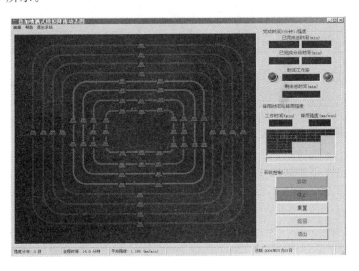

图 15.10　主要控制界面

点击"启动"，系统即开始运行，计算机向控制器发送参数，相应的喷头被打开，同时屏幕显示各组喷头的工作状态以及降雨过程进行的情况。正在运行中的主控制界面如图 15.11 所示。

控制结束，计算机显示的提示如下，如图 15.12 所示。此时如需重新开始，可点击"重新开始"，如不需要继续运行，则点击"结束"，退出控制软件。

通信故障提示如图 15.13 所示。此时可遵照提示要求，退出正在运行的控制软件，检查通信电缆以确保连接正确可靠，并检查控制器，使其工作在自动方式，然后再启动控制软件，进行正常操作。

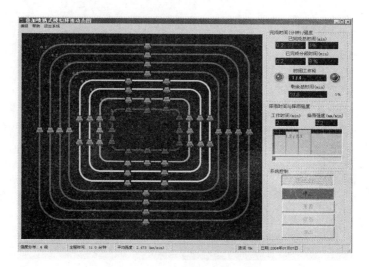

图 15.11　运行中的主控制界面

图 15.12　控制结束提示界面

图 15.13　通信故障提示界面

15.5　线路连接

控制器背板元件布置如图 15.14 所示。

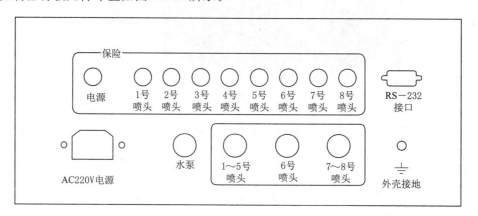

图 15.14　控制器背板元件布置示意图

控制器与计算机的连接采用标准 RS-232 串行通信方式，用西安理工大学水资源研究所提供的通信电缆（注意！一定要使用专用电缆），一端插在计算机的 COM1 端口上，另一端插在控制器的 RS－232 接口上。电缆的插头无方向性，即连接计算机的一端与连接控制器的一端可以互换。

控制器与电磁阀的连接位置见图 15.14。1～4 号电磁阀各控制一组降雨强度为 0.2mm/min 的喷头，4 路共用一个插头/座。5～6 号电磁阀控制一组降雨强度为 0.4mm/min 的喷头，2 路用一个插头/座。7～8 号电磁阀各控制一组降雨强度为 0.6mm/min 的喷头，2 路共用一个插头/座。这些插座都是给电磁阀供电的，电压为 AC24V。

控制器通过控制与水泵连接的交流接触器来控制水泵的启动/停止。该插座并不向外提供电压输出，它与控制器内部的电源是隔离的。

连接各个接插件时，应谨防短路，插头插好后拧紧固定螺丝（螺栓），保证连接可靠。接好后首次开机，应进入手动控制方式，逐个检查与各组喷头的指示灯是否正常指示。否则检查各电磁阀的保险管，如有损坏可按原规格替换。

参 考 文 献

［1］ 陈文亮，王占礼．国内外模拟人工降雨装置综述［J］．水土保持学报，1990，4（1）：61－65．

［2］ 王坤，袁慎崇．人工模拟降雨器研究综述［J］．低碳世界，2016（26）：250－251．

［3］ 雷廷武，毛丽丽，张婧，等．土壤入渗测量方法［M］．北京：科学出版社，2017．

［4］ 徐在庸，胡玉山．坡面径流的试验研究［J］．水利学报，1962，6（4）：1－7．

［5］ 高小梅，李兆麟，贾雪，等．人工模拟降雨装置研究与应用［J］．辐射防护，2000，20（1）：86－90．

［6］ 柯奇画，张科利．我国人工降雨侵蚀相关试验研究进展回顾［J］．中国水土保持科学，2018，16（2）：134－143．

［7］ 王文焰，沈冰，张建丰．室内坡面降雨入渗及产流实验系统的研究与应用［M］//沈晋，王文焰，沈冰，等．动力水文试验研究．西安：陕西科学技术出版社，1991．

［8］ 任树梅，刘洪禄．人工模拟降雨技术研究综述［J］．中国农村水利水电，2003（3）：73－75．

［9］ 夏平，蒋建清，蔡晶垚，等．人工降雨装置的研制与工程应用进展综述［J］．企业技术开发，2015，34（34）：4－6．

［10］ Marshall J S，Palmer W M. The distribution of raindrops with size［J］. Meter.，1948，5：165－166．

第16章 土壤蒸发实验

16.1 实验目的和要求

（1）了解土壤蒸发过程的阶段划分。

（2）掌握土壤稳定蒸发和非稳定蒸发的理论。

（3）掌握测定土壤蒸发的实验方法。

（4）掌握实验资料的分析方法。

16.2 实验原理

16.2.1 概述

水文循环中的蒸发现象指的是水体、土壤和植被等物体中的水分在太阳辐射作用下以水汽的形式进入到大气中，即水从液态转化为气态的过程[1]。

按照水分蒸发时逸出物体的不同，可以将蒸发分为水面蒸发、土壤蒸发和植被散发三大类[1]。

发生在江河湖泊等水体表面的蒸发称为水面蒸发，水面蒸发取决于水由液态变为气态的热能状况。

发生在土壤表面的蒸发称为土壤蒸发，土壤蒸发取决于气象条件和土壤的供水能力。气象条件包括辐射、温度、湿度和风等；土壤的供水能力包括土壤的含水量、土壤质地、土壤结构、地下水埋深等。气象条件决定了大气的蒸发能力，土壤的供水能力是土壤对水分向蒸发表面输送的能力。

发生在植物叶面的蒸发称为植被散发，也称植物蒸腾，植被散发取决于植物自身的特性、气象条件以及土壤条件。因为植物根系从土壤中吸收水分，经导管输移，在根压和蒸腾拉力的作用下，水分移动可达树梢的叶子，再通过植物表面的气孔散发到大气中。因为植物散发与土壤条件密不可分，所以通常将植物散发和土壤蒸发统称为蒸散发[1]。

土壤蒸发不仅涉及土壤表面，而且涉及地下水位。对一些地下水位埋藏较浅的平原地区，由于毛细管作用，蒸发会导致潜水对上部土壤的水分补给，尽管这种补给不是直接意义上的水分蒸发，但在习惯上仍称为潜水蒸发[2]。

陆地上的蒸发总量约占降水总量的70%，因此它是陆地上水分循环的主要组成部分。土壤蒸发不仅关系土壤水的保持和损失，而且在某些条件下还可能引起土壤的盐渍化问题。因此，在蒸发条件下，土壤水分运动和潜水蒸发以及蒸发量的大小及其变化规律等问题的研究，对于水资源评价和农业生产是十分重要的。

蒸发作用的强弱常以蒸发强度来表示，即单位时间内单位面积地面上所蒸发的水量，单位为 mm/d。

土壤蒸发过程能够维持下去必须具备 3 个条件[3]。

(1) 必须有不断的热能补给，以满足水分汽化热的需要。

(2) 蒸发面和大气之间必须存在水气压梯度。

(3) 蒸发面必须不断地得到水分补充。

16.2.2 土壤蒸发的阶段性

根据土壤蒸发速率的大小及其控制因素的不同，可以将土壤蒸发分为 3 个阶段，即大气蒸发力控制阶段、土壤导水率控制阶段和水汽扩散控制阶段，如图 16.1 所示[3]。

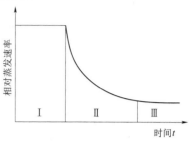

图 16.1 蒸发 3 个阶段示意图

1. 大气蒸发力控制阶段[3]

大气蒸发力控制阶段如图 16.1 中的Ⅰ区所示。蒸发开始时，由于土壤含水量较高，在大气蒸发力的作用下，土壤表层源源不断地从土壤内部得到水的补充，供水能力能够保证表层土壤蒸发，表土的蒸发强度不随土壤含水量降低而变化，这时土壤蒸发率主要受大气蒸发能力控制。大气蒸发能力强，蒸发散失的水分就多，土壤含水量降低的就快；反之，大气蒸发能力弱，蒸发损失的水分就少，土壤含水量降低的就慢。这一阶段的时间很短。

2. 土壤导水率控制阶段[3]

土壤导水率控制阶段如图 16.1 中的Ⅱ区所示。随着土壤导水率的降低，地表与下面湿润土层的土壤水吸力梯度逐渐增大，但土壤非饱和导水率却随着吸力梯度的增加而减小，以致土壤供给蒸发面的水分不能满足蒸发的需要，使得蒸发速率变小，这时下层向蒸发面传导多少水分，就蒸发掉多少水分，土壤蒸发速率的大小主要由土壤供水的能力控制。这一阶段持续的时间一般比第一阶段长。

3. 水汽扩散控制阶段[3]

水汽扩散控制阶段如图 16.1 中的Ⅲ区所示。当表土含水量很低，地表形成干土层后，干土层以下的土壤水分向上运移，在干土层的底部蒸发，然后以水汽扩散的形式穿过干土层进入大气。在此阶段，蒸发面不是在地表，而是在土壤内部，蒸发强度的大小主要由干土层内水汽扩散的能力控制，并取决于干土层的厚度。这一阶段的蒸发强度很低，其变化速率十分缓慢而且稳定，持续时间长。

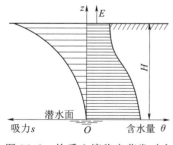

图 16.2 均质土壤稳定蒸发时含水量和吸力分布示意图

16.2.3 定水位条件下均质土壤的稳定蒸发

所谓土壤的稳定蒸发是指发生在气象条件不变、地下水位埋深较浅、且因有侧向补给使地下水位维持稳定情况下的蒸发。这种蒸发状态在自然界中是很少出现的。但如果在一段时间内，日平均的外界蒸发条件基本不变，地下水位相对稳定、土面蒸发量与潜水对上部土壤的补给量大致平衡，也可近似地认为是稳定蒸发。

设有一种均质土壤如图 16.2 所示，潜水位埋深为 H，当土壤处于稳定蒸发时，地表处的蒸发强度 E 与任一断面处的土壤水通量相等，将 z 坐标原点放在潜水面处，z 向上为正，则非饱和土壤蒸发过程的垂直一维运动可由达西定律表达如下[2]。

$$-D(\theta)\frac{\mathrm{d}\theta}{\mathrm{d}z}-K(\theta)=E \tag{16.1}$$

式中：$D(\theta)$ 为非饱和土壤的扩散率；$K(\theta)$ 为非饱和土壤的导水率；θ 为土壤的含水量；E 为蒸发强度。

边界条件为

$$\theta=\theta_s, \; z=0 \tag{16.2}$$

式中：θ_s 为土壤的饱和含水量。

当非饱和土壤的扩散率 $D(\theta)$ 和导水率 $K(\theta)$ 为已知时，则可由式（16.1）和式（16.2）得

$$z=\int_{\theta}^{\theta_s}\frac{D(\theta)}{K(\theta)+E}\mathrm{d}\theta \tag{16.3}$$

如果用土壤水吸力 s 来表示未知函数，则非饱和土壤垂直一维运动的达西定律又可以写成

$$K(s)\left(\frac{\mathrm{d}s}{\mathrm{d}z}-1\right)=E \tag{16.4}$$

边界条件为

$$s=0, \; z=0 \tag{16.5}$$

式中：s 为土壤水吸力，土壤水吸力 s 与基质势 ψ_m 的关系为 $s=-\psi_m$；$K(s)$ 为以吸力表示的非饱和土壤的导水率。

对式（16.4）积分得

$$z=\int\frac{\mathrm{d}s}{1+E/K(s)} \tag{16.6}$$

如果已知 $K(s)$ 和 E，则可由式（16.6）并利用式（16.5）的边界条件求得土壤水的吸力分布 $z\text{-}s$ 关系。

Gardner 在 1958 年对式（16.6）进行了计算，具体过程如下。

Gardner 将导水率写成下面的函数形式[2]，即

$$K(s)=\frac{a_1}{a_2+s^m} \tag{16.7}$$

式中：a_1、a_2、m 为与土壤有关的常数。

一般 m 的取值范围为 $1\sim4$，沙性土的值较大，黏性土的值较小。

将式（16.7）代入式（16.6）得

$$z=\int\frac{\mathrm{d}s}{Es^m/a_1+Ea_2/a_1+1}=\int\frac{\mathrm{d}s}{\alpha s^m+\beta}=\frac{1}{\alpha}\int\frac{\mathrm{d}s}{s^m+\beta/\alpha} \tag{16.8}$$

其中：
$$\alpha=E/a_1 、\beta=Ea_2/a_1+1=\alpha a_2+1$$

Gardner 对 $m=1$，$m=3/2$，$m=2$，$m=3$，$m=4$ 等几种情况进行了求解，有以下结果。

（1）当 $m=1$ 时，式（16.8）变为

$$z = \frac{1}{\alpha} \int \frac{\mathrm{d}s}{s + \beta/\alpha} = \frac{1}{\alpha} \ln(s + \beta/\alpha) + c \qquad (16.9)$$

当 $s=0$ 时，$z=0$，代入式 (16.9) 得 $c = -\frac{1}{\alpha} \ln \frac{\beta}{\alpha}$，将其代入式 (16.9) 得

$$z = \frac{1}{\alpha} \ln\left(1 + \frac{\alpha}{\beta}s\right) \qquad (16.10)$$

(2) 当 $m=3/2$ 时，式 (16.8) 变为

$$z = \frac{1}{\alpha} \int \frac{\mathrm{d}s}{s^{3/2} + \beta/\alpha} \qquad (16.11)$$

令 $\beta/\alpha = \gamma^{3/2}$，代入式 (16.11) 得

$$z = \frac{1}{\alpha} \int \frac{\mathrm{d}s}{s^{3/2} + \gamma^{3/2}} = \frac{1}{\alpha\gamma^{3/2}} \int \frac{\mathrm{d}s}{1 + (s/\gamma)^{3/2}} \qquad (16.12)$$

令 $(s/\gamma)^{1/2} = x$，则 $s = \gamma x^2$，$\mathrm{d}s = 2\gamma x \mathrm{d}x$，代入式(16.12) 得

$$z = \frac{2\gamma}{\alpha\gamma^{3/2}} \int \frac{x \mathrm{d}x}{1 + x^3} \qquad (16.13)$$

对式 (16.13) 积分得

$$z = \frac{2}{\alpha\gamma^{1/2}} \int \frac{x \mathrm{d}x}{1 + x^3} = \frac{2}{\alpha\gamma^{1/2}} \left[\frac{1}{6} \ln \frac{1 - x + x^2}{(1+x)^2} + \frac{1}{\sqrt{3}} \arctan \frac{2x-1}{\sqrt{3}} \right] + c \qquad (16.14)$$

当 $s=0$ 时，$x=0$，$z=0$，代入式 (16.14) 得 $c = -\frac{2}{\alpha\gamma^{1/2}} \frac{1}{\sqrt{3}} \arctan \frac{-1}{\sqrt{3}} = \frac{\pi}{3\sqrt{3}\alpha\gamma^{1/2}}$，

将其代入式 (16.14)，并将 $x = (s/\gamma)^{1/2}$ 代入得

$$z = \frac{2}{\alpha\gamma^{1/2}} \left[\frac{1}{6} \ln \frac{\gamma - \sqrt{\gamma s} + s}{(\sqrt{\gamma} + \sqrt{s})^2} + \frac{1}{\sqrt{3}} \arctan \frac{2\sqrt{s} - \sqrt{\gamma}}{\sqrt{3\gamma}} \right] + \frac{\pi}{3\sqrt{3}\alpha\gamma^{1/2}} \qquad (16.15)$$

因为 $\gamma = (\beta/\alpha)^{2/3}$，所以式 (16.15) 的最终形式为

$$z = \frac{1}{\alpha(\beta/\alpha)^{1/3}} \left\{ \frac{1}{3} \ln \frac{(\beta/\alpha)^{2/3} - (\beta/\alpha)^{1/3}\sqrt{s} + s}{[(\beta/\alpha)^{1/3} + \sqrt{s}]^2} + \frac{2}{\sqrt{3}} \arctan \frac{2\sqrt{s} - (\beta/\alpha)^{1/3}}{\sqrt{3}(\beta/\alpha)^{1/3}} + \frac{\pi}{3\sqrt{3}} \right\} \qquad (16.16)$$

(3) 当 $m=2$ 时，式 (16.8) 变为

$$z = \frac{1}{\alpha} \int \frac{\mathrm{d}s}{s^2 + \beta/\alpha} \qquad (16.17)$$

令 $\beta/\alpha = \gamma^2$，则

$$z = \frac{1}{\alpha} \int \frac{\mathrm{d}s}{s^2 + \gamma^2} = \frac{1}{\alpha\gamma} \arctan \frac{s}{\gamma} + c \qquad (16.18)$$

当 $s=0$ 时，$z=0$，代入式 (16.18) 得 $c=0$，将 $\gamma = (\beta/\alpha)^{1/2}$ 代入得

$$z = \frac{1}{\alpha} \int \frac{\mathrm{d}s}{s^2 + \beta/\alpha} = \frac{1}{\sqrt{\alpha\beta}} \arctan \frac{s}{\sqrt{\beta/\alpha}} \qquad (16.19)$$

(4) 当 $m=3$ 时，式 (16.8) 变为

$$z = \frac{1}{\alpha} \int \frac{\mathrm{d}s}{s^3 + \beta/\alpha} \qquad (16.20)$$

令 $\beta/\alpha = \gamma^3$，则

$$z = \frac{1}{\alpha}\int \frac{\mathrm{d}s}{s^3 + \gamma^3} = \frac{1}{\alpha}\left[\frac{1}{6\gamma^2}\ln\frac{(\gamma+s)^2}{\gamma^2 - \gamma s + s^2} + \frac{1}{\sqrt{3}\,\gamma^2}\arctan\frac{2s-\gamma}{\sqrt{3}\,\gamma}\right] + c \qquad (16.21)$$

当 $s=0$ 时，$z=0$，代入式（16.21）得 $c = -\dfrac{1}{\alpha\gamma^2}\dfrac{1}{\sqrt{3}}\arctan\dfrac{-1}{\sqrt{3}} = \dfrac{\pi}{6\sqrt{3}\,\alpha\gamma^2}$，将其代入式（16.21）得

$$z = \frac{1}{\alpha}\left[\frac{1}{6\gamma^2}\ln\frac{(\gamma+s)^2}{\gamma^2 - \gamma s + s^2} + \frac{1}{\sqrt{3}\,\gamma^2}\arctan\frac{2s-\gamma}{\sqrt{3}\,\gamma}\right] + \frac{\pi}{6\sqrt{3}\,\alpha\gamma^2} \qquad (16.22)$$

将 $\gamma = (\beta/\alpha)^{1/3}$ 代入式（16.22）得

$$z = \frac{1}{\alpha\,(\beta/\alpha)^{2/3}}\left\{\frac{1}{6}\ln\frac{\left[(\beta/\alpha)^{1/3}+s\right]^2}{(\beta/\alpha)^{2/3} - (\beta/\alpha)^{1/3}s + s^2} + \frac{1}{\sqrt{3}}\arctan\frac{2s-(\beta/\alpha)^{1/3}}{\sqrt{3}\,(\beta/\alpha)^{1/3}} + \frac{\pi}{6\sqrt{3}}\right\}$$

$$\qquad (16.23)$$

（5）当 $m=4$ 时，式（16.8）变为

$$z = \frac{1}{\alpha}\int\frac{\mathrm{d}s}{s^4 + \beta/\alpha} \qquad (16.24)$$

令 $\beta/\alpha = \gamma^4$，代入式（16.24）积分得

$$z = \frac{1}{\alpha}\left[\frac{1}{4\sqrt{2}\,\gamma^3}\ln\frac{s^2 + \gamma\sqrt{2}\,s + \gamma^2}{s^2 - \gamma\sqrt{2}\,s + \gamma^2} + \frac{1}{2\sqrt{2}\,\gamma^3}\arctan\frac{\gamma\sqrt{2}\,s}{\gamma^2 - s^2}\right] + c \qquad (16.25)$$

当 $s=0$ 时，$z=0$，代入式（16.25）得 $c=0$。将 $\gamma = (\beta/\alpha)^{1/4}$ 代入式（16.25）得

$$z = \frac{1}{\alpha}\left[\frac{1}{4\sqrt{2}\,(\beta/\alpha)^{3/4}}\ln\frac{s^2 + (\beta/\alpha)^{1/4}\sqrt{2}\,s + (\beta/\alpha)^{1/2}}{s^2 - (\beta/\alpha)^{1/4}\sqrt{2}\,s + (\beta/\alpha)^{1/2}} + \frac{1}{2\sqrt{2}\,(\beta/\alpha)^{3/4}}\arctan\frac{(\beta/\alpha)^{1/4}\sqrt{2}\,s}{(\beta/\alpha)^{1/2} - s^2}\right]$$

$$\qquad (16.26)$$

当已知蒸发强度 E 和土壤导水率公式（16.7）中的参数 a_1、a_2、m 时，即可计算 $\alpha = E/a_1$，$\beta = \alpha a_2 + 1$，然后根据 m 值在式（16.10）～式（16.26）中选取相应的公式求得潜水位以上的土壤吸力 s 沿 z 方向的分布。

式（16.10）～式（16.26）是根据公式（16.7）的形式推导出来的。显然，导水率 $K(s)$ 的公式形式不同，所得到的土壤吸力的关系也不同。如果假设导水率公式为

$$K(s) = \frac{K(\theta_s)}{(1 + bs^m)} \qquad (16.27)$$

式中：$K(\theta_s)$ 为土壤的饱和导水率；b 为经验常数。

如果假设 $m=2$，将式（16.27）代入式（16.6）得

$$z = \int\frac{\mathrm{d}s}{1 + E/K(s)} = \int\frac{K(\theta_s)}{\left[K(\theta_s) + E\right] + Ebs^2}\mathrm{d}s = \frac{K(\theta_s)}{Eb}\int\frac{\mathrm{d}s}{\left[K(\theta_s) + E\right]/(Eb) + s^2}$$

$$\qquad (16.28)$$

令 $\left[K(\theta_s) + E\right]/(Eb) = a^2$，则

$$z = \frac{K(\theta_s)}{Eb}\int\frac{\mathrm{d}s}{a^2 + s^2} = \frac{K(\theta_s)}{Eb}\frac{1}{a}\arctan\frac{s}{a} + c \qquad (16.29)$$

当 $s=0$ 时，$z=0$，代入式（16.29）得 $c=0$。将 $a = \{\left[K(\theta_s) + E\right]/(Eb)\}^{1/2}$ 代入式

（16.29）得

$$z = \frac{K(\theta_s)}{\sqrt{Eb[K(\theta_s)+E]}} \arctan\left(\sqrt{\frac{Eb}{K(\theta_s)+E}} s\right) \tag{16.30}$$

16.2.4 蒸发条件下土壤水分的非稳定运动

当地下水位埋藏较深，不能或不能充分补充上部土壤因蒸发而失掉的水分，土壤在蒸发过程中不断变干的情况称为土壤水分的非稳定运动。对于初始湿润的土壤，土壤水分的非稳定运动可以分为 3 个阶段，即表土蒸发强度保持稳定的阶段、表土蒸发强度随含水量变化的阶段和水汽扩散阶段。对土壤水分非稳定运动的求解，其假设条件为大气蒸发能力保持不变，并以水面蒸发强度 E_0 表示；不考虑地下水位的情况，或者说地下水位埋藏很深，对土壤水分运动没有影响。

Covey 对表土蒸发强度保持稳定阶段的土壤水分运动进行了求解，具体过程如下。

湿润土壤处于蒸发第一阶段时，蒸发强度由外界气象条件控制，在此条件下，蒸发能力 E_0 为常数。设所研究的土壤为均质土壤，土壤的初始含水量 θ_0 为均匀分布，蒸发时，吸力（或基质势）梯度在数值上远大于 1（特别是在接近表土处），为分析方便，重力势的作用常被忽略，扩散率 $D(\theta)$ 具有指数函数的形式，即

$$D(\theta) = D_0 e^{-\beta_0(\theta_0-\theta)} \tag{16.31}$$

式中：D_0 为与初始土壤含水量 θ_0 相应的土壤扩散率；θ 为土壤含水量；β_0 为与土壤质地有关的常数。

土壤含水量分布及随时间的变化取决于蒸发能力 E_0、土壤总厚度 L、土壤的初始含水量 θ_0 以及由土壤特性所决定的土壤扩散率 $D(\theta)$，其相应的定解方程为

$$\frac{\partial\theta}{\partial t} = \frac{\partial}{\partial z}\left[D(\theta)\frac{\partial\theta}{\partial z}\right] \tag{16.32}$$

初始条件和边界条件为

$$\theta = \theta_0,\ t=0,\ 0\leqslant z\leqslant L \tag{16.33}$$

$$D(\theta)(\partial\theta/\partial z) = E_0, t>0, z=0 \tag{16.34}$$

$$\partial\theta/\partial z = 0, t\geqslant 0, z=L \tag{16.35}$$

1963 年，Covey[2] 引用无量纲的方法对式（16.32）进行了求解。Covey 设

$$\overline{\theta} = \beta_0(\theta_0-\theta) \tag{16.36}$$

$$\overline{D} = D(\theta)/D_0 \tag{16.37}$$

$$\overline{z} = z/L \tag{16.38}$$

$$\overline{t} = \beta_0 E_0 t/L \tag{16.39}$$

$$G = \beta_0 E_0 L/D_0 \tag{16.40}$$

将式（16.36）和式（16.37）代入式（16.31）得

$$\overline{D} = e^{-\overline{\theta}} \tag{16.41}$$

给式（16.41）求导数得 $\partial\overline{\theta}/\partial\overline{D} = -1/\overline{D}$，给式（16.36）求导数得 $\partial\theta = -\partial\overline{\theta}/\beta_0 = [1/(\beta_0\overline{D})]\partial\overline{D}$，给式（16.39）求导数得 $\partial t = L/(\beta_0 E_0)\partial\overline{t}$，所以

$$\frac{\partial\theta}{\partial t} = \left(\frac{E_0}{L\overline{D}}\right)\frac{\partial\overline{D}}{\partial\overline{t}} \tag{16.42}$$

给式（16.38）求导数得 $\partial z = L \partial \overline{z}$，则

$$\frac{\partial \theta}{\partial z} = \frac{\partial \overline{D}/(\beta_0 \overline{D})}{L \partial \overline{z}} = \frac{1}{\beta_0 L \overline{D}} \frac{\partial \overline{D}}{\partial \overline{z}} \tag{16.43}$$

$$\frac{\partial}{\partial z}\left[D(\theta) \frac{\partial \theta}{\partial z} \right] = \frac{\partial}{L \partial \overline{z}}\left[\overline{D} D_0 \left(\frac{1}{\beta_0 L \overline{D}} \right) \right] \frac{\partial \overline{D}}{\partial \overline{z}} = \frac{D_0}{\beta_0 L^2} \frac{\partial}{\partial \overline{z}}\left(\frac{\partial \overline{D}}{\partial \overline{z}} \right) = \frac{D_0}{\beta_0 L^2} \frac{\partial^2 \overline{D}}{\partial \overline{z}^2} \tag{16.44}$$

由式（16.42）和式（16.44）得

$$\frac{\partial \overline{D}}{\partial \overline{t}} = \frac{D_0 \overline{D}}{\beta_0 E_0 L} \frac{\partial^2 \overline{D}}{\partial \overline{z}^2} = \frac{\overline{D}}{\beta_0 E_0 L/D_0} \frac{\partial^2 \overline{D}}{\partial \overline{z}^2} = \frac{\overline{D}}{G} \frac{\partial^2 \overline{D}}{\partial \overline{z}^2} \tag{16.45}$$

同理，对式（16.33）、式（16.34）和式（16.35）无量纲化，得无量纲的定解条件为

$$\overline{D} = 1, \overline{t} = 0, 0 \leqslant \overline{z} \leqslant 1 \tag{16.46}$$

$$\partial \overline{D}/\partial \overline{z} = G, \overline{t} > 0, \overline{z} = 0 \tag{16.47}$$

$$\partial \overline{D}/\partial \overline{z} = 0, \overline{t} > 0, \overline{z} = 1 \tag{16.48}$$

当已知 E_0、L、β_0 和 θ_0 时，即可对式（16.45）求解。式（16.45）为二阶偏微分方程，要求其解析解是困难的，可以用数值解法。这里介绍 Covey 提出的近似解法。

当蒸发强度 E_0 较小、实验土柱较短、初始含水量很大时，$G = \beta_0 E_0 L/D_0$ 值较小，土壤剖面可近似为均匀干燥状态，并具有光滑的土壤含水量分布剖面。假定式（16.45）的近似解为

$$\overline{D} = a_0 + a_1 \overline{z} + a_2 \overline{z}^2 \tag{16.49}$$

由定解条件（16.47）和式（16.48）得

$$\partial \overline{D}/\partial \overline{z} = a_1 + 2a_2 \overline{z} = G$$

$$\partial \overline{D}/\partial \overline{z} = a_1 + 2a_2 \overline{z} = 0$$

由以上两式得 $a_1 = G$，$a_2 = -G/2$。代入式（16.49）得

$$\overline{D} = a_0 + G\overline{z} - (G/2) \overline{z}^2 \tag{16.50}$$

式中 a_0 与无量纲时间 $\overline{t}$ 有关。

由水量平衡方程

$$Et = \int_0^L (\theta_0 - \theta) \mathrm{d}z \tag{16.51}$$

由式（16.36）和式（16.41）得 $\theta_0 - \theta = -\ln\overline{D}/\beta_0$，由式（16.39）得 $t = \overline{t}L/(\beta_0 E_0)$，由式（16.38）得 $\mathrm{d}z = L \mathrm{d}\overline{z}$，代入式（16.51）得

$$\overline{t} = -\int_0^1 \ln\overline{D} \mathrm{d}\overline{z} = -\int_0^1 \ln[a_0 + G\overline{z} - (G/2) \overline{z}^2] \mathrm{d}\overline{z} \tag{16.52}$$

对式（16.52）求解得

$$\overline{t} = 2 - \ln a_0 - \left(\sqrt{1 + \frac{2a_0}{G}} \right) \ln\left[\frac{\sqrt{1 + 2a_0/G} + 1}{\sqrt{1 + 2a_0/G} - 1} \right] \tag{16.53}$$

式（16.50）和式（16.53）便是所确定的解。

16.3 实验设备和仪器

稳定蒸发的实验设备如图 16.3 所示。由图中可以看出，实验设备由土柱马氏瓶、土

柱马氏瓶支架、土柱、水盒、水盒马氏瓶、支架组成。设计水盒的目的是测量土壤表面的蒸发强度。

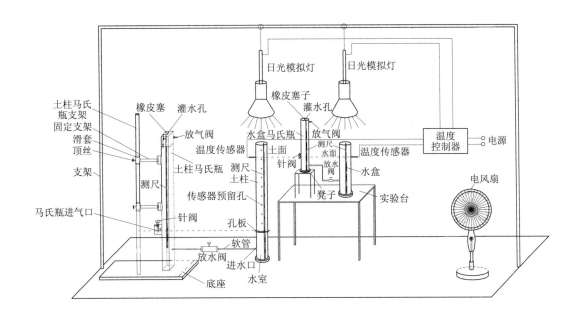

图 16.3 稳定蒸发实验设备示意图

土柱马氏瓶和水盒马氏瓶由马氏瓶进气口、针阀、放气阀、橡皮塞、灌水孔和马氏瓶上的测尺组成。土柱马氏瓶支架由顶丝、滑套、固定支架组成。土柱马氏瓶和土柱马氏瓶支架一起固定在同一底座上。土柱直径为 20cm、高度为 100cm，土柱底部设水室、孔板、测尺和传感器预留孔。在土柱和马氏瓶之间设放水阀门和进水口，放水阀门和进水口用软管与马氏瓶和土柱相连接。水盒放在实验台上，其直径与土柱直径相同，在水盒的旁边另设一个马氏瓶，马氏瓶放在凳子上，用以给水盒供水。支架用来固定日光模拟灯、电线等。

实验仪器包括夯土器、毛刷、温度计、温度控制器、日光模拟灯、电风扇、秒表、洗耳球、灌水漏斗、止水夹、量筒、土壤水分传感器、土壤水势传感器或张力计、土壤水分水势采集器、温度传感器、温度控制器和计算机。

土柱上的传感器预留孔，用以安装测量土壤水分传感器和土壤水势传感器。美国生产的 5TE 土壤水分传感器可以同时测量土壤含水量、土壤温度和土壤电导率；MPS 传感器可以测量土壤的水势（吸力）。

温度传感器和日光模拟灯由温度控制器控制，用于调节土柱或水盒表层的温度与辐射。当土柱或水盒表层的温度高于设定值时，温度控制器关闭对应的日光模拟灯，当温度低于设定的温度时，温度控制器打开对应的日光模拟灯，电风扇也用来配合日光模拟灯调节室温。

计算机主要进行数据的采集和分析。数据采集主要为土壤含水量、土壤温度、土壤电导率、土壤水势或土壤水吸力。

16.4 实验方法和步骤

（1）取自然风干的土碾碎过 2mm 筛，取适量用烘箱烘干后称出土样的干重度，计算初始的土壤含水量 θ_0。

（2）装填土样。装土前先称取每层（一层厚 5cm）所要填土的重量，每层的装土重量用第 1 章的式（1.6）计算。将称好的土样分层装入土柱。每层装入土后都要先整平，然后用夯土器击实，使得装入的土与该层事先划定好的每层装土样线相平齐，然后用毛刷将土面刷毛，以保证土体密度的均一性和层与层之间的良好接触，然后再进行下一层土的填装。

（3）在土柱的预留孔位置装入测量土壤含水量、土壤温度、土壤电导率、土壤水吸力等传感器，并将传感器引线与计算机连接。

（4）将放水阀门和进水口用软管连接。

（5）关闭土柱马氏瓶和水盒马氏瓶上的针阀和放水阀，打开放气阀，拔掉灌水孔上的橡皮塞，用灌水漏斗和量筒给马氏瓶中加水，当马氏瓶中水位达到放气阀附近时停止加水，塞紧灌水孔上的橡皮塞，关闭放气阀，并检查马氏瓶工作是否正常。

（6）给水盒装水，装水高度与土柱中的土壤表面高度相同。

（7）调整土柱马氏瓶进气口的高度，使土柱马氏瓶进气口的高度与土柱上孔板上表面同高；水盒马氏瓶进气口的高度与水盒水面同高。

（8）设定土表和水面温度，打开日光模拟灯和温度控制器，调节温度控制设定温度，使之达到要求的温度，一般温度设定在 65℃ 以下，过高会造成有机玻璃土柱壁和水盒壁变形。温度控制器可以自动控制土柱土面和水盒水面的温度保持在设定值附近，当土柱或水盒的表面温度超过设定的温度时，温度控制器自动关闭对应的日光模拟灯，当温度低于设定的温度时，温度控制器自动打开对应的日光模拟灯。

（9）打开土柱马氏瓶下面的放水阀门，给土柱供水，由于在实验中土柱内孔板上表面的水面保持不变，所以可认为地下水位为定水位。待土柱中的水面刚刚达到孔板的上表面时，打开水盒马氏瓶的放水阀，记录土柱马氏瓶和水盒马氏瓶中水面的初始读数，同时按下秒表开始计时。

（10）按一定的时间间隔，观测土壤湿润锋的上升高度，测量土柱马氏瓶和水盒马氏瓶水面下降的高度。

（11）按一定的时间间隔用土壤水分传感器测量土壤含水量、土壤温度和土壤电导率；用 MPS 传感器或张力计测量土壤水吸力。根据测量结果点绘土壤含水量 θ 与湿润锋上升高度 z 的关系，观测土壤含水量 θ 与 z 的变化，当到某时刻 θ 与 z 的曲线变化很小时，可以认为已达到了稳定蒸发，而在达到稳定蒸发以前的实验曲线应为非稳定蒸发。

（12）当湿润锋到达土柱的土壤表面，并经过长时间的蒸发，并由 θ 与 z 的变化曲线或者土柱马氏瓶供水速度判断已到稳定蒸发时，关闭进水阀。同时测量终了时刻的土柱马氏瓶和水盒马氏瓶的水面下降高度、土壤含水量、土壤温度、土壤电导率和土壤水吸力。

（13）实验结束后将仪器恢复原状。

16.5 数据处理和成果分析

实验设备名称：   仪器编号：

同组学生姓名：

已知数据：土柱马氏瓶横截面积 $A_1=$ cm^2；水盒马氏瓶横截面积 $A_2=$ cm^2；

            土柱半径 $R=$ cm；水盒半径 $r=$ cm；土柱和水盒横截面积 $A=$ cm^2；

            土柱土壤段高度 $H=$ cm；土壤干重度 $\gamma_d=$ g/cm^3；

            土壤初始含水量 $\theta_0=$ ；土柱马氏瓶初始水面读数 $H_0=$ cm；

            水盒马氏瓶水面初始读数 $h=$ cm。

1. 稳定蒸发实验过程记录和成果分析

马氏瓶水面读数、入渗水量和湿润锋高度实验记录见表 16.1，断面含水量和土壤水吸力实验记录见表 16.2。

表 16.1   马氏瓶水面读数、入渗水量和湿润锋高度实验记录表

入渗时间 t /min	土柱马氏瓶水面读数 H_i/cm	H_0-H_i /cm	入渗水量 V /cm^3	湿润锋高度 /cm	水盒马氏瓶水面读数 h_i/cm	蒸发强度 $E=(h-h_i)/t$ /(mm/d)

学生签名：   教师签名：   实验日期：

表 16.2 　　　　　　断面含水量 θ(cm^3/cm^3) 和土壤水吸力 s(cm) 实验记录表

时间 t /min	断面 1		断面 2		断面 3		断面 4		断面 5		断面 6		断面 7		断面 8		入渗水量 V/cm^3
	θ	s	θ	s	θ	s	θ	s	θ	s	θ	s	θ	s	θ	s	

学生签名： 　　　　　　教师签名： 　　　　　　实验日期：

2. 成果分析

(1) 根据表 16.1 实测的土柱马氏瓶水面的下降高度，计算土柱马氏瓶进入土壤的水量，将计算结果记录在表 16.1 中。水量的计算公式为

$$V = A_1(H_0 - H_i) \tag{16.54}$$

式中：V 为 t 时段内进入土壤的水量；A_1 为土柱马氏瓶的横截面面积；H_0 为初始马氏瓶水面读数；H_i 为 t_i 时刻马氏瓶的水面读数。

(2) 计算蒸发强度。根据水盒马氏瓶测量的水面下降高度计算水面蒸发强度 E，单位为 mm/d，即

$$E = \frac{水盒马氏瓶初始水面读数(mm) - 实验结束时水盒马氏瓶水面读数(mm)}{天数}$$

$$\tag{16.55}$$

(3) 绘制不同时刻的土壤含水量 θ 与 z 的关系。

(4) 绘制不同时刻的土壤吸力 s 与 z 的关系。

(5) 根据土壤表面蒸发强度 E，当土壤已达到稳定蒸发时，计算土壤的非饱和导水率 $K(s)$

$$K(s) = \frac{E}{\partial s / \partial z - 1} = \frac{E}{(s_{i+1} - s_i)/\Delta z - 1} \tag{16.56}$$

式中：s_i 为第 i 个吸力断面的土壤水吸力；s_{i+1} 为第 $i+1$ 个吸力断面的土壤水吸力；Δz 为两个断面之间的距离。其中 s_i 和 s_{i+1} 由传感器测量。

(6) 根据实验测量结果，绘制吸力 s 与 $K(s)$ 的关系，并表示成式 (16.7) 的形式，求出其中的系数 a_1、a_2 和 m。

(7) 根据 m 值在式 (16.10)～式 (16.26) 选择相应的公式，计算土壤深度 z 与土壤水吸力 s 的关系。

(8) 将计算的吸力 s 与 z 的关系与实测的进行对比，说明其变化规律和差异。

16.6 实验中应注意的事项

（1）装土时，试样干重度的选取必须符合实际，并且在装土时保证层与层之间的良好接触，否则在土壤蒸发时会出现分层现象，影响最终的实验结果。

（2）在安装土壤水分传感器和土壤水势传感器或张力计时要按规定位置安装，尤其是土壤水势传感器或张力计的位置对计算土壤非饱和导水率的影响很大。

（3）在做稳定蒸发实验时，土柱马氏瓶进气口与土柱孔板的上表面一定要安装在同一高度，水盒马氏瓶进气口与土壤表面在同一高度。

（4）在实验过程中，要严格控制环境条件，否则蒸发可能变为非稳定蒸发。

（5）在实验过程中，一旦开始测量，中途秒表不能停，直到测量结束才能按下秒表。

（6）实验结束后，应立即关闭进水阀，停止计时，关闭日光模拟灯和温度控制器。

思 考 题

1. 在实验中，怎样区分稳定蒸发和非稳定蒸发？

2. 土壤蒸发分为几个阶段，各阶段的特征是什么？

3. 环境条件对稳定蒸发有什么影响，为什么要严格控制环境条件？

4. 土壤蒸发实验与土壤入渗实验的实验过程有什么区别？

参 考 文 献

［1］ 李继清，门宝辉，张成，等. 水文水利计算［M］. 北京：中国水利水电出版社，2015.

［2］ 雷志栋，杨诗秀，谢森传. 土壤水动力学［M］. 北京：清华大学出版社，1988.

［3］ 邵明安，王全九，黄明斌. 土壤物理学［M］. 北京：高等教育出版社，2006.

第 17 章　渗流的电模拟实验

17.1　实验目的和要求

（1）了解用电模拟实验来研究渗流问题的原理和方法。

（2）用电模拟实验仪测量坝基渗流的等电位线（等势线），再根据流网的性质绘出流线。

（3）利用流网求解渗流要素。

17.2　实验原理

17.2.1　渗流场和电流场的拉普拉斯方程

电模拟实验是巴甫洛夫斯基（Н. Н. Павловский）于 1918 年提出来的，1920 年首次用于土堤及其地基的渗流模拟实验中；此后苏联学者阿拉文（В. И. Аравин）、德鲁任宁（Н. И. Дружинин）、古金马赫（Л. И. Гутенахер）、谢斯塔可夫（В. М. Шестаков）等对电模拟的理论、实验方法、造型技术、模型材料、仪器设备等进行了研究与改进，使得电模拟实验得到了进一步的发展；20 世纪 30 年代，西方学者马拉瓦（L. Malavard）、魏可夫（R. D. Wyckoff）、墨斯卡特（M. Muskat）、齐尔兹（E. C. Childs）、马尔（P. H. Marre）、卡普拉斯（W. J. Karplus）、李普曼（G. Liebmann）、雷德夏（S. C. Redshaw）、路希顿（K. R. Rushton）等相继对电模拟开展过研究，促进了电模拟实验的发展和应用[1]。

用电模拟实验研究渗流问题，是基于水在多孔介质中的流动服从达西定律和电流在导电介质中的流动服从欧姆定律，两者具有相似性。渗流场和电流场符合相同的数学物理方程，通过测量电流场中的有关物理量可以得到渗流场中的有关物理量，这种方法叫做水电比拟实验法，也叫电模拟实验法。

已知渗流的达西定律为[2]

$$v = -k \frac{\partial H}{\partial L} \tag{17.1}$$

式中：v 为渗流的流速；k 为渗透系数；$H = p/\gamma + z_0$ 为渗流水头；p 为渗透压强；γ 为水的重度；z_0 为相对于某参照基面的位置水头；L 为渗透距离。

渗流场的连续性方程为[2]

$$\frac{\partial v_x}{\partial x} + \frac{\partial v_y}{\partial y} + \frac{\partial v_z}{\partial z} = 0 \tag{17.2}$$

式中：v_x、v_y、v_z 分别为渗流流速 v 在 x、y、z 方向的渗透流速。

当渗流场的土壤各向异性时，式（17.1）可以写成

$$
\left.
\begin{array}{l}
v_x = -k_x \dfrac{\partial H}{\partial x} \\[2mm]
v_y = -k_y \dfrac{\partial H}{\partial y} \\[2mm]
v_z = -k_z \dfrac{\partial H}{\partial z}
\end{array}
\right\}
\tag{17.3}
$$

式中：k_x、k_y、k_z 分别为 x、y、z 方向的渗透系数。

将式（17.3）代入式（17.2）可得各向异性土壤渗流的连续性方程为

$$
\frac{\partial}{\partial x}\left(k_x \frac{\partial H}{\partial x}\right) + \frac{\partial}{\partial y}\left(k_y \frac{\partial H}{\partial y}\right) + \frac{\partial}{\partial z}\left(k_z \frac{\partial H}{\partial z}\right) = 0
\tag{17.4}
$$

对于各向同性的土壤，$k_x = k_y = k_z$，则式（17.4）可以写成

$$
\frac{\partial^2 H}{\partial x^2} + \frac{\partial^2 H}{\partial y^2} + \frac{\partial^2 H}{\partial z^2} = 0
\tag{17.5}
$$

式（17.4）和式（17.5）称为渗流水头的拉普拉斯方程。

将 $H = p/\gamma + z_0$ 代入式（17.5）可得渗流压强的拉普拉斯方程为

$$
\frac{\partial^2 p}{\partial x^2} + \frac{\partial^2 p}{\partial y^2} + \frac{\partial^2 p}{\partial z^2} = 0
\tag{17.6}
$$

同样，电流场的电流密度为[3]

$$
i = -\sigma \frac{\partial V}{\partial L'}
\tag{17.7}
$$

根据欧姆定律，电流密度 i 在 x、y、z 方向的投影为

$$
\left.
\begin{array}{l}
i_x = -\sigma_x \dfrac{\partial V}{\partial x} \\[2mm]
i_y = -\sigma_y \dfrac{\partial V}{\partial y} \\[2mm]
i_z = -\sigma_z \dfrac{\partial V}{\partial z}
\end{array}
\right\}
\tag{17.8}
$$

式中：i_x、i_y、i_z 分别为电流密度 i 在 3 个坐标 x、y、z 方向的投影；σ_x、σ_y、σ_z 分别为电导系数 σ 在 3 个坐标 x、y、z 方向的投影；V 为电位（电压）。

已知电流的连续性方程的克希荷夫（Kirchhoffs）定律（电荷守恒）为

$$
\frac{\partial i_x}{\partial x} + \frac{\partial i_y}{\partial y} + \frac{\partial i_z}{\partial z} = 0
\tag{17.9}
$$

将式（17.8）代入式（17.9）得

$$
\frac{\partial}{\partial x}\left(\sigma_x \frac{\partial V}{\partial x}\right) + \frac{\partial}{\partial y}\left(\sigma_y \frac{\partial V}{\partial y}\right) + \frac{\partial}{\partial z}\left(\sigma_z \frac{\partial V}{\partial z}\right) = 0
\tag{17.10}
$$

当电流密度 i 各向同性时，则 $i_x = i_y = i_z$，式（17.10）变为

$$
\frac{\partial^2 V}{\partial x^2} + \frac{\partial^2 V}{\partial y^2} + \frac{\partial^2 V}{\partial z^2} = 0
\tag{17.11}
$$

式（17.10）和式（17.11）即为电位（或电势）的拉普拉斯方程。

比较式（17.4）和式（17.10）或式（17.6）和式（17.11）可以看出，渗流场和电流场可以用同一形式的数学物理方程式，即拉普拉斯方程。正是由于两种物理场可以用同一形式的数学方程来表达，所以在边界条件相似的电模型中可以通过测量等电位线来代替渗流中的等水头线。

进一步证明如下[1]。

设渗流场与电流场之间的几何比尺为 λ，渗流水头 H 和电位 V 之间的相似比尺为 λ_H，x、y、z 为渗流场的坐标，x'、y'、z' 暂且代表电拟实验模型的坐标〔因为渗流场已用 x、y、z 来代表，这里暂时用 x'、y'、z' 代替式（17.11）中的 x、y、z〕，则电流场与渗流场的关系为

$$\left.\begin{array}{l} x'=x/\lambda \\ y'=y/\lambda \\ z'=z/\lambda \\ \lambda_H=H/V \end{array}\right\} \tag{17.12}$$

将式（17.12）代入式（17.11）可得

$$\frac{\lambda^2}{\lambda_H}\left(\frac{\partial^2 H}{\partial x^2}+\frac{\partial^2 H}{\partial y^2}+\frac{\partial^2 H}{\partial z^2}\right)=0 \tag{17.13}$$

因为 λ^2/λ_H 不为零，所以

$$\frac{\partial^2 H}{\partial x^2}+\frac{\partial^2 H}{\partial y^2}+\frac{\partial^2 H}{\partial z^2}=0 \tag{17.14}$$

式（17.14）与式（17.5）相同，由此可以看出，只要渗流场与电流场遵守几何相似条件，则式（17.5）和式（17.11）所描述的现象是彼此相似的。

渗流场和电流场的其他相似关系见表 17.1。

表 17.1　渗流场与电流场的其他相似关系

渗　流　场	电　流　场
水头 H	电位 V
等水头线（等势线）$H=$ 常数	等电位线 $V=$ 常数
渗流流速 v	电流密度 i
渗透系数 k	导电系数 σ
渗透流量 $Q=kJA$ （J 为渗流坡度；A 为渗流过水断面面积）	电流强度 $I=\sigma E\omega$ （E 为电动势；ω 为导体的横截面积）
在不透水边界上 $\partial H/\partial n=0$ （n 为不透水边界的法线）	在绝缘边界上 $\partial V/\partial n=0$ （n 为绝缘边界的法线）
透水面（入渗或出渗面）	电导体面（铜极板或汇流板）

从表 17.1 可以看出，如果用导体来做渗流区的模型，以电场模型代替按一定比例缩小的渗流区域，做到几何相似和边界条件相似，则导体中的等电位线就相当于渗流区的等水头线，导体中的电流密度就相当于渗透流速，导体中的电流强度就相当于渗流的流量。

17.2.2　模型比尺

渗流场和电流场的模型比尺[3,4]分析。

设渗流场（原型）与电流场（模型）的相似比尺为

$$
\left.\begin{array}{l}
\lambda = L/L' \\
\lambda_H = H/V \\
\lambda_k = k/\sigma \\
\lambda_v = v/i
\end{array}\right\}
\tag{17.15}
$$

式中：λ 为几何比尺或长度比尺；λ_H 为压强比尺或水头比尺；λ_k 为渗透性（或导电性）比尺；λ_v 为流速比尺或单位面积上的流量比尺。

将式（17.15）的关系代入式（17.7）得

$$
v = -\left(\frac{\lambda \lambda_v}{\lambda_k \lambda_H}\right) k \frac{\partial H}{\partial L}
\tag{17.16}
$$

将式（17.16）与式（17.1）比较可得

$$
\frac{\lambda \lambda_v}{\lambda_k \lambda_H} = 1
\tag{17.17}
$$

或

$$
\lambda_v = \lambda_k \lambda_H / \lambda
\tag{17.18}
$$

式（17.17）和式（17.18）即为确定渗流场与电流场相似关系的相似准则。

设原型渗流量为 Q，模型电流为 I，则

$$
Q = vA
\tag{17.19}
$$

$$
I = i\omega
\tag{17.20}
$$

式中：A 为渗流的断面面积；ω 为电流通过导体的横截面面积。

设流量比尺为 λ_Q，由式（17.19）和式（17.20）得

$$
\lambda_Q = \frac{Q}{I} = \frac{vA}{iA_0} = \lambda_v \lambda^2
\tag{17.21}
$$

将式（17.18）代入式（17.21）得

$$
\lambda_Q = \lambda \lambda_k \lambda_H
\tag{17.22}
$$

比较式（17.21）和式（17.22）可得

$$
Q = \lambda_Q I = \lambda \lambda_k \lambda_H I
\tag{17.23}
$$

将式（17.23）中的比尺关系代换成原物理量，则得三维电模拟实验渗流量的基本关系为

$$
Q = \lambda \frac{k}{\sigma} H \frac{I}{V} = \lambda \frac{k}{\sigma} \frac{H}{R}
\tag{17.24}
$$

式中：R 为模型中上下游极板间的电阻。

对于导电液厚度为 δ 的二维模型，因其代表宽度 $b = \lambda \delta$，则单宽流量为

$$
q = \frac{Q}{b} = \frac{\lambda}{\lambda \delta} \frac{k}{\sigma} \frac{H}{R} = \frac{k}{\delta \sigma} \frac{H}{R}
\tag{17.25}
$$

为了得到这种相似并正确反映实际渗流情况，在设计模型时必须满足模型电流场和渗流场的几何相似和边界条件相似，以图 17.1 所示的闸坝底部渗流为例，说明如下。

（1）模型电流场和渗流场的几何相似。图 17.1（a）为一闸坝建筑物的渗流场，图中 T 为渗流场的透水层厚度，H_1 为坝的上游水深，H_2 为坝的下游水深，H 为坝的上、下

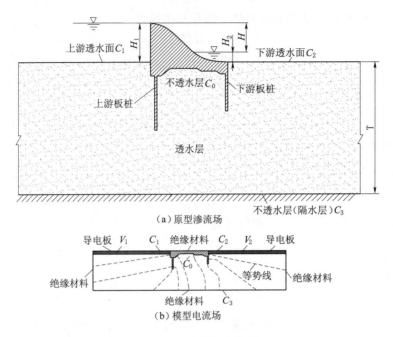

图 17.1　渗流实验模型

游水位差。建筑物的上游面 C_1 和下游面 C_2 均为透水层，建筑物的底部 C_0 和地基 C_3 均为不透水层，建筑物放在透水层中，为了减小建筑物底部的扬压力，在建筑物的底部设不透水的上游绕流板桩和下游绕流板桩以增加渗径。由于闸坝的上游水位高于下游水位，水将由闸坝的上游渗入闸坝的下游，在闸坝的底部形成渗流场。

　　实验时，取建筑物的地基轮廓和建筑物的上、下游一定长度（具体计算见下面详述）作为研究对象，根据几何相似原理设计渗流区的范围。渗流区的范围确定以后，将渗流区的外部边界按一定比例做成一个几何相似的盘子，盘底以透明平板绝缘玻璃制作；盘内模型的周界用不透水的绝缘材料做成几厘米高的边墙，围成一个和渗流场几何相似的区域，再在模型包围的区域内盛以均匀的导电溶液，这样就在盘内形成了一个几何相似的均匀导电模型电流场，如图 17.1（b）所示。

　　（2）模型电流场和渗流场的边界条件相似。渗流场和电流场的各种边界条件必须相似，其模拟方法为：不透水边界可用绝缘材料模拟；透水边界为一等势线，可用等电位的导体模拟，如图 17.1（b）所示。图 17.1（b）中 V_1 为上游电压（势）边界，V_2 为下游电压（势）边界，虚线表示流场的等势线。图中上游透水面 C_1 和下游透水面 C_2 用导体模拟，例如导电铜板。建筑物底部不透水层 C_0、地基不透水层 C_3、不透水板桩以及其他不透水周界用绝缘材料制作，例如有机玻璃。

　　（3）渗流区域为均质岩层时，模型中导电液也应是均质的，渗流系数与导电液的导电系数应该符合相似比。如果渗流区域岩层不是均匀的，则模型内代表不同岩层所用导电液的导电系数与相对应的岩层渗透系数的比值应当是常数，也就是具有相同的相似比。

17.2.3　电模拟实验装置的原理和模型实验材料

　　电模拟实验装置[1,4]是基于欧姆定律和惠斯登电桥原理制成的。图 17.2 所示为惠斯登电桥，图中 I_1 和 I_2 为电流，R_1、R_2、R_3、R_4 为电阻，R_1 和 R_2 以及 R_3 和 R_4 均为串联，然后再并联到 a、b 两点构成有 4 个臂的电桥。如果在 c、d 两点接一电位计，当电位计的指针指向零时，表示 c、d 两点无电位差或者说 c、d 两点的电位相同，根据欧姆定律，则

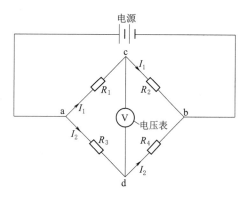

$$\left.\begin{array}{l} I_1 R_1 = I_2 R_3 \\ I_1 R_2 = I_2 R_4 \end{array}\right\} \qquad (17.26)$$

由此得

$$\frac{R_1}{R_2} = \frac{R_3}{R_4} \qquad (17.27)$$

图 17.2 惠斯登电桥图

因为 $R_3 = (V_a - V_d)/I_2$，$R_4 = (V_d - V_b)/I_2$，故式（17.27）可写成

$$\frac{R_1}{R_2} = \frac{R_3}{R_4} = \frac{V_a - V_d}{V_d - V_b} \qquad (17.28)$$

式中：V_a、V_d、V_b 为图 17.2 相应点的电位（电压）。

又因为 $\dfrac{R_2 + R_1}{R_1} = \dfrac{R_2}{R_1} + 1 = \dfrac{V_d - V_b}{V_a - V_d} + 1 = \dfrac{V_a - V_b}{V_a - V_d}$，则

$$\frac{R_1}{R_1 + R_2} = \frac{V_a - V_d}{V_a - V_b} \qquad (17.29)$$

式（17.29）表明，在并联电路中，ac 段电阻与 acb 段全长电阻的比值等于另一支电路 ad 间的电位差与全路 adb 间总电位差的比值。

将该原理用于模型，可组成图 17.3 所示的两并联电路。其中一支电路，被电位测点（相当于原理图中的 c 点）分为 R_1 和 R_2，形成电桥的两个臂，另外一支电路，被另一测点（相当于原理图中的 d 点）分为 R_3 和 R_4，形成电桥的另外两个臂，当两测点之间连接的电流计中无电流通过时，该电路系统就满足了式（17.28）或式（17.29），如果不断改

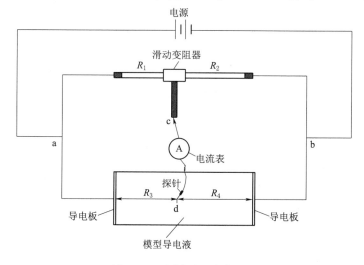

图 17.3 电桥测量线路（1）

变测点 c 在该支电路中的位置，就相当于改变了 R_1 和 R_2 的值和比例，当加在 a 和 b 之间的电压不变时，c 点的电压就随着位置的改变而改变，为了保持电桥平衡，则 d 点的位置也要随着 c 点的变化而改变，利用这种原理就能测得模型上不同位置的等位（势）线的位置或某位置的电位。

在实用上也可以不用滑动变阻器，滑动变阻器可用多个相同阻值的串联电阻 R 代替，如图 17.4 所示。

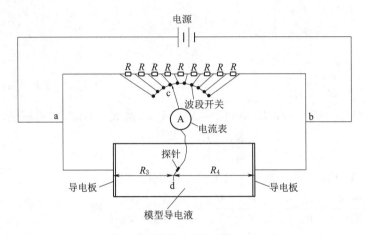

图 17.4　电桥测量线路（2）

在测量时设一波段开关，利用波段开关则可以同样起到滑动变阻器的作用。

根据上述原理制作电模拟实验装置，该装置由两部分组成，即电路系统和渗流场模拟系统。

电路系统包括电源、可分压电路支路，分压电压测量电压表，等电位测量装置。

其中电源一般采用交流电，对于导电液来讲，其中导电的主要是离子，如果采用直流电，则容易产生电离现象，经过大量测试，电离现象比较小的交流电频率大约在 1000Hz 左右；而该频率的电源可以通过低频信号发生器产生，也可以通过模拟和数字电路制作，电源部分电压等级一般采用 5～12V；可分压电路支路部分由电位器或者等电阻串联电路、电阻切换装置、分压电压测量表组成；等电位测量装置包括验电器（微小电流测量表）或者电压表或者蜂鸣器（也可以是耳机）和探针。

渗流场模拟系统如上所述，其中电导液一般采用硫酸铜溶液，可以根据需要配比不同浓度的硫酸铜溶液，并测量其导电系数；最新的应用也有直接采用自来水的情况，如果自来水导电性不够，可以在自来水中加入少量食盐以增加导电性；还有一种透明导电薄膜也可用于替代电导液开展电模拟实验，采用导电薄膜时，渗流场的模拟部分相对更为简单，即直接做一个平板，平板上设置坐标系统，在其上铺贴根据渗流场几何形状裁剪出的薄膜，加上上、下游导体材料即可。

17.2.4　电模拟实验设计模型的取值范围

在规划设计模型时，需要有所研究区域的水文地质、工程地质、建筑物结构和计划控制水位的原始资料和数据。对于闸坝均值透水地基上的渗流实验，模型比尺需根据实验精度的必要性和设备条件的可能性来选择。一般模型的几何比尺取值常为几十至几百，模型上、下游河床的截取范围以不影响实验结果精度为准。

设地基的透水层厚度为 T，水工建筑物的长度为 L，如图 17.5（a）和图 17.5（b）所示，水工建筑物上、下游透水河床应取的长度 l 可近似地用式（17.30）计算

$$l = 2T \tag{17.30}$$

当建筑物底部有板桩时，长度 l 可适当缩小。

如果地基的透水层很厚或不存在隔水层时，可在建筑物地下轮廓线水平长度的中心取一半圆状，如图 17.5（c）所示，半圆的半径为

$$R = 1.5L \text{ 或 } R = 3S \tag{17.31}$$

式中：S 为板桩的深度。

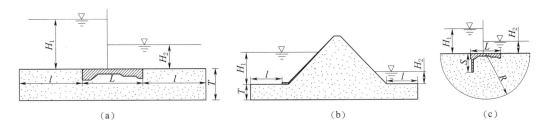

(a)　　　　　　　　　　　(b)　　　　　　　　　　　(c)

图 17.5　电模拟实验模型范围

由式（17.31）计算的半径取大值作为实验值。

17.2.5　流速势函数与流函数

在恒定流场中垂直于某一平面的同一垂直线上，所有液体质点均具有平行于这个平面的相同运动，则称这种流动为恒定平面流动。在恒定平面流动中，如果液体的质点没有角变形，或者说角速度等于零，则称为恒定平面有势流动，简称恒定平面势流。在恒定平面势流中，有两个重要的函数，即流速势函数 φ 和流函数 ψ。

由水力学已知，质点流速场不形成微小质团转动的流动称为有势流动（也叫无涡流动），简称势流。如果把流场中的流速用函数 φ 的梯度来表示，这个函数 φ 就称为流速势函数，简称势函数，所以速度势的梯度就是流场中的速度。在渗流场中，势函数 φ 常用液体的位置势能和压强势能来表示，即 $\varphi = z + p/\gamma$；对于一般的地下水流动，实际流速很小，流速水头可以忽略不计，重度 γ 在一定的水温情况下为一常数，所以可近似地认为地下水的总水头 H 就等于测压管水头 $z + p/\gamma$，即 $H = z + p/\gamma$，由此可知流速势函数 $\varphi = H$。

流线是指某一瞬时在流场内的一条几何曲线，在该曲线上的每个液体质点的速度向量都与该曲线相切，所以流线表示液体的瞬时流动方向，它是速度场中的向量线。因为流函数是对流线方程的积分得到的，也可以说，对流线方程的积分所得到的函数关系称为流函数。流函数是描述流速场的另一个沿流线为常数的标量函数，所以流函数的等值线就是流线。

恒定平面势流中由 φ 值相等的点连成的线称为等势线，由 ψ 值相等的点连成的线称为等流函数线或流线。已经证明[6]，等势线与流线互相正交。由流线簇和等势线簇所组成的互相正交所形成的网格称为液体流动的流网，或简单地说，流线和等势线互相正交所形

成的网状图形即为流网。

在平面 x、y 方向的流速 v_x 和 v_y 与流速势函数 φ 及流函数 ψ 的关系为[6]

$$v_x = \partial\varphi/\partial x \brace v_y = \partial\varphi/\partial y \tag{17.32}$$

$$v_x = \partial\psi/\partial y \brace v_y = -\partial\psi/\partial x \tag{17.33}$$

比较式（17.32）和式（17.33）可得

$$v_x = \partial\varphi/\partial x = \partial\psi/\partial y \brace v_y = \partial\varphi/\partial y = -\partial\psi/\partial x \tag{17.34}$$

满足式（17.34）关系的两个函数在数学上称为共轭函数，或称 Cauchy - Riemann 条件。说明在恒定平面势流中，流速势函数 φ 和流函数 ψ 互为共轭函数。利用这个关系，只要知道流速 v_x 和 v_y，就可推求 φ 和 ψ，或者知道其中一个函数就可推求另一个函数，叫做函数的互换性。利用流速势函数和流函数的这种性质，结合给定的边界条件，可在电模型实验中测出两组曲线群，如果对换模型的边界条件，两组曲线可以互换，这也是由电模拟实验能够测量流线的理论依据[3]。

对式（17.32）求流速 v_x 和 v_y 的偏导数得

$$\partial v_x/\partial x = \partial^2\varphi/\partial x^2 \brace \partial v_y/\partial y = \partial^2\varphi/\partial y^2 \tag{17.35}$$

将式（17.35）代入式（17.2），因为是恒定平面势流，$v_z = 0$，由此得

$$\partial v_x/\partial x + \partial v_y/\partial y = \partial^2\varphi/\partial x^2 + \partial^2\varphi/\partial y^2 = 0 \tag{17.36}$$

可见流速势函数满足连续性方程式（17.2）。

同理，对式（17.33）求流速 v_x 和 v_y 的偏导数得

$$\frac{\partial v_x}{\partial x} = \frac{\partial^2\psi}{\partial y \partial x} = \frac{\partial^2\psi}{\partial x \partial y} \brace \frac{\partial v_y}{\partial y} = \frac{-\partial^2\psi}{\partial x \partial y} \tag{17.37}$$

将式（17.37）中的第一式与第二式相加，仍得 $\partial v_x/\partial x + \partial v_y/\partial y = 0$，可见流函数仍然满足连续性方程。

在恒定平面有势流动中，质点的角速度为

$$\omega_z = \frac{1}{2}\left(\frac{\partial v_y}{\partial x} - \frac{\partial v_x}{\partial y}\right) = 0 \tag{17.38}$$

由式（17.38）得

$$\partial v_y/\partial x = \partial v_x/\partial y \tag{17.39}$$

将式（17.34）中的 $v_x = \partial\psi/\partial y$ 和 $v_y = -\partial\psi/\partial x$ 代入式（17.39）整理得

$$\frac{\partial^2\psi}{\partial x^2} + \frac{\partial^2\psi}{\partial y^2} = 0 \tag{17.40}$$

式（17.36）和式（17.40）表明，流速势函数和流函数均满足拉普拉斯方程，在数学上满足拉普拉斯方程的函数称为调和函数。

由以上分析可以得出，在恒定平面有势流动中，流速势函数和流函数均满足连续性方程，都是调和的共轭函数，具有互换性。

17.3 实验设备和仪器

1. 已知原型参数

（1）建筑物的上游水位 H_1，下游水位 H_2，上、下游水位差 $H=H_1-H_2$，渗透系数 k。

（2）建筑物的设计尺寸，如建筑物长度 L、建筑物厚度、建筑物形状、板桩位置和深度 S 等。

（3）闸基底板下面的透水层厚度 T 等。

2. 模型几何比尺和模型尺寸

模型的几何比尺 λ 根据实验精度的必要性和设备条件的可能性选择。当已知原型透水层厚度 T，可按式（17.30）计算水工建筑物上、下游透水河床应取的长度 l。实验范围确定以后，即可按照几何比尺确定模型的长度、宽度以及闸基尺寸，模型外框高度根据需要制作，一般高为 $3\sim5\mathrm{cm}$。

3. 实验设备

（1）闸基渗流实验设备。闸基渗流实验设备如图 17.6 所示。由图 17.6 可以看出，实验设备由外框架、实验盘、电源和量测设备组成。

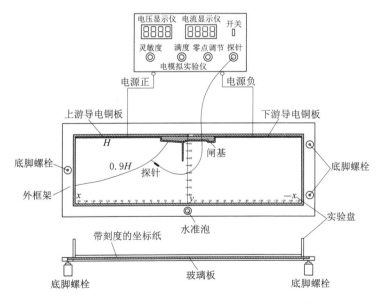

图 17.6　闸基渗流实验等势线量测设备示意图

外框架用铝合金或木头制作。在框架的上面设一张玻璃板，玻璃板的上面铺一张带刻度的坐标纸，如图 17.6 中的 x 坐标和 y 坐标。坐标纸的上面为实验盘。实验盘用绝缘材料制作，最简单方便的是有机玻璃。为了校平实验盘和框架，在框架的一侧设水准泡，框架的下方设 3 个可调节的底脚螺栓。实验盘中设闸基底部轮廓和地基的模型，模型的上、下游各设一 0.2~1.0mm 的黄铜或紫铜板，表示透水边界。模型的不透水边界为有机玻璃。对于均质各向同性的土壤，其渗透系数 k 为一常数，模型中可用深度均一的导电液来模拟，导电液厚度可用 1~2cm 的自来水或其他导电材料。量测设备为电模拟实验仪。

　　实验时将电源与实验盘相连接，用探针测量等电位线，就是所要求的渗流等势线。

　　有了等势线，即可根据流网的性质绘出流线。

　　根据流函数与势函数的互换性可知，在同一模型上用实验的方法也可以测量流线。其方法为将原来的不透水边界改为透水边界，透水边界改为不透水边界，而导电铜板上保持原来的电位不变，如图 17.7 所示。根据图 17.7 可以测量出在新的边界条件下的等势线，该等势线与前面所测量的等势线相垂直，根据流速势函数和流函数的互换性可知，在新的边界条件下所测得的等势线就相当于所研究区域的流线。

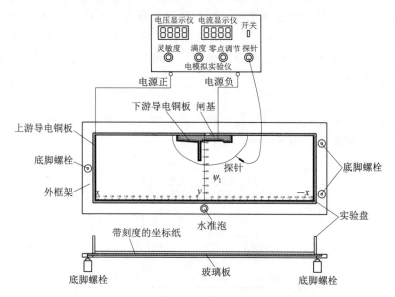

图 17.7　闸基渗流实验流线量测设备示意图

　　（2）均质土坝渗流实验设备[4]。均质土坝渗流实验的量测设备如图 17.8 所示。由图 17.8 可以看出，实验设备除土坝部分外，其余部分与闸基渗流实验设备相同。

　　土坝上游水位以下的坝坡面 AB 和上游透水河床 BC 设置导电铜板，下游水位以下的坝坡面 DE 和下游透水河床 EF、排水体 GH 也设置导电铜板，地基的不透水层 IJ、排水体不透水层 HE 以及边界面 IC 和 FJ 均为绝缘面，故用非导电的绝缘材料制作。模型中灌注 1cm 厚的导电液（自来水），以代替透水的坝体和坝基。

　　对于具有自由液面的均质土坝的电模拟模型，首先要确定坝体内浸润线的位置，即凭经验或计算（初次实验者最好用计算）定出浸润线的初始位置，然后通过实验来修正。

　　浸润线是渗流场的边界面，需用绝缘材料制作，模拟时可用石蜡或橡皮泥。由于浸润线的势能是已知的，在实验时可选定几个点（如 $0.9H$、$0.8H$、$0.7H$、…），用探针在计算或估算的浸润线周围探测，当探针指到某一位置，显示器的读数正好等于所需的电位

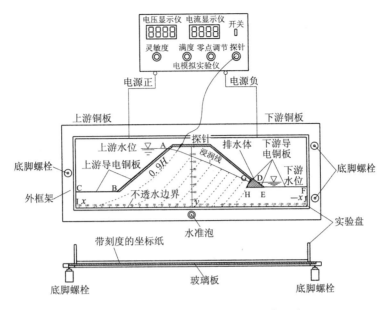

图 17.8 均质土坝渗流实验的量测设备示意图

值时，该点位置即为所求位置。

也可以用同一模型测量均质土坝的流线，其方法与闸基渗流实验相同。将透水边界 ABC、DH 和 EF 改为不透水边界，将不透水边界 CIJF、AC 和 HE 改为透水边界，将其连接在电路两端，保持原电压不变，这时所测得的等势线即为流线。

17.4 实验方法和步骤

（1）利用底脚螺栓将实验盘调整水平。

（2）在电模拟盘中放入自来水，自来水的厚度一般为 1～2cm。

（3）连接仪器线路，经检验接线正确方可接上电源，调节供给电压为 0～10V（或根据电模拟实验仪的电压设定范围确定）。

由于在上游河底处无水头损失，故势能为 100％，而在下游河底处水头损失为 100％。此时上、下游河底面处的电位差 $V_1 - V_2$ 代表原型的上、下游水位差 $H = H_1 - H_2$。当电流接通后，电流在电位差 $V_1 - V_2$ 的作用下从上游面的铜板通过导电溶液流向下游的铜板，沿途的电位损失就等于原型的水头损失。

（4）当调节好电模拟仪内电桥一个支路的电阻比例［也就是确定了某一电位（势）值］后，用探针在实验盘中寻找另一支路与其电位相等的点，将所有电位相等的点连起来即得到某电位（势）的等势线。同样方法，可测绘出其他等势线。

（5）测出等势线后，根据流线与等势线正交的性质，可绘出流线。

（6）一般在模型渗流边界上、下游所施加的某电压条件下，测出流过模型的电流，即可根据模型的流量比尺以及导电液厚度计算出渗流场相应宽度的流量。

（7）实验结束后将仪器恢复原状。

17.5 数据处理和成果分析

实验设备名称： 仪器编号：

同组学生姓名：

1. 实验数据记录及计算

渗流的电模拟实验数据记录及计算见表17.2。

表 17.2 渗流的电模拟实验数据记录及计算

等势线 \ 测点	坐标/cm	1	2	3	4	5	6	7	8	9	10	11
0.1H	x											
	y											
0.2H	x											
	y											
0.3H	x											
	y											
0.4H	x											
	y											
0.5H	x											
	y											
0.6H	x											
	y											
0.7H	x											
	y											
0.8H	x											
	y											
0.9H	x											
	y											

学生签名： 教师签名： 实验日期：

2. 成果分析

（1）根据所测得的等势线绘制流线和流网。

（2）根据流网计算渗透损失和渗透压强。

（3）根据比尺体系，计算实际坝体或闸基相应宽度的渗流量。

17.6 实验中应注意的事项

（1）使用仪表时应注意其量程及其测试挡。

（2）测试探针要求保持铅垂，以免接触电阻造成误差。

（3）做实验前需将实验盘调平，否则实验盘中水体的电阻不均匀，不能保证均质各向同性。

思 考 题

1. 电模拟测量渗流的原理是什么？

2. 流网的性质是什么？如何根据所测出的等势线绘制流网？

3. 用电模拟实验仪测量渗流参数时，为了正确反映实际渗流，设计模型应满足什么条件？

4. 为什么做实验时要将实验盘调平，不调平对实验有什么影响？

参 考 文 献

［1］ 毛昶熙. 电模拟试验与渗流研究 ［M］. 北京：水利出版社，1981.

［2］ 张志昌，魏炳乾，郝瑞霞. 水力学（下册）［M］. 2 版. 北京：中国水利水电出版社，2016.

［3］ 毛昶熙. 渗流计算分析与控制 ［M］. 2 版. 北京：中国水利水电出版社，2003.

［4］ 顾慰慈. 渗流计算原理及应用 ［M］. 北京：中国建材工业出版社，2000.

［5］ 水利水电科学研究院，南京水利科学研究院. 水工模型试验 ［M］. 2 版. 北京：水利电力出版社，1985.

［6］ 吴持恭. 水力学（下册）［M］. 3 版. 北京：高等教育出版社，2006.

第18章　渗流的窄缝槽模拟实验

18.1　实验目的和要求

（1）掌握窄缝槽实验的原理和方法。

（2）掌握测量窄缝槽测压管水头和流量的方法。

（3）了解不同渗流条件下的流线分布及其变化规律。

18.2　实验原理

窄缝槽实验或平行板模拟实验的基本理论是多孔介质中饱和流动的微分方程与描述两平行板间狭窄缝隙内（相当于二维单元体）黏性液体流动的微分方程之间存在相似关系[1]。

黏性液体（水、油等）在多孔介质中的二维运动是黏性液体与多孔介质的综合物理过程。1898 年，英国人 Hele Shaw 利用平行玻璃板形成层流研究二向位势流动，这就是所谓的窄缝槽模拟实验；据现有资料考证，1931 年，Zamarin 第一个应用窄缝槽模拟装置研究了土坝的渗流，以后，窄缝槽模拟实验被应用于人工补给、海水入侵、排水、土坝渗流等区域性地下水流动问题的研究；1954 年，Polubarinova Kochina 和 Shkrich、1966 年，Bear Jacobs 和 Braester 用窄缝槽模拟实验研究了石油开采问题[1]。

窄缝槽模拟装置常做成立式和卧式两种形式，也称作垂直模拟装置和水平模拟装置。垂直模拟装置由两片垂直放置的平行板组成，平行板的大小取决于原型尺寸和模拟比尺，用以模拟垂直平面中的二维流动问题。水平模拟装置是将两片平行板水平放置，则其缝隙表示水平的承压含水层或油层，用以模拟平面上的二维流动问题，既可模拟单一液体的流动，也可模拟两种液体的流动，如果将平板倾斜放置，则可模拟倾斜含水层或油层的流动问题[1]。窄缝槽模拟装置用于三维流动的研究成果甚少，毛昶熙[2]介绍了一种三向黏滞流模型，该模型要求液体的黏滞性非常高，以保证所模拟的多孔介质中的流动为层流流态条件。毛昶熙[2]还介绍了策列等曾用直径为 2mm 的玻璃球以及直径为 2.5～3mm 较圆的沙作为多孔介质材料，以甘油掺水作为模型液体进行了辐射井各水平集水管和地下水自由面下降三向模型的实验研究。张建丰曾经在单井的半圆形地下水流场中利用荧光材料观察到透明边界处的流线分布现象。但文献［3］认为窄缝槽只能模拟二维流动问题。

本章仅介绍垂直窄缝槽模拟实验的理论、实验方法和装置。

窄缝槽模拟实验有其独特的优点：可以给出流动过程的流线图像、自动形成自由水面线、流线。实验过程简单、模拟结构比沙槽简单。

窄缝槽模拟实验的原理可以用两平行板中层流运动的纳维埃-斯托克斯方程进行分析。

如图 18.1 所示，纳维埃-斯托克斯方程为[4,5]

$$\left.\begin{array}{l} X - \dfrac{1}{\rho}\dfrac{\partial p}{\partial x} + \nu\left(\dfrac{\partial^2 u_x}{\partial x^2} + \dfrac{\partial^2 u_x}{\partial y^2} + \dfrac{\partial^2 u_x}{\partial z^2}\right) = \dfrac{\partial u_x}{\partial t} + u_x\dfrac{\partial u_x}{\partial x} + u_y\dfrac{\partial u_x}{\partial y} + u_z\dfrac{\partial u_x}{\partial z} \\[2mm] Y - \dfrac{1}{\rho}\dfrac{\partial p}{\partial y} + \nu\left(\dfrac{\partial^2 u_y}{\partial x^2} + \dfrac{\partial^2 u_y}{\partial y^2} + \dfrac{\partial^2 u_y}{\partial z^2}\right) = \dfrac{\partial u_y}{\partial t} + u_x\dfrac{\partial u_y}{\partial x} + u_y\dfrac{\partial u_y}{\partial y} + u_z\dfrac{\partial u_y}{\partial z} \\[2mm] Z - \dfrac{1}{\rho}\dfrac{\partial p}{\partial z} + \nu\left(\dfrac{\partial^2 u_z}{\partial x^2} + \dfrac{\partial^2 u_z}{\partial y^2} + \dfrac{\partial^2 u_z}{\partial z^2}\right) = \dfrac{\partial u_z}{\partial t} + u_x\dfrac{\partial u_z}{\partial x} + u_y\dfrac{\partial u_z}{\partial y} + u_z\dfrac{\partial u_z}{\partial z} \end{array}\right\} \quad (18.1)$$

$$\text{I} \qquad \text{II} \qquad\qquad \text{III} \qquad\qquad\qquad \text{IV}$$

$$p = \rho g(h - z); \quad h = z + p/(\rho g)$$

式中：X、Y、Z 为 x、y、z 方向的单位质量力；p 为压强；ρ 为液体的密度；g 为重力加速度；z 为位置水头；h 为测压管水头；ν 为液体的运动黏滞系数；u_x、u_y、u_z 分别为 x、y、z 方向的流速；t 为时间。

由式（18.1）可以看出，纳维埃-斯托克斯方程由 4 项组成，I 为单位质量力项，II 为压力项，III 为黏滞阻力项，IV 为惯性力项。左边三项为外力项，右边为加速度项。单位质量力项表示作用在单位质量液体微元上的单位体积力；压力项表示作用在单位质量液体微元上压强的变化率；黏滞阻力项表示单位质量液体微元上因分子黏滞作用而产生的黏滞切应力或水头损失；惯性力项表示作用在单位质量液体微元上的当地加速度和迁移加速度之和。

两平行板之间任一流层的层流运动的流速分布如图 18.2 所示，由图 18.2 可以看出，沿 x 方向，窄缝槽中心的流速最大，从窄缝槽中心向两边流速逐渐减小，在窄缝槽的壁面处流速等于零。在 y 方向，对于宽度为 $2a$ 的垂直缝隙中流动的液体来说，由于窄缝槽的缝隙很窄，可以略去 y 方向的流速（$u_y = 0$），即认为在 y 方向两点之间水势相等，流体没有横向的流动，在 x、z 方向的压力梯度或水头梯度与 y 无关，压力或水头在任一平行壁面的平面上分布相同，流线的形态也必然相同。

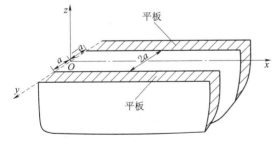

图 18.1　两平行板中的层流

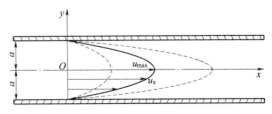

图 18.2　窄缝槽层流流速分布

对于恒定流动，因为各个点的流速不随时间发生变化，其加速度为零，即 $\partial u_x/\partial t = \partial u_y/\partial t = \partial u_z/\partial t = 0$。在 y 方向，因为 $u_y = 0$，$\partial u_y/\partial x = \partial u_y/\partial y = \partial u_y/\partial z = 0$，$u_y\partial u_x/\partial y = u_y\partial u_z/\partial y = 0$，$\partial^2 u_y/\partial x^2 + \partial^2 u_y/\partial y^2 + \partial^2 u_y/\partial z^2 = 0$，因为 $p = \rho g(h - z)$，所以 $\partial p/\partial x = \rho g\partial h/\partial x$，$\partial p/\partial y = \rho g\partial h/\partial y$，$\partial p/\partial z = \rho g\partial h/\partial z - \rho g$，将以上结果代入式（18.1）中，式（18.1）可以简化为

$$
\left.\begin{array}{l}
X - g\,\dfrac{\partial h}{\partial x} + \nu\left(\dfrac{\partial^2 u_x}{\partial x^2} + \dfrac{\partial^2 u_x}{\partial y^2} + \dfrac{\partial^2 u_x}{\partial z^2}\right) = u_x\,\dfrac{\partial u_x}{\partial x} + u_z\,\dfrac{\partial u_x}{\partial z} \\[2mm]
Y - g\,\dfrac{\partial h}{\partial y} = 0 \\[2mm]
Z - \left(g\,\dfrac{\partial h}{\partial z} - g\right) + \nu\left(\dfrac{\partial^2 u_z}{\partial x^2} + \dfrac{\partial^2 u_z}{\partial y^2} + \dfrac{\partial^2 u_z}{\partial z^2}\right) = u_x\,\dfrac{\partial u_z}{\partial x} + u_z\,\dfrac{\partial u_z}{\partial z}
\end{array}\right\}
\tag{18.2}
$$

如图 18.2 所示，两平行板间黏性液体的流动在一定的流量时，由于流动十分缓慢，黏滞力大大超过惯性力，垂直于壁面方向的流速梯度与壁面间的距离成反比，因此当两平行板非常靠近时，由于液体黏附着平板，所以在 y 方向的流速梯度比 x 和 z 方向的流速梯度大得多，因此 x 和 z 方向的流速梯度可以忽略，即 $\partial u_x/\partial x$、$\partial u_x/\partial z$、$\partial u_z/\partial x$ 和 $\partial u_z/\partial z$ 以及它们的二阶导数 $\partial^2 u_x/\partial x^2$、$\partial^2 u_x/\partial z^2$、$\partial^2 u_z/\partial x^2$、$\partial^2 u_z/\partial z^2$ 均可略去，在平行板黏性液体的流动中，有效的质量力只有垂直方向的重力，即 $X=0$，$Y=0$，$Z=-g$，则式（18.2）简化为[2]

$$
\left.\begin{array}{l}
-g\,\dfrac{\partial h}{\partial x} + \nu\,\dfrac{\partial^2 u_x}{\partial y^2} = 0 \\[2mm]
-g\,\dfrac{\partial h}{\partial y} = 0 \\[2mm]
-g\,\dfrac{\partial h}{\partial z} + \nu\,\dfrac{\partial^2 u_z}{\partial y^2} = 0
\end{array}\right\}
\tag{18.3}
$$

由此得

$$
\left.\begin{array}{l}
\dfrac{\partial h}{\partial x} = \dfrac{\nu}{g}\,\dfrac{\partial^2 u_x}{\partial y^2} \\[2mm]
\dfrac{\partial h}{\partial z} = \dfrac{\nu}{g}\,\dfrac{\partial^2 u_z}{\partial y^2}
\end{array}\right\}
\tag{18.4}
$$

式（18.4）的边界条件为 $y=0$ 时，$\partial u_x/\partial y = \partial u_z/\partial y = 0$，$y=\pm a$ 时，$u_x = u_z = 0$。对式（18.4）积分两次，代入边界条件可得

$$
\left.\begin{array}{l}
u_x = -g\,\dfrac{(a^2 - y^2)}{2\nu}\,\dfrac{\partial h}{\partial x} \\[2mm]
u_z = -g\,\dfrac{(a^2 - y^2)}{2\nu}\,\dfrac{\partial h}{\partial z}
\end{array}\right\}
\tag{18.5}
$$

式中：a 为两平行板之间的半距离。

对式（18.5）的第一式求 z 方向的偏导数，第二式求 x 方向的偏导数，得

$$
\left.\begin{array}{l}
\dfrac{\partial u_x}{\partial z} = -g\,\dfrac{(a^2 - y^2)}{2\nu}\,\dfrac{\partial^2 h}{\partial x \partial z} \\[2mm]
\dfrac{\partial u_z}{\partial x} = -g\,\dfrac{(a^2 - y^2)}{2\nu}\,\dfrac{\partial^2 h}{\partial z \partial x}
\end{array}\right\}
\tag{18.6}
$$

由式（18.6）可以看出，$\dfrac{\partial u_x}{\partial z} = \dfrac{\partial u_z}{\partial x}$，即 $\dfrac{\partial u_x}{\partial z} - \dfrac{\partial u_z}{\partial x} = 0$，由质点运动的角速度 $\omega_y = \dfrac{1}{2}\left(\dfrac{\partial u_x}{\partial z} - \dfrac{\partial u_z}{\partial x}\right) = 0$ 可知，流体在 x-z 平面的流动是有势流动，因此可以应用平行板间的

黏性流体的流动模拟地下水的位势流动。

在平行板间的平均流速为

$$v_x = \frac{1}{a}\int_0^a u_x \, \mathrm{d}y = -\frac{a^2 g}{3\nu}\frac{\partial h}{\partial x} \left.\vphantom{\frac{1}{a}}\right\} $$
$$v_z = \frac{1}{a}\int_0^a u_z \, \mathrm{d}y = -\frac{a^2 g}{3\nu}\frac{\partial h}{\partial z} \left.\vphantom{\frac{1}{a}}\right\} \tag{18.7}$$

渗流的达西定律为

$$v_x = -k\,\frac{\partial h}{\partial x} \left.\vphantom{\frac{\partial h}{\partial x}}\right\}$$
$$v_z = -k\,\frac{\partial h}{\partial z} \left.\vphantom{\frac{\partial h}{\partial z}}\right\} \tag{18.8}$$

比较式（18.7）与式（18.8）可以看出，式（18.7）窄缝实验槽中的平均流速表达式与式（18.8）渗流的平均流速表达式在形式上完全相似，因而就构成了相互模拟的相似条件。

比较式（18.7）和式（18.8）可得窄缝槽模型的渗透系数为

$$k_{\mathrm{m}} = \frac{a^2 g}{3\nu} \tag{18.9}$$

设原型与模型的比尺为 $\lambda_l = l_{\mathrm{n}}/l_{\mathrm{m}}$，$\lambda_v = v_{\mathrm{n}}/v_{\mathrm{m}}$，$\lambda_k = k_{\mathrm{n}}/k_{\mathrm{m}} = k_{\mathrm{n}}/[a^2 g/(3\nu)] = 3\nu k_{\mathrm{n}}/(a^2 g)$，其中下标 n 表示原型，下标 m 表示模型。对于正态模型，比较式（18.7）和式（18.8）可得

$$\lambda_v = \lambda_k = 3\nu k_{\mathrm{n}}/(a^2 g) \tag{18.10}$$

式中：λ_l 为长度比尺；l_{n} 为原型长度；l_{m} 为模型长度；λ_v 为流速比尺；v_{n} 为原型流速；v_{m} 为模型流速；λ_k 为渗透系数比尺；k_{n} 为原型渗透系数；k_{m} 为模型渗透系数。

对于原型与模型的流量比尺，设模型两平板之间的宽度 $2a$ 相当于原型的单位宽度，则原型与模型的面积比尺为

$$\lambda_A = \frac{A_{\mathrm{n}}}{A_{\mathrm{m}}} = \frac{l_{\mathrm{n}} \times 1}{l_{\mathrm{m}} \times 2a} = \frac{\lambda_l}{2a} \tag{18.11}$$

因为 $Q_{\mathrm{n}} = v_{\mathrm{n}} A_{\mathrm{n}}$，$Q_{\mathrm{m}} = v_{\mathrm{m}} A_{\mathrm{m}}$，则流量比尺为

$$\lambda_Q = \frac{Q_{\mathrm{n}}}{Q_{\mathrm{m}}} = \frac{v_{\mathrm{n}} A_{\mathrm{n}}}{v_{\mathrm{m}} A_{\mathrm{m}}} = \frac{\lambda_v \lambda_l}{2a} = \frac{3\nu k_{\mathrm{n}}}{2g a^3}\lambda_l \tag{18.12}$$

窄缝槽中液体的层流运动可以用雷诺数 Re 来表征，雷诺数的计算公式为

$$Re = \frac{2av}{\nu} \tag{18.13}$$

式中：v 为窄缝槽中液流的断面平均流速。

液体的运动黏滞系数 ν，当液体为水时，可以用第 4 章的式（4.22）计算；对于其他液体可查阅相关文献。

对于液体在窄缝槽中的运动，达到层流条件的经验判断方法是观察流线是否光滑和边界是否清晰，如果不符合以上两个条件，则认为不是层流运动。在实验中可以通过液体中的颜色水的流动进行判断，当颜色水为边界清晰的光滑曲线时表明液流为层流运动，当颜色水沿程颤动或破碎时表明液流已超出层流的范围。Aravin 和 Numerov 认为窄缝槽层流

运动的雷诺数上限为 $Re \leqslant 500$；而 Santing 认为 $Re \leqslant 1000$[1]。

18.3 实验设备和仪器

实验设备如图 18.3 所示。由图中可以看出，实验设备由实验台、供水系统、示踪液系统、出水系统、回水系统、窄缝槽实验模型组成。示踪液系统由马氏瓶系统、6 个 7 号医用注射针头、示踪液箱和放示踪液孔组成，出水系统由退水箱、出水阀门、出水管和放水孔组成，回水系统由接水盒和回水管组成，窄缝槽实验模型由窄缝槽、坐标线、底座和测压管组成。

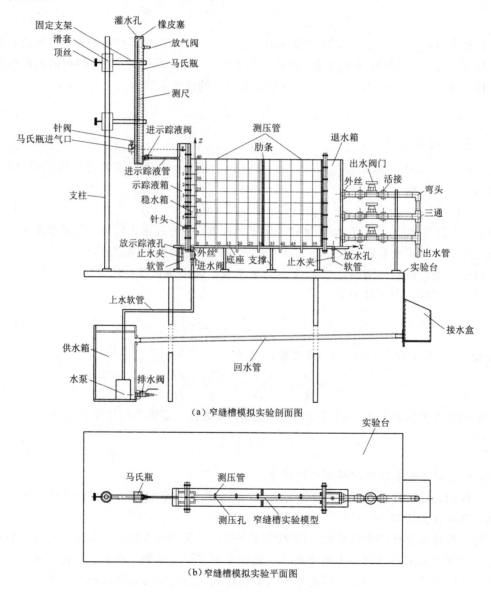

（a）窄缝槽模拟实验剖面图

（b）窄缝槽模拟实验平面图

图 18.3 窄缝槽模拟实验图

实验台用于放置窄缝槽实验模型、示踪液系统和出水系统。供水系统由供水箱、水泵、上水软管、进水阀、外丝和稳水箱组成。供水箱的作用是给窄缝槽供水，供水箱内设水泵，水泵上设上水软管，上水软管与稳水箱相连接，在上水软管上设一进水阀，以调节进入稳水箱的流量和水头（上游水深）。供水箱的右面设一排水阀，用以排空供水箱内的水。在稳水箱的左侧设示踪液箱，示踪液箱的底部设放示踪液孔、软管和止水夹，以放空示踪液箱内的颜色水，在示踪液箱的左面设马氏瓶系统，马氏瓶由固定支架、滑套和顶丝固定在支柱上，支柱固定在实验台上，马氏瓶长 3cm、宽 4cm、高 56cm，马氏瓶上设有灌水孔、橡皮塞、放气阀、测尺、马氏瓶进气口、针阀和进示踪液阀，进示踪液阀用进示踪液管与示踪液箱相连接。马氏瓶用来给示踪液箱供应带示踪液的水，带示踪液的水通过针头进入窄缝槽，可以通过着色线观测窄缝槽中流线的变化情况。

在窄缝槽实验模型的右侧设出水系统，出水系统由退水箱、退水箱右面的外丝、3 个出水阀门、活接、弯头和出水管组成，出水管上安装出水阀门，当窄缝中的水流进入退水箱，可以通过调节出水管上的出水阀门控制流量，同时调节出水箱中的水深，以控制窄缝槽的下游水位。为了放空窄缝槽和退水箱中的水，在退水箱的底部设放水孔，放水孔上装软管和止水夹。

回水系统为在出水管的下方设接水盒，接水盒左面为回水管，回水管与供水箱相连接，由出水管流出的水流进入接水盒流入回水管，再由回水管进入供水箱。

窄缝槽实验模型用支撑固定在实验台上，窄缝槽实验模型由底座和窄缝槽槽体组成，底座和窄缝槽槽体均用有机玻璃制作，形成窄缝槽槽体的两块有机玻璃的板面相互平行并安装在底座上。两板之间保持一定的缝宽，根据经验，当渗流液体采用甘油时，缝宽一般为 1.0～2.0mm，当液体为水时，缝宽为 0.3～1.0mm，本实验采用缝宽为 1.0mm，窄缝槽实验模型的窄缝槽段长度为 60cm、高度为 40cm，为了保证窄缝槽的宽度一致不变形，本实验装置采用窄缝和底座的有机玻璃板厚度均为 10mm，同时在窄缝槽的适当位置设筋条，进一步加强窄缝槽的强度。

为了测量窄缝槽中的压强和流量，在窄缝槽的底部设测压孔，测压孔与测压管相连通，可以测量窄缝槽沿程压强变化，在出水管的末端用量筒和秒表可以测量通过窄缝槽的流量。

实验模型可以是土坝渗流、闸底渗流或绕坝渗流、地下水局部与区域渗流、地下水分水岭渗流等，根据需要制作。

实验仪器为测尺、洗耳球、秒表、量筒、温度计、示踪液和摄像机。

18.4　实验方法和步骤

（1）记录有关参数，如窄缝槽的宽度为 $2a$。将放水孔和示踪液孔的软管用止水夹夹住。

（2）给供水箱装入一定量的水，其水面需将水泵完全淹没并有一定的淹没深度。

（3）计算示踪液箱的体积，准备同样体积的示踪液备用。

（4）调整马氏瓶的高度，使得马氏瓶进气口的位置高于窄缝槽实验模型的顶部 5cm 左右。

（5）关闭马氏瓶进示踪液阀，给马氏瓶内装入示踪液，并检查马氏瓶是否正常工作。

（6）关闭进水阀，打开水泵。

（7）缓慢地调节进水阀，使水流通过稳水箱进入窄缝槽实验模型，在进水阀的开启过程中，注意水流要低于窄缝槽实验模型的最高处，以免水流溢出。

（8）打开任一个出水阀门，调整出水阀门的开度调节下游水位，使窄缝槽实验模型中有一定的水深。水流通过出水阀门进入出水管，由出水管进入接水盒，并由接水盒左面的回水管流入供水箱。

（9）在等待水流稳定的过程中，用洗耳球排出测压管中的空气。

（10）待水流稳定后，将准备好的示踪液倒入示踪液箱，打开马氏瓶上的进示踪液阀，使马氏瓶开始工作，由于马氏瓶进气口与示踪液箱中的液面同高，所以示踪液箱中的液面保持不变。

（11）观测液体中带示踪剂水的流线变化情况，如果流线为光滑、边界清晰的曲线，则窄缝槽中的液体为层流流动。

如果用水做实验，也可以用温度计测量水温，用秒表和量筒测量通过窄缝槽的流量，用测尺测量各断面的水深，求出各断面液流的平均流速，用第 4 章的式（4.22）计算水流的运动黏滞系数，用式（18.13）计算雷诺数，来判断窄缝槽中的水流运动是否为层流运动，如果计算的雷诺数大于临界雷诺数或窄缝槽中的水流的流线不光滑，则需要调节窄缝槽中上、下游水头差的办法改变通过的流量，直到窄缝槽中的液体流动为层流才能正式做实验。

（12）用测尺测量各测压管中的水面读数，用秒表和量筒测量通过窄缝槽的流量，用温度计测量水温。

（13）根据图 18.3 中给出的坐标和窄缝槽中的示踪液线，测量窄缝槽实验模型中的流线；为了便于分析，也可以用摄像机将流线拍摄下来，在计算机上进行分析。

（14）开大或关小进水阀，调节稳水箱的水位，同时调节出水阀门，改变窄缝槽上、下游的水位，待水流稳定后，重复第（10）步至第（12）步的实验过程，即可得到不同上、下游水位时窄缝槽实验模型中的测压管水头、流量和流线。

（15）实验结束后将仪器恢复原状。如果长期不做实验，打开放水孔和放示踪液孔上的止水夹，放空窄缝槽中的水和示踪液箱中的示踪液，并用清水对示踪液箱、窄缝槽和针头进行清洗。

18.5　数据处理和成果分析

实验设备名称：　　　　　　　　　　　　　　仪器编号：

同组学生姓名：

已知数据：窄缝槽宽度 $2a=$　　　mm。

1. 实验数据测量与计算

测压管水头、流量实验数据测量记录及计算见表 18.1。

表 18.1   **测压管水头、流量实验数据测量记录及计算表**

上游水深 /cm	下游水深 /cm	测压管水头 p/γ/cm						量筒体积 V /cm³	时间 /s	流量 /(cm³/s)
		(1)	(2)	(3)	(4)	(5)	(6)			

学生签名：   教师签名：   实验日期：

2. 流线测量记录

流线测量记录见表 18.2。

表 18.2   **流 线 测 量 记 录 表**

上游水深 /cm	下游水深 /cm	流量 /(cm³/s)	针头 1		针头 2		针头 3		针头 4		针头 5		针头 6	
			x/cm	y/cm	x/cm	y/cm	x/cm	y/cm	x/cm	y/cm	x/cm	y/cm	x/cm	y/cm

学生签名：   教师签名：   实验日期：

3. 成果分析

(1) 在方格坐标纸上绘制不同上、下游水位情况下的测压管水头，分析测压管水头的变化规律。

(2) 根据实测流量，计算窄缝槽各测压管断面水流的断面平均流速，分析断面平均流速沿程变化规律。

(3) 通过流线观测，分析窄缝槽流线沿程变化规律。

(4) 计算窄缝槽中水流的雷诺数，判断实验中水流是否为层流。

18.6   实验中应注意的事项

(1) 实验中要保证实验用的清水和颜色水没有杂质小微粒，以免堵塞窄缝槽和针头。

(2) 开启上水阀门和出水阀门时要缓慢匀速，以免窄缝槽中因水流过急而有气囊堵住水流。

(3) 实验过程中要缓慢调节上水阀门和出水阀门，保证窄缝槽中的液流为层流状态，否则与实验原理不符。

(4) 实验结束后要及时地用清水清洗针头和窄缝槽，以免针头和窄缝槽堵塞。

思　考　题

1. 如果已知窄缝槽实验的几何比尺，如何将窄缝槽实验的流速、流量换算成原型。
2. 请你设计一个坝基渗流的窄缝槽实验。

参　考　文　献

［1］　J·贝尔 . 多孔介质流体动力学［M］. 李境生，陈崇希，译 . 北京：中国建筑工业出版社，1983.

［2］　毛昶熙 . 渗流计算分析与控制［M］. 2 版 . 北京：中国水利水电出版社，2003.

［3］　薛禹群 . 地下水动力学原理［M］. 北京：地质出版社，1986.

［4］　张志昌，李国栋，李治勤 . 水力学（上册）［M］. 2 版 . 北京：中国水利水电出版社，2016.

［5］　水利水电科学研究院，南京水利科学研究院 . 水工模型试验［M］. 2 版 . 北京：水利电力出版社，1985.

第 19 章　均质土坝渗流模拟实验

19.1　实验目的和要求

（1）掌握均质土坝渗流量和浸润线的理论计算方法。

（2）了解沙槽模型实验的相似理论。

（3）掌握均质土坝浸润线、渗流量和孔隙水压力的观测方法。

（4）将实验测得的模型渗透系数、流速和单宽渗流量换算成原型的渗透系数、流速和单宽渗流量。

（5）将测量的均质土坝的浸润线与理论计算的浸润线进行比较，分析均质土坝中浸润线的变化规律。

19.2　实验原理

土坝是水利工程中常见的挡水建筑物之一。其渗流计算的主要任务是确定流过坝体的渗流量、浸润线和渗透流速等，来验证坝体的渗流稳定性和水量损失。土坝分为均质土坝、土质防渗体分区坝和非土质材料防渗体坝，本章主要介绍均质土坝渗流量、浸润线计算方法和渗透系数的模型实验方法。

土坝渗流的确定方法有解析法、数值解法、流网法、实验法[1]。解析法包括流体力学法和水力学法，流体力学法假定土坝渗流区内的渗流满足达西定律和拉普拉斯方程，对于边界条件极为简单的少数情况可得到解析解，而实际工程中土坝的边界条件十分复杂，求其解析解是困难的，目前多采用差分法或有限元法进行数值求解；水力学法认为土坝的渗透水流符合达西定律，而且假定渗透水流为渐变流，过水断面上各点的渗透流速和渗流坡降都是相等的，水力学法一般能满足工程设计精度，而且计算简单，是土坝渗流计算常用的方法，本章的土坝渗流计算主要介绍水力学法。数值解法主要有差分法和有限元法，可用于复杂的边界条件以及非均质、各向异性等不同情况，对于高坝一般采用数值计算法。流网法实质是渗流基本微分方程的图解法，可用于解决边界条件比较复杂的渗流问题，且有足够的精度，故也在工程中广泛采用。在某些情况下也可以采用实验法，实验法主要有黏性流体模型法、沙槽模型法和电模拟法，电模拟法和黏性流体模型法在第 17 章和第 18章已做过介绍，本章介绍沙槽模型法。

最早研究土坝渗流的是 Chafiq，他于 1917 年发表了第一个土坝渗流的近似计算方法，该方法属于基本抛物线法，抛物线法的基本思想是对坝体的等水头线或浸润线做抛物线假定，以求得有关渗流要素[1]。1931 年，萨马林根据流网法绘制了土坝的流网；同年巴甫洛夫斯基提出了土坝渗流计算的分段法[2]。以后许多学者对分段法进行补充和发展，分为三段法和二段法，分段法目前已成为土坝渗流计算普遍采用的方法[1]。

19.2.1　均质土坝恒定渐变渗流的一般方程

恒定无压渗流运动分为均匀渗流、非均匀渐变渗流和急变渗流。均匀渗流是指渗流的运动要素（流速、水深、过水断面面积、流速分布图形、断面平均流速）沿程不变。均匀渗流的特点是渗流的水深沿程保持不变，断面平均流速 v 在各断面上相等，流线是一系列的平行直线，过水断面为平面，所有流线的水力坡度相等，由达西定律 $u = kJ$ 知过水断面上各点的流速 u 相等，过水断面上的流速分布图形为矩形，且等于断面平均流速 v。

非均匀渐变渗流是指渗流的运动要素沿程缓慢变化，渗流流动十分缓慢，水面坡降和水面以下的流线的坡降也都变化得比较缓慢。非均匀渐变渗流的特点是两过水断面之间各流线的长度近似相等，流线为相互近似的平行直线，过水断面近似为平面，两断面间任一条流线上的水头损失相同，同一过水断面上各点的水力坡度相等，同一过水断面上各点的流速近似相等、流速分布图形近似为矩形，过水断面上的动水压强分布符合静水压强分布规律，由于渗流的流速很小，流速水头可以忽略不计，所以同一过水断面上各点的总水头为一常数。但对不同的过水断面，水力坡度 J 不相等，因而流速也不相等。

急变渗流是指渗流的运动要素沿程急剧变化。特点是流线曲率较大，两过水断面之间各流线长度相差较大，所以各流线的水力坡度 J 不相等，过水断面上各点的流速 u 也不相等、流速分布图形不是矩形。

均质土坝渗流为无压渗流，当水流通过坝体时，在坝体内形成浸润线，在坝的上游部分和下游部分，流线比较弯曲，流线间的夹角较大，属于急变渗流，土坝的中间部分可看作渐变渗流。但由于急变渗流的计算比较困难，为了简化，一般只研究土坝的某个（或某几个）典型剖面上的渗流情况，并把它作为整个渗流情况的代表，即土坝渗流可以看作平面问题，同时认为坝内渗流符合渐变渗流的条件[3]。

文献［1］推导了土坝恒定渐变渗流的一般方程，推导过程如下。

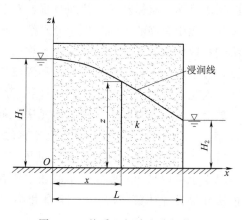

图 19.1　均质土坝渗流分析简图

设有一矩形的均质土坝置于水平不透水地基上，上游水深为 H_1，下游水深为 H_2，坝的渗透系数为 k，上下游相距为 L，坐标原点设在上游坝脚处，如图 19.1 所示。因为假定坝内渗流符合渐变渗流的条件，所以任一铅直过水断面内各点的渗透坡度 J 均相等，根据达西定律，渗流断面的平均流速 v 为

$$v = -k \frac{\mathrm{d}z}{\mathrm{d}x} \tag{19.1}$$

式中：k 为渗透系数；$-\mathrm{d}z/\mathrm{d}x$ 表示断面的渗流坡降。

由式（19.1）可得单位宽度的渗流量 q 为

$$q = vz = -kz \frac{\mathrm{d}z}{\mathrm{d}x} \tag{19.2}$$

对式（19.2）分离变量并积分得

$$qx = -\frac{k}{2}z^2 + c \qquad (19.3)$$

式中：q 为单宽渗流量；x 为任意断面距坐标原点 O 的距离；z 为任意断面上的渗流水深；c 为积分常数。

根据边界条件，当 $x=0$ 时，$z=H_1$，代入式（19.3）得 $c=-kH_1^2/2$，将其代入式（19.3）得

$$q = \frac{k}{2x}(H_1^2 - z^2) \qquad (19.4)$$

式（19.4）称为裘布依公式，是裘布依通过研究水平不透水层面上的无压渗流于1857 年推导出来的。

由式（19.4）得均质土坝渗流的浸润线方程为

$$z = \sqrt{H_1^2 - \frac{2q}{k}x} \qquad (19.5)$$

如果将 $x=L$，$z=H_2$ 代入式（19.4）又可得

$$q = \frac{k}{2L}(H_1^2 - H_2^2) \qquad (19.6)$$

式（19.4）～式（19.6）是均质土坝渗流计算的一般方程。

19.2.2　下游无排水设备的均质土坝

设有一筑于水平不透水地基上的均质土坝，如图 19.2 所示，均质土坝上、下游水深分别为 H_1 和 H_2，上游液体将通过边界 AB 渗入坝体，在坝体内形成浸润线 AC 并在 C 点逸出，C 点称为逸出点。CH 的垂直高度 a_0 称为逸出高度。ABDC 区域为渗流区。均质土坝渗流常采用分段法计算，并且有三段法和两段法两种计算方法，两段法的计算相对比较简单，下面仅介绍两段法的计算方法。

两段法计算不透水地基均质土坝渗流的基本思路是把土坝上游的楔形体 ABE 用一个矩形体 AEB′A′代替，如图 19.2 所示。该矩形体宽度 ΔL 的确定应满足下列条件：即在相同的上游水深 H_1 和单宽渗流量 q 的情况下，渗流通过矩形体和三角体到达上游坝肩的 FJ 断面时的水头损失 a 相等，米哈伊洛夫[1]根据实验分析得到等效的矩形体的宽度 ΔL 由式（19.7）确定，即

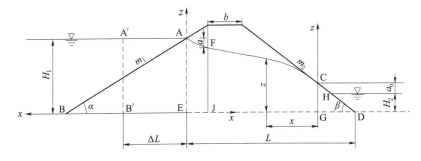

图 19.2　两段法计算不透水地基均质土坝渗流的原理示意图

$$\Delta L = \frac{m_1}{1 + 2m_1} H_1 \tag{19.7}$$

式中：m_1 为上游坝坡系数；ΔL 为等效矩形体的宽度。

两段法将整个渗流区简化为上游渗流段 $A'B'GC$ 和下游渗流段 CGD。

对于上游渗流段，其水力坡度为

$$J = \frac{H_1 - (a_0 + H_2)}{L + \Delta L - m_2(a_0 + H_2)} \tag{19.8}$$

由达西定律得

$$v = kJ = k\,\frac{H_1 - (a_0 + H_2)}{L + \Delta L - m_2(a_0 + H_2)} \tag{19.9}$$

上游段的单宽渗流面积可近似的表示为

$$A = \frac{H_1 + (a_0 + H_2)}{2} \tag{19.10}$$

根据裴布衣公式，上游段的单宽渗流量为

$$q = kJA = \frac{k}{2}\,\frac{H_1^2 - (a_0 + H_2)^2}{L + \Delta L - m_2(a_0 + H_2)} \tag{19.11}$$

式中：m_2 为下游坝坡系数；a_0 为逸出高度；v 为流速；k 为渗透系数；J 为水力坡度；q 为单宽渗流量；L 为入渗点 A 距下游坝脚 D 点的距离。

对于下游楔形渗流段，常用的计算方法有垂直等势线法、圆弧形等势线法、折线形等势线法和谢斯塔科夫方法等[1]。

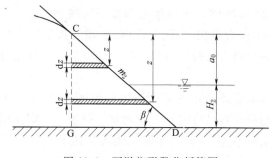

图 19.3　下游楔形段分析简图

1. 垂直等势线法

垂直等势线法假定下游楔形渗流段上游面的等势线为一条垂直线，即认为自由水面与下游坝坡交点 C 向下所做的垂直线 CG，如图 19.3 所示。设楔形渗流段下游水深为 H_2，逸出点距下游水面的高度为 a_0。下游水面以上为无压流，水面以下为有压流，计算时按照无压流和有压流分开计算。

对于下游水面以上的无压流，设在距 C 点为 z 处取一水平微小流束，通过该微小流束的单宽渗流量为 $\mathrm{d}q_1$，水力坡度 $J = z/(zm_2) = 1/m_2$，则

$$\mathrm{d}q_1 = kJ\,\mathrm{d}z = \frac{k}{m_2}\mathrm{d}z \tag{19.12}$$

对式 (19.12) 积分得

$$q_1 = \int_0^{a_0} \frac{k}{m_2}\mathrm{d}z = \frac{ka_0}{m_2} \tag{19.13}$$

对水面以下的有压流，水力坡度可以表示为 $J = a_0/(zm_2)$，同样可以写出

$$\mathrm{d}q_2 = kJ\,\mathrm{d}z = k\,\frac{a_0}{m_2}\frac{\mathrm{d}z}{z} \tag{19.14}$$

对式（19.14）中的 z 从 a_0 至 a_0+H_2 积分得

$$q_2 = \frac{ka_0}{m_2}\ln\frac{a_0+H_2}{a_0} \tag{19.15}$$

下游楔形渗流段泄出的总单宽渗流量为

$$q = q_1 + q_2 = \frac{ka_0}{m_2}\left(1+\ln\frac{a_0+H_2}{a_0}\right) \tag{19.16}$$

式（19.11）和式（19.16）可以求解两个未知数 q 和 a_0，浸润线可以取以点 G 为坐标原点的一组直角坐标系来进行研究，如图 19.2 所示，x 轴以向左为正，文献［4］给出了浸润线方程为

$$z = \sqrt{\frac{x}{\Delta L + L - m_2(a_0+H_2)}\left[H_1^2-(a_0+H_2)^2\right]+(a_0+H_2)^2} \tag{19.17}$$

计算时可假定一系列 x 值，即可由式（19.17）求得相应的 z 值，从而描绘出坝内的浸润线，由式（19.17）可见，当 $x=0$ 时，$z=(a_0+H_2)$，当 $x=\Delta L + L - m_2(a_0+H_2)$ 时，$z=H_1$。

但从式（19.17）计算的浸润线是从 A′点开始的，而实际上入渗点应在点 A，故 A′F 段的曲线应加以修正。在实用上把 A 点作为曲线的上游端起点，再用光滑曲线与 F 点连接即可。

2. 圆弧形等势线法

圆弧形等势线法假定下游楔形渗流段 C 点以下的等势线为一条圆弧形曲线，圆弧的圆心在下游坝脚 D 点处，圆弧的半径为 CD 线。文献［5］给出了圆弧形等势线法下游楔形渗流段渗流量的计算公式为

$$q = ka_0\sin\beta\left(1+\ln\frac{a_0+H_2}{a_0}\right) \tag{19.18}$$

式中：β 为下游坝坡的角度，如图 19.3 所示。

3. 折线形等势线法

折线形等势线法假定在浸润线逸出点处的等势线在下游水面以上有 $1:0.5$ 的坡度，下游水面以下为铅直线，仍按照下游水面以上为无压流，水面以下为有压流计算[5]，则

$$q = k\frac{a_0}{m_2+0.5}\left\{1+\frac{m_2+0.5}{m_2}\ln\left[1+\frac{m_2H_2}{(m_2+0.5)a_0}\right]\right\} \tag{19.19}$$

4. 谢斯塔科夫方法

谢斯塔科夫方法也称替代法，假定 C 点以下的等势线为一条折线，折线由两段直线组成，上段直线的坡度为 $1:0.5$，下段直线为一垂直线。在计算时仍分为水面以上部分和水面以下部分。水面以上部分的计算同折线形等势线法，水面以下部分的计算与折线形等势线法不同，在计算时仿照上游楔形体用矩形体代替一样，用一矩形宽度 $\Delta L'$ 来代替下游楔形体的宽度，$\Delta L'=m_2H_2/(2m_2+1)$，由此求得渗流量的计算公式为[1]

$$q = k\frac{a_0}{m_2+0.5}\left\{1+\frac{H_2}{a_0+m_2H_2/[2(m_2+0.5)^2]}\right\} \tag{19.20}$$

在计算均质土坝的单宽渗流量时，上游坝段一般用式（19.11）计算，下游坝段可以

采用式（19.16）、式（19.18）、式（19.19）和式（19.20）中的任一个公式计算。根据文献［5］的研究，采用式（19.19）和式（19.20）计算的精度高，但文献［6］目前仍采用式（19.16）计算均质土坝的单宽渗流量。

当采用矩形坝段替代法计算坝体渗流时，如果将坐标原点放在 E 点，如图 19.2 中的虚线所示，则浸润线计算公式为式（19.5）。

19.2.3　下游有排水设备的均质土坝

为了降低坝体的浸润线及孔隙水压力，防止渗透变形，增加坝坡的稳定性，防止冻胀破坏等，常在坝体的下游设排水设备，排水设备常用的形式为褥垫排水、棱体排水、贴坡排水、管式排水和综合式排水等。本章只介绍褥垫排水和棱体排水。

1. 坝下游无水时褥垫排水均质土坝渗流量和浸润线的计算[5]

坝下游无水时褥垫排水如图 19.4 所示，此时浸润线可以看作以褥垫排水起点 G 为焦点且通过 A' 点的抛物线，褥垫排水起点 G 处的浸润线高度为 h_0，排水起点 G 至浸润线与 x 轴交点 C 的水平距离为 L_1。以图 19.4 所示的 B' 点为坐标原点，断面 $A'B'$ 与断面 IG 之间的水平长度为 $\Delta L + L$，两断面之间的水头差为 $(H_1 - h_0)$，则当土坝下游无水时，两断面之间的平均水力坡度 J 为

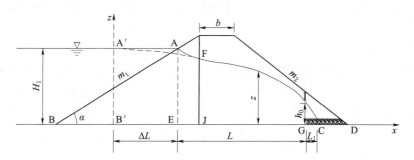

图 19.4　均质土坝褥垫排水（坝下游无水）分析简图

$$J = (H_1 - h_0)/(\Delta L + L) \tag{19.21}$$

这一段坝体单位宽度渗流的平均断面面积 A 为

$$A = (H_1 + h_0)/2 \tag{19.22}$$

单宽渗流量为

$$q = kJA = k\frac{(H_1 - h_0)}{\Delta L + L}\frac{(H_1 + h_0)}{2} = \frac{k}{2}\frac{H_1^2 - h_0^2}{\Delta L + L} \tag{19.23}$$

式中：L 为上游水面与上游坝坡交点 A 距褥垫排水起点 G 的水平距离；ΔL 仍按式（19.7）计算。

下面推求浸润线方程和排水设备起点 G 处浸润线高度 h_0 的计算式。

由式（19.5）可以看出，坝体内的自由水面线为一抛物线，因此可以应用抛物线理论来进行分析。对于有排水设备的均质土坝，设自由水面线的焦点位于排水体的起点 G，抛物线的顶点位于 O 点，抛物线的准线距焦点的距离为 $2L_1$，如图 19.5 所示。

在抛物线上任找一点 P，由抛物线的性质可知，焦点 G 至抛物线上任意一点 P 的长度等于 GP 在水平轴上的投影长度加上从焦点到准线的距离，设 P 点的坐标为 (x, z)，

则根据抛物线的性质得

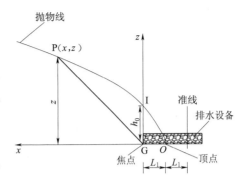

$$\sqrt{x^2 + z^2} = x + 2L_1 \qquad (19.24)$$

整理式（19.24）可得

$$z^2 = 4xL_1 + 4L_1^2 \qquad (19.25)$$

当 $x = 0$ 时，$z = h_0$，代入式（19.25）得 $L_1 = 0.5h_0$。

将 $L_1 = 0.5h_0$ 代入式（19.25）求解得

$$z = \sqrt{h_0^2 + 2xh_0} \qquad (19.26)$$

对比图 19.4 和图 19.5，当 $x = L + \Delta L$ 时，$z = H_1$，代入式（19.26）求得

图 19.5 坝体浸润线分析简图

$$h_0 = \sqrt{(\Delta L + L)^2 + H_1^2} - (\Delta L + L) \qquad (19.27)$$

因为在实验时，ΔL、L 和 H_1 是已知的，所以可以用式（19.27）直接求出 h_0。

浸润线可以用式（19.26）计算，计算时坐标原点在焦点 G 处，x 以向上游为正。

对于图 19.4 所示的坐标系，如果将坐标原点设在 B' 点，x 向下游为正，文献［6］给出的浸润线方程为

$$z = \sqrt{h_0^2 + 2h_0(\Delta L + L - x)} \qquad (19.28)$$

2. 坝下游有水时褥垫排水均质土坝渗流量和浸润线的计算

坝下游有水时褥垫排水如图 19.6 所示。将坐标设在下游水面上，坐标原点为图 19.6 中的 O 点，由图 19.6 可以看出，当 $x = 0$ 时，$z = H_1 - H_2$，为了与坝下游无水时相区别，设坝下游有水时的褥垫排水起点 G 处下游水面以上的浸润线高度为 h_{01}，将 $z = H_1 - H_2$ 和 h_{01} 代入式（19.26）得

$$h_{01} = \sqrt{(\Delta L + L)^2 + (H_1 - H_2)^2} - (\Delta L + L) \qquad (19.29)$$

求出了 h_{01}，单宽渗流量和浸润线方程仍由式（19.23）和式（19.28）计算，计算时注意将 h_0 换为 h_{01} 即可。

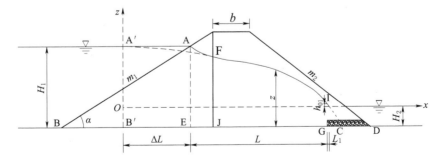

图 19.6 均质土坝褥垫排水（坝下游有水）分析简图

3. 坝下游无水时棱体排水均质土坝渗流量和浸润线的计算

坝下游无水时棱体排水如图 19.7 所示，设棱体的上游边坡系数为 m_3，下游边坡系数为 m_4，棱体底部长度为 S，坐标原点仍设在 B' 点，断面 $A'B'$ 与断面 IG 之间的水平长度仍为 $\Delta L + L$，这里的 L 为 E 点至棱体排水起点 G 的距离，排水起点 G 至浸润线与 x 轴

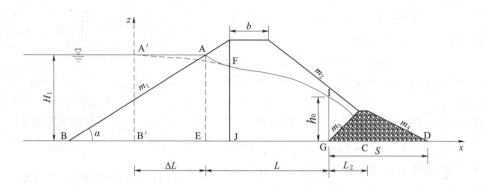

图 19.7 均质土坝棱体排水（坝下游无水）分析简图

交点 C 的距离为 L_2，且 $L_2 = 0.5h_0$[6]。

坝下游无水时棱体排水均质土坝渗流量和浸润线的计算方法与褥垫排水相同，仍由式（19.23）计算单宽渗流量，用式（19.28）计算浸润线，由式（19.27）计算棱体排水起点 G 处的浸润线高度 h_0。

4. 坝下游有水时棱体排水均质土坝渗流量和浸润线的计算

坝下游有水时棱体排水如图 19.8 所示，这时棱体的高度一般超出下游水位 0.5m 以上。设下游水深为 H_2，将坐标设在下游水面上，坐标原点为图 19.8 中的 O 点，下游水面与棱体排水的上游坡面的交点为 I，棱体排水的起点 G 距 I 点的水平距离为 L_0，仿照式（19.29）可得

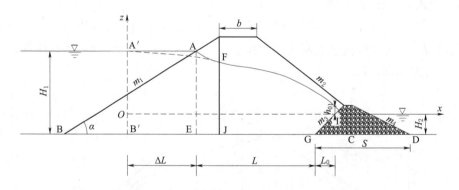

图 19.8 均质土坝棱体排水（坝下游有水）分析简图

$$h_{01} = \sqrt{(\Delta L + L + L_0)^2 + (H_1 - H_2)^2} - (\Delta L + L + L_0) \tag{19.30}$$

其中
$$L_0 = m_3 H_2$$

式中：L 为 E 点至棱体排水起点 G 的距离；H_2 为下游水深。

单宽渗流量的计算公式为

$$q = \frac{k}{2} \frac{H_1^2 - h_{01}^2}{\Delta L + L + L_0} \tag{19.31}$$

浸润线仍由式（19.28）计算，计算时注意将 h_0 换为 h_{01}。

19.2.4 沙槽模型实验的相似律

在进行沙槽模型实验时，与水工模型实验一样，应使模型与原型之间保持几何相似和动力相似。前者是保持模型与原型之间一定的长度比尺关系，后者是保持模型的渗流场符合达西定律。

影响渗流场的主要作用力有重力、摩阻力和毛细管力。影响因素比较复杂。既要兼顾重力、摩阻力和毛细管力的沙槽模型实验的模型律问题，目前仍停留在理论探讨阶段[1]，尚无理论公式。下面仅从考虑摩阻力和毛细管力两个方面研究沙槽模型实验的模型律问题。

设原型与模型的几何长度分别为 L_p 和 L_m，流速分别为 v_p 和 v_m，渗透系数分别为 k_p 和 k_m，单宽渗流量分别为 q_p 和 q_m，流量分别为 Q_p 和 Q_m。设长度比尺（几何比尺）为 λ_L、流速比尺为 λ_v、渗透系数比尺为 λ_k、单宽渗流量比尺为 λ_q、流量比尺为 λ_Q，则

$$\left.\begin{aligned}
\lambda_L &= L_p/L_m \\
\lambda_v &= v_p/v_m \\
\lambda_k &= k_p/k_m \\
\lambda_q &= q_p/q_m \\
\lambda_Q &= Q_p/Q_m
\end{aligned}\right\} \tag{19.32}$$

根据达西定律 $v = kJ$ 和几何相似原理，可以得到原型与模型的水力坡度相等，由此可得模型比尺为

$$\lambda_v = \lambda_k \tag{19.33}$$

$$\lambda_q = \lambda_v \lambda_L = \lambda_k \lambda_L \tag{19.34}$$

$$\lambda_Q = \lambda_q \lambda_L = \lambda_v \lambda_L^2 = \lambda_k \lambda_L^2 \tag{19.35}$$

式（19.33）～式（19.35）为沙槽模型实验的基本比尺关系，称为沙槽模型实验的相似律。

如果取天然的沙土制作模型，则 $\lambda_v = \lambda_k = 1$，$\lambda_q = \lambda_L$，$\lambda_Q = \lambda_L^2$。

对于非稳定渗流，例如库水位下降或上升引起的坝内渗流，在进行非稳定渗流实验时，应使模型与原型的瞬时流网相似，也就是要使模型与原型孔隙中水质点的实际流速相似。

设孔隙中的实际流速为 v'，由第 4 章的达西渗透定律实验知

$$v' = v/n \tag{19.36}$$

式中：v 为渗流的断面平均流速；n 为土壤的孔隙率。

渗流的断面平均流速 $v = kJ$，代入式（19.36）得

$$v' = kJ/n \tag{19.37}$$

设原型孔隙的渗流速度为 v'_p，模型孔隙的渗流速度为 v'_m，根据沙槽模型实验的基本比尺关系得

$$\frac{v'_p}{v'_m} = \lambda_{v'} = \frac{k_p J/n_p}{k_m J/n_m} = \frac{\lambda_k}{\lambda_n} \tag{19.38}$$

式中：$\lambda_n = n_p/n_m$ 为土粒的孔隙率比尺。

由式（19.38）可以得到原型与模型的时间比尺为

$$\lambda_t = \frac{\lambda_L}{\lambda_{v'}} = \frac{\lambda_L \lambda_n}{\lambda_k} \tag{19.39}$$

当不考虑毛细管水升高的相似性时，按重力水渗流场比尺推算渗流量往往会使计算结果偏大，所以在沙槽模型实验中，解决的途径可选用粗的均质沙制作模型或改变流体性质以及对实验结果进行修正等[1]。

如果考虑毛细管水升高（当模型土粒较细时）同样符合一般模型比尺 λ_L 的关系，即 $\lambda_L = h_p/h_m$，h_p 为原型毛细管水上升的高度；h_m 为模型毛细管水上升的高度；由于毛细管水上升的高度与土粒的平均直径成反比，即 $h_p \propto 1/d_p$，$h_m \propto 1/d_m$，所以

$$\lambda_L = \frac{h_p}{h_m} = \frac{1/d_p}{1/d_m} = \frac{d_m}{d_p} \tag{19.40}$$

式中：d_p、d_m 分别为原型和模型土粒的平均直径。

由第 4 章的式（4.13）可知，渗流的断面平均流速 v 与土粒平均直径的平方成正比，即

$$\left. \begin{array}{l} v_p \propto d_p^2 \\ v_m \propto d_m^2 \end{array} \right\} \tag{19.41}$$

由式（19.33）和式（19.41）得

$$\lambda_v = \frac{v_p}{v_m} = \frac{d_p^2}{d_m^2} = \lambda_k \tag{19.42}$$

由此得沙槽实验选用的模型沙为

$$d_m = d_p / \sqrt{\lambda_k} \tag{19.43}$$

将式（19.42）和式（19.40）代入式（19.39）得非稳定渗流的时间比尺为

$$\lambda_t = \frac{\lambda_L \lambda_n}{\lambda_k} = \lambda_n \lambda_L \left(\frac{d_m}{d_p} \right)^2 = \lambda_n \lambda_L \lambda_L^2 = \lambda_n \lambda_L^3 \tag{19.44}$$

式（19.43）可以用来选择模型沙。但需注意，虽然可以选用粗粒的模型沙来达到模型与实际毛管水层的相似，但如果设计的模型沙太粗，又会使渗流流态超出达西定律的范围，所以式（19.43）和式（19.44）还只是理论上的探讨。

是否可以从毛管水层的相似性来选择模型沙呢？由第 3 章可知，土壤毛细管水上升的高度 h 可以用式（3.3）表示，由式（3.3）可以看出，毛细管水上升的高度与表面张力系数 σ 成正比，与水的重度 γ 和毛细管的半径 r 成反比。如果对式（3.3）写出原型与模型的相似比尺关系则为

$$\lambda_h = \frac{\lambda_\sigma}{\lambda_\gamma \lambda_r} \tag{19.45}$$

其中　　　　　　　　　$\lambda_\sigma = \sigma_p/\sigma_m$；$\lambda_\gamma = \gamma_p/\gamma_m$；$\lambda_r = r_p/r_m$

式中：λ_h 为毛细水上升的高度比尺；σ_p、σ_m 分别为原型和模型的表面张力系数；γ_p、γ_m 分别为原型和模型的液体的重度；r_p、r_m 分别为原型和模型的毛细管水的半径。

因为 $\gamma = \rho g$，ρ 为液体的密度，g 为重力加速度，则 $\lambda_\gamma = \lambda_\rho \lambda_g$，所以式（19.45）可写成

$$\lambda_h = \frac{\lambda_\sigma}{\lambda_\rho \lambda_g \lambda_r} \tag{19.46}$$

式中：λ_p、λ_g 分别为原型和模型液体的密度比尺和重力加速度比尺。

由式（19.46）可以看出，如果在沙槽模型中要满足与实际的毛管水层相似，则可以改变液体的表面张力系数，或改变模型的重力加速度，或改变液体的密度，或改变毛细管水的半径。然而，任何一项的改变在沙槽模型实验中都是很难做到的。

19.3 实验设备和仪器

均质土坝渗流实验设备（也可以在均质土坝的下游设排水）为自循环实验系统，如图19.9 所示。可以看出，实验设备由两部分组成：一部分为渗流水槽系统，另一部分为供水和测量系统。

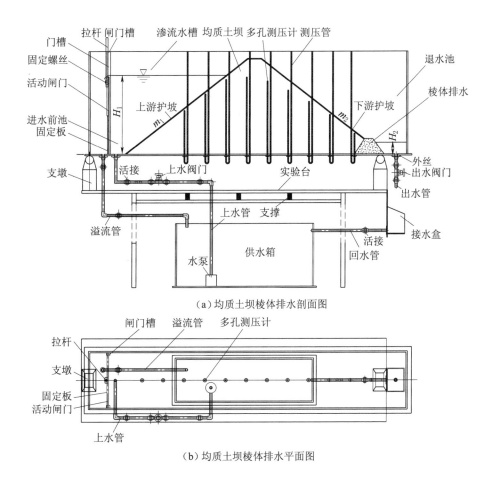

（a）均质土坝棱体排水剖面图

（b）均质土坝棱体排水平面图

图 19.9 均质土坝渗流实验模型示意图

渗流水槽系统由实验台、支撑、渗流水槽、渗流水槽左端的进水前池和右端的退水池组成。土坝的上、下游用透水不易冲材料护坡，坝的顶部低于渗流水槽顶部 5～10cm。在均质土坝上游设进水前池，进水前池由固定板、活动闸门和闸门槽组成，固定板设置一定的高度，活动闸门用拉杆在闸门槽中可以上下活动，拉杆用固定螺丝与活动闸门相连接，活动闸门既可以调节土坝上游的水深，同时当水流从活动闸门的顶面溢流时，也起到稳定水位的作用。

在均质土坝的底部设测压管，测压管设置原则是：在均质土坝上游设一到两根测压管，上游土坝与水面接触的断面和坝顶起点断面各设一根测压管，在土坝内部设若干根测压管，如果在土坝下游设排水设备，则可以在排水设备的起点设一根测压管。在渗流水槽底部设支墩，支墩底部固定在实验台上。

供水和测量系统由供水箱、水泵、上水管、上水阀门、出水阀门、出水管和接水盒组成。上水管通向进水前池，在固定板左侧的底部设溢流管，溢流管通向供水箱。为了测量流量和调节下游水深，在退水池底部设出水管，出水管上装出水阀门，在出水管下方设接水盒，水流通过接水盒后面的回水管流入供水箱。

测量仪器为量筒、秒表、测尺和洗耳球。

19.4　实验方法和步骤

（1）记录已知数据，如坝顶宽度 b、水槽宽度 B、测压孔位置及坐标，坝的入水点 A 距下游坝脚 D（均质土坝）或 G（排水设备起点）的距离 L，对于有下游水位的棱体排水，还需记录棱体排水的起点与下游水面交点 I 之间的水平距离 L_0，见图 19.8。

（2）打开水泵，缓慢打开上水管上的上水阀门，关闭下游出水管上的出水阀门，使进水前池充满水，并使水流从活动闸门上面溢流，保持上游水位的恒定。

（3）用洗耳球将测压管中的空气排出。

（4）缓慢打开出水管上的出水阀门，使水流通过坝体流向下游，同时调节下游水位稳定在排水棱体底部以上某高度位置，不可高于排水棱体半高的位置。

（5）待水流稳定后，用测尺读取各测压管的水位读数，上游水深 H_1、下游水深 H_2、水流逸出点高度 a_0（不设排水体），用量杯和秒表从出水阀门下面的管中测量流量。

（6）实验结束后将仪器恢复原状。

19.5　数据处理和成果分析

实验设备名称：　　　　　　　　　　　　　　仪器编号：

同组学生姓名：

已知数据：坝顶宽度 $b=$ 　　 cm；水槽宽度 $B=$ 　　 cm；

　　　　　上游坝坡系数 $m_1=$ 　　　；下游坝坡系数 $m_2=$ 　　　；

　　　　　棱体排水上游边坡系数 $m_3=$ 　　　；棱体排水下游边坡系数 $m_4=$ 　　　；

　　　　　入水点 A 距下游坝脚 D（均质土坝）或 G（排水设备起点）的水平距离 $L=$ 　　 cm；

　　　　　棱体排水的起点与下游水面交点 I 之间的水平距离 $L_0=$ 　　 cm。

1. 实验数据测量与计算

均质土坝渗流模拟实验数据测量与计算见表 19.1。

表 19.1 均质土坝渗流模拟实验数据测量与计算

测压管编号	模型坐标 x_{im} /cm	原型坐标 x_{ip} /cm	$H_1=$　　cm, $H_2=$　　cm, $a_0=$　　cm, $Q=$　　cm^3/s					
			模型测压管读数 /cm	原型测压管读数 /cm	模型浸润曲线 /cm	原型浸润曲线 /cm	模型计算浸润曲线 /cm	实测模型单宽渗流量 /[$cm^3/(s \cdot cm)$]
								换算原型单宽渗流量 /[$cm^3/(s \cdot cm)$]
								计算渗透系数 k /(cm/s)
								模型流速 v /(cm/s)
								原型流速 /(cm/s)

学生签名：　　　　　　教师签名：　　　　　　实验日期：

2. 成果分析

（1）根据已知的上游水深 H_1，用式（19.7）计算等效矩形体的宽度 ΔL。

（2）根据实测的上游水深 H_1、下游水深 H_2 和已知入水点 A 距下游坝脚 D 的距离 L、ΔL、下游坝坡系数 m_2、实测单宽渗流量 q，联立式（19.11）和式（19.16）计算逸出点高度 a_0，并与实测的逸出点高度 a_0 进行比较。

（3）根据 H_1、H_2、L、ΔL、m_2 和实测的 a_0 或计算的 a_0，用式（19.8）计算上游段的水力坡度 J。

（4）根据实测的单宽渗流量、下游水深 H_2、下游坝坡系数 m_2 和实测的 a_0 或计算的 a_0，用式（19.16）求均质土坝的渗透系数 k。

（5）用式（19.17）或式（19.5）计算均质土坝的浸润线。

（6）根据各测压管水面读数及计算的浸润线，在方格纸上绘出实测和计算的浸润线，并对结果进行对比分析。

（7）用式（19.9）计算均质土坝的渗透速度 v。

（8）对于均质土坝下游设排水设备的情况，根据排水设备的形式，选择相应的计算公式，成果分析方法与均质土坝完全相同。例如对于棱体排水，根据已知的 L、ΔL、L_0 和实测的 H_1、H_2 和 q，用式（19.30）求 h_{01}，由式（19.31）反求渗透系数 k，由式（19.28）计算浸润线。

（9）根据模型比尺 λ_L，如果模型取天然的沙土，则 $\lambda_v=\lambda_k=1$，可以根据模型实测的

单宽渗流量 q_m 和渗流量 Q_m，用式（19.34）和式（19.35）的模型比尺 λ_L 求原型的单宽渗流量 q_p 和渗流量 Q_p；并求原型的渗透流速 v。

（10）按几何比尺 λ_L 将模型实测的上、下游水深和坝体的浸润线换算成原型水深。

19.6　实验中应注意的事项

（1）实验时要逐渐开启进水阀门，流量不能过大，流量过大可能会使沙土浮动。

（2）在实验时要始终保持上、下游溢流板上有水流溢出，以保证进水池和出水池的水头为恒定水头。

（3）实验时需等水流稳定后才能进行测量。

思　考　题

1. 实测均质土坝的浸润线、渗流量、水力坡度与计算的浸润线、渗流量和水力坡度有什么不同？

2. 在计算均质土坝渗流时，还可以用三段法，试推导三段法的计算公式。

3. 在均质土坝中设排水设备，土坝中的浸润线与不设排水设备有什么区别？

4. 均质土坝中设排水设备是否会降低土坝中的扬压力，为什么？

5. 沙槽模型实验的相似律还存在什么问题？你有什么改进方法？

参　考　文　献

［1］　毛昶熙．渗流计算分析与控制［M］.2 版．北京：中国水利水电出版社，2003.

［2］　И. И. 阿格罗斯金．清华大学水力学教研组，天津大学水利系水力学教研室．水力学（下册）［M］．北京：商务印书馆，1954.

［3］　许荫椿，胡德保，薛朝阳．水力学［M］.3 版．北京：科学出版社，1990.

［4］　张志昌，魏炳乾，郝瑞霞．水力学（下册）［M］.2 版．北京：中国水利水电出版社，2016.

［5］　顾慰慈．渗流计算原理及应用［M］．北京：中国建材工业出版社，2000.

［6］　陈德亮，王长德．水工建筑物［M］.4 版．北京：中国水利水电出版社，2005.

第20章 心墙坝渗流模拟实验

20.1 实验目的和要求

（1）掌握心墙坝渗透系数的计算方法和实验方法。

（2）掌握测量心墙坝浸润曲线的方法，分析浸润曲线在心墙上、下游和心墙内的变化规律。

（3）确定心墙坝的渗透系数。

（4）将实验得到的模型渗透系数、浸润线和单宽渗流量换算成原型的渗透系数、浸润线和单宽渗流量。

20.2 实验原理

20.2.1 下游无排水设备的心墙坝渗流理论分析

在土坝中央或稍偏向上游设一道透水性很小的土质防渗体，防渗体的两侧为透水性较好的沙石料，或防渗体的上、下游由透水性逐渐增大的几种土料填筑构成的土石坝均称为心墙坝。

心墙坝渗流计算的主要任务是确定经过坝体的渗流量、浸润曲线、逸出点的高度，来验证坝体的稳定性和水量损失。

心墙坝的渗流计算主要有折换法、平均厚度法、分段法[1]以及本章提出的新方法。

折换法就是将心墙部分用一个当量厚度为 δ' 的均质土体代替原来的心墙厚度，这个当量厚度的渗透系数与均质土体的渗透系数相同，经折换后心墙坝的渗流计算与均质土坝的渗流计算方法相同，而通过均质土体的渗流量、水头损失与通过心墙坝的渗流量、水头损失相同。

平均厚度法将实际的心墙断面用等厚度的与心墙渗透系数相同的均质坝体来代替，在计算时假设自由水面线在下游坝坡上的逸出高度近似为零，将坝体分为心墙上游段、心墙段和心墙下游段3部分进行渗流计算。

分段法将心墙坝的渗流计算分为两段来计算，即以心墙逸出点位置以上为第一段，心墙逸出点位置以下为第二段，在计算时略去了心墙上游部分均质坝体的渗流水头损失。

由于平均厚度法和分段法在实验中难以通过实测的渗流量反求心墙的渗透系数和均质土体的渗透系数，所以本章在平均厚度法的基础上提出了新的计算方法，即四段法，该方法不需要将心墙的厚度换算成当量厚度，而可以直接根据实验得到的渗流量和上、下游水深以及逸出点高度计算出均质坝体的渗透系数和心墙的渗透系数。

1. 折换法

设有一筑于水平不透水地基上的心墙坝，如图 20.1 所示。坝高为 H_n，坝的宽度为 B，坝顶宽度为 b，坝的上、下游水深分别为 H_1 和 H_2，上游坝坡系数为 m_1，下游坝坡系数为 m_2，在坝的中央设一道透水性很小的楔形心墙，心墙上游水位高度处的心墙厚度为 δ_1，心墙底部厚度为 δ_2，平均厚度为 $\overline{\delta}$，心墙上、下游均质坝体的渗透系数为 k，心墙的渗透系数为 k_0。坝身上游液体将通过边界 AB 渗入坝体，在坝体形成浸润线，由于心墙的渗透系数 k_0 远小于上、下游均质坝体的渗透系数 k，所以渗流通过心墙的水头损失较大，浸润线在心墙中形成很大的跌落，如图中的 AFGC 线所示，C 点为逸出点，CH 的垂直高度 a_0 称为逸出高度，ABDC 区域为渗流区。

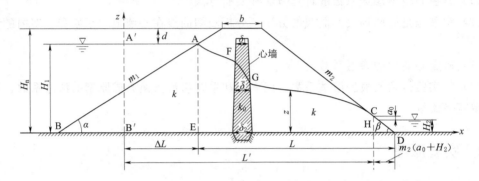

图 20.1　心墙坝渗透系数和浸润曲线理论分析简图

设心墙的平均厚度为 $\overline{\delta}$，则

$$\overline{\delta} = (\delta_1 + \delta_2)/2 \tag{20.1}$$

心墙坝渗流计算的关键问题是确定心墙的当量厚度 δ'，是根据平均心墙厚度 $\overline{\delta}$ 按均质坝体的渗透系数 k 和心墙的渗透系数 k_0 的比值进行放大得到，放大后的心墙材料与心墙上、下游均质坝体的材料相同，渗透系数也等于均质坝体的渗透系数 k。

心墙的当量厚度可由式（20.2）计算[1]，即

$$\delta' = \frac{k}{k_0}\overline{\delta} = \frac{k}{k_0}\frac{\delta_1 + \delta_2}{2} \tag{20.2}$$

将心墙厚度放大后，就可以按照均质土坝渗流的计算方法来进行心墙坝的渗流计算。

用折换法计算心墙坝渗流的步骤为[2]

（1）由式（20.1）计算心墙的平均厚度 $\overline{\delta}$。

（2）由式（20.2）计算心墙的当量厚度 δ'。

（3）计算换算后的均质土坝的坝顶宽度为

$$b' = (b - \overline{\delta}) + \delta' \tag{20.3}$$

（4）用两段法计算坝体渗流。等效矩形体的宽度 ΔL 用第 19 章的式（19.7）计算。

单宽渗流量的计算公式可以用均质土坝的计算公式，分别为

$$\frac{q}{k} = \frac{H_1^2 - (a_0 + H_2)^2}{2L'} \tag{20.4}$$

$$\frac{q}{k} = \frac{a_0 [1 + \ln(1 + H_2/a_0)]}{m_2} \quad (20.5)$$

$$L = m_1(H_n - H_1) + b' + m_2 H_n \quad (20.6)$$

$$L' = L + \Delta L - m_2(a_0 + H_2) \quad (20.7)$$

式中：q 为单宽渗流量；k 为均质坝体的渗透系数；L 为入渗点 A 到下游坝脚 D 的距离；L' 为等效矩形体宽度 ΔL 和入渗点 A 与渗流逸出点 C 之间距离的总和。

坝身浸润线方程为

$$z = \sqrt{H_1^2 - 2qx/k} \quad (20.8)$$

几个特征点的计算。图 20.1 中的 F 点、G 点和 C 点。

$$x_F = \Delta L + m_1(H_n - H_1) + 0.5(b - \overline{\delta}) \quad (20.9)$$

$$x_G = x_F + \delta' \quad (20.10)$$

$$x_C = x_G + 0.5(b - \overline{\delta}) + m_2[H_n - (a_0 + H_2)] \quad (20.11)$$

$$z_F = \sqrt{H_1^2 - 2qx_F/k} \quad (20.12)$$

$$z_G = \sqrt{H_1^2 - 2qx_G/k} \quad (20.13)$$

$$z_C = \sqrt{H_1^2 - 2qx_C/k} \quad (20.14)$$

以上计算的浸润线是按当量厚度 δ' 放大后的均质土坝的浸润线，计算完成后，应按原来的比例将心墙部分浸润线的水平距离缩小，即得放大前心墙和均质坝体的浸润线。

2. 四段法

本章提出的心墙坝渗流计算的新方法，是将宽度不一的心墙看作平均厚度，将心墙坝的渗流计算分为四段，如图 20.2 所示，图中将计算段分为 A'F 段、FG 段、GC 段和 CD 段。

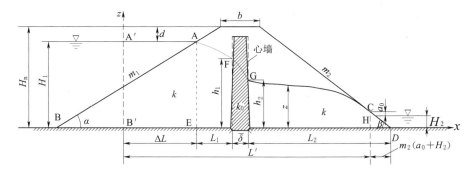

图 20.2　心墙坝四段法计算分析简图

对于 A'F 段，其水力坡度 $J = (H_1 - h_1)/(\Delta L + L_1)$，平均过水断面面积为 $A_1 = 0.5(H_1 + h_1)$，所以该段的单宽渗流量为

$$q = kJA_1 = k\frac{H_1^2 - h_1^2}{2(\Delta L + L_1)} \quad (20.15)$$

式中：L_1 为上游水面起点距平均心墙厚度上游面的距离；h_1 为心墙上游面的浸润线高度；ΔL 仍按第 19 章的式（19.7）计算。

对于 FG 段，其水力坡度为 $J = (h_1 - h_2)/\overline{\delta}$，平均过水断面面积为 $A_2 = 0.5(h_1 + $

h_2），该段的单宽渗流量为

$$q = k_0 J A_2 = k_0 \frac{h_1^2 - h_2^2}{2\overline{\delta}} \tag{20.16}$$

式中：h_2 为平均心墙厚度下游面的浸润线高度。

对于 GC 段，$J = [h_2 - (a_0 + H_2)] / [L_2 - m_2(a_0 + H_2)]$，平均过水断面面积为 $A_3 = 0.5[h_2 + (a_0 + H_2)]$，该段的单宽渗流量为

$$q = kJA_3 = k \frac{h_2^2 - (a_0 + H_2)^2}{2[L_2 - m_2(a_0 + H_2)]} \tag{20.17}$$

式中：L_2 为平均心墙坝厚度下游面距下游坝脚的距离。

对于 CD 段，仍用均质土坝的式（20.5）计算渗流量。也可以用第 19 章的式（19.18）或式（19.19）或式（19.20）计算。

四段法有 4 个方程，如果在实验时测得单宽渗流量 q、坝的上游水深 H_1、下游水深 H_2 和逸出点高度 a_0，可以求解 4 个未知数 h_1、h_2、k、k_0；同理，如果已知渗透系数 k、k_0、H_1 和 H_2，可以求解 q、a_0、h_1 和 h_2。如果在实验中测量出 h_1、h_2 和 q，则可以直接由式（20.16）求得心墙的渗透系数 k_0。同理，如果在实验中测量出 H_1、H_2、q、a_0、h_1 和 h_2，则可以直接由式（20.15）式（20.17）求得均质土体的渗透系数 k。

20.2.2　下游有排水设备的心墙坝

1. 按均质土坝的方法计算

对于下游有排水设备的心墙坝，如果按照式（20.2）将心墙部分的尺寸放大，则变为均质土坝，可以应用第 19 章均质土坝下游设排水设备的方法计算心墙坝下游有排水设备的情况。

2. 按分段法计算

分段法将坝体分为坝体上游段 $A'F$、心墙段 FG 和心墙下游 GD 的坝体段 3 部分，如图 20.3 所示。以棱体式排水（坝下游有水）为例，说明计算过程。

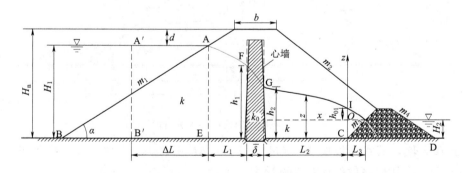

图 20.3　心墙坝棱体式排水（坝下游有水）分析简图

对于 $A'F$ 段和 FG 段，分别用式（20.15）和式（20.16）计算单宽渗流量。

对于 GI 段，仍假设坝体的浸润线为抛物线，将坐标设在下游水面上，坐标原点设在棱体排水的起点，x 向左为正，并设棱体排水起点在下游水面以上的水深为 h_{01}，GI 段的水力坡度 $J = [(h_2 - H_2) - h_{01}] / L_2$，平均过水断面面积为 $A = 0.5[(h_2 - H_2) + h_{01}]$，则

$$q = k \frac{(h_2 - H_2)^2 - h_{01}^2}{2L_2} \tag{20.18}$$

式中：L_2 为平均心墙坝厚度下游面距棱体排水起点的距离；h_{01} 为棱体排水起点下游水面以上的水深。

由第 19 章已知，抛物线焦点距抛物线顶点的距离 $L_3 = h_{01}/2$，当 $z = (h_2 - H_2)$ 时，$x = L_2$，代入第 19 章的式（19.26）可得 h_{01} 为

$$h_{01} = \sqrt{L_2^2 + (h_2 - H_2)^2} - L_2 \tag{20.19}$$

对于坝的下游无水的情况，将坐标原点移至图 20.3 中的 C 点，同样得

$$q = kJA = k \frac{h_2^2 - h_0^2}{2L_2} \tag{20.20}$$

$$h_0 = \sqrt{L_2^2 + h_2^2} - L_2 \tag{20.21}$$

式中：h_0 为从 C 点算起的棱体排水起点的水深。

对于褥垫式排水，计算方法与棱体排水的计算方法完全相同。

在实验中测得平均心墙厚度上游面和下游面处的水深 h_1、h_2，单宽渗流量 q，坝的上游水深 H_1，下游水深 H_2，对于坝下游有水的情况，可由式（20.19）计算出 h_{01}，由式（20.18）计算均质土体的渗透系数 k，由式（20.16）计算心墙的渗透系数 k_0；对于坝下游无水的情况，由式（20.21）计算 h_0，代入式（20.20）求得 k，由式（20.16）求得 k_0。当然，排水设施起点的水深也可以直接在实验中测量。

由于心墙上游的坝体部分对渗流的影响较小，故可假设库水位在心墙上游坝体部分没有下降。设心墙下游浸润线高度为 h，浸润线逸出点在下游水面与棱体排水内坡面的交点 C 处，下游水深为 H_2，如图 20.4 所示，如果采用图 20.4 的坐标系，坐标原点 O 设在坝的底部，设心墙的平均厚度为 $\overline{\delta}$，$\overline{\delta}$ 用式（20.1）计算，坐标原点 O 距 C 点的水平距离为 L_{OC}，文献［3］给出了有棱体排水的心墙坝的简化计算方法，心墙段的单宽渗流量为

$$q = k_0 \frac{H_1^2 - h^2}{2\overline{\delta}} \tag{20.22}$$

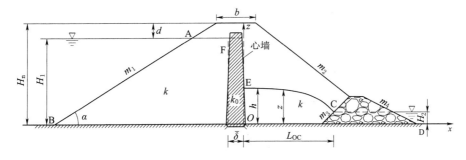

图 20.4 心墙坝棱体排水（坝下游有水）分析简图

通过下游坝体的单宽渗流量为

$$q = k \frac{h^2 - H_2^2}{2L_{OC}} \tag{20.23}$$

浸润线方程为[4]

$$z = \sqrt{h^2 - 2qx/k} \tag{20.24}$$

式中：h 为平均心墙厚度下游面的浸润线高度。

在实验中测量出 H_1、H_2、q 和 h，可以由式（20.23）求得 k，由式（20.22）求得 k_0。

20.3　实验设备和仪器

心墙坝渗流模拟实验设备（包括坝的下游设排水设施）为自循环实验系统，如图 20.5

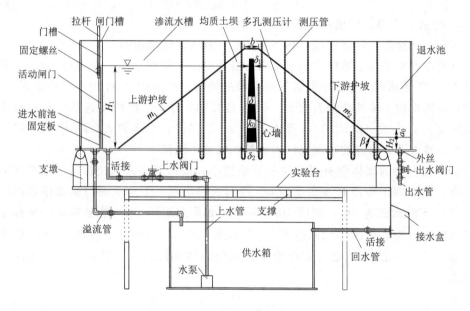

（a）心墙坝剖面图

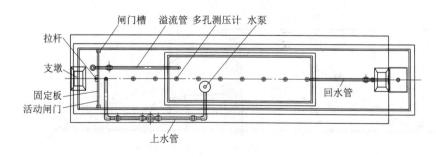

（b）心墙坝平面图

图 20.5　心墙坝渗流模拟实验装置原理示意图

所示。可以看出，实验设备与均质土坝的实验设备基本相同，不同点在于在均质土坝的中心位置设了一道心墙，心墙用透水性较小的材料制作。

坝底测压管的设置原则与均质土坝的设计原则相同，但要注意在平均心墙厚度的上游和下游适当位置各设一根测压管，如果在土坝下游设排水设施，则可以在排水设施的起点设一根测压管。

供水和测量系统与第 19 章的均质土坝实验完全相同。测量仪器为量筒、秒表、测尺和洗耳球。

20.4　实验方法和步骤

（1）在渗流水槽的适当部位装土坝，土坝的中央设透水性较小的心墙，心墙的顶部高度应高于上游液面，心墙的上游和下游装均质泥沙，土坝的上、下游用透水不易冲材料护面。坝顶部低于渗流水槽顶部 5～10cm。

（2）记录已知数据，如坝顶宽度 b、渗流水槽宽度 B、坝的入水点 A 距下游坝脚 D 的距离 L、测压孔位置及坐标。

（3）打开水泵，缓慢打开上水管上的上水阀门，关闭下游出水管上的出水阀门，使进水前池充满水，并使水流从活动闸门的顶部溢流，保持坝上游水位的恒定。

（4）用洗耳球将测压管中的空气排出。

（5）缓慢打开出水管上的出水阀门，使水流通过坝体流向下游，同时调节下游水位达到要求。

（6）待水流稳定后，用测尺读取各测压管的水面读数，上游水深 H_1、下游水深 H_2、心墙上游面水深 h_1、心墙下游面水深 h_2（或 h）、水流逸出点高度 a_0，如果有排水设备，还可以测量排水设备起点处的水深 h_0（或 h_{01}），用量杯和秒表从出水阀门下面的管中测量流量。

（7）实验结束后将仪器恢复原状。

20.5　数据处理和成果分析

实验设备名称：　　　　　　　　　　　　仪器编号：

同组学生姓名：

已知数据：坝顶宽度 $b=$　　　cm；渗流水槽宽度 $B=$　　　cm；

　　　　　入水点 A 距下游坝脚 D 的水平距离 $L=$　　　cm；

　　　　　棱体排水的坐标原点 O 与 C 之间的水平距离 $L_{OC}=$　　　cm；

　　　　　上游坝坡系数 $m_1=$　　　；下游坝坡系数 $m_2=$　　　；

　　　　　棱体排水上游坝坡系数 $m_3=$　　　；棱体排水下游边坡系数 $m_4=$　　　。

1. 实验数据测量和计算

心墙坝渗流模拟实验数据测量和计算见表 20.1。

表 20.1　　　　　　　　　　心墙坝渗流模拟实验数据测量与计算

测压管编号	模型坐标 x_{im} /cm	原型坐标 x_{ip} /cm	$H_1=$　cm, $H_2=$　cm, $a_0=$　cm, $h_1=$　cm, $h_2(h)=$　cm, $h_0(h_{01})=$　cm, $Q=$　cm^3/s					
			模型测压管读数 /cm	原型测压管读数 /cm	模型浸润曲线 /cm	原型浸润曲线 /cm	模型计算浸润曲线 /cm	实测模型单宽渗流量 /[(cm^3/(s·cm)]
								换算原型单宽渗流量 /[cm^3/(s·cm)]
								计算均质坝体的渗透系数 k /(cm/s)
								计算心墙的渗透系数 k_0 /(cm/s)

学生签名：　　　　　　　　　　教师签名：　　　　　　　　　　实验日期：

注　模型换算成原型的方法与第 19 章的方法相同。

2. 成果分析

（1）按分段法进行成果分析。

1）由式（20.1）计算心墙坝的平均厚度 $\overline{\delta}$。

2）由第 19 章的式（19.7）计算 ΔL。

3）根据实测的下游水深 H_2、逸出点高度 a_0 和下游坝坡系数 m_2，由式（20.5）计算 q/k。

4）根据实测的单宽渗流量 q，由式（20.5）计算均质坝体的渗透系数 k。

5）将 q/k、H_2、a_0、m_2 和平均心墙坝厚度下游面距下游坝脚的距离 L_2 代入式（20.17）计算平均心墙厚度下游面的浸润线高度 h_2。

6）根据上游水深 H_1、q/k 和 ΔL 代入式（20.15）计算平均心墙厚度上游面的浸润线 h_1。

7）根据计算的 h_1、h_2、ΔL、$\overline{\delta}$ 和实测的单宽渗流量 q，由式（20.16）计算心墙的渗透系数 k_0。

8）浸润线仍由式（20.8）计算。对于心墙上游的均质坝体，将渗透系数 k 代入式（20.8）直接计算浸润线；对于心墙部分，因为心墙上游面的水深 h_1、下游面的水深 h_2 已知，用曲线连接两点即可；对于心墙下游的均质坝体，在计算浸润线时，式（20.8）中的 H_1 用 h_2 代替。

9）将计算得到的 h_1 和 h_2 与实测的 h_1 和 h_2 比较，分析其实验误差。

10）也可以根据实测的单宽渗流量 q、H_1、H_2、h_1、h_2 和 $\bar{\delta}$，由式（20.16）和式（20.17）或式（20.15）分别计算 k_0 和 k。

11）根据第 19 章的模型律换算渗流量、渗透系数、心墙坝的上下游水深和坝体的浸润线高度。

12）由求得的均质坝体的渗透系数 k、心墙的渗透系数 k_0、心墙的平均厚度 $\bar{\delta}$ 由式（20.2）计算心墙的当量厚度 δ'。

（2）按折换法进行成果分析。

1）根据实测的流量 Q，用流量除以渗流水槽宽度 B，得坝体的单宽渗流量 q。

2）根据已知的上游水面处的心墙厚度 δ_1、底部厚度 δ_2，由式（20.1）计算心墙的平均厚度 $\bar{\delta}$。

3）根据已知的上游水深 H_1，用第 19 章的式（19.7）计算等效矩形体的宽度 ΔL。

4）根据实测的上游水深 H_1、下游水深 H_2、单宽渗流量 q、逸出点高度 a_0 和下游坝坡 m_2，由式（20.4）和式（20.5）反求 L'。

5）计算上游入渗点 A 距下游坝脚 D 的距离 L。

6）由 L 用式（20.6）求换算后的均质土坝的坝顶宽度 b'。

7）由式（20.3）求心墙的当量厚度 δ'。

8）将求得的 L' 和实测的上游水深 H_1、下游水深 H_2、单宽渗流量 q、逸出点高度 a_0 代入式（20.4）求均质土坝的渗透系数 k。

9）由求得的均质土坝的渗透系数 k、心墙的平均厚度 $\bar{\delta}$ 和心墙的当量厚度 δ' 求心墙的渗透系数 $k_0 = (k\bar{\delta})/\delta'$。

10）用式（20.9）～式（20.11）计算 x_F、x_G 和 x_C，用式（20.12）～式（20.14）计算 z_F、z_G 和 z_C 几个特征点的坐标。

11）用式（20.8）计算浸润线，并将计算的浸润线与实测的浸润线在方格纸上或计算机中绘出，对结果进行分析。

12）计算完成后，应按原来的比例将心墙部分浸润线的水平距离缩小，即得放大前心墙和坝体的浸润线。

（3）坝体下游设排水设备时的成果分析。

1）用分段法计算，可以根据实测的 h_2 和已知的 L_2，对于坝的下游有水的情况，由式（20.19）计算 h_{01}。

2）将计算得到的 h_{01} 和实测的 q 代入式（20.18）计算均质坝体的渗透系数 k。

3）根据实测的 h_1、h_2 和 q 以及计算的 $\bar{\delta}$，代入式（20.16）求心墙的渗透系数 k_0。

20.6 实验中应注意的事项

实验中的注意事项与第 19 章完全相同。

思 考 题

1. 土坝中设心墙的作用是什么？

2. 如果心墙坝的上游水深 H_1，下游水深 H_2，心墙上、下游的材料与均质土坝完全相同，则实测心墙坝的浸润曲线、流量、水力坡度与均质土坝的浸润曲线、流量和水力坡度有什么不同？

3. 如果在心墙坝下游设排水设备，其心墙下游的浸润线与不设排水设备有什么不同？

参　考　文　献

［1］　顾慰慈. 渗流计算原理及应用［M］. 北京：中国建材工业出版社，2000.

［2］　大连工学院水力学教研室. 水力学解题指导及习题集［M］. 2 版. 北京：高等教育出版社，1984.

［3］　陈德亮，王长德. 水工建筑物［M］. 4 版. 北京：中国水利水电出版社，2005.

［4］　武汉水利电力学院水力学教研室. 水力计算手册［M］. 北京：水利电力出版社，1983.

第 21 章 斜墙坝渗流模拟实验

21.1 实验目的和要求

（1）掌握斜墙坝渗流量和浸润曲线的理论计算方法。

（2）掌握测量斜墙坝浸润曲线的方法，分析浸润曲线在斜墙上、下游和均质土坝中的变化规律。

（3）通过实验确定斜墙坝的渗透系数。

21.2 实验原理

21.2.1 下游无排水设施

土质防渗体斜置于土坝的上游面，坝体采用透水性较好的沙石料，或自上游防渗体向下游侧渗透性逐渐增大的几种土料构成的土石坝称为斜墙坝。

斜墙坝渗流实验的主要任务是确定经过坝体的单宽渗流量、浸润曲线、流速和逸出点的高度，确定坝体的渗透系数。

设有一筑于水平不透水地基上的斜墙坝，如图 21.1 所示。坝高为 H_n，坝顶宽度为 b，上、下游水头分别为 H_1 和 H_2，上游坝坡系数为 m_1，下游坝坡系数为 m_2，在坝的上游面设一道透水性很小的斜墙，斜墙顶部厚度为 δ_1（上游水面处），底部厚度为 δ_2，平均厚度为 $\overline{\delta}$，如图中的虚线所示，斜墙的渗透系数为 k_0，斜墙下游均质土坝的渗透系数为 k。上游液体将通过斜墙的边界 AB 渗入坝体，在坝体形成浸润线，由于斜墙的渗透系数 k_0 远小于坝体的渗透系数 k，所以渗流通过斜墙的水头损失较大，浸润线在斜墙中形

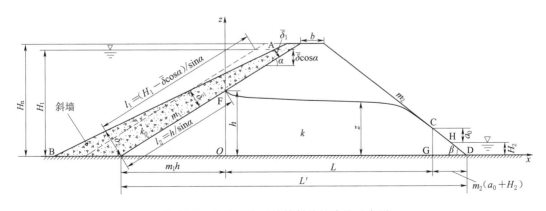

图 21.1 平均厚度法计算斜墙坝渗流示意图

成很大的跌落，如图中的 AFC 线所示，C 点为逸出点，CH 的垂直高度 a_0 称为逸出高度，ABDC 区域为渗流区。

斜墙坝的渗流计算有折换法、分段法、平均厚度法等。折换法的计算过程与心墙坝完全相同。平均厚度法将变厚度的斜墙简化为等厚度的斜墙，计算比较简单。分段法将斜墙与坝体的浸润线相交点分为上坝段和下坝段分开计算，计算比较复杂。本章介绍平均厚度法和分段法计算斜墙坝渗流的方法。

1. 平均厚度法[1]

和心墙一样，将变厚度的斜墙化为等厚度的斜墙，即视斜墙厚度为平均厚度，设斜墙的平均厚度为 $\overline{\delta}$，则

$$\overline{\delta} = (\delta_1 + \delta_2)/2 \tag{21.1}$$

式中：δ_1 为斜墙顶部（上游水面处）的法向厚度；δ_2 为斜墙底部的法向厚度；$\overline{\delta}$ 为斜墙的平均法向厚度。

平均厚度法将渗流的计算分成 3 部分，即斜墙段、中间坝段和下游三角形楔体段。

（1）斜墙段。如图 21.1 所示，在斜墙后的 F 点，即均质土坝浸润线的起点处，斜墙的法向渗流水头为 $H_1 - h - \overline{\delta}\cos\alpha$，渗径为 $\overline{\delta}$，平均水力坡度为

$$J = \frac{H_1 - h - \overline{\delta}\cos\alpha}{\overline{\delta}} \tag{21.2}$$

式中：H_1 为上游水深；h 为斜墙后的浸润线高度；J 为通过斜墙渗流的平均水力坡降；α 为平均厚度斜墙与水平面的夹角。

斜墙段的单宽渗流量为

$$q = k_0 J A = k_0 \frac{H_1 - h - \overline{\delta}\cos\alpha}{\overline{\delta}} A \tag{21.3}$$

式中：k_0 为斜墙的渗透系数；A 为斜墙上游面和下游面单位宽度的平均渗流面积。

设斜墙上游面单位宽度的渗流面积为 A_1，斜墙下游面单位宽度的渗流面积为 A_2，由图 21.1 可以看出，$A_1 = l_1 \times 1$，$A_2 = l_2 \times 1$，则

$$A_1 = \frac{H_1 - \overline{\delta}\cos\alpha}{\sin\alpha} \tag{21.4}$$

$$A_2 = h/\sin\alpha \tag{21.5}$$

斜墙上游面和下游面单位宽度的平均渗流面积为

$$A = \frac{1}{2}(A_1 + A_2) = \frac{H_1 + h - \overline{\delta}\cos\alpha}{2\sin\alpha} \tag{21.6}$$

将式（21.6）代入式（21.3）得

$$q = k_0 \frac{(H_1 - \overline{\delta}\cos\alpha)^2 - h^2}{2\overline{\delta}\sin\alpha} \tag{21.7}$$

（2）中间坝段。对于中间均质土坝段，上游面的水深为 h，下游面的水深为 $a_0 + H_2$，所以中间坝段的渗流水头为 $h - (a_0 + H_2)$，中间坝段的平均渗流坡降为 $J = [h - (a_0 + H_2)]/L$，渗流面积为 $A = [h + (a_0 + H_2)]/2$，因此通过中间坝段的单宽渗流量为

$$q = kJA = k\frac{h^2 - (a_0 + H_2)^2}{2L} \tag{21.8}$$

式中：L 为图 21.1 中 O 点至水面逸出点 C 之间的水平距离；k 为均值坝体的渗透系数。

由图 21.1 可以看出，$L = L' - m_1 h - m_2(a_0 + H_2)$，代入式（21.8）得

$$q = k\frac{h^2 - (a_0 + H_2)^2}{2[L' - m_1 h - m_2(a_0 + H_2)]} \tag{21.9}$$

式中：m_2 为下游坝坡系数；H_2 为下游水深；a_0 为逸出高度；L' 为上游土坝的坝脚至下游坝脚的距离。

（3）下游三角形楔体段。下游三角形楔体段的渗流计算和均质土坝相同，即

$$q = \frac{ka_0}{m_2}\left(1 + \ln\frac{a_0 + H_2}{a_0}\right) \tag{21.10}$$

如果采用图 21.1 所示的坐标系，即自由水面线的纵坐标 z 设在自由水面线与斜墙下游坡相交点 F 的垂直线上，横坐标 x 轴设在坝基面上，则坝身浸润线方程为

$$z = \sqrt{h^2 - 2qx/k} \tag{21.11}$$

如果已知斜墙的渗透系数 k_0 和均值坝体的渗透系数 k，坝的体型参数 m_1、m_2、L'，渗径 $\bar{\delta}$、坝的上游水深 H_1 和下游水深 H_2，则可以联立式（21.7）、式（21.9）和式（21.10），求得 h、a_0 和 q，然后由式（21.11）求坝体的浸润线。

2. 分段法[2]

分段法仍将变厚度的斜墙化为等厚度的斜墙，等厚度的斜墙平均厚度由式（21.1）计算，等厚度斜墙如图 21.2 所示。以图 21.2 中的断面 1—1 为界，断面 1—1 的左侧部分作为一段，断面 1—1 的右侧部分作为另外的计算段。

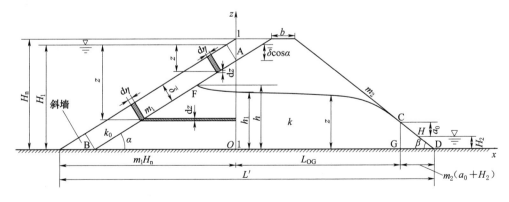

图 21.2 分段法计算斜墙坝渗流示意图

在断面 1—1 左侧的渗透水流应包括两部分，第一部分是浸润线与斜墙交点 F 以上的部分，这一部分渗流是通过浸润线 F 以上的斜墙而渗入坝体的水，当水经过斜墙以后，斜墙后面的均质土坝的渗透系数 k 远大于斜墙的渗透系数 k_0，水在均质土坝中渗透较快，液体不能完全充满该部分土体，所以该区为非饱和渗透区，一般认为该区液体迅速沿铅直方向下渗。第二部分是浸润线与斜墙交点 F 以下的部分，该部分水流从浸润线 F 以下的斜墙段渗出后，和上段斜墙沿铅直方向下渗的液体共同经过断面 1—1，组成经过坝体的全部渗流量。

设经过上段斜墙渗出的单宽渗流量为 q_1，下段斜墙渗出的单宽渗流量为 q_2，则经过斜墙渗出的全部单宽渗流量为 $q = q_1 + q_2$。

如图 21.2 所示，在浸润线 F 点以上的上段斜墙内任意取一渗透水头为 z 的微小流束 $\mathrm{d}\eta$，由图 21.2 可以看出，$\mathrm{d}\eta = \mathrm{d}z / \sin\alpha$，根据裘布衣公式，通过该微小流束的单宽渗流量为

$$\mathrm{d}q_1 = k_0 \frac{z}{\overline{\delta}} \mathrm{d}\eta = \frac{k_0}{\overline{\delta}} \frac{z \mathrm{d}z}{\sin\alpha} \tag{21.12}$$

对式（21.12）从 $\overline{\delta}\cos\alpha$ 到 $H_1 - h$ 积分得

$$q_1 = \frac{k_0}{2\overline{\delta}} \frac{(H_1 - h)^2 - (\overline{\delta}\cos\alpha)^2}{\sin\alpha} \tag{21.13}$$

对于浸润线 F 点以下的斜墙段，同样可以取一微小流束 $\mathrm{d}\eta$，因在下段斜墙内任何微小流束上所作用的渗透水头为常数 $(H_1 - h)$，故通过微小流束 $\mathrm{d}\eta$ 的单宽渗流量为

$$\mathrm{d}q_2 = k_0 \frac{(H_1 - h)}{\overline{\delta}} \mathrm{d}\eta \tag{21.14}$$

因为坝体的渗透系数 k 与斜墙的渗透系数 k_0 不同，而下段斜墙渗出的单宽渗流量 q_2 必须通过坝体渗流后而到达断面 1—1，故需将斜墙由原来的平均厚度 $\overline{\delta}$ 放大到厚度 δ'，放大后的斜墙材料与均质土坝的材料相同，渗透系数也等于均质土坝的渗透系数 k，同时也将微小流束厚度 $\mathrm{d}\eta$ 换算成 $\mathrm{d}z$，则得用 δ' 和 $\mathrm{d}z$ 表示的微小流束的单宽渗流量为

$$\mathrm{d}q_2 = k \frac{(H_1 - h)}{\delta'} \mathrm{d}z \tag{21.15}$$

联立式（21.14）和式（21.15）得

$$\delta' = \frac{k}{k_0} \overline{\delta} \frac{\mathrm{d}z}{\mathrm{d}\eta} = \frac{k}{k_0} \overline{\delta} \sin\alpha \tag{21.16}$$

如果从上游坝坡至断面 1—1 取一微小流束，令其渗透系数均为 k，则该微小流束的当量长度为 $\delta' + m_1 z$，z 为微小流束至上游水面的垂直距离，该微小流束的渗透水头为 $H_1 - h_1$，h_1 为断面 1—1 处的水深，如图 21.2 所示。于是得

$$\mathrm{d}q_2 = k \frac{(H_1 - h_1)}{\delta' + m_1 z} \mathrm{d}z \tag{21.17}$$

对式（12.17）从 $H_1 - h_1 - \overline{\delta}\cos\alpha$ 到 $H_1 - \overline{\delta}\cos\alpha$ 积分得

$$q_2 = k \frac{(H_1 - h_1)}{m_1} \ln\left[\frac{\delta' + m_1(H_1 - \overline{\delta}\cos\alpha)}{\delta' + m_1(H_1 - h_1 - \overline{\delta}\cos\alpha)} \right] \tag{21.18}$$

则通过斜墙到达断面1—1的总单宽渗流量为

$$q=q_1+q_2=\frac{k_0}{2}\frac{(H_1-h)^2-(\overline{\delta}\cos\alpha)^2}{\overline{\delta}\sin\alpha}+\frac{k(H_1-h_1)}{m_1}\ln\left[\frac{\delta'+m_1(H_1-\overline{\delta}\cos\alpha)}{\delta'+m_1(H_1-h_1-\overline{\delta}\cos\alpha)}\right]$$

(21.19)

如果近似地取 $h=h_1$，并注意 $\overline{\delta}=k_0\delta'/(k\sin\alpha)$，代入式（21.19）得

$$q=\frac{k}{2}\frac{(H_1-h_1)^2-(\overline{\delta}\cos\alpha)^2}{\delta'}+\frac{k(H_1-h_1)}{m_1}\ln\left[\frac{\delta'+m_1(H_1-\overline{\delta}\cos\alpha)}{\delta'+m_1(H_1-h_1-\overline{\delta}\cos\alpha)}\right]$$

(21.20)

由式（21.20）还不能求出单宽渗透流量 q，还必须与断面1—1以右的下游段联合求解。对于断面1—1以后的中间坝段，单宽渗流量由式（21.9）可得

$$q=k\frac{h_1^2-(a_0+H_2)^2}{2L_{OG}}$$

(21.21)

式中：L_{OG} 为断面1—1距渗流溢出断面 CG 的水平距离。

对于中间坝段下游的楔形体，单宽渗流量由式（21.10）计算。

联立式（21.20）、式（21.21）和式（21.10），可以求解3个未知数 h_1、a_0 和 q。

对于断面1—1以下的浸润线，由式（21.11）计算，计算时注意用 h_1 代替 h。

21.2.2 下游有排水设施[1]

1. 坝下游无水

当坝下游无水时，斜墙坝的褥垫排水和棱体排水如图21.3和图21.4所示。仍然认为均值坝体的浸润线为抛物线，图中的 $e=0.5h_0$。斜墙坝的渗流计算可以分为两段来进行，即斜墙段和坝体段。

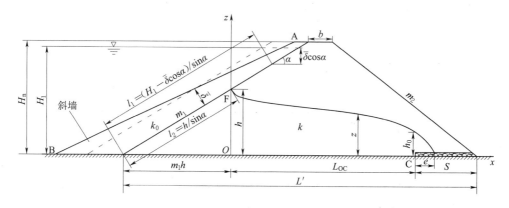

图 21.3　斜墙坝褥垫排水（坝下游无水）分析简图

对于斜墙段，仍可采用平均厚度法，对于坝体段，采用均质土坝的计算方法来计算。

斜墙段的单宽渗流量由式（21.7）计算。对于坝体段，单宽渗流量的计算式为

$$q=\frac{k}{2L_{OC}}(h^2-h_0^2)$$

(21.22)

式中：h 为斜墙后的浸润线高度；h_0 为排水设施起点的浸润线高度。L_{OC} 为浸润线起点 O 距排水设施起点 C 的距离。

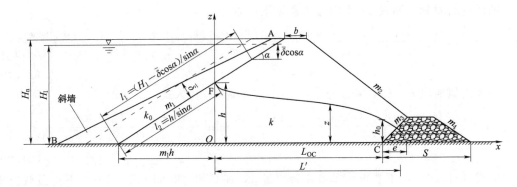

图 21.4　斜墙坝棱体排水（坝下游无水）分析简图

式（21.22）中的 h_0 可用式（21.23）计算

$$h_0 = \sqrt{h^2 + L_{OC}^2} - L_{OC} \tag{21.23}$$

坝体浸润线用式（21.11）计算。

2. 坝下游有水

对于坝下游有水的情况，斜墙坝的褥垫排水和棱体排水如图 21.5 和图 21.6 所示。设下游水深为 H_2，渗流的计算方法与坝下无水时基本相同，对于斜墙段，仍用式（21.7）计算。对于坝体段，如果将坐标原点设在下游水面上，则有

$$q = \frac{k}{2L'} \left[(h - H_2)^2 - h_{01}^2 \right] \tag{21.24}$$

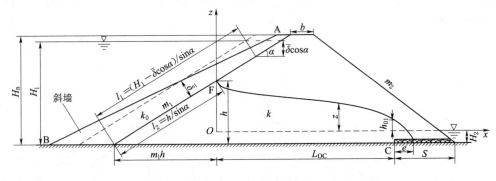

图 21.5　斜墙坝褥垫排水（坝下游有水）分析简图

对于棱体排水，式中的 h_{01} 为下游水面与棱体排水上游坡面交点处的浸润线高度，对于褥垫排水，h_{01} 为褥垫排水起点处下游水面以上的浸润线高度。

对于褥垫排水，$L' = L_{OC}$，对于棱体排水，$L' = L_{OC} + m_3 H_2$。m_3 为棱体排水上游的边坡系数。

对于排水起点的水深 h_{01} 用式（21.25）和式（21.16）计算，即

褥垫排水时

$$h_{01} = \sqrt{(h - H_2)^2 + L_{OC}^2} + H_2 - L_{OC} \tag{21.25}$$

棱体排水时

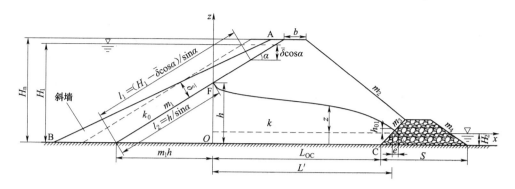

图 21.6 斜墙坝棱体排水（坝下游有水）分析简图

$$h_{01} = \sqrt{(h - H_2)^2 + (L_{OC} + m_3 H_2)^2} + H_2 - (L_{OC} + m_3 H_2) \tag{21.26}$$

浸润线方程为

$$z = \sqrt{(h - H_2)^2 - 2qx/k} \tag{21.27}$$

21.3 实验设备和仪器

斜墙坝渗流实验设备为自循环实验系统（也可以在斜墙坝的下游设排水设施），如图 21.7 所示。可以看出，实验设备与第 19 章的均质土坝实验设备基本相同，不同点在于坝的上游边坡用透水性较小的材料制作成斜墙。

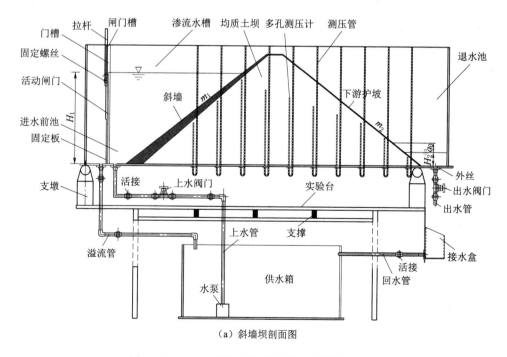

（a）斜墙坝剖面图

图 21.7（一） 斜墙坝渗流实验装置原理示意图

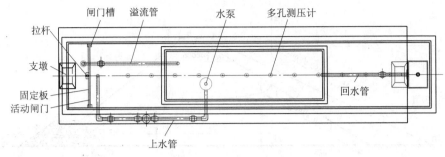

（b）斜墙坝平面图

图 21.7（二） 斜墙坝渗流实验装置原理示意图

供水和测量系统与第 19 章的均质土坝实验完全相同。测量仪器为量筒、秒表、测尺和洗耳球。

21.4 实验方法和步骤

（1）在渗流水槽的适当部位装均质土坝，均质土坝的上游设透水性弱的斜墙，斜墙的顶部高度应高于上游液面，在斜墙的下游与均质土坝下游护坡之间装均值泥沙，均质土坝的下游用透水不易冲材料护面。坝顶部低于渗流水槽顶部 5～10cm。

（2）记录已知数据，如坝顶宽度 b、渗流水槽宽度 B、坝的入水点距下游坝脚的距离、斜墙的平均厚度 $\bar{\delta}$、测压孔位置及坐标。

（3）打开水泵，缓慢打开上水管上的上水阀门，关闭下游出水管上的出水阀门，使进水前池充满水，并使水流从活动闸门的顶部溢流，保持上游水位的恒定。

（4）用洗耳球将测压管中的空气排出。

（5）缓慢打开出水管上的出水阀门，使水流通过坝体流向下游，同时调节下游水位达到要求。

（6）待水流稳定后，用测尺读取各测压管的水面读数；上游水头 H_1、下游水头 H_2、斜墙后的浸润线高度 h、水流逸出点高度 a_0，如果有排水设施，测量排水设施起点的水深 h_0（或 h_{01}），用量杯和秒表从出水阀门下面的出水管中测量流量。

（7）实验结束后将仪器恢复原状。

21.5 数据处理和成果分析

实验设备名称： 仪器编号：

同组学生姓名：

已知数据：入水点距下游坝脚的距离＝ cm；渗流水槽宽度 B＝ cm；

坝顶宽度 b＝ cm；上游坝坡系数 m_1＝ ；下游坝坡系数 m_2＝ ；

棱体排水上游边坡系数 m_3＝ ；棱体排水下游边坡系数 m_4＝ ；

棱体排水的起点与下游水面交点之间的水平距离＝ cm。

1. 实验数据测量与计算

斜墙坝渗流模拟实验数据测量与计算见表 21.1。

表 21.1 斜墙坝渗流模拟实验数据测量与计算

测压管编号	模型坐标 x_{im} /cm	原型坐标 x_{ip} /cm	$H_1=$ cm, $H_2=$ cm, $a_0=$ cm, $h=$ cm, $h_0(h_{01})=$ cm, $Q=$ cm³/s					
			模型测压管读数 /cm	原型测压管读数 /cm	模型浸润曲线 /cm	原型浸润曲线 /cm	模型计算浸润曲线 /cm	实测模型单宽渗流量 /[cm³/(s·cm)]
								换算原型单宽渗流量 /[cm³/(s·cm)]
								计算均质坝体的渗透系数 k /(cm/s)
								计算斜墙的渗透系数 k_0 /(cm/s)

学生签名： 教师签名： 实验日期：

注 模型换算成原型的方法与第 19 章的方法相同。

2. 成果分析

（1）根据斜墙上游水面处的法向厚度 δ_1、斜墙底部的法向厚度 δ_2，由式（21.1）计算斜墙的平均法向厚度 $\bar{\delta}$。

（2）求均质土坝上游坝脚至下游坝脚的距离 L'。

（3）根据下游坝坡系数 m_2、实测的下游水深 H_2、逸出点高度 a_0、单宽渗流量 q，由式（21.10）计算均质坝体的渗透系数 k。

（4）根据上游坝坡系数 m_1、下游坝坡系数 m_2，实测的 H_2、a_0、q，计算的 L' 和计算的渗透系数 k，由式（21.9）计算斜墙后的浸润线高度 h。

（5）根据实测的上游水头 H_1、斜墙的平均法向厚度 $\bar{\delta}$、上游坝脚 α 和斜墙后的浸润线高度 h，用式（21.7）求斜墙的渗透系数 k_0。

（6）确定浸润线起点 F 的位置。F 的位置距上游坝脚的距离为 m_1h。

（7）用式（21.11）计算浸润曲线。

（8）根据各测压管水面读数及计算的浸润线，在方格纸上或计算机上绘出浸润曲线，并对计算和实测结果进行对比分析。

（9）斜墙的水力坡度用式（21.2）计算。均质土坝的水力坡度为 $J=[h-(a_0+H_2)]/L$。

（10）确定均质土坝的渗透速度 $v=kJ$。

217

（11）对于在斜墙坝下游设排水设施的情况，根据排水设施的形式，选择相应的计算公式，其成果分析方法与不设排水设施的完全相同。

（12）根据第 19 章的模型律换算渗流量，渗透系数，斜墙坝的上、下游水深和坝体的浸润线高度。

21.6 实验中应注意的事项

实验中的注意事项和第 19 章相同。

思 考 题

1. 分析斜墙坝的浸润曲线、渗流量、水力坡度与均质土坝的浸润曲线、渗流量和水力坡度有什么不同？

2. 斜墙在土坝中的作用是什么？

3. 斜墙坝与均质土坝相比有什么优缺点，与心墙坝相比有什么优缺点。

4. 在斜墙坝中设排水设施，其浸润线与不设排水设施有什么区别？

5. 试根据实测的单宽渗流量 q、水流逸出点高度 a_0 以及已知参数，用分段法的式（21.20）和式（21.21）计算斜墙坝断面 1—1 处的水深 h_1，然后根据 h_1、a_0、H_2 和 L_{OG}，计算均质坝体的渗透系数 k，并将计算结果与平均厚度法比较。

参 考 文 献

［1］ 顾慰慈. 渗流计算原理及应用 ［M］. 北京：中国建材工业出版社，2000.

［2］ 吴持恭. 水力学 ［M］. 北京：人民教育出版社，1983.

第 22 章　地下水非均匀渐变渗流模拟实验

22.1　实验目的和要求

（1）掌握测量地下水渐变渗流单宽渗流量的方法。

（2）掌握测量地下水渐变渗流浸润曲线的方法，并将测量结果与计算结果进行比较，分析其变化规律。

（3）确定水流通过沙体的渗透系数。

22.2　实验原理

22.2.1　地下水非均匀渐变渗流的裘布衣公式和微分方程

位于不透水地基上的孔隙区域内具有自由表面的渗流，称为地下水渗流。该渗流为无压渗流，渗流与大气相接触的自由表面称为浸润面。地下水渗流与地面明槽流类似，也分为棱柱体、非棱柱体地下水；也可分为顺坡、平坡、逆坡地下水；渗流可分为恒定均匀渗流和恒定非均匀渐变渗流。本章主要研究恒定非均匀渐变渗流浸润曲线问题。

1. 非均匀渐变渗流的裘布衣公式[1]

图 22.1 为一恒定非均匀渐变渗流分析简图，在相距为 ds 的断面 1—1 和断面 2—2 之间任意取微小流束 ab，在 a 点的测压管水头设为 $H_1 = z_1 + p_1/\gamma$，b 点的测压管水头为 $H_2 = z_2 + p_2/\gamma$，其中 z_1 和 z_2 为断面 1—1 和断面 2—2 的位置水头，p_1/γ 和 p_2/γ 为断面 1—1 和断面 2—2 的压强水头。从 a 点至 b 点的测压管水头差或水头损失为 $dh_w = H_1 - H_2 = -(H_2 - H_1) = -dH$，水力坡度为 $J = dh_w/ds = -dH/ds$，根据达西定律，微小流束在 a 点处的流速为

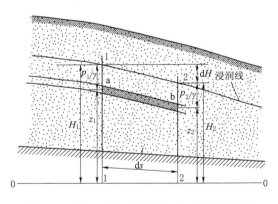

图 22.1　恒定非均匀渐变渗流流束分析简图

$$u = kJ = -k\frac{dH}{ds} \tag{22.1}$$

因为沿水流方向单位势能的增量 dH 恒为负值，为使 J 为正值，故在公式前加负号。

断面 1—1 上的平均流速为

$$v = \frac{1}{A}\int_A u\,dA = \frac{1}{A}\int_A -k\frac{dH}{ds}\,dA \tag{22.2}$$

式中：u 为 a 点处的流速；v 为断面 1—1 的平均流速；k 为渗透系数；A 为断面 1—1 上的过水断面面积。

对于恒定非均匀渐变渗流，由第 19 章已知，同一横断面上各点的测压管水头为常数，对于任何微小流束，渗流从断面 1—1 流至断面 2—2，其测压管水头差 dH 相同，断面 1—1 和断面 2—2 之间各流线的长度 ds 近似相等，所以不同微小流束的水力坡度 dH/ds 为一常数，故式（22.2）可写成

$$v = -k \frac{\mathrm{d}H}{\mathrm{d}s} \tag{22.3}$$

式（22.3）即为著名的裘布依公式，是由法国学者裘布依于 1857 年提出来的。裘布依公式表明，在非均匀渐变渗流中，过水断面上各点的流速相等，并等于断面平均流速，流速分布图为矩形，但对不同的过水断面，水力坡度 J 不相等，因而流速也不相等。裘布依公式在形式上与达西定律相同，不同的是水力坡度 J 随断面位置而变，而达西定律的 J 对各断面均相同。

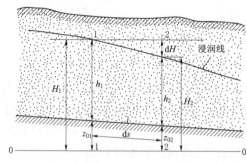

图 22.2　非均匀渐变渗流微分方程分析简图

2. 恒定非均匀渐变渗流的基本微分方程[2]

上面已经说明，恒定非均匀渐变渗流的基本关系式是裘布衣公式（22.3），下面利用这个基本关系式研究非均匀渐变渗流的基本微分方程。

设有一恒定非均匀渐变渗流如图 22.2 所示。不透水地基的底板坡度为 i，取基准面 0—0 及任意两个相距为 ds 的过水断面 1—1 和断面 2—2，由图中可以看出，水头 H 为渗流水深 h 与不透水层面至基准面之间的铅直距离 z_0 之和，即

$$H = h + z_0$$

对上式求导数得

$$\frac{\mathrm{d}H}{\mathrm{d}s} = \frac{\mathrm{d}}{\mathrm{d}s}(h + z_0) = \frac{\mathrm{d}h}{\mathrm{d}s} + \frac{\mathrm{d}z_0}{\mathrm{d}s}$$

由于底板的坡度 $i = \dfrac{z_{01} - z_{02}}{\mathrm{d}s} = -\dfrac{z_{02} - z_{01}}{\mathrm{d}s} = -\dfrac{\mathrm{d}z_0}{\mathrm{d}s}$，所以 $\dfrac{\mathrm{d}H}{\mathrm{d}s} = \dfrac{\mathrm{d}h}{\mathrm{d}s} - i$，代入裘布依公式（22.3）得

$$v = -k\left(\frac{\mathrm{d}h}{\mathrm{d}s} - i\right) = k\left(i - \frac{\mathrm{d}h}{\mathrm{d}s}\right) \tag{22.4}$$

$$Q = vA = kA\left(i - \frac{\mathrm{d}h}{\mathrm{d}s}\right) \tag{22.5}$$

式中：Q 为流量；A 为过水断面面积。

设地下水过水断面宽度为 b，通过该宽度的单宽渗流量为 q，因为过水断面的面积 $A = bh$，单宽渗流量 $q = Q/b$，代入式（22.5）得

$$q = kh\left(i - \frac{\mathrm{d}h}{\mathrm{d}s}\right) \tag{22.6}$$

式（22.5）和式（22.6）即为恒定非均匀渐变渗流的基本微分方程式。

当地下水渗流为恒定均匀渗流时，水深沿程不变，$\mathrm{d}h/\mathrm{d}s=0$，水深 h 为正常水深 h_0，则由式（22.6）可得单宽渗流量 q 与正常水位 h_0、渗透系数 k 以及底坡 i 的关系为

$$q=kh_0i \tag{22.7}$$

由水力学已知，渗流的流速水头 $\alpha v^2/(2g)$ 非常小，相比于渗流水深可以忽略，所以渗流中没有临界水深，也不存在缓坡、陡坡和临界坡以及急流、缓流和临界流的概念，这样，在地下水中只有正坡、平坡和逆坡 3 种底坡类型。下面用式（22.6）和式（22.7）分析正坡、平坡和逆坡地下水渗流浸润线的计算方法。

22.2.2 正坡、平坡和逆坡地下水渗流浸润线计算

1. 正坡（$i>0$）地下水浸润曲线

正坡地下水的浸润曲线如图 22.3 所示。同分析明槽水面曲线的方法一样，对于正坡地下水，由于底坡 $i>0$，如果渗流为均匀渗流，流线是一系列的平行直线，渗流水深为正常水深 h_0，浸润曲线为与地下水底坡相平行的直线，如图 22.3 中的 N—N 线；如果渗流为恒

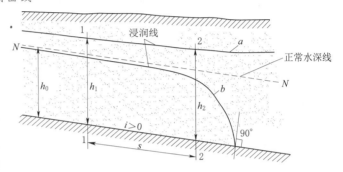

图 22.3 正坡（$i>0$）地下水的浸润曲线分布图

定非均匀渐变渗流，以渗流的正常水深线 N—N 为界可以将渗流分为两个区域，在渗流的正常水深 N—N 线以上的为 a 区，渗流的正常水深 N—N 线以下的为 b 区。在渗流浸润曲线的分析中，为了分析浸润曲线的变化规律，通常用渗流的正常水深 h_0 与实际渗流水深 h 的比值来分析水面曲线的变化情况，如果在正坡地下水中发生均匀渗流，则令式（22.7）与式（22.6）相等，由此可得

$$\frac{\mathrm{d}h}{\mathrm{d}s}=i\left(1-\frac{h_0}{h}\right) \tag{22.8}$$

由式（22.8）可以分析正坡地下水的浸润曲线的变化情况。

当地下水中发生均匀渗流时，$h=h_0$，则 $\mathrm{d}h/\mathrm{d}s=0$，表明渗流的水深沿程不发生变化，为均匀渗流。

当地下水的渗流水深发生在 a 区，由于渗流的正常水深 h_0 小于渗流的实际水深 h，即 $h_0<h$，由式（22.8）可得 $\mathrm{d}h/\mathrm{d}s>0$，渗流水深沿程增加，浸润曲线为壅水浸润曲线。在浸润曲线的上游，当 $h\to h_0$ 时，$\mathrm{d}h/\mathrm{d}s\to0$，浸润曲线以渗流的正常水深 N—N 线为渐近线；在浸润曲线的下游，当 $h\to\infty$ 时，$\mathrm{d}h/\mathrm{d}s\to i$，浸润曲线将以水平线为渐近线，所以 a 区渗流的浸润曲线为下凹的曲线，称为 a_1 型壅水浸润曲线[3]（文献［3］称为 P_1 型，为了与 a 区相对应，这里称为 a_1 型，下同）。

当地下水的渗流水深发生在 b 区，渗流的正常水深 h_0 大于渗流的实际水深 h，即 $h_0>h$，$\mathrm{d}h/\mathrm{d}s<0$，渗流水深沿程减小，浸润曲线为降水浸润曲线。在浸润曲线的上游，当 $h\to h_0$ 时，$\mathrm{d}h/\mathrm{d}s\to0$，浸润曲线仍以渗流的正常水深 N—N 线为渐近线；在浸润曲线的下游，$h\to0$，$\mathrm{d}h/\mathrm{d}s\to-\infty$，浸润曲线将与底坡相垂直，所以 b 区的浸润曲线是上凸的降水

曲线，称为 b_1 型降水浸润曲线[3]。

在正坡渠道中，$i > 0$，恒定非均匀渐变渗流的基本微分方程（22.6）可以写成

$$\frac{\mathrm{d}h}{\mathrm{d}s} = i - \frac{q}{kh} \tag{22.9}$$

对式（22.9）分离变量得

$$\frac{kh}{kih - q}\mathrm{d}h = \mathrm{d}s$$

对上式左边整理

$$\frac{kh}{kih - q}\mathrm{d}h = \frac{kih}{i(kih - q)}\mathrm{d}h = \frac{1}{i}\left(1 + \frac{q}{kih - q}\right)\mathrm{d}h = \frac{1}{i}\left[\mathrm{d}h + \frac{q}{ki}\frac{\mathrm{d}(kih - q)}{kih - q}\right]$$

由以上二式得

$$\frac{1}{i}\left[\mathrm{d}h + \frac{q}{ki}\frac{\mathrm{d}(kih - q)}{kih - q}\right] = \mathrm{d}s \tag{22.10}$$

如图 22.3 所示，对式（22.10）的左面从断面 1—1 的渗流水深 h_1 到断面 2—2 的渗流水深 h_2 积分，右面的积分结果为 s，则

$$s = \frac{1}{i}\left[(h_2 - h_1) + \frac{q}{ki}\ln\frac{kih_2 - q}{kih_1 - q}\right] \tag{22.11}$$

式中：s 为断面 1—1 与断面 2—2 之间的斜距离。

由式（22.11）可得单宽渗流量 q 的隐函数关系为

$$q = \frac{ki(si - h_2 + h_1)}{\ln[(kih_2 - q)/(kih_1 - q)]} \tag{22.12}$$

对于任意断面 x，设其水深为 h，这时 $s = x$，$h_2 = h$，代入式（22.11）得

$$x = \frac{1}{i}\left(h - h_1 + \frac{q}{ki}\ln\frac{kih - q}{kih_1 - q}\right) \tag{22.13}$$

用式（22.13）可以计算正坡地下水任意断面的水深，计算时，单宽渗流量 q、断面 1—1 的渗流水深 h_1、渗透系数 k 和底坡 i 均已知，可以假设一个 h，求得一个 x，直到用假设的 h 求得的 $x = s$，由此确定的浸润曲线即为所求的浸润曲线。

2. 平坡（$i = 0$）地下水的浸润曲线

在平坡上渗流没有正常水深，所以在平坡上浸润曲线只有一个区域，如图 22.4 所示。

将 $i = 0$ 代入式（22.6）可得

$$\frac{\mathrm{d}h}{\mathrm{d}s} = -\frac{q}{kh} \tag{22.14}$$

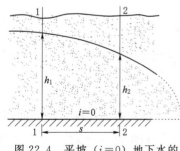

图 22.4　平坡（$i = 0$）地下水的
浸润曲线分布图

由式（22.14）可知，$\mathrm{d}h/\mathrm{d}s < 0$，渗流水深沿程减小，浸润曲线为降水浸润曲线。在浸润曲线的上游，$h \to \infty$，$\mathrm{d}h/\mathrm{d}s \to 0$，浸润曲线将以水平线为渐近线；在浸润曲线的下游，$h \to 0$，$\mathrm{d}h/\mathrm{d}s \to -\infty$，浸润曲线的切线将与底坡相垂直，称为 b_0 型降水浸润曲线[3]。

对式（22.14）分离变量并积分可得平坡地下水的单宽渗流量与断面 1—1 水深 h_1、断面 2—2 水深 h_2 和渗流距离 s 以及渗透系数 k 的关系为

$$q = \frac{k}{2s}(h_1^2 - h_2^2) \tag{22.15}$$

如果在断面 1—1 和断面 2—2 之间任取一断面，设其水深为 h，距断面 1—1 的距离为 x，代入式（22.14）积分得

$$q = \frac{k}{2x}(h_1^2 - h^2) \tag{22.16}$$

由式（22.15）和式（22.16）得平坡地下水渗流的浸润曲线方程为

$$h = \sqrt{h_1^2 - \frac{x}{s}(h_1^2 - h_2^2)} \tag{22.17}$$

式（22.17）表明，平坡地下水的浸润曲线是二次抛物线。

3. 逆坡（$i < 0$）地下水的浸润曲线

逆坡地下水的浸润曲线如图 22.5 所示。逆坡地下水也没有渗流的正常水深线，因此没有均匀渗流。为了分析方便，假设有一个正坡的底坡 $i' = |i|$，对于这个假设的正坡，与研究逆坡明渠水面线一样，认为虚拟的正坡 i' 在地下水中会发生均匀渗流，其单宽渗流量 q 和在底坡为 i 的逆坡河槽中的非均匀渐变渗流的单宽渗流量相等，则虚拟的地下水中的均匀渗流可表示为

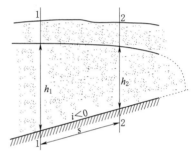

图 22.5 逆坡（$i < 0$）地下水的浸润曲线分布图

$$q = kh_0' i' \tag{22.18}$$

式中：h_0' 为虚拟的地下水的正常水深。

将 $i' = |i|$ 代入式（22.6）可得

$$q = kh\left(-i' - \frac{dh}{ds}\right) = -kh\left(i' + \frac{dh}{ds}\right) \tag{22.19}$$

比较式（22.18）和式（22.19）得

$$\frac{dh}{ds} = -i'\left(1 + \frac{h_0'}{h}\right) \tag{22.20}$$

因为 i'、h_0' 和 h 均为正值，所以 $dh/ds < 0$，渗流水深沿程减小，浸润曲线为降水浸润曲线。在曲线的上游，$h \to \infty$，$dh/ds \to -i' = i$，浸润曲线将以水平线为渐近线；在浸润曲线的下游，$h \to 0$，$dh/ds \to -\infty$，浸润曲线趋向于与底坡相垂直，是一条上凸的曲线，称为 b' 型降水浸润曲线[3]。

式（22.19）可以写成

$$\frac{kh}{khi' + q}dh = \left(1 - \frac{q}{khi' + q}\right)dh = -ds \tag{22.21}$$

对式（22.21）从断面 1—1 至断面 2—2 积分得

$$s = \frac{1}{i'}\left[(h_1 - h_2) + \frac{q}{ki'}\ln\frac{ki'h_2 + q}{ki'h_1 + q}\right] \tag{22.22}$$

如果在断面 1—1 和断面 2—2 之间任取一断面，设其水深为 h，距断面 1—1 的距离为 x，则式（22.22）可以写成

$$x = \frac{1}{i'}\left[(h_1 - h) + \frac{q}{ki'}\ln\frac{ki'h + q}{ki'h_1 + q}\right] \tag{22.23}$$

式（22.23）的计算过程与式（22.13）相同。

由式（22.23）可得逆坡地下水单宽渗流量的隐函数关系为

$$q = \frac{ki'(Li' + h_2 - h_1)}{\ln[(ki'h_2 + q)/(ki'h_1 + q)]} \tag{22.24}$$

式（22.22）～式（22.24）是计算逆坡地下水单宽渗流量和浸润曲线的基本公式。

22.3　实验设备和仪器

地下水非均匀渐变渗流浸润曲线实验设备为自循环实验系统，如图 22.6 所示。

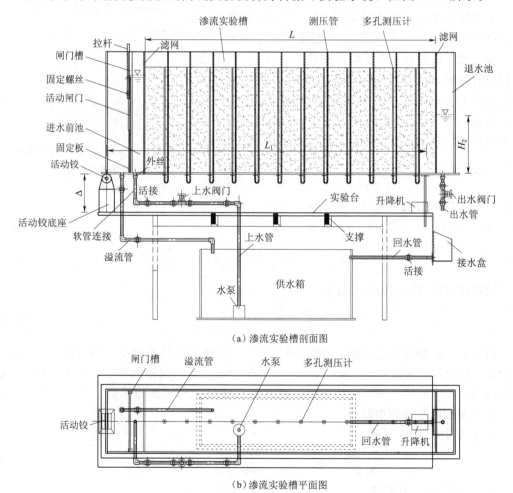

（a）渗流实验槽剖面图

（b）渗流实验槽平面图

图 22.6　地下水非均匀渐变渗流浸润曲线实验设备示意图

可以看出，地下水恒定非均匀渐变渗流模拟的实验设备与第19章的均质土坝实验设备基本相同，不同点在于渗流实验槽的上、下游各设一块滤网，均质实验沙装在两块滤网之间，在渗流实验槽的底部左端设活动铰，右端设升降机，用以改变渗流实验槽的底坡。

供水和测量系统与第19章的均质土坝实验完全相同。测量仪器为量筒、秒表、测尺和洗耳球。

22.4 实验方法和步骤

（1）在渗流实验槽中装入实验沙，沙的顶部表面为水平，沙面低于渗流实验槽顶部5～10cm。在装实验沙时，边装沙边用温水浸泡，以便密实并将沙中的空气排出。

（2）实验前一天将实验沙浸泡湿润。

（3）记录已知数据，如渗流实验槽两个滤网之间的实验段长度 s、活动铰与升降机之间的距离 L_1、活动铰顶部与实验台面之间的距离 Δ、渗流实验槽宽度 B、测压孔间距。

（4）确定渗流实验槽的底坡为平坡。打开升降机，当升降机顶部距实验台面的距离为 Δ 时，渗流实验槽处于水平状态。

（5）打开水泵，逐渐打开上水阀门，使进水前池充满水，并保持溢流状态。

（6）将出水阀门打开一部分，使水流通过沙体，当水流将实验沙全部浸泡时，关闭出水阀门，用洗耳球将测压管中的空气排出，并检验空气是否排完，检验的方法是出水阀门关闭时，各测压管的液面应水平。

（7）打开出水管上的出水阀门为合适开度，调节退水池中的水深为30cm左右，待水流稳定后，用测尺读取各测压管的水面读数，用量杯和秒表从出水管处测量流量。

（8）调节出水阀门，改变退水池中的水深，重复第（7）步1～2次。

（9）改变渗流实验槽的底坡。设活动铰距升降机之间的距离为 L_1，调节升降机，使渗流实验槽的一端下降或上升某一距离 Δ_i，则坡度的计算公式为

$$\alpha = \arctan(\Delta_i / L_1) \tag{22.25}$$

式中：Δ_i 可以直接用测尺测量。当渗流实验槽上升时，升降机处渗流实验槽底部距实验台面的距离减去 Δ 即为上升的高度 Δ_i；当渗流实验槽下降时，用 Δ 减去渗流实验槽底部距实验台面的距离即为下降的高度 Δ_i。

（10）渗流实验槽底坡改变后，重复第（4）步～第（8）步的实验步骤，测量各底坡情况下的测压管水面读数和流量。

（11）实验结束后将仪器恢复原状。

22.5 数据处理和成果分析

实验设备名称：　　　　　　　　　　　　仪器编号：

同组学生姓名：

已知数据：渗流实验槽实验段长度 $s=$ 　　cm；渗流实验槽宽度 $B=$ 　　cm；

　　　　　活动铰底部距实验槽台面的距离 $\Delta=$ 　　cm。

1. 实验数据记录

流量和测压管读数测量见表 22.1 和表 22.2。

表 22.1　　　　　　　　　　　　流　量　测　量

测次	底坡 i	进水前池水深/cm	退水池中水深/cm	体积/cm³	时间/s	$Q/(\mathrm{cm^3/s})$	$q/[\mathrm{cm^3/(s \cdot cm)}]$

学生签名：　　　　　　　　　　教师签名：　　　　　　　　　　实验日期：

表 22.2　　　　　　　　　　　　测 压 管 读 数 测 量

x_i/cm	$i=$, $q=$ cm³/(s·cm)			$i=$, $q=$ cm³/(s·cm)			$i=$, $q=$ cm³/(s·cm)		
	测压管编号	测压管读数/cm	计算浸润曲线/cm	测压管编号	测压管读数/cm	计算浸润曲线/cm	测压管编号	测压管读数/cm	计算浸润曲线/cm

学生签名：　　　　　　　　　　教师签名：　　　　　　　　　　实验日期：

注　第一根测压管读数为进水前池的水面读数，最后一根测压管读数为退水池的水面读数。

2. 成果分析

(1) 单宽渗流量 $q = Q/B$。

(2) 根据实测的流量、h_2、h_1 和已知的 s 和 i 计算渗透系数 k，对于正坡地下水用式 (22.11) 计算；对于平坡地下水用式 (22.15) 计算；对于逆坡地下水用式 (22.22) 计算。

(3) 浸润曲线计算可以根据坡度选用公式。对于正坡地下水用式 (22.13) 计算；对于平坡地下水用式 (22.17) 计算；对于逆坡地下水用式 (22.23) 计算。

(4) 根据各测压管水面读数及计算的浸润曲线在方格纸或计算机上绘出浸润曲线，对结果进行对比分析。

(5) 根据第 19 章的沙槽渗流实验的相似律，将实验测量的浸润曲线和单宽渗流量换算成原型值。

22.6 实验中应注意的事项

(1) 实验时要逐渐开启上水阀门，流量不能过大，流量过大可能会使沙土浮动，也可能使雷诺数较大而超出达西定律的范围。

(2) 要始终保持活动闸门顶部有水流溢出，以保证进水前池的水头为恒定水头。

(3) 退水池中的水深不一定按实验要求的去控制，可根据实际情况任意控制。

思 考 题

1. 地下水渗流与地面明槽流有何相似之处？

2. 在地下渗流中存在缓坡、陡坡、临界坡、急流、缓流、临界流吗？为什么？

3. 渗流的浸润曲线与明渠水面曲线有何区别？

4. 在实验中如何确定地下水中的渗透系数？

参 考 文 献

［1］ 吴持恭. 水力学（下册）［M］.3 版. 北京：高等教育出版社，2003.

［2］ 张志昌，魏炳乾，郝瑞霞. 水力学（下册）［M］.2 版. 北京：中国水利水电出版社，2016.

［3］ 刘润生，李家星，王培莉. 水力学（下册）［M］. 南京：河海大学出版社，1992.

第23章 排水沟渗流模拟实验

23.1 实验目的和要求

（1）掌握稳定渗流排水沟间距和渗流量的计算方法。

（2）了解非稳定渗流两排水沟之间水位和间距的计算方法。

（3）掌握内部补给条件下排水沟对地下渗流特征影响的模拟方法。

23.2 实验原理

23.2.1 田间排水系统

在地下水位较高或有盐渍化的灌区，必须修建控制地下水位的排水系统。设置排水的目的是防止因灌溉或降雨引起地下水位上升而造成土壤渍化或土壤盐碱化。

田间排水系统有水平排水和垂直排水，水平排水又分为明沟排水和暗管排水，明沟排水就是排水沟在地表开放的排水系统；暗管排水就是将可透水的排水管道埋设在地表以下某深度处，通过在暗管不同距离上设置的抽水井抽水排除暗管分布区域地下水的排水系统。本章主要介绍明沟排水系统。

1. 排水沟对地下水位的调控作用[1]

降雨时落入地面上的水量，除了产生地表径流在短时间内流出本区域外，一部分储存在地下水位以上的土壤中，另一部分则透过土层补给地下水，引起地下水位的上升。如果在田间未设排水沟，降雨停止后地下水位的回落主要依靠地表蒸发和作物蒸腾，而蒸发蒸腾强度随着地下水位的下降而降低，引起地下水位的降落速度也随地下水位的埋藏深度的增加而减弱，当地下水位下降到地表以下一定的深度时，水位下降将十分缓慢。如果在田间设排水沟，在降雨过程中就有一部分进入土壤的水量从排水沟中排出，因而地下水位的上升必然较未设排水沟时为小，这样就抑制了地下水位的上升；当降雨停止后，在蒸发蒸腾和排水沟的双重作用下，地下水会迅速排出，地下水位会迅速降低。由于田间排水沟在降雨过程中可以减小地下水位的上升，雨停后又可加速地下水的排出和地下水位的回落，所以田间排水沟对地下水位有重要的调控作用。

2. 排水沟间距与导压系数以及排水沟深度的关系[1]

排水沟间距与土层的导压系数或水位传导系数有关，导压系数为

$$\alpha = \frac{kh}{S_v} \tag{23.1}$$

式中：α 为导压系数；h 为含水层厚度或渗流水深；S_v 为给水度；k 为渗透系数；kh 为导

水系数。

　　由式（23.1）可以看出，含水层的导压系数取决于土壤的透水能力（透水性）和含水层厚度以及土壤在重力作用下能自由排出水量的性能。导压系数 α 大，说明土壤粗孔隙占比多，导水能力大，排水就容易；反之，导压系数 α 小，说明土壤的细孔隙占比大，导水能力小，排水就不容易。同样的，细孔隙占比大，给水度就小；粗孔隙占比大，给水度也就大。由此可分析得到导压系数大，排水就容易，达到同样效果所需的排水沟间距就可以大一些；反之导压系数小，达到同样效果所需的排水沟间距就应该小一些。

　　在同一排水沟深度的情况下，排水沟的间距越小，地下水位下降速度越快，在一定时间内地下水位的下降值越大；反之，排水沟的间距越大，地下水位下降越慢，在一定时间内地下水位的下降值越小。在同一排水沟间距的情况下，沟深越大，地下水位下降速度越快；反之，沟深越小，地下水位下降越慢。

　　图 23.1 为两种排水沟示意图，第一种排水沟间距较大，沟深也较大，图中字母下标为 1 的属于这种情况；另一种排水沟间距较小，沟深也较浅，图中字母下标为 2 的属于这种情况。设排水沟的间距为 L、深度为 D、排水沟中的水深为 s、地下水的埋藏深度为 ΔH、两沟之间中点地下水位与排水沟中的水位之差为 Δh。由图 23.1 可以看出，在一定的时间内，当地下水的埋藏深度 ΔH 一定时，排水沟的间距 L_1 越大，需要的排水沟深度 D_1 也越大；反之，排水沟的间距 L_2 越小，需要的排水沟深度 D_2 也越小。

　　由以上分析可以看出，排水沟的间距取决于土壤的导压系数和排水沟的深度，而土壤的导压系数又与土壤的物理特性和含水层厚度有关，影响因素十分复杂。设计排水沟时，一般先根据作物要求的地下水埋藏深度、排水沟边坡稳定性、施工难易程度等确定排水沟的深度，然后确定相应的排水沟间距。

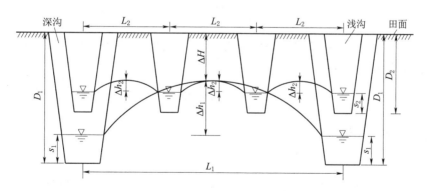

图 23.1　两种排水沟示意图

　　当作物要求的地下水埋藏深度 ΔH 一定时，排水沟的深度可表示为

$$D = \Delta H + \Delta h + s \tag{23.2}$$

式中：D 为排水沟的深度；ΔH 为作物要求的地下水埋藏深度；Δh 为当两沟之间的中心地下水位已降至 ΔH 时地下水位与排水沟中水位之差；s 为排水沟中的水深。

23.2.2　稳定流时潜水运动的 Boussinesq 方程[2]

　　图 23.2 所示为潜水的一维运动，在平行于 xOz 平面的渗流场内取出一块单位宽度的

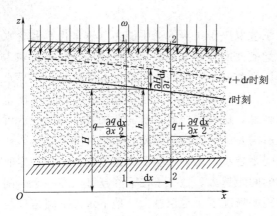

图 23.2　潜水的非稳定一维运动分析简图

土体，土体的上界面是潜水面，下界面为隔水底板，左右为两个相距为 dx 的铅直剖面。

设从上游断面 1—1 流入土体内的单宽渗流量为 $q - \dfrac{\partial q}{\partial x}\dfrac{dx}{2}$，从下游断面 2—2 流出土体内的单宽渗流量为 $q + \dfrac{\partial q}{\partial x}\dfrac{dx}{2}$，在铅直方向，单位时间内补给含水层的水量或蒸发的水量为 ω（入渗补给取正值，蒸发取负值）。

在 dt 时段内，从上游断面 1—1 流入和从下游断面 2—2 流出的水量差为

$$\left(q - \frac{\partial q}{\partial x}\frac{dx}{2}\right)dt - \left(q + \frac{\partial q}{\partial x}\frac{dx}{2}\right)dt = -\frac{\partial q}{\partial x}dx\,dt \tag{23.3}$$

在 dt 时段内，垂直方向的补给水量为 $\omega dx\,dt$。

在 dt 时段内，小土体中水量总的变化为

$$\left(-\frac{\partial q}{\partial x} + \omega\right)dx\,dt \tag{23.4}$$

小土体内水量的变化必然会引起潜水面的上升或下降。设潜水面变化的速率为 $\partial H/\partial t$，则 dt 时段内，由于潜水面的变化而引起的小土体内水体积的增量为

$$S_{\text{v}}\frac{\partial H}{\partial t}dx\,dt \tag{23.5}$$

根据质量守恒原理，单位时间内由于潜水面的变化而引起小土体内水体积的增量等于小土体内水量的变化，即

$$\left(-\frac{\partial q}{\partial x} + \omega\right)dx\,dt = S_{\text{v}}\frac{\partial H}{\partial t}dx\,dt \tag{23.6}$$

整理式（23.6）得

$$-\frac{\partial q}{\partial x} + \omega = S_{\text{v}}\frac{\partial H}{\partial t} \tag{23.7}$$

通过任意断面的单宽渗流量 $q = vh$，则第 22 章的式（22.3）可以写成

$$q = -kh\frac{\partial H}{\partial x} \tag{23.8}$$

将式（23.8）代入式（23.7）得

$$\frac{\partial}{\partial x}\left(kh\frac{\partial H}{\partial x}\right) + \omega = S_{\text{v}}\frac{\partial H}{\partial t} \tag{23.9}$$

如果渗透系数 k 和给水度 S_{v} 为常数，则式（23.9）可进一步整理为

$$\frac{\partial}{\partial x}\left(\frac{kh}{S_{\text{v}}}\frac{\partial H}{\partial x}\right) + \frac{\omega}{S_{\text{v}}} = \frac{\partial H}{\partial t} \tag{23.10}$$

式（23.10）可写成

$$\frac{\partial}{\partial x}\left(\alpha\frac{\partial H}{\partial x}\right)+\frac{\omega}{S_v}=\frac{\partial H}{\partial t} \tag{23.11}$$

由式（23.1）可以看出，α 为导压系数。

式（23.11）即为有入渗补给的潜水含水层中地下水非稳定运动的基本微分方程，通常称为 Boussinesq 方程。

23.2.3 稳定流时排水沟间距和单宽渗流量的计算[2]

对于大气降水的入渗补给或潜水层的蒸发蒸腾消耗，排水沟之间的潜水运动属于非稳定运动。但如果入渗在时间和空间分布上都是比较均匀的情况下，为了简化计算，可以把潜水的运动当作稳定运动来处理。

稳定流时排水沟间距和单宽渗流量的理论计算可以通过分析河渠间潜水运动的微分方程来获得。

假设含水层是均质各向同性的，底部隔水层水平分布，上部有均匀入渗，其单位时间的补给量为 ω，且入渗量为常数；排水沟基本上是平行的，潜水流动可视为一维流动，潜水流是渐变渗流且趋于稳定，如图 23.3 所示。在此假定下，渗透系数 k、补给量 ω、给水度 S_v 均为常数，由于渐变流动趋于稳定，则 $\partial H/\partial t=0$，对于平底，$\partial H/\partial x=\partial h/\partial x$，由于是一维流动，$\partial h/\partial x=\mathrm{d}h/\mathrm{d}x$，则式（23.10）变为

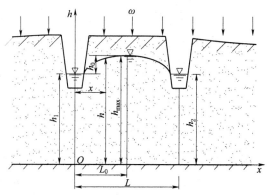

图 23.3　排水沟间距计算示意图

$$\frac{\mathrm{d}}{\mathrm{d}x}\left(h\frac{\mathrm{d}h}{\mathrm{d}x}\right)=-\frac{\omega}{k} \tag{23.12}$$

对式（23.12）积分两次得

$$h^2=-\frac{\omega}{k}x^2+c_1x+c_2 \tag{23.13}$$

由图 23.3 中的边界条件，当 $x=0$ 时 $h=h_1$，当 $x=L$ 时 $h=h_2$，代入式（23.13）得

$$h_1^2=c_2 \tag{23.14}$$

$$h_2^2=-\frac{\omega}{k}L^2+c_1L+c_2 \tag{23.15}$$

将式（23.14）代入式（23.15）解得

$$c_1=\frac{h_2^2-h_1^2}{L}+\frac{\omega}{k}L \tag{23.16}$$

将式（23.14）和式（23.16）代入式（23.13）得

$$h=\sqrt{h_1^2+\frac{h_2^2-h_1^2}{L}x+\frac{\omega}{k}(Lx-x^2)} \tag{23.17}$$

式中：h_1 为左侧排水沟的含水层深度；h_2 为右侧排水沟的含水层深度；h 为两个排水沟之间任一断面的含水层深度；L 为两个排水沟之间的距离；x 为从 O 点算起的水平距离。

式（23.17）即为排水沟之间有入渗或蒸发（入渗 ω 取正值，蒸发 ω 取负值）时，潜水渗流的浸润线方程。如果已知参数 k、ω，只要测定两个断面的含水层厚度 h_1 和 h_2，就可以预测两断面之间任何断面上的潜水含水层深度 h。

无入渗补给时，$\omega = 0$，代入式（23.17）得

$$h = \sqrt{h_1^2 + \frac{h_2^2 - h_1^2}{L} x} \tag{23.18}$$

由式（23.17）可以求得单宽渗流量，过程如下：

对式（23.17）平方后求导数得

$$2h \frac{\mathrm{d}h}{\mathrm{d}x} = \frac{h_2^2 - h_1^2}{L} + \frac{\omega}{k}(L - 2x) \tag{23.19}$$

由式（23.19）得

$$h \frac{\mathrm{d}h}{\mathrm{d}x} = \frac{h_2^2 - h_1^2}{2L} + \frac{\omega}{2k}(L - 2x) \tag{23.20}$$

将式（23.20）代入式（23.8），注意式（23.8）中的 H 对于平底地下水可用 h 代替，$\partial H / \partial x = \mathrm{d}h / \mathrm{d}x$ 则

$$q = -kh \frac{\mathrm{d}h}{\mathrm{d}x} = -k \frac{h_2^2 - h_1^2}{2L} - \frac{\omega}{2}(L - 2x) = k \frac{h_1^2 - h_2^2}{2L} - \frac{\omega}{2}L + \omega x \tag{23.21}$$

无入渗补给时，$\omega = 0$，代入式（23.21）得

$$q = k \frac{h_1^2 - h_2^2}{2L} \tag{23.22}$$

式（23.21）即为单宽渗流量计算公式。如果已知两个断面的含水层厚度 h_1、h_2，渗透系数 k 和补给量 ω，可由式（23.21）计算两断面间任一断面的单宽渗流量。由式（23.21）可以看出，由于沿途有入渗补给，各断面的单宽渗流量是不同的。

下面分析浸润曲线的变化规律。由式（23.17）可以看出，当补给量 $\omega = 0$ 时，浸润曲线为一抛物线；当 $\omega > 0$ 时，浸润曲线为一椭圆曲线；当 $\omega < 0$ 时，浸润曲线为一双曲线。

由上面的分析可知，有入渗补给时，$\omega > 0$，排水沟间的浸润曲线为椭圆曲线的上半支，在曲线的最高处，水力坡度 $J = 0$，所以 $q = 0$，由此处形成分水岭，如图 23.3 所示。对排水沟之间的分水岭，由于分水岭上的水位最高，可以用求极值的方法求出分水岭的位置。设分水岭距坐标原点的距离为 L_0，对式（23.17）中的 x 求导数式（23.19），令式（23.19）中的 $\mathrm{d}h / \mathrm{d}x = 0$，将 $x = L_0$ 代入得

$$L_0 = \frac{L}{2} - \frac{k}{\omega} \frac{h_1^2 - h_2^2}{2L} \tag{23.23}$$

由式（23.23）可以看出，如果 $h_1 = h_2$，$L_0 = L/2$，分水岭处于两个排水沟的中间；如果 $h_1 > h_2$，$L_0 < L/2$，分水岭靠近左侧的排水沟；如果 $h_1 < h_2$，$L_0 > L/2$，分水岭靠近右侧的排水沟。

下面求分水岭的最大水深，设分水岭处的最大水深为 $h_{\max}$，将 $h = h_{\max}$、$x = L_0$ 代入

式（23.17）得

$$h_{\max} = \sqrt{h_1^2 + \frac{h_2^2 - h_1^2}{L}L_0 + \frac{\omega}{k}L_0(L - L_0)} \qquad (23.24)$$

如果为均匀降水，$\omega > 0$，两排水沟中的水位相同，设 $h_1 = h_2 = h_w$，则由式（23.23）得 $L_0 = L/2$，代入式（23.24）可得排水沟的间距 L 为

$$L = 2\sqrt{\frac{k}{\omega}(h_{\max}^2 - h_w^2)} \qquad (23.25)$$

又因为 $h_{\max} = h_w + h_0$，h_0 为排水沟水面距分水岭最高点的距离，则式（23.25）又可以写成

$$L = 2\sqrt{\frac{k}{\omega}(h_0^2 + 2h_0 h_w)} \qquad (23.26)$$

式（23.25）和式（23.26）即为计算稳定流时排水沟间距的计算公式。

23.2.4 用分离变量法计算非稳定流时排水沟的浸润曲线

文献［1］认为，一般情况下，地下水位的变化值远较含水层厚度 h 小得多，h 可以用平均含水层厚度 $\bar{h}$ 代替，其误差不大，所以式（23.1）中的导压系数 α 可写成 $\bar{\alpha} = k\bar{h}/S_v$ 为常数，则式（23.11）变为

$$\bar{\alpha}\frac{\partial^2 H}{\partial x^2} + \frac{\omega}{S_v} = \frac{\partial H}{\partial t} \qquad (23.27)$$

文献［1］还认为，雨季长期降雨，降雨时地下水位与沟中水位齐平，由降雨入渗补给地下水的水量大于排水沟排出的水量，则地下水位将不断地上升；降雨停止后，水位开始回落，即下降的水位随时间而变化，在这种情况下，排水沟的水位应按非恒定流公式计算。

当降雨停止后，入渗补给量 $\omega = 0$，则式（23.27）简化为[1]

$$\bar{\alpha}\frac{\partial^2 H}{\partial x^2} = \frac{\partial H}{\partial t} \qquad (23.28)$$

为了与稳定流时相区别，在下面的公式推导中，排水沟的含水层厚度、潜水层厚度均以水位表示。

设排水沟的间距为 L，初始水位为 H_0，任一断面的水位为 H，坐标原点设在两个排水沟中间，如图 23.4 所示。在这种情况下，两个排水沟中的水位相同，设为 H_1，则式（23.28）的初始和边界条件为

初始条件：当 $t = 0$ 时 $H = H_0$。

边界条件：当 $x = 0$ 时 $\partial H/\partial x = 0$，当 $x = L/2$ 时 $H = H_1$。

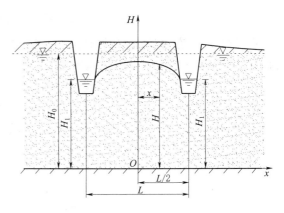

图 23.4 非稳定流时排水沟间距计算示意图

式（23.28）为二阶常系数齐次偏微分方程。对式（23.28）可以用分离变量法求解，

也可用拉普拉斯变换法求解。

分离变量法又叫傅里叶分离变量法，是将一个偏微分方程分解为两个或多个只含一个变量的常微分方程。

由边界条件可以看出，当 $x=L/2$ 时 $H=H_1$，边界条件不是齐次的，根据分离变量法的要求，齐次微分方程的边界条件也应该是齐次的[3]，所以还不能对式（23.28）求解。如果将 x 轴上移至排水沟的水面，令 $\overline{H}=H-H_1$，于是式（23.28）变为

$$\overline{\alpha}\frac{\partial^2 \overline{H}}{\partial x^2}=\frac{\partial \overline{H}}{\partial t} \tag{23.29}$$

初始条件：当 $t=0$ 时 $\overline{H}=H_0-H_1$。

边界条件：当 $x=0$ 时 $\partial \overline{H}/\partial x=0$，当 $x=L/2$ 时 $\overline{H}=0$。

新的边界条件为齐次边界条件，可以根据新的初始条件和边界条件对式（23.29）求解。

设

$$\overline{H}=h(x)T(t) \tag{23.30}$$

式中：$h(x)$ 仅是坐标 x 的函数；$T(t)$ 仅是时间 t 的函数。

对式（23.30）的时间 t 和坐标 x 求导数得

$$\frac{\partial \overline{H}}{\partial t}=\frac{\partial[h(x)T(t)]}{\partial t}=h(x)\frac{\mathrm{d}T(t)}{\mathrm{d}t} \tag{23.31}$$

$$\frac{\partial^2 \overline{H}}{\partial x^2}=\frac{\partial^2[h(x)T(t)]}{\partial x^2}=T(t)\frac{\mathrm{d}^2 h(x)}{\mathrm{d}x^2} \tag{23.32}$$

将式（23.31）和式（23.32）代入式（23.29），则

$$\overline{\alpha}T(t)\frac{\mathrm{d}^2 h(x)}{\mathrm{d}x^2}=h(x)\frac{\mathrm{d}T(t)}{\mathrm{d}t} \tag{23.33}$$

对式（23.33）分离变量得

$$\frac{\mathrm{d}^2 h(x)}{h(x)\mathrm{d}x^2}=\frac{\mathrm{d}T(t)}{\overline{\alpha}T(t)\mathrm{d}t} \tag{23.34}$$

式（23.34）左边是 x 的函数，与时间 t 无关，右边是 t 的函数，与坐标 x 无关。两边相等显然是不可能的，除非两边实际上是同一个常数，把这个常数记作 $-\lambda^2$[4]，则

$$\frac{\mathrm{d}^2 h(x)}{h(x)\mathrm{d}x^2}=\frac{\mathrm{d}T(t)}{\overline{\alpha}T(t)\mathrm{d}t}=-\lambda^2 \tag{23.35}$$

式（23.35）可以分离为关于 $T(t)$ 的常微分方程和关于 $h(x)$ 的常微分方程，即

$$\frac{\mathrm{d}T(t)}{\mathrm{d}t}+\lambda^2\overline{\alpha}T(t)=0 \tag{23.36}$$

$$\frac{\mathrm{d}^2 h(x)}{\mathrm{d}x^2}+\lambda^2 h(x)=0 \tag{23.37}$$

由此可见，用分离变量法将偏微分方程式（23.29）变成了两个常微分方程式（23.36）和式（23.37）。

对式（23.36）分离变量并积分

$$\int \frac{\mathrm{d}T(t)}{T(t)} = \int -\lambda^2 \overline{\alpha} \mathrm{d}t \tag{23.38}$$

式（23.38）的解为

$$T(t) = C\mathrm{e}^{-\lambda^2 \overline{a}t} \tag{23.39}$$

式（23.37）为二阶常系数齐次线性微分方程，其特征方程为

$$r^2 + \lambda^2 = 0$$

解上式得 $r = \pm\sqrt{-\lambda^2} = \pm i\lambda$，为一对共轭复根，这时 $h_1(x) = \mathrm{e}^{i\lambda x}$ 和 $h_2(x) = \mathrm{e}^{-i\lambda x}$ 是微分方程（23.37）的两个解。

由欧拉公式 $\mathrm{e}^{i\theta} = \cos\theta + i\sin\theta$，可得

$$h_1(x) = \mathrm{e}^{i\lambda x} = \cos\lambda x + i\sin\lambda x$$

$$h_2(x) = \mathrm{e}^{-i\lambda x} = \cos\lambda x - i\sin\lambda x$$

由于复值函数 $h_1(x)$ 和 $h_2(x)$ 之间为共轭函数，因此取它们的和除以 2 就得到它们的实部，取它们的差除以 $2i$ 就得到它们的虚部，由于式（23.37）符合叠加原理[4]，所以

$$\overline{h}_1(x) = \frac{h_1(x) + h_2(x)}{2} = \cos\lambda x$$

$$\overline{h}_2(x) = \frac{h_1(x) - h_2(x)}{2i} = \sin\lambda x$$

因为 $\dfrac{\overline{h}_2(x)}{\overline{h}_1(x)} = \dfrac{\sin\lambda x}{\cos\lambda x} = \tan\lambda x$ 不为常数，所以微分方程式（23.37）的解为

$$h(x) = C_1 \overline{h}_1(x) + C_2 \overline{h}_2(x) = C_1\cos\lambda x + C_2\sin\lambda x \tag{23.40}$$

将式（23.39）和式（23.40）代入式（23.30）得

$$\overline{H} = T(t)h(x) = \mathrm{e}^{-\lambda^2 \overline{a}t}(CC_1\cos\lambda x + CC_2\sin\lambda x) \tag{23.41}$$

令 $CC_1 = \alpha$，$CC_2 = \beta$，则式（23.41）可以写成

$$\overline{H} = \mathrm{e}^{-\lambda^2 \overline{a}t}(\alpha\cos\lambda x + \beta\sin\lambda x) \tag{23.42}$$

式（23.42）对 x 求导数得

$$\frac{\partial\overline{H}}{\partial x} = \mathrm{e}^{-\lambda^2 \overline{a}t}(-\alpha\lambda\sin\lambda x + \beta\lambda\cos\lambda x) \tag{23.43}$$

由边界条件：当 $x = 0$ 时，$\partial\overline{H}/\partial x = 0$，代入式（23.43）得

$$\beta\lambda\cos\lambda x = 0 \tag{23.44}$$

因为 $\lambda\cos\lambda x \neq 0$，所以 β 应等于零，将其代入式（23.42）得

$$\overline{H} = \mathrm{e}^{-\lambda^2 \overline{a}t}\alpha\cos\lambda x \tag{23.45}$$

由边界条件，当 $x = L/2$ 时，$\overline{H} = 0$，代入式（23.45）得

$$\cos(\lambda L/2) = 0 \tag{23.46}$$

由此得 $\dfrac{\lambda L}{2} = \dfrac{2n+1}{2}\pi$，则 $\lambda = \dfrac{2n+1}{L}\pi$，将其代入式（23.45）得

$$\overline{H} = \mathrm{e}^{-\left(\frac{2n+1}{L}\pi\right)^2 \overline{a}t}\alpha\cos\left(\frac{2n+1}{L}\pi x\right) \tag{23.47}$$

因为解的线性组合仍为其解，所以式（23.47）更一般的形式为[5]

$$\overline{H} = \sum_{n=0}^{\infty} \alpha_n e^{-\left(\frac{2n+1}{L}\pi\right)^2 \overline{a}t} \cos\left(\frac{2n+1}{L}\pi x\right) \tag{23.48}$$

式（23.48）中的系数 α_n，根据傅里叶级数求系数的方法[4]，可由初始条件确定，当 $t=0$ 时，$\overline{H} = H_0 - H_1$，将其代入式（23.48）得

$$H_0 - H_1 = \sum_{n=0}^{\infty} \alpha_n \cos\left(\frac{2n+1}{L}\pi x\right) \tag{23.49}$$

将式（23.49）的左端用傅里叶级数展开，则有[4]

$$\alpha_n = \frac{2}{L/2} \int_0^{L/2} (H_0 - H_1) \cos\left(\frac{2n+1}{L}\pi x\right) dx \tag{23.50}$$

式（23.50）的积分结果为

$$\alpha_n = \frac{4(H_0 - H_1)}{(2n+1)\pi} \sin\left(\frac{2n+1}{L}\pi \frac{L}{2}\right) = \frac{4(H_0 - H_1)}{(2n+1)\pi} \sin\left(\frac{2n+1}{2}\pi\right) = (-1)^n \frac{4(H_0 - H_1)}{(2n+1)\pi} \tag{23.51}$$

将系数 α_n 和 $\overline{H} = H - H_1$ 代入式（23.48）得

$$H = H_1 + \frac{4(H_0 - H_1)}{\pi} \sum_{n=0}^{\infty} \frac{(-1)^n}{2n+1} e^{-\left(\frac{2n+1}{L}\pi\right)^2 \overline{a}t} \cos\frac{2n+1}{L}\pi x \tag{23.52}$$

当时间 t 较大时，可以只取其级数的第一项，即 $n=0$ 的项，式（23.52）变为

$$H \approx H_1 + \frac{4(H_0 - H_1)}{\pi} \cos\frac{\pi x}{L} e^{-\left(\frac{\pi}{L}\right)^2 \overline{a}t} \tag{23.53}$$

由图 23.4 可以看出，当 $x=0$ 时，含水层最高点位于排水沟的中间，为计算方便，仍取 $n=0$，则由式（23.52）得排水沟间距的计算公式为

$$L = \pi \sqrt{\frac{\overline{a}t}{\ln[4(H_0 - H_1)/(H - H_1)]}} \tag{23.54}$$

用式（23.54）可以计算排水沟的间距 L。此式与文献 [6] 给出的计算公式一致。

式（23.52）和式（23.53）可以用来进行排水沟非稳定流浸润曲线的计算。如果已知初始水位 H_0 和排水沟的水位 H_1 以及排水沟的间距，即可由式（23.52）或式（23.53）计算不同时间排水沟的水位降落。

对式（23.52）求导数得

$$\frac{\partial H}{\partial x} = -\frac{4(H_0 - H_1)}{L} e^{-\left(\frac{2n+1}{L}\pi\right)^2 \overline{a}t} \sum_{n=0}^{\infty} (-1)^n \sin\left(\frac{2n+1}{L}\pi x\right) \tag{23.55}$$

将式（23.55）代入式（23.8）得单宽渗流量的计算公式为

$$q = kh \frac{4(H_0 - H_1)}{L} e^{-\left(\frac{2n+1}{L}\pi\right)^2 \overline{a}t} \sum_{n=0}^{\infty} (-1)^n \sin\left(\frac{2n+1}{L}\pi x\right) \tag{23.56}$$

由式（23.56）可以看出，当 $x=0$ 时，即在两个排水沟的中间断面，单宽渗流量等于零，此处是分水岭。当 $x=L/2$ 时，即在排水沟断面，单宽渗流量为

$$q = kh \frac{4(H_0 - H_1)}{L} e^{-\left(\frac{2n+1}{L}\pi\right)^2 \overline{a}t} \sum_{n=0}^{\infty} (-1)^n \sin\left(\frac{2n+1}{2}\pi\right) \tag{23.57}$$

特别的，当 $n=0$ 时，单宽渗流量为

$$q = kh \frac{4(H_0 - H_1)}{L} e^{-\left(\frac{2n+1}{L}\pi\right)^2 \bar{a}t} \tag{23.58}$$

对于隔水层底板水平的情况，式（23.56）～式（23.58）中的含水层厚度 h 即为图 23.4 中的 H。

23.2.5 用拉普拉斯变换法计算非稳定流时排水沟的浸润曲线

排水沟非稳定流的计算公式仍为式（23.28）。分析时采用拉普拉斯变换将偏微分方程变为常微分方程来处理。

拉普拉斯变换的思想是：设函数 $H(t)$ 或 $H(x, t)$ 是定义在区间（0，∞）上的函数，用 e^{-pt} 乘以 $H(t)$ 或 $H(x, t)$，再对时间 t 从 0 到 ∞ 积分，如果积分在复数 p 平面上的某一区域上是收敛的，则可以将此积分延拓到全平面，并称此积分为 $H(t)$ 或 $H(x, t)$ 的拉普拉斯变换函数或像函数，记作 $H(p)$ 或 $H(x, p)$，即

$$H(p) = \int_0^\infty H(t) e^{-pt} dt \tag{23.59}$$

$$H(x, p) = \int_0^\infty H(x, t) e^{-pt} dt \tag{23.60}$$

式中：$H(t)$ 或 $H(x, t)$ 为 $H(p)$ 或 $H(x, p)$ 的原函数；$H(p)$ 或 $H(x, p)$ 为 $H(t)$ 或 $H(x, t)$ 的像函数。

文献［6］认为，在降雨强度很大、入渗历时较短的情况下，除排水沟临近地段由于排水沟的控制作用而使得局部浸润线发生变化，大部分地区地下水位的变化均与无排水时相同。对于这种情况，将入渗过程近似地按瞬时补给一定的水量 ω 来考虑，由此引起排水沟间地段渗流浸润曲线普遍上升，因此可以看成在降雨停止的瞬间，两排水沟间地段上的地下水位统一处于某一位置，如图 23.5 中的虚线所示。

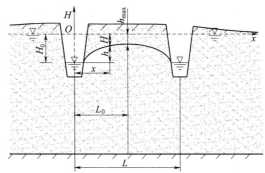

图 23.5 排水地段浸润曲线分析图

而在 $t > 0$ 时，沟水位突然下降，地下水运动方程仍可用式（23.28）表示。

为了分析方便，以地下最高水面为基准面进行分析，如图 23.5 所示，并将式（23.28）写成

$$\bar{\alpha} \frac{\partial^2 H(x, t)}{\partial x^2} = \frac{\partial H(x, t)}{\partial t} \tag{23.61}$$

初始条件：当 $t = 0$ 时 $H(x, 0) = 0$。

边界条件：当 $x = 0$ 时 $H(0, t) = -H_0$，当 $x = L_0$ 时 $\partial H(L_0, t)/\partial x = 0$。其中 L_0 为两个排水沟之间的半距离。

设水位函数 $H(x, t)$ 的像函数为 $H(x, p)$，根据拉普拉斯变换方程的定义，有

$$H(x, p) = \int_0^\infty H(x, t) e^{-pt} dt \tag{23.62}$$

对式（23.61）的等号右边应用拉普拉斯变换，即

$$\int_0^\infty e^{-pt}\frac{\partial H(x,t)}{\partial t}dt=\int_0^\infty e^{-pt}\partial H(x,t)=e^{-pt}\,H(x,t)\Big|_0^\infty+p\int_0^\infty H(x,t)e^{-pt}dt$$

$$=e^{-pt}\,H(x,t)\Big|_0^\infty+pH(x,p)$$

根据初始条件，当 $t=\infty$ 时，$e^{-pt}=0$；当 $t=0$ 时，$H(x,\ 0)=0$，代入上式得

$$\int_0^\infty e^{-pt}\frac{\partial H(x,t)}{\partial t}dt=pH(x,p) \tag{23.63}$$

对式（23.61）的等号左边应用拉普拉斯变换，即

$$\bar{\alpha}\int_0^\infty e^{-pt}\frac{\partial^2 H(x,t)}{\partial x^2}dt=\bar{\alpha}\frac{\partial^2}{\partial x^2}\int_0^\infty e^{-pt}H(x,t)dt=\bar{\alpha}\frac{d^2 H(x,p)}{dx^2} \tag{23.64}$$

由此可得

$$\frac{d^2 H(x,p)}{dx^2}=\frac{p}{\alpha}H(x,p) \tag{23.65}$$

由此可以看出，通过拉普拉斯变换后，已将偏微分方程变成了常微分方程。
边界条件的拉普拉斯变换为

$$H(0,p)=\int_0^\infty H(0,t)e^{-pt}dt=\int_0^\infty -H_0 e^{-pt}dt=-H_0(-\frac{1}{p}e^{-pt})\Big|_0^\infty=-\frac{H_0}{p}$$

$$\tag{23.66}$$

$$\frac{\partial H(L_0,p)}{\partial x}=\int_0^\infty \frac{\partial H(L_0,t)}{\partial x}e^{-pt}dt=0 \tag{23.67}$$

式（23.65）的特征方程为

$$r^2-\frac{p}{\alpha}=0 \tag{23.68}$$

由式（23.68）求得 $r=\pm\sqrt{p/\alpha}$，由此得

$$H(x,p)=C_1 e^{\sqrt{p/\alpha}x}+C_2 e^{-\sqrt{p/\alpha}x} \tag{23.69}$$

对式（23.69）求导数得

$$\frac{\partial H(x,p)}{\partial x}=\sqrt{\frac{p}{\alpha}}(C_1 e^{\sqrt{p/\alpha}x}-C_2 e^{-\sqrt{p/\alpha}x}) \tag{23.70}$$

根据拉普拉斯变换的边界条件，当 $x=0$ 时，$H(0,\ p)=-H_0/p$，代入式
（23.69）得

$$C_1+C_2=-H_0/p \tag{23.71}$$

当 $x=L_0$ 时，$\partial H(L_0,p)/\partial x=0$，代入式（23.70）得

$$\sqrt{\frac{p}{\alpha}}(C_1 e^{\sqrt{p/\alpha}L_0}-C_2 e^{-\sqrt{p/\alpha}L_0})=0 \tag{23.72}$$

由式（23.71）和式（23.72）解出

$$C_1=-\frac{H_0}{p}\left(\frac{1}{1+e^{2\sqrt{p/\alpha}L_0}}\right)$$

$$C_2=-\frac{H_0}{p}\left(\frac{e^{2\sqrt{p/\alpha}L_0}}{1+e^{2\sqrt{p/\alpha}L_0}}\right)$$

将 C_1 和 C_2 代入式（23.69）得

$$H(x,p) = -\frac{H_0}{p} \frac{1}{1+e^{2\sqrt{p/a}L_0}}(e^{\sqrt{p/a}x} + e^{2\sqrt{p/a}L_0}e^{-\sqrt{p/a}x}) \qquad (23.73)$$

式（23.73）可以写成

$$H(x,p) = -\frac{H_0}{p} \frac{e^{2\sqrt{p/a}L_0}}{(1+e^{2\sqrt{p/a}L_0})e^{2\sqrt{p/a}L_0}}(e^{\sqrt{p/a}x} + e^{2\sqrt{p/a}L_0}e^{-\sqrt{p/a}x})$$

$$= -\frac{H_0}{p} \frac{e^{2\sqrt{p/a}L_0}}{(1+e^{2\sqrt{p/a}L_0})}(e^{\sqrt{p/a}x-2\sqrt{p/a}L_0} + e^{-\sqrt{p/a}x}) \qquad (23.74)$$

$\dfrac{e^{2\sqrt{p/a}L_0}}{1+e^{2\sqrt{p/a}L_0}} = \dfrac{1}{1+e^{-2\sqrt{p/a}L_0}} = 1 - e^{-2\sqrt{p/a}L_0} + e^{-4\sqrt{p/a}L_0} - \cdots = \displaystyle\sum_{n=0}^{\infty}(-1)^n e^{-2n\sqrt{p/a}L_0}$，将其代

入式（23.74）得

$$H(x,p) = -\frac{H_0}{p}\sum_{n=0}^{\infty}(-1)^n\left[e^{-(2nL_0+2L_0-x)\sqrt{p/a}} + e^{-(2nL_0+x)\sqrt{p/a}}\right] \qquad (23.75)$$

式（23.75）即为拉普拉斯变换得到的像函数关系式。下面通过拉普拉斯逆变换得到本函数。

拉普拉斯逆变换可以查拉普拉斯变换表[7]，得

$$\frac{1}{p}e^{-\lambda\sqrt{p}} = \mathrm{erfc}\left(\frac{\lambda}{2\sqrt{t}}\right) \qquad (23.76)$$

则

$$\frac{1}{p}e^{-(2nL_0+2L_0-x)\sqrt{p/a}} = \mathrm{erfc}\left(\frac{2nL_0+2L_0-x}{2\sqrt{\alpha t}}\right) \qquad (23.77)$$

$$\frac{1}{p}e^{-(2nL_0+x)\sqrt{p/a}} = \mathrm{erfc}\left(\frac{2nL_0+x}{2\sqrt{\alpha t}}\right) \qquad (23.78)$$

将式（23.77）和式（23.78）代入式（23.75），并将式中的 $H(x,p)$ 换成 $H(x,t)$ 得

$$H(x,t) = -H_0\sum_{n=0}^{\infty}(-1)^n\left[\mathrm{erfc}\left(\frac{2nL_0+2L_0-x}{2\sqrt{\alpha t}}\right) + \mathrm{erfc}\left(\frac{2nL_0+x}{2\sqrt{\alpha t}}\right)\right] \qquad (23.79)$$

因为[7]

$$\mathrm{erfc}(x) = 1 - \mathrm{erf}(x) = 1 - \frac{2}{\sqrt{\pi}}\sum_{n=0}^{\infty}(-1)^n\frac{x^{2n+1}}{n!(2n+1)} \qquad (23.80)$$

式中：$\mathrm{erf}(x)$ 为误差函数；$\mathrm{erfc}(x)$ 为误差函数的补函数。

$$\mathrm{erfc}\left(\frac{2nL_0+2L_0-x}{2\sqrt{\alpha t}}\right) = 1 - \mathrm{erf}\left(\frac{2nL_0+2L_0-x}{2\sqrt{\alpha t}}\right)$$

$$= 1 - \frac{2}{\sqrt{\pi}}\sum_{n=0}^{\infty}(-1)^n\frac{1}{(2n+1)n!}\left(\frac{2nL_0+2L_0-x}{2\sqrt{\alpha t}}\right)^{2n+1}$$

$$\mathrm{erfc}\left(\frac{2nL_0+x}{2\sqrt{\alpha t}}\right) = 1 - \mathrm{erf}\left(\frac{2nL_0+x}{2\sqrt{\alpha t}}\right) = 1 - \frac{2}{\sqrt{\pi}}\sum_{n=0}^{\infty}(-1)^n\frac{1}{(2n+1)n!}\left(\frac{2nL_0+x}{2\sqrt{\alpha t}}\right)^{2n+1}$$

将以上二式代入式（23.79）得

$$H(x,t) = -H_0\sum_{n=0}^{\infty}(-1)^n\left[2 - \frac{2}{\sqrt{\pi}}\sum_{n=0}^{\infty}(-1)^n\frac{1}{(2n+1)n!}\left(\frac{2nL_0+2L_0-x}{2\sqrt{\alpha t}}\right)^{2n+1}\right.$$

$$-\frac{2}{\sqrt{\pi}}\sum_{n=0}^{\infty}(-1)^{n}\frac{1}{(2n+1)n!}\left(\frac{2nL_{0}+x}{2\sqrt{\alpha t}}\right)^{2n+1}\Bigg] \tag{23.81}$$

如果只取无穷级数第一项，即取 $n=0$，则

$$\mathrm{erfc}\left(\frac{2nL_{0}+2L_{0}-x}{2\sqrt{\alpha t}}\right)=1-\frac{2}{\sqrt{\pi}}\left(\frac{2L_{0}-x}{2\sqrt{\alpha t}}\right)$$

$$\mathrm{erfc}\left(\frac{2nL_{0}+x}{2\sqrt{\alpha t}}\right)=1-\frac{2}{\sqrt{\pi}}\left(\frac{x}{2\sqrt{\alpha t}}\right)$$

将以上两式和 $n=0$ 代入式 (23.79) 得

$$H(x,t)=-H_{0}\left[2-\frac{2}{\sqrt{\pi}}\left(\frac{2L_{0}-x}{2\sqrt{\alpha t}}\right)-\frac{2}{\sqrt{\pi}}\left(\frac{x}{2\sqrt{\alpha t}}\right)\right] \tag{23.82}$$

注意，计算的 $H(x,t)$ 为从图 23.5 的坐标轴向下的距离。如果以排水沟的水面为坐标轴，则排水沟水面以上的浸润线为 $h(x,t)=H_{0}-H(x,t)$，将式 (23.82) 代入，并注意坐标方向得

$$h(x,t)=H_{0}\left\{1-\left[2-\left(\frac{2L_{0}-x}{\sqrt{\alpha\pi t}}\right)-\left(\frac{x}{\sqrt{\alpha\pi t}}\right)\right]\right\} \tag{23.83}$$

在两个排水沟中间，即 $x=L_{0}$ 处，t 时刻的浸润线高度最大，设为 $h_{\max}(L_{0},t)$，则由式 (23.83) 得

$$h_{\max}(L_{0},t)=H_{0}\left(\frac{2L_{0}}{\sqrt{\alpha\pi t}}-1\right) \tag{23.84}$$

23.2.6　排水沟间距和深度的经验确定方法[1]

排水沟深度确定后，排水沟间距的选择可以通过实验确定，也可以根据实践经验确定或通过理论公式计算。如果根据实践经验确定，表 23.1 为旱作地区控制地下水位的排水沟间距，表 23.2 为水稻地区控制地下水位的排水沟的沟深和间距，表 23.3 为盐碱化地区田间排水沟的沟深和间距，可供应用时参考。

表 23.1　　　　　　　　　　旱作地区控制地下水位的排水沟间距[1]

排水沟深度 /m	排水沟间距/m				
	沙性土壤，块状黏土	轻沙壤土	中壤土	重壤土	黏土
1.0～1.2	150	120～150	65	35	30
1.5～1.7	250	200～250	120	70	60
2.0～2.2	400	300～400	180	120	100

表 23.2　　　　　　　　　　水稻地区控制地下水位的排水沟的沟深和间距

土质	烤田期控制地下水埋深/m	排水沟深度/m	排水沟间距/m
黏土	0.45～0.55	0.8～1.2	50～60
壤土	0.45～0.55	0.8～1.2	60～70
沙土	0.45～0.55	0.8～1.2	70～80

表 23.3   盐碱化地区田间排水沟的沟深和间距

地　区	土　质	排水沟深度/m	排水沟间距/m
黄淮海平原	黏质土	1.2	160~200
		1.4	220~260
		1.6	280~320
		1.8	340~380
	轻质土	2.1	300~340
		2.3	360~400
		2.5	420~470
		3.0	580~630
苏北滨海地区	轻壤土	1.2	50
		2.0	100
	沙壤土	1.5	150
		2.0	200
陕西省洛惠渠灌区	轻黏土	1.5	200
		2.0	250
	中、重壤土	2.2	340
		2.5	400
	轻壤土	2.0	380
		2.2	430
新疆沙井子垦区	沙壤土、轻壤土、夹黏土	2.0	250
		2.5	300
		3.0	400

23.3 实验设备和仪器

排水沟渗流模拟实验设备为自循环实验系统，如图 23.6 所示。由图 23.6 可以看出，排水沟渗流模拟实验设备由渗流实验槽系统和降雨系统组成。

渗流实验槽系统与第 22 章的地下水恒定非均匀渐变渗流的实验系统基本相同，不同点在于渗流实验槽底部右边的升降机改用支撑；原来的供水箱在做渗透系数和给水度实验时仍为供水箱，在做降雨入渗实验时为接水箱；在供水箱的上水管上增设流量计 4；渗流实验槽的左端增加了一个出水阀门 1、流量计 2、出水管 1 和接水盒 1，渗流实验槽的右端出水管上新增流量计 3；在接水盒的侧面设溢流管，溢流管与接水箱相连接；在渗流实验槽内设两个排水沟，两个排水沟分别位于两个滤网的左面和右面，排水沟用透水材料制作；在两个排水沟中间的渗流实验槽内设一根测压管，由此测压管开始向两边设若干根测压管。如果采用计算机自动测量测压管读数，可以在每根测压管和两个排水沟水位监测管并接压力传感器，而在排水沟排水管上安设流量计。

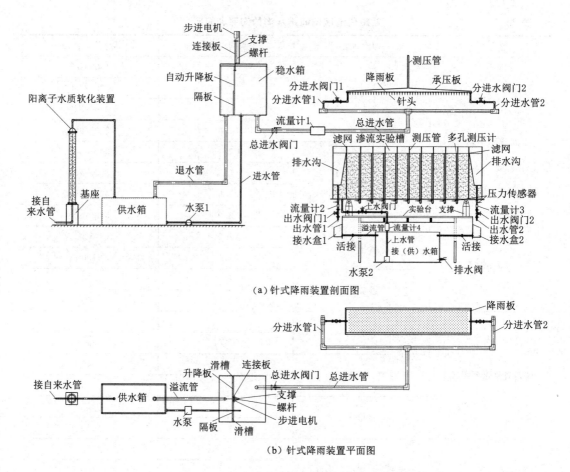

（a）针式降雨装置剖面图

（b）针式降雨装置平面图

图 23.6　排水沟渗流模拟实验设备示意图

降雨系统为针头式降雨装置，针头式降雨装置如图 23.6 所示。该装置由降雨板、针头、测压管、供水箱、水泵 1、进水管、稳水箱、总进水阀门、总进水管、流量计 1、分进水管 1、分进水管 2、分进水阀门 1、分进水阀门 2、阳离子水质软化装置组成。

降雨板上装有针头，针头密度、针头粗细可以根据实验要求确定，以控制雨滴直径和降雨强度，针头按梅花形排列；在降雨板的上方设承压板，承压板为人字形，在承压板的顶部装有测压管，用于测量降雨板上的压强；降雨板固定在渗流实验槽的上方，距离渗流实验槽的高度可以根据实验要求确定。针头式降雨装置的供水系统由供水箱、水泵、稳水箱组成。水泵与供水箱连接，将水供给稳水箱。稳水箱内装有隔板，隔板顶部与降雨板顶面同高；在隔板的上方装有自动升降板，用于调节降雨板上的压强和供水流量，自动升降板由步进电机驱动，可以直接将信号传输给计算机，由计算机进行控制其上下移动；在稳水箱上装有溢流管，自动升降板上多余的水通过溢流管流入供水箱；稳水箱下部装有给针头式降雨装置供水的总进水管，总进水管上装有总进水阀门、流量计 1，流量计 1 可以是电磁流量计或其他流量计，总进水阀门可以控制进入针头式降雨装置的总水量。总进水管设在降雨板的两边，分进水管通过变径与总进水管和降雨板连接；在分进水管上装有分进水阀门，用以调节进入降雨板的分流量。在实验中由于水中含有钙镁离子，结垢后容易堵塞针头，所以在供水箱前面还安装了阳离子水质软化装置，阳离子水质软化装置与自来水管相接，通过该装置对水质进行软化处理，以保证针头正常工作。

降雨系统也可以不用针头，直接在降雨板上打孔，孔的直径根据需要设定。阳离子水质软化装置可以不用。

降雨系统还可以采用喷孔式降雨原理制作的简易降雨模拟装置。

测量仪器为量筒、秒表、测尺、洗耳球、压力传感器、流量计、排水沟渗流模拟采集仪和计算机等。

23.4 实验方法和步骤

23.4.1 实验前的准备工作

（1）根据实验选定的土壤，取出一部分测量土壤的给水度和渗透系数，给水度的测量方法见第 1 章的土壤容水度和给水度实验；渗透系数的测量方法见第 4 章的达西渗透实验。也可以用本装置直接测量渗透系数和给水度。

（2）根据实验要求制作针头式降雨装置，在制作降雨装置时，做成模块在现场进行组装。

（3）安装针头式降雨装置。在安装时要严格按照设计施工，安装完成后要检查针头是否有破损、是否碰弯、针头排列是否合乎要求，对破损和碰弯的针头要及时更换，对排列不符合要求的要进行调整。

（4）对针头式降雨装置进行试运行。打开水泵和所有阀门，打开自动升降板调节稳水箱的水位，检查管道系统是否漏水、堵塞，步进电机、阳离子水质软化装置和针头式降雨装置的运行是否正常，如发现问题应及时处理，直到正常工作为止。

23.4.2 排水沟渗流模拟实验

1. 稳定流实验

（1）记录渗流实验槽两个滤网之间的长度和渗流实验槽的宽度，土壤的平均厚度。并根据准备实验测量得到的给水度 S_v、渗透系数 k 和土壤厚度 $\bar{h}$，计算导压系数 $\bar{a} = k\bar{h}/S_v$。

（2）给供水箱装满清水，给阳离子水质软化装置装入阳离子树脂。

（3）关闭排水沟下面出水管 1 和出水管 2 上的出水阀门 1 和出水阀门 2。

（4）将步进电机的引线和各流量计的引线与排水沟渗流模拟采集仪相连；如果采用压力传感器测量测压管读数，还应该将传感器与排水沟渗流模拟采集仪相连接，然后将排水沟渗流模拟采集仪与计算机相连接，并检查接线是否正确，打开排水沟渗流模拟采集仪、计算机并启动采集软件。

（5）打开水泵，用计算机启动步进电机调节稳水箱中的自动升降板到合适位置，当水流从自动升降板上面溢流，溢出的水流通过退水管回到供水箱时表示稳水箱中的水位已经稳定。

（6）打开总进水阀门和分进水阀门 1 和分进水阀门 2，使水流进入针头式降雨装置并由针头下降，通过计算机监控流量计 1 的流量变化，调节总进水阀门使流量达到设计要求的流量。

（7）当流量调节完成后，开始记录流量、降雨历时，降雨历时可根据需要设置。

（8）根据流量计算单位时间内补给含水层的水量 ω，ω 等于流量除以土壤的湿润面积（湿润面积为渗流实验槽两个滤网之间的长度乘以渗流实验槽的宽度）。

（9）观测渗流实验槽的降雨入渗情况，当降雨将整个土壤厚度全部湿润，并有水流渗入排水沟时，逐渐调节排水沟下面的出水管 1 和出水管 2 上的出水阀门 1 和出水阀门 2，观察排水沟的水深变化情况。当排水沟的水深保持稳定且两个排水沟的水深相等时，说明降雨入渗已为稳定入渗。

（10）排水沟水深稳定后，用洗耳球排出测压管中的空气，用测尺测量每根测压管的液面读数，或者用压力传感器由计算机直接测量各测压管读数。

（11）用量杯和秒表从出水管下面测量两个排水沟排出的流量，或用流量计 2 和流量计 3 测量各排水沟的流量。

2. 非稳定流实验

以上所做的实验为稳定流实验，在稳定流实验结束后即可开始进行非稳定流实验。非稳定流实验的测量方法可以采用人工测量或者计算机自动测量。

（1）人工测量方法。

1）用人工测量测压管读数，则需在每个测压管和两个排水沟前安排专人用测尺和量筒做好测量读取测压管读数和流量的准备工作。

2）由一人负责掌握时间和发布测量口令。

3）测量稳定流时渗流实验槽各测压管水位和排水沟水位并记录。

4）关闭水泵，关闭总进水阀门、分水阀门 1 和分水阀门 2，使降雨板上不再有雨滴降落，这时入渗量 ω 为零。

5）降雨停止后，渗流实验槽内潜水面将逐渐下降，潜水面每下降到某一高度，由掌握时间者发布测量口令，各测量者迅速读取各测压管读数和两个排水沟的水深以及排水流量（排水流量测量可以用在发布口令时间附近一个短时间内的平均流量代替测量时刻的瞬时流量），可得到潜水面和排水量的变化过程。

（2）计算机自动测量方法。

1）用计算机测量稳定流时渗流实验槽各测压管潜水位和排水沟水位以及流量计 2 和流量计 3 的流量。

2）关闭水泵，关闭总进水阀门和分水阀门，使降雨板上不再有雨滴降落。

3）当渗流实验槽内水面下降到某一高度时，用计算机同时采集各压力传感器的测压管读数、排水沟的水位读数以及流量计 2 和流量计 3 的瞬时流量读数。

4）实验结束后将仪器恢复原状。

23.5　数据处理和成果分析

实验设备名称：　　　　　　　　　　　　　　仪器编号：

同组学生姓名：

已知数据：针头直径 $d=$　　　cm；针头间距 =　　　cm；降雨板宽度 =　　　cm；

降雨板长度＝　　　cm；渗流实验槽两个滤网之间的长度 L＝　　　cm；

渗流实验槽宽度 b＝　　　cm；两个排水沟之间的距离＝　　　cm；

土壤的平均厚度＝　　　cm；渗透系数 k＝　　　cm/s；饱和度 S_v＝　　　；

导压系数 $\bar{\alpha}$＝　　　cm^2/s；单位时间内补给含水层的水量 ω＝　　　cm/s。

1. 稳定流实验过程记录和计算

稳定流时测压管读数和排水沟水深测量记录和计算见表 23.4。

表 23.4　　　　　　　　稳定流时测压管读数和排水沟水深测量记录和计算

测压管编号	测压管距两个排水沟中间的距离 x_i/cm	测压管读数/cm	计算浸润曲线/cm	计算各断面单宽渗流量/[cm³/(s·cm)]

学生签名：　　　　　　　教师签名：　　　　　　　实验日期：

注　测压管应从两个排水沟中间向两边排列。

2. 非稳定流实验过程记录和计算

非稳定流时某时刻的测压管读数和排水沟水深测量记录和计算见表 23.5。

表 23.5　　　　　　非稳定流时某时刻测压管读数和排水沟水深测量记录和计算

测压管编号	测压管距两个排水沟中间的距离 x_i/cm	测压管读数/cm	计算浸润曲线/cm	计算各断面单宽渗流量/[cm³/(s·cm)]

学生签名：　　　　　　　教师签名：　　　　　　　实验日期：

3. 成果分析

（1）稳定流时渗流实验槽各断面浸润线和各断面单宽渗流量的计算。

1）根据单位时间内补给含水层的水量 ω 和排水沟的间距 L，由式（23.17）计算稳定渗流各断面的浸润曲线，并将计算结果与实际测量的浸润曲线比较，分析其变化规律。

2）由式（23.24）计算稳定渗流两个排水沟中间的最高浸润线高度 h_{max}。

3）由式（23.21）计算稳定渗流实验槽各断面的单宽渗流量 q，分析单宽渗流量随距离的变化规律。

（2）非稳定流时渗流实验槽各断面浸润线和各断面单宽渗流量的计算。

1）设定某一时间 t，由式（23.53）或式（23.83）计算渗流实验槽各断面的浸润曲线，并将计算结果与实验结果对比，分析非稳定流时浸润曲线的变化规律。

2）由式（23.56）或式（23.58）计算某一时间 t 各断面的单宽渗流量，分析非稳定流时各断面单宽渗流量的变化规律。

3）由式（23.84）计算非稳定流时两个排水沟中间的最高水位。

23.6　实验中应注意的事项

（1）在制作降雨板时，针头的间距和排列以及针头的粗细对降雨强度和土壤入渗率的影响很大，所以要严格按照设计尺寸制作降雨板。

（2）安装降雨装置时，必须按设计要求安装，特别注意针头不要碰弯和损坏，安装完成后再仔细测量降雨装置的长度和宽度是否满足设计要求，对测量结果记录在案。

（3）稳定流实验时，一定要严格控制入渗量 ω，因为入渗量对计算浸润曲线和单宽渗流量影响很大。

（4）进行非稳定流实验时，如果用人工测量，须保证同一时间同时测量，否则测量结果误差较大。

（5）用本装置可以进行渗透系数实验。实验时图 23.6 中的接（供）水箱为供水箱，用水泵 2 将水打入渗流实验槽，用出水管 1 上的出水阀门 1 控制上游水位 h_1，用出水管 2 上的出水阀门 2 控制下游水位 h_2，用流量计 3 测量流经渗流实验槽的流量，该流量除以渗流实验槽的宽度即得单宽渗流量，将测量得到的单宽渗流量 q、上游水位 h_1、下游水位 h_2 以及两个滤网之间的距离代入式（23.22）即可得到渗流介质的渗透系数 k。

（6）用本装置也可以进行给水度实验，实验方法如下。

1）打开接（供）水箱的水泵，给渗流实验槽充水至排水沟底面高度 h_1，然后进一步供水至另一水位高度为 h_2 时停止，两个水位高度之间多孔介质孔隙内容纳的水体体积为

$$V = (h_2 - h_1)bL_1 - 2Ab$$

式中：b 为渗流实验槽的有效宽度；L_1 为渗流实验槽的长度；A 为渗流实验槽排水沟水位为 h_2 时对应的排水沟横断面面积，其计算公式如下：

$$A = \frac{1}{2}(a_1 + a_2)(h_2 - h_1)$$

式中：a_1 为排水沟的底部半宽度；a_2 为水位为 h_2 时对应的排水沟的半宽度。

图 23.7 为给水度实验水量计算简图。

2）打开出水管 1 和出水管 2 上的出水阀门，用量杯和秒表或流量计 2 和流量计 3 测量从渗流实验槽中退出的水量，直至实验槽内各点的水位下降到 h_1 位置，则排出多孔介质中水的体积 W_v 为

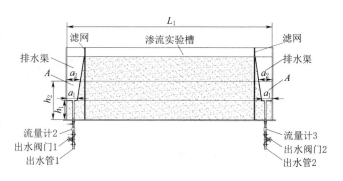

图 23.7 给水度实验水量计算简图

$$W_v = W_1 + W_2 - 2Ab$$

式中：W_1 为从出水管 1 退出的水量；W_2 为从出水管 2 退出的水量。

给水度可用第 1 章的式（1.3）计算，即 $S_v = W_v/V$。

思 考 题

1. 导压系数如何影响排水沟的间距？入渗量和降雨强度是什么关系？

2. 稳定入渗的条件是什么？理论上如何确定稳定入渗时排水沟的间距？

3. 非稳定渗流时的实验方法与稳定渗流时的实验方法主要有什么区别？

4. 试比较分离变量法和拉普拉斯变换法求解非稳定流的浸润曲线的计算结果，两者有什么区别？

5. 试用拉普拉斯变换求解排水沟非稳定渗流单宽渗流量的计算公式。

6. 如何用本实验装置测量箱体内实验介质的渗透系数和给水度，简单介绍实验原理和测量方法。

7. 本章分析和计算的过程能否应用在入渗量的来源为地面灌溉过程？试简单论述之。

参 考 文 献

［1］ 郭元裕．农田水利学［M］．2 版．北京：水利电力出版社，1986.

［2］ 薛禹群．地下水动力学原理［M］．北京：地质出版社，1986.

［3］ 梁昆淼．数学物理方法［M］．北京：高等教育出版社，1978.

［4］ 同济大学数学教研室．高等数学［M］．北京：人民教育出版社，1978.

［5］ 李佩成．地下水非稳定渗流解析法［M］．北京：科学出版社，1990.

［6］ 张蔚榛．地下水与土壤水动力学［M］．北京：中国水利水电出版社，1983.

［7］ 现代工程数学编委会．现代工程数学手册［M］．武汉：华中工学院出版社，1996.

第 24 章　潜水完整井渗流模拟实验

24.1　实验目的和要求

（1）掌握测量潜水完整井流量的方法。

（2）掌握测量潜水完整井浸润曲线的方法，并将测量结果与理论计算结果进行比较，分析其变化规律。

（3）确定潜水完整井的渗透系数。

24.2　实验原理

具有自由液面的地下水称为无压地下水或潜水。在潜水中修建的井称为潜水井或无压井。潜水井分为两类，井底深达不透水层的井称为完整井，井底未达不透水层的井称为非完整井。本章只讨论潜水完整井的渗流模拟实验。

根据井的用途不同，潜水井又分为潜水抽水井与潜水注水井。潜水抽水井主要用于农田灌溉、生活用水、工业用水或进行渗流的渗透系数等参数的测量，如图 24.1 所示。潜水注水井也是进行渗流的渗透系数等参数测量的另一种方法，还用于涵养地下水资源和防止地面沉降等，如图 24.2 所示。

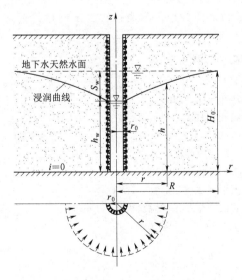

图 24.1　潜水抽水井

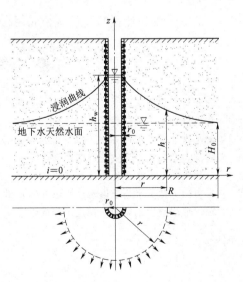

图 24.2　潜水注水井

设图 24.1 中含水层厚度为 H_0，当不从井中抽水时，井中的水面与原含水层厚度一样，如图中的虚线所示。当从井中抽水时，井中水位开始下降，含水层中四周的地下水汇流入井，周围地下水面逐渐下降而形成降落漏斗形的浸润面[1]。假定含水层体积很大，在抽水过程中流量保持不变，含水层可以无限制地供给一定的流量，经过一段时间后，井四周的渗流可认为达到了稳定状态，此时井中水位下降值 S_w 和降落漏斗所形成的浸润面的形状均保持不变，井中的水深 h_w 也保持不变，而在井轴距离含水层边界很远处的含水层厚度 H_0 也保持不变[2]。

假设含水层均质且各向同性，渗流对井轴是对称的，各径向断面上的渗流情况相同，除井四周附近地区外，浸润曲线的曲率很小，可以近似地认为是渐变渗流，且渗流符合达西定律。

对于潜水井渗流的研究，仍然可以采用 Boussinesq 方程进行分析，第 23 章已给出了潜水渗流的 Boussinesq 方程为式（23.10），将式（23.10）改写成

$$\frac{\partial}{\partial x}\left(h\frac{\partial H}{\partial x}\right)+\frac{\omega}{k}=\frac{S_v}{k}\frac{\partial H}{\partial t} \tag{24.1}$$

对于隔水底板水平的情况，式（24.1）可以写成

$$\frac{\partial}{\partial x}\left(h\frac{\partial h}{\partial x}\right)+\frac{\omega}{k}=\frac{S_v}{k}\frac{\partial h}{\partial t} \tag{24.2}$$

式（24.2）是针对一维渗流推导出来的，将其扩展到空间渗流，则式（24.2）可以写成

$$\frac{\partial}{\partial x}\left(h\frac{\partial h}{\partial x}\right)+\frac{\partial}{\partial y}\left(h\frac{\partial h}{\partial y}\right)+\frac{\partial}{\partial z}\left(h\frac{\partial h}{\partial z}\right)+\frac{\omega}{k}=\frac{S_v}{k}\frac{\partial h}{\partial t} \tag{24.3}$$

当没有入渗补给时，$\omega=0$，由于是稳定流动，$\partial h/\partial t=0$，所以式（24.3）可以写成

$$\frac{\partial}{\partial x}\left(h\frac{\partial h}{\partial x}\right)+\frac{\partial}{\partial y}\left(h\frac{\partial h}{\partial y}\right)+\frac{\partial}{\partial z}\left(h\frac{\partial h}{\partial z}\right)=0 \tag{24.4}$$

式（24.4）可进一步写成

$$\frac{\partial^2(h^2)}{\partial x^2}+\frac{\partial^2(h^2)}{\partial y^2}+\frac{\partial^2(h^2)}{\partial z^2}=0 \tag{24.5}$$

式（24.5）为二阶偏微分方程，其特点是将水头的非线性问题化为 h^2 的线性问题[3]。尽管如此，直接求解式（24.5）仍有一定的困难。实用上，一般将式（24.5）化为柱坐标或极坐标方程来进行分析。现以图 24.3 所示的坐标系分析如下。

设

$$\left.\begin{array}{l}x=r\cos\theta\\y=r\sin\theta\\z=z\end{array}\right\} \tag{24.6}$$

由式（24.6）得

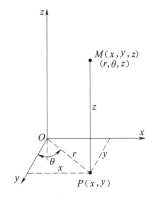

图 24.3　直角坐标与极坐标关系

$$r = \sqrt{x^2 + y^2}$$
$$\tan\theta = y/x$$
$$\theta = \arctan(y/x)$$
(24.7)

将式（24.5）写成

$$\frac{\partial}{\partial x}\left(\frac{\partial h^2}{\partial x}\right) + \frac{\partial}{\partial y}\left(\frac{\partial h^2}{\partial y}\right) + \frac{\partial}{\partial z}\left(\frac{\partial h^2}{\partial z}\right) = 0$$
(24.8)

将式（24.8）改用柱坐标系表示，水头函数的变换关系为[4]

$$h(r,\theta,z) = h[r(x,y),\theta(x,y),z]$$
(24.9)

根据偏微分法则，在 xOy 平面上，有

$$\frac{\partial h^2}{\partial x} = \frac{\partial h^2}{\partial r}\frac{\partial r}{\partial x} + \frac{\partial h^2}{\partial \theta}\frac{\partial \theta}{\partial x}$$
$$\frac{\partial h^2}{\partial y} = \frac{\partial h^2}{\partial r}\frac{\partial r}{\partial y} + \frac{\partial h^2}{\partial \theta}\frac{\partial \theta}{\partial y}$$
(24.10)

由式（24.7）对有关参数求微分如下：

$$\frac{\partial r}{\partial x} = \frac{\partial}{\partial x}\left(\sqrt{x^2+y^2}\right) = \frac{x}{\sqrt{x^2+y^2}} = \frac{x}{r}$$
$$\frac{\partial \theta}{\partial x} = \frac{\partial}{\partial x}\left(\arctan\frac{y}{x}\right) = -\frac{y}{x^2+y^2} = -\frac{y}{r^2}$$
$$\frac{\partial r}{\partial y} = \frac{\partial}{\partial y}\left(\sqrt{x^2+y^2}\right) = \frac{y}{\sqrt{x^2+y^2}} = \frac{y}{r}$$
$$\frac{\partial \theta}{\partial y} = \frac{\partial}{\partial y}\left(\arctan\frac{y}{x}\right) = \frac{x}{x^2+y^2} = \frac{x}{r^2}$$
(24.11)

将式（24.11）代入式（24.10）得

$$\frac{\partial h^2}{\partial x} = \frac{x}{r}\frac{\partial h^2}{\partial r} - \frac{y}{r^2}\frac{\partial h^2}{\partial \theta}$$
$$\frac{\partial h^2}{\partial y} = \frac{y}{r}\frac{\partial h^2}{\partial r} + \frac{x}{r^2}\frac{\partial h^2}{\partial \theta}$$
(24.12)

将式（24.12）代入式（24.8）得

$$\frac{\partial}{\partial x}\left(\frac{\partial h^2}{\partial x}\right) = \frac{\partial}{\partial x}\left[\frac{x}{r}\frac{\partial h^2}{\partial r} - \frac{y}{r^2}\frac{\partial h^2}{\partial \theta}\right]$$
$$\frac{\partial}{\partial y}\left(\frac{\partial h^2}{\partial y}\right) = \frac{\partial}{\partial y}\left[\frac{y}{r}\frac{\partial h^2}{\partial r} + \frac{x}{r^2}\frac{\partial h^2}{\partial \theta}\right]$$
(24.13)

式（24.13）可以写成

$$\frac{\partial}{\partial x}\left(\frac{\partial h^2}{\partial x}\right) = \frac{x}{r}\frac{\partial^2 h^2}{\partial x \partial r} + \frac{\partial}{\partial x}\left(\frac{x}{r}\right)\frac{\partial h^2}{\partial r} - \frac{y}{r^2}\frac{\partial^2 h^2}{\partial x \partial \theta} - \frac{\partial}{\partial x}\left(\frac{y}{r^2}\right)\frac{\partial h^2}{\partial \theta}$$
$$\frac{\partial}{\partial y}\left(\frac{\partial h^2}{\partial y}\right) = \frac{y}{r}\frac{\partial^2 h^2}{\partial y \partial r} + \frac{\partial}{\partial y}\left(\frac{y}{r}\right)\frac{\partial h^2}{\partial r} + \frac{x}{r^2}\frac{\partial^2 h^2}{\partial y \partial \theta} + \frac{\partial}{\partial y}\left(\frac{x}{r^2}\right)\frac{\partial h^2}{\partial \theta}$$
(24.14)

$$\left.\begin{aligned}
\frac{\partial}{\partial x}\left(\frac{x}{r}\right) &= \frac{\partial}{\partial x}\left(\frac{x}{\sqrt{x^2+y^2}}\right) = \frac{y^2}{(x^2+y^2)\sqrt{x^2+y^2}} = \frac{y^2}{r^3} \\
\frac{\partial}{\partial x}\left(\frac{y}{r^2}\right) &= \frac{\partial}{\partial x}\left(\frac{y}{x^2+y^2}\right) = \frac{-2xy}{(x^2+y^2)^2} = -\frac{2xy}{r^4} \\
\frac{\partial}{\partial y}\left(\frac{y}{r}\right) &= \frac{\partial}{\partial y}\left(\frac{y}{\sqrt{x^2+y^2}}\right) = \frac{x^2}{(x^2+y^2)\sqrt{x^2+y^2}} = \frac{x^2}{r^3} \\
\frac{\partial}{\partial y}\left(\frac{x}{r^2}\right) &= \frac{\partial}{\partial y}\left(\frac{x}{x^2+y^2}\right) = \frac{-2xy}{(x^2+y^2)^2} = \frac{-2xy}{r^4}
\end{aligned}\right\} \tag{24.15}$$

将式 (24.15) 代入式 (24.14) 得

$$\left.\begin{aligned}
\frac{\partial}{\partial x}\left(\frac{\partial h^2}{\partial x}\right) &= \frac{x}{r}\frac{\partial^2 h^2}{\partial x \partial r} + \frac{y^2}{r^3}\frac{\partial h^2}{\partial r} - \frac{y}{r^2}\frac{\partial^2 h^2}{\partial x \partial \theta} + \frac{2xy}{r^4}\frac{\partial h^2}{\partial \theta} \\
\frac{\partial}{\partial y}\left(\frac{\partial h^2}{\partial y}\right) &= \frac{y}{r}\frac{\partial^2 h^2}{\partial y \partial r} + \frac{x^2}{r^3}\frac{\partial h^2}{\partial r} + \frac{x}{r^2}\frac{\partial^2 h^2}{\partial y \partial \theta} - \frac{2xy}{r^4}\frac{\partial h^2}{\partial \theta}
\end{aligned}\right\} \tag{24.16}$$

将式 (24.16) 的两式相加得

$$\frac{\partial}{\partial x}\left(\frac{\partial h^2}{\partial x}\right) + \frac{\partial}{\partial y}\left(\frac{\partial h^2}{\partial y}\right) = \frac{x}{r}\frac{\partial^2 h^2}{\partial x \partial r} + \frac{y}{r}\frac{\partial^2 h^2}{\partial y \partial r} + \frac{x^2+y^2}{r^3}\frac{\partial h^2}{\partial r} - \frac{y}{r^2}\frac{\partial^2 h^2}{\partial x \partial \theta} + \frac{x}{r^2}\frac{\partial^2 h^2}{\partial y \partial \theta}$$

$$\tag{24.17}$$

因为

$$\left.\begin{aligned}
\frac{\partial^2 h^2}{\partial x \partial r} &= \frac{\partial^2 h^2}{\partial x \partial r^2}\partial r = \frac{\partial^2 h^2}{\partial r^2}\frac{\partial r}{\partial x} = \frac{x}{r}\frac{\partial^2 h^2}{\partial r^2} \\
\frac{\partial^2 h^2}{\partial y \partial r} &= \frac{\partial^2 h^2}{\partial y \partial r^2}\partial r = \frac{\partial^2 h^2}{\partial r^2}\frac{\partial r}{\partial y} = \frac{y}{r}\frac{\partial^2 h^2}{\partial r^2} \\
\frac{\partial^2 h^2}{\partial x \partial \theta} &= \frac{\partial^2 h^2}{\partial x \partial \theta^2}\partial\theta = \frac{\partial^2 h^2}{\partial \theta^2}\frac{\partial \theta}{\partial x} = -\frac{y}{r^2}\frac{\partial^2 h^2}{\partial \theta^2} \\
\frac{\partial^2 h^2}{\partial y \partial \theta} &= \frac{\partial^2 h^2}{\partial y \partial \theta^2}\partial\theta = \frac{\partial^2 h^2}{\partial \theta^2}\frac{\partial \theta}{\partial y} = \frac{x}{r^2}\frac{\partial^2 h^2}{\partial \theta^2}
\end{aligned}\right\} \tag{24.18}$$

将式 (24.18) 代入式 (24.17)，并注意到式 (24.8) 得

$$\frac{\partial}{\partial x}\left(\frac{\partial h^2}{\partial x}\right) + \frac{\partial}{\partial y}\left(\frac{\partial h^2}{\partial y}\right) + \frac{\partial}{\partial z}\left(\frac{\partial h^2}{\partial z}\right)$$

$$= \frac{x^2}{r^2}\frac{\partial^2 h^2}{\partial r^2} + \frac{y^2}{r^2}\frac{\partial^2 h^2}{\partial r^2} + \frac{r^2}{r^3}\frac{\partial h^2}{\partial r} + \frac{y^2}{r^4}\frac{\partial^2 h^2}{\partial \theta^2} + \frac{x^2}{r^4}\frac{\partial^2 h^2}{\partial \theta^2} + \frac{\partial}{\partial z}\left(\frac{\partial h^2}{\partial z}\right) = 0 \tag{24.19}$$

式 (24.19) 可以进一步写成

$$\frac{\partial}{\partial x}\left(\frac{\partial h^2}{\partial x}\right) + \frac{\partial}{\partial y}\left(\frac{\partial h^2}{\partial y}\right) + \frac{\partial}{\partial z}\left(\frac{\partial h^2}{\partial z}\right) = \frac{\partial^2 h^2}{\partial r^2} + \frac{1}{r}\frac{\partial h^2}{\partial r} + \frac{1}{r^2}\frac{\partial^2 h^2}{\partial \theta^2} + \frac{\partial}{\partial z}\left(\frac{\partial h^2}{\partial z}\right) = 0$$

$$\tag{24.20}$$

因为 $\dfrac{\partial^2 h^2}{\partial r^2} + \dfrac{1}{r}\dfrac{\partial h^2}{\partial r} = \dfrac{1}{r}\dfrac{\partial}{\partial r}\left(r\dfrac{\partial h^2}{\partial r}\right)$，代入式 (24.20) 得

$$\frac{\partial}{\partial x}\left(\frac{\partial h^2}{\partial x}\right) + \frac{\partial}{\partial y}\left(\frac{\partial h^2}{\partial y}\right) + \frac{\partial}{\partial z}\left(\frac{\partial h^2}{\partial z}\right) = \frac{1}{r}\frac{\partial}{\partial r}\left(r\frac{\partial h^2}{\partial r}\right) + \frac{1}{r^2}\frac{\partial^2 h^2}{\partial \theta^2} + \frac{\partial}{\partial z}\left(\frac{\partial h^2}{\partial z}\right) = 0$$

$$\tag{24.21}$$

在直角坐标系和柱坐标系下，z 是相同的，即式（24.21）中的最后一项不管是在直角坐标系下还是在柱坐标系下，其形式保持不变[4]。

Dupuit 假定井流的水流是水平的，井流的过水断面为同心圆柱面，通过不同过水断面的流量处处相等，水头对于井轴是对称的，和 θ 角无关，即 $(\partial^2 h^2/\partial\theta^2)/r^2 = 0$，同时，$h$ 随深度 z 的变化也可以忽略不计，即 $\partial h^2/\partial z = 0$，所以式（24.21）中的最后一项等于零，$h$ 仅仅是径向距离 r 的函数[5]，所以式（24.21）进一步简化为

$$\frac{\partial}{\partial x}\left(\frac{\partial h^2}{\partial x}\right) + \frac{\partial}{\partial y}\left(\frac{\partial h^2}{\partial y}\right) = \frac{1}{r}\frac{\partial}{\partial r}\left(r\frac{\partial h^2}{\partial r}\right) = 0 \tag{24.22}$$

式（24.22）即为计算潜水井渗流的柱坐标表达式，因为公式中 h 只与 r 有关，所以可以写成常微分方程为

$$\frac{1}{r}\frac{\mathrm{d}}{\mathrm{d}r}\left(r\frac{\mathrm{d}h^2}{\mathrm{d}r}\right) = 0 \tag{24.23}$$

如图 24.1 所示的潜水井，其边界条件为，当 $r=r_w$ 时 $h=h_w$，当 $r=R$ 时 $z=H_0$，其中 r_w 为井的半径，R 为井的影响半径。

对式（24.23）积分一次得

$$r\frac{\mathrm{d}h^2}{\mathrm{d}r} = c_1 \tag{24.24}$$

渗流通过任意断面的流量公式为

$$Q = 2\pi krh\frac{\mathrm{d}h}{\mathrm{d}r} = \frac{2\pi kr}{2}\frac{\mathrm{d}h^2}{\mathrm{d}r} = \pi kr\frac{\mathrm{d}h^2}{\mathrm{d}r} \tag{24.25}$$

由式（24.25）得

$$r\frac{\mathrm{d}h^2}{\mathrm{d}r} = \frac{Q}{\pi k} \tag{24.26}$$

将式（24.26）代入式（24.24）得 $c_1 = \dfrac{Q}{\pi k}$，将其代入式（24.24）得

$$\frac{\mathrm{d}h^2}{\mathrm{d}r} = \frac{Q}{\pi kr} \tag{24.27}$$

对式（24.27）积分得

$$h^2 = \frac{Q}{\pi k}\ln r + c_2 \tag{24.28}$$

将边界条件 $r=r_w$ 时 $h=h_w$，当 $r=R$ 时 $z=H_0$ 代入式（24.28）得

$$H_0^2 - h_w^2 = \frac{Q}{\pi k}\ln\frac{R}{r_w} \tag{24.29}$$

因为 $H_0^2 - h_w^2 = (H_0 - h_w)(H_0 + h_w) = S_w[H_0 + H_0 - (H_0 - h_w)] = (2H_0 - S_w)S_w$，将其代入式（24.29）解出流量得

$$Q = \pi k\frac{(2H_0 - S_w)S_w}{\ln(R/r_w)} \tag{24.30}$$

其中
$$S_w = H_0 - h_w$$

式中：S_w 为井水位降深；R 为井的影响半径；r_w 为井的半径；k 为渗透系数；H_0 为潜水

含水层厚度；h_w 为井中的水深。

式（24.30）称为潜水井的 Dupuit 公式。

设距井轴为 r 处的含水层厚度为 h，则由式（24.29）可得

$$h^2 - h_w^2 = \frac{Q}{\pi k} \ln \frac{r}{r_w} \qquad (24.31)$$

由此得潜水完整井的抽水浸润曲线方程为

$$h = \sqrt{h_w^2 + \frac{Q}{\pi k} \ln \frac{r}{r_w}} \qquad (24.32)$$

如果将式（24.29）与式（24.31）相减，可得潜水完整井抽水浸润曲线的另一方程为

$$h = \sqrt{H_0^2 - \frac{Q}{\pi k} \ln \frac{R}{r}} \qquad (24.33)$$

如果将水注入潜水完整井，注水井中的水深 h_w 大于含水层的水深 H_0。如图 24.2 所示。此时出水量为负值，则公式（24.29）变为[3]

$$Q = \frac{\pi k}{\ln R / r_w} (h_w^2 - H_0^2) \qquad (24.34)$$

潜水完整井注水的浸润曲线用式（24.35）计算，即

$$h = \sqrt{h_w^2 - \frac{Q}{\pi k} \ln \frac{r}{r_w}} \qquad (24.35)$$

下面分析井的影响半径 R。Dupuit 在推导单井流量公式时，假定含水层是一个以井轴为中心的圆柱体，在这个圆柱体以外含水层的水头保持不变，水位降深 $S_w = 0$，而在这个圆柱体的内部水头发生变化，$S_w > 0$，所以井的影响半径 R 为井轴距圆柱体外面水头保持不变处的距离[4]。Dupuit 的影响半径有明确的物理意义。

从理论上讲，抽水会波及整个含水层，不可能存在一个水位降深 $S_w = 0$ 的位置，Dupuit 假定的影响半径在自然界中也很难找到，所以影响半径的概念是有缺陷的。但在很多情况下，抽水影响到一定距离以后，水位下降值变得很小，以至于很难观测出来，为了应用 Dupuit 公式，1870 年，德国工程师 Adolph Thiem 定义影响半径为从抽水井起至实际上已观察不到水位降深的点的水平距离[5]。或者说，在某个区域以外，水位降落值近似地等于零，降落曲线近似于静止水位，而在这个区域以内，可以观察出来降落漏斗，从抽水井中心到这个可以观察出来的降落漏斗的外部边界的距离称为影响半径[5]。根据此定义，文献［3］和文献［5］列举了几个作者的研究成果，可在计算中参考。如果水位降深不大，只有几米时，影响半径通常根据经验估算[5]，对于细沙，$R = 25 \sim 200\text{m}$，对于中沙，$R = 100 \sim 500\text{m}$，对于粗沙，$R = 400 \sim 1000\text{m}$。

Dupuit 公式的第二个问题是没有考虑渗出面。所谓渗出面，是指井在抽水时，井内水位和井壁水位并不一样高，而是存在一个水位差（井壁水位高于井中水位），水位差随着水位降深而增大，这个水位差称为渗出面，也叫水跃。И. А. Чарный̆ 在 1951 年[3]曾作过严格的数学证明，认为用 Dupuit 公式计算流量时，用井内水位 h_w 是完全正确的，如果用井壁水位来代替井内水位，计算结果反而不正确。对于浸润曲线，杨式德在 1949 年曾对一潜水井的例子用张弛法求得精确解[3]，结果表明，当 $r > 0.9 H_0$ 时，Dupuit 公式计算

与精确解的曲线完全一致，当 $r<0.9H_0$ 时，两者计算结果开始偏离，到井壁处，实际的浸润曲线高于用 Dupuit 公式计算的浸润曲线。一般认为，当 $r\leqslant H_0$ 时，用 Dupuit 公式计算浸润曲线是不正确的[3]。

24.3　实验设备和仪器

24.3.1　潜水完整井抽水实验设备和仪器

潜水完整井抽水实验设备为自循环实验系统，如图 24.4 所示。由图 24.4 可以看出，实验设备由两部分组成。一部分为渗流实验槽系统，另一部分为供水和测量系统。

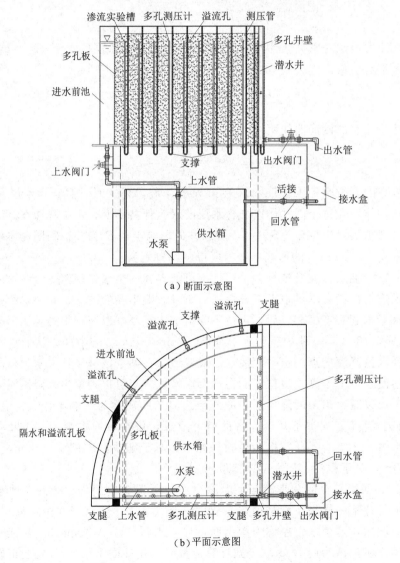

（a）断面示意图

（b）平面示意图

图 24.4　潜水完整井抽水实验设备示意图

渗流实验槽由隔水和溢流孔板、进水前池、多孔板、潜水井、多孔测压计、多孔井壁、支腿和支撑组成。渗流实验槽为 1/4 圆弧，潜水井也为 1/4 圆弧，圆弧的半径根据需要制作。进水前池的左面为隔水和溢流孔板，右面为多孔板，在多孔板和潜水井之间装填实验沙，潜水井的井壁用有机玻璃或塑料材料制作，为了使井壁透水，在井壁上打孔形成多孔透水井管。隔水和溢流孔板实际上是在隔水板上不同的位置设置溢流孔，其作用一为挡水，另外当进水前池的水位达到某一溢流孔位置时，溢流孔将多余的水通过软管排放到渗流实验槽下面的供水箱中，以使进水前池水位保持稳定。多孔板的作用是阻挡实验沙进入进水前池，同时可使水流通过多孔板进入实验沙，进入实验沙的水流经过多孔井壁进入潜水井。从潜水井的中心位置开始，在渗流实验槽的底部沿某两个方向每隔 10～15cm 设置多孔测压计，但在井的中间、井外壁处适当位置各设一根多孔测压计，以测量渗出面，多孔测压计与测压管相连接。在渗流实验槽底部设支腿和支撑，以固定渗流实验槽。

供水和测量系统由供水箱、水泵、上水管、上水阀门、出水阀门、出水管、接水盒和回水管组成。水泵将水打入上水管，通过上水管上的上水阀门进入进水前池，再经过多孔板和多孔井壁进入潜水井，然后通过出水阀门和出水管进入下方的接水盒，再通过接水盒后面的回水管流入供水箱。

测量仪器为量筒、秒表、测尺和洗耳球。

24.3.2 潜水完整井注水实验设备和仪器

潜水完整井注水实验设备如图 24.5 所示。与潜水完整井抽水实验设备不同点在于水泵直接将水送入潜水完整井，原来的进水前池变成了出水池。在出水池的侧面设出水阀门和出水管，以控制出水池的水位，水流从出水管流入下方的接水盒，再通过回水管流入供水箱。

测量仪器仍为量筒、秒表、测尺和洗耳球。

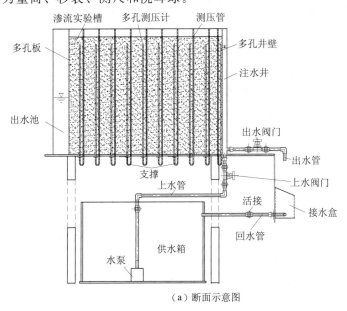

（a）断面示意图

图 24.5（一） 潜水完整井注水实验设备示意图

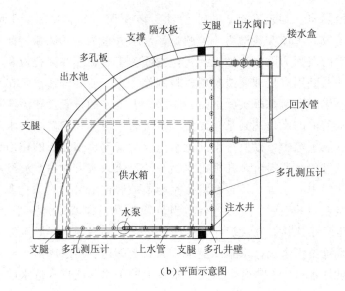

（b）平面示意图

图 24.5（二）　潜水完整井注水实验设备示意图

24.4　实验方法和步骤

24.4.1　潜水完整井抽水实验方法和步骤

（1）在渗流实验槽中装入实验沙，沙的顶部表面为水平，沙面低于渗流实验槽顶部 5～10cm。

（2）记录已知数据，如井的影响半径 R、潜水井的内径 r_w、测压计的间距。

（3）打开水泵，打开上水阀门，使进水前池充水到设计高度，并保持溢流状态（溢出水量从溢流孔流回供水箱）。

（4）用洗耳球将测压管中的空气排出。

（5）打开出水阀门，调节阀门开度控制潜水完整井中的水深保持某高度，待井中水位稳定后，用测尺读取各测压管、潜水井中的水面读数，用量杯和秒表从出水阀门下面的出水管中测量流量。

（6）重复第（5）步 N 次。

（7）实验结束后将仪器恢复原状。

24.4.2　潜水完整井注水实验方法和步骤

（1）在渗流实验槽中装入实验沙，沙的顶部表面为水平，沙面低于渗流实验槽顶部 5～10cm。

（2）记录已知数据，如井的影响半径 R、井的内径 r_w、多孔测压计的间距。

（3）打开水泵，打开上水管上的上水阀门，调节潜水完整井中的水位在适当位置，使水流从井中向沙层渗透，同时调节出水池中的出水阀门使出水池中保持一定的水位，此水位需低于井中的水位。

（4）用洗耳球将测压管中的空气排出。

（5）待水流稳定后，用测尺读取各测压管、水井中的水面读数，用量杯和秒表从出水阀门下面的出水管中测量流量。

（6）用上水阀门调节井中的水深，或用出水阀门改变出水池中的水深，重复第（5）、（6）步 N 次。

（7）实验结束后将仪器恢复原状。

24.5　数据处理和成果分析

实验设备名称：　　　　　　　　　　　仪器编号：

同组学生姓名：

已知数据：影响半径 $R=$　　　cm；井半径 $r_w=$　　　cm。

1. 实验数据记录

（1）潜水完整井抽水实验测压管读数、井中水深和流量测量记录见表 24.1。

表 24.1　　　　潜水完整井抽水实验测压管读数、井中水深和流量测量记录

测压管编号	x_i/cm	$H=$　cm $h_w=$　cm $q=$　cm³/(s·cm)		$H=$　cm $h_w=$　cm $q=$　cm³/(s·cm)		$H=$　cm $h_w=$　cm $q=$　cm³/(s·cm)		$H=$　cm $h_w=$　cm $q=$　cm³/(s·cm)	
		测压管读数/cm	计算浸润曲线/cm	测压管读数/cm	计算浸润曲线/cm	测压管读数/cm	计算浸润曲线/cm	测压管读数/cm	计算浸润曲线/cm

学生签名：　　　　　　　教师签名：　　　　　　　实验日期：

（2）潜水完整井注水实验测压管读数、井中水深和流量测量记录见表 24.2。

表 24.2　　　　　潜水完整井注水实验测压管读数、井中水深和流量测量记录

测压管编号	x_i/cm	$H=$ cm $h_w=$ cm $q=$ cm³/(s·cm)		$H=$ cm $h_w=$ cm $q=$ cm³/(s·cm)		$H=$ cm $h_w=$ cm $q=$ cm³/(s·cm)		$H=$ cm $h_w=$ cm $q=$ cm³/(s·cm)	
		测压管读数/cm	计算水面线/cm	测压管读数/cm	计算水面线/cm	测压管读数/cm	计算水面线/cm	测压管读数/cm	计算水面线/cm

学生签名：　　　　　　教师签名：　　　　　　　实验日期：

2. 成果分析

（1）根据实测的流量 Q、水头 H_0、井中水深 h_w 和已知的影响半径 R、井半径 r_w，计算渗透系数 k。对于潜水完整井抽水实验，用式（24.29）反求渗透系数，对于潜水完整井注水实验，用式（24.34）反求渗透系数。

（2）根据实测的井中水深 h_w、井半径 r_w、流量 Q 和计算的渗透系数 k，计算潜水含水层的浸润曲线。对于潜水完整井抽水实验，用式（24.32）计算浸润曲线，对于潜水完整井注水实验，用式（24.35）计算浸润曲线。

（3）根据各测压管水面读数及计算的浸润曲线，在方格纸上或计算机中绘出浸润曲线

图，并对计算和实测结果进行对比分析。

24.6 实验中应注意的事项

（1）实验时要逐渐开启上水阀门，流量不能过大。

（2）在进行潜水完整井抽水实验时，要始终保持溢流孔中有水流溢出，以保证潜水完整井的进水前池中的水头为稳定水头。

（3）在进行潜水完整井注水实验时，注意调节出水阀门使注水实验时出水池中的水位保持为稳定水位。井中的水位始终高于出水池中的水位并且保持在某设定高度。

（4）不管是抽水实验还是注水实验，在调节流量时，均需缓慢调整，并需等水流稳定后才能进行参数的测量。

思 考 题

1. 潜水完整井抽水实验与潜水完整井注水实验在用途上有何不同？
2. 试用 Dupuit 公式推导潜水完整井注水过程的流量和水面曲线的计算公式。
3. 潜水完整井抽水实验的浸润曲线与潜水完整井注水实验的浸润曲线有何不同？
4. Dupuit 公式在计算流量时有什么缺陷？

参 考 文 献

［1］ 张志昌，魏炳乾，郝瑞霞. 水力学（下册）［M］. 2 版. 北京：中国水利水电出版社，2016.
［2］ 清华大学水力学教研组. 水力学（下册）［M］. 北京：高等教育出版社，1981.
［3］ 薛禹群. 地下水动力学原理［M］. 北京：地质出版社，1986.
［4］ 郭东屏. 地下水动力学［M］. 西安：陕西科学技术出版社，1994.
［5］ 薛禹群，朱学愚. 地下水动力学［M］. 北京：地质出版社，1979.

第 25 章   承压水完整井渗流模拟实验

25.1   实验目的和要求

（1）掌握测量承压水完整井流量的方法。

（2）掌握测量承压水完整井浸润曲线的方法，并将测量结果与理论计算结果进行比较，分析其变化规律。

（3）掌握确定承压水完整井的渗透系数的方法。

25.2   实验原理

当含水层位于两个不透水层之间且为含水层供水的水源水位高于含水层顶板的高度，含水层中的地下水处于承压状态，当井穿过上面的不透水层直达另一不透水层，则称为承压水完整井。

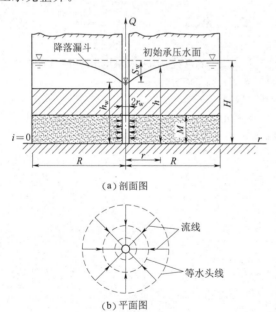

(a) 剖面图

(b) 平面图

图 25.1   承压水完整井渗流特征示意图

设有一承压水完整井如图 25.1 所示。当未从井中抽水时，井中水面为原承压水的压力面。抽水后，井中水面下降，四周地下水汇流入井，周围地下水面逐步下降而形成降落漏斗形的浸润面。随着抽水的延续，降落漏斗不断扩展以供给井的抽水量。经过一段时间后，当补给量等于抽水量时，地下水的运动达到稳定状态，井中水位比原水位下降 S_w，称为水位降深。

对承压水完整井的流量和浸润曲线的计算，可以采用第 17 章的式（17.5）的拉普拉斯方程，对式（17.5）采用柱坐标，重复第 24 章的推导过程，即可得承压水完整井的流量和浸润曲线的计算公式，推导过程参见文献［1］。这里采用 Dupuit 公式进行推导，推导过程参见文献［2］。

取距水井中心为 r 的渗流过水断面，该过水断面为圆柱面，当承压水完整井为稳定流时，由渐变渗流的特性可知断面上各点的水力坡度相同，即 $J = \mathrm{d}h/\mathrm{d}r$，根据

Dupuit 公式，过水断面的平均流速为 $v = kJ = k\,\mathrm{d}h/\mathrm{d}r$，该断面的面积为 $A = 2\pi rM$，因此得

$$Q = 2\pi rkM \frac{\mathrm{d}h}{\mathrm{d}r} \tag{25.1}$$

式中：r 为距井中心的距离；k 为渗透系数；M 为含水层厚度；h 为任一断面的水头；Q 为流量。

对式（25.1）变形为

$$\mathrm{d}h = \frac{Q}{2\pi rkM}\mathrm{d}r \tag{25.2}$$

对式（25.2）积分得

$$h = \frac{Q}{2\pi kM}\ln r + c \tag{25.3}$$

式中：c 为积分常数，由边界条件确定。当 $r = R$ 时 $h = H$，当 $r = r_\mathrm{w}$ 时 $h = h_\mathrm{w}$，将边界条件代入式（25.3）得

$$H = \frac{Q}{2\pi kM}\ln R + c \tag{25.4}$$

$$h_\mathrm{w} = \frac{Q}{2\pi kM}\ln r_\mathrm{w} + c \tag{25.5}$$

由式（25.5）解出 c，代入式（25.3）可得承压水井的浸润曲线方程为

$$h = h_\mathrm{w} + \frac{Q}{2\pi kM}\ln \frac{r}{r_\mathrm{w}} \tag{25.6}$$

由式（25.4）和式（25.5）相减消去 c 得

$$S_\mathrm{w} = H - h_\mathrm{w} = \frac{Q}{2\pi kM}\ln \frac{R}{r_\mathrm{w}} \tag{25.7}$$

式中：S_w 为井水位降深；R 仍为影响半径。由式（25.7）解出流量 Q 为

$$Q = \frac{2\pi kMS_\mathrm{w}}{\ln R/r_\mathrm{w}} \tag{25.8}$$

式（25.8）称为承压水完整井的 Dupuit 公式。

25.3 实验设备和仪器

承压水完整井抽水实验设备为自循环实验系统，如图 25.2 所示。可以看出，实验设备仍与潜水完整井抽水实验的图 24.4 基本相同，不同点在于渗流实验槽内有两层隔水层，即上隔水层和下隔水层，在两层隔水层之间为承压含水层，在上隔水层的上面为潜水含水

层，承压含水层的左端设多孔板，右端为多孔井壁。

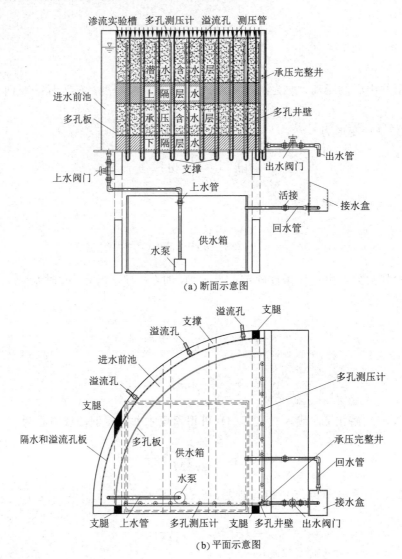

(a) 断面示意图

(b) 平面示意图

图 25.2　承压水完整井抽水实验设备

测量仪器仍为量筒、秒表、测尺和洗耳球。

25.4　实验方法和步骤

（1）在实验渗流槽的承压含水层中装入实验沙，沙的顶部表面为水平，在实验沙的上部和下部用不透水的材料做成隔水层，上隔水层的上部为潜水含水层，潜水含水层的顶面低于渗流实验槽顶部 5~10cm。

（2）记录已知数据，如井的影响半径 R、井的内径 r_w、测压孔间距。

（3）打开水泵，打开上水阀门，使进水前池充满水，并使水从溢流孔溢出，保持进水前池水位稳定。

（4）用洗耳球将测压管中的空气排出。

（5）调节出水阀门，控制承压完整井中的水深在承压含水层上隔水层以上适当位置，待水流稳定后，用测尺读取各测压管的水面读数和井中水深，用量杯和秒表从出水阀门下面的出水管中测量出水流量。

（6）重复第（5）步 N 次。

（7）实验结束后将仪器恢复原状。

25.5 数据处理和成果分析

实验设备名称：　　　　　　　　　　　　　　仪器编号：

同组学生姓名：

已知数据：井的影响半径 $R=$ 　　　cm；井半径 $r_w=$ 　　　cm；

　　　　　含水层厚度 $M=$ 　　　cm。

1. 实验数据记录

承压水完整井中的测压管读数、井中水深和流量测量见表 25.1。

表 25.1 　　　　承压水完整井中的测压管读数、井中水深和流量测量记录

测压管编号	x_i/cm	$H=$ cm　$h_w=$ cm　$q=$ cm³/(s·cm)		$H=$ cm　$h_w=$ cm　$q=$ cm³/(s·cm)		$H=$ cm　$h_w=$ cm　$q=$ cm³/(s·cm)		$H=$ cm　$h_w=$ cm　$q=$ cm³/(s·cm)	
		测压管读数/cm	计算浸润曲线/cm	测压管读数/cm	计算浸润曲线/cm	测压管读数/cm	计算浸润曲线/cm	测压管读数/cm	计算浸润曲线/cm

学生签名：　　　　　　　　教师签名：　　　　　　　　实验日期：

2. 成果分析

（1）根据实测的流量 Q、水头 H、井中水深 h_w 和已知的影响半径 R、井半径 r_w，承压含水层厚度 M，用式（25.7）或式（25.8）计算渗透系数 k。

（2）根据实测的井中水深 h_w、井半径 r_w、流量 Q 和计算的渗透系数 k，用式（25.6）计算承压水完整井的浸润曲线。

（3）根据各测压管水面读数及计算的浸润曲线，在方格纸上或计算机中绘出浸润曲线图，并对计算和实测结果进行对比分析。

25.6　实验中应注意的事项

（1）实验时要逐渐开启上水阀门，流量不能过大。

（2）在实验时要始终保持溢流孔中有水流溢出，以保证进水前池的水头为稳定水头。

（3）在调节流量时需缓慢调节，并需等水流稳定后才能进行参数的测量。

思　考　题

1. 承压完整井与潜水完整井有何不同？

2. 试用拉普拉斯方程推导承压完整井的流量和浸润曲线的计算公式。

3. 通过实验和计算，简述承压完整井计算公式的误差，并分析为什么？

参　考　文　献

［1］　郭东屏 . 地下水动力学［M］. 西安：陕西科学技术出版社，1994.

［2］　清华大学水力学教研组 . 水力学（下册）［M］. 北京：高等教育出版社，1981.

第 26 章 集水廊道渗流模拟实验

26.1 实验目的和要求

（1）掌握测量集水廊道渗流量的方法。

（2）掌握测量集水廊道渗流浸润曲线的方法，并将测量结果与理论计算结果进行比较，分析其变化规律。

（3）掌握确定集水廊道渗流的渗透系数的方法。

26.2 实验原理

集水廊道可以用来取水，也可以用来降低地下水位，如图 26.1 所示[1]。集水廊道的渗流计算仍可用渐变渗流的方法计算渗流量和浸润曲线。当隔水层为水平时，渗流量和浸润曲线仍为平底地下水的计算公式，即第 22 章的式（22.15）和式（22.17）。

如图 26.1 所示，设集水廊道中距廊道 L 处的水深为

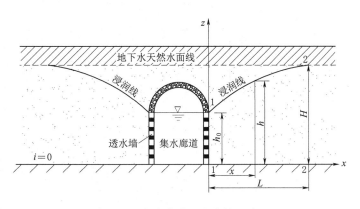

图 26.1 集水廊道浸润曲线示意图

H，集水廊道的水深为 h_0，k 为渗透系数，取集水廊道断面 1—1 的水深 h_0 和距廊道 L 处的断面 2—2 的水深 H 代入式（22.15）和式（22.17）得集水廊道的渗流量和浸润曲线方程为

$$q = \frac{k}{2L}(H^2 - h_0^2) \tag{26.1}$$

$$h = \sqrt{H^2 - \frac{x}{L}(H^2 - h_0^2)} \tag{26.2}$$

式中：h_0 为集水廊道的水深；q 为集水廊道一侧的单宽渗流量；L 为集水廊道一侧的长度；H 为距廊道 L 处的水深；k 为渗透系数。

集水廊道两侧的总流量为

$$Q = 2lq \tag{26.3}$$

式中：l 为集水廊道的长度（即垂直于纸面的长度）。

式（26.1）还可以写成

$$q = \frac{k}{2L}(H+h_0)(H-h_0) = \frac{k}{2}(H+h_0)\frac{(H-h_0)}{L} \tag{26.4}$$

令 $\overline{J} = (H-h_0)/L$ 称为集水廊道两侧浸润曲线的平均水力坡度，则式（26.4）变为[2]

$$q = \frac{k}{2}(H+h_0)\overline{J} \tag{26.5}$$

用式（26.5）可以初步估算集水廊道一侧的单宽渗流量 q。

平均水力坡度 $\overline{J}$ 与土壤的种类有关[2,3]，初步估算时，对于粗沙及砾石，$\overline{J}$ 为 0.003～0.005，对于沙土，$\overline{J}$ 为 0.005～0.015，对于亚沙土（微含黏土的沙土），$\overline{J}$ 为 0.03，对于亚黏土（沙黏土），$\overline{J}$ 为 0.05～0.1，对于黏土，$\overline{J}$ 为 0.15。

26.3　实验设备和仪器

集水廊道渗流模拟实验设备为自循环实验系统，如图 26.2 所示。可以看出，实验设备由两部分组成。一部分为渗流实验槽系统，另一部分为供水和测量系统。

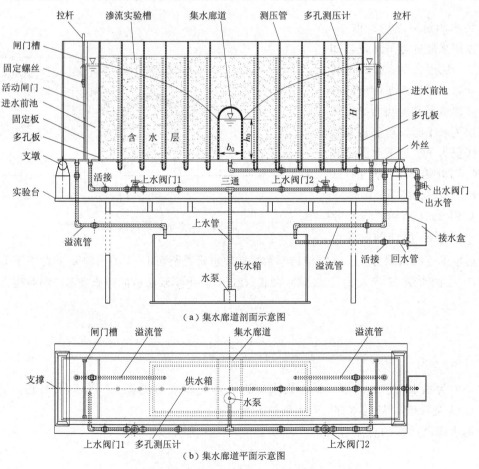

（a）集水廊道剖面示意图

（b）集水廊道平面示意图

图 26.2　集水廊道渗流模拟实验设备示意图

渗流实验槽系统由实验台、支墩、渗流实验槽、渗流实验槽左、右两端的进水前池组成。渗流实验槽左、右两端的进水前池中设固定板、活动闸门和闸门槽，活动闸门用拉杆在闸门槽中可以上下活动，拉杆用固定螺丝与活动闸门相连接，用以调节进水前池的水位和稳定水位。渗流实验槽与进水前池之间用多孔板隔开，实验沙装在两个多孔板之间。在渗流实验槽的中部设集水廊道，集水廊道的侧壁用多孔的有机玻璃制作，廊道顶盖用不透水材料制作。在渗流实验槽的底部每隔 $10\sim15$ cm 设置多孔测压计，多孔测压计与测压管相连接。在集水廊道的底部装出水管和出水阀门，用以模拟集水廊道抽水过程，同时调节集水廊道的水深。在渗流实验槽底部设支墩，支墩底部固定在实验台上。

供水和测量系统由供水箱、水泵、上水管、上水阀门 1、上水阀门 2、出水管、出水阀门和接水盒组成。上水管上设三通，用管道通向两端的进水前池，在管道上设上水阀门 1 和上水阀门 2，以调节进入两端进水前池的流量。在进水前池中设溢流管，溢流管通向供水箱。为了测量流量，在出水管上装出水阀门，在出水管下方设接水盒，水流通过接水盒后面的回水管流入供水箱。

测量仪器为量筒、秒表、测尺和洗耳球。

26.4　实验方法和步骤

（1）在渗流实验槽中装入实验沙，沙的顶部表面为水平，沙面低于渗流实验槽顶部 $5\sim10$ cm。

（2）记录已知数据，如集水廊道外壁面至多孔板之间的实验段长度 L、渗流实验槽宽度 b、集水廊道沿渗流实验槽的宽度 b_0 和长度 l、测压孔间距。

（3）将进水前池中的活动闸门调节到适当位置（注意两端的活动闸门顶部应同高），并用固定螺丝固定，关闭出水阀门。

（4）打开水泵，打开上水阀门 1 和上水阀门 2，使进水前池充满水，并保持活动闸门顶部为溢流状态，两端进水前池的水位应保持一致。

（5）用洗耳球将测压管中的空气排出。

（6）打开出水管上的出水阀门，使水流从两端进水前池通过多孔板渗入集水廊道。

（7）调节出水阀门，控制集水廊道中的水深，待水流稳定后，用测尺读取各测压管的水面读数，集水廊道水深 h_0，距廊道 L 处的水深 H，用量杯和秒表从出水阀门下面的出水管中测量流量。

（8）用出水阀门调节集水廊道中的水深，重复第（7）步 N 次。

（9）实验结束后将仪器恢复原状。

26.5　数据处理和成果分析

实验设备名称：　　　　　　　　　　　　　　仪器编号：

同组学生姓名：

已知数据：实验段长度 $L=$　　　cm；渗流实验槽宽度 $b=$　　　cm；

集水廊道宽度 $b_0=$ 　　　cm；集水廊道长度 $l=$ 　　　cm。

1. 实验测量记录

测压管读数测量记录见表 26.1。

表 26.1　　　　　　　　　　　　　测压管读数测量记录

测压管编号	x_i/cm	$H=$ cm $h_0=$ cm $q=$ cm³/(s·cm)		$H=$ cm $h_0=$ cm $q=$ cm³/(s·cm)		$H=$ cm $h_0=$ cm $q=$ cm³/(s·cm)		$H=$ cm $h_0=$ cm $q=$ cm³/(s·cm)	
		测压管读数/cm	计算浸润曲线/cm	测压管读数/cm	计算浸润曲线/cm	测压管读数/cm	计算浸润曲线/cm	测压管读数/cm	计算浸润曲线/cm

学生签名：　　　　　　　　　教师签名：　　　　　　　　　实验日期：

2. 成果分析

（1）根据实测的渗流量 Q 和实验渗流槽的宽度 b，计算单宽渗流量 $q=Q/b$。

（2）根据实测的水深 H、集水廊道中水深 h_0 和已知的 L、实测的单宽渗流量 q，用式（26.1）计算渗透系数 k。

（3）根据实测的 h_0、流量 Q 和 H，用式（26.2）计算潜水含水层的浸润曲线。

（4）根据各测压管水面读数及计算的浸润曲线，在方格纸或计算机上绘出浸润曲线，并对计算和实测结果进行对比分析。

（5）如果知道实验土壤的种类，由土壤种类查出集水廊道两侧浸润曲线的平均水力坡

度 $\bar{J}$，将查得的 $\bar{J}$ 和实测的单宽渗流量 q 代入式（26.5）求出渗透系数 k，将计算结果与式（26.1）的计算结果进行对比，分析其差异及原因。

26.6 实验中应注意的事项

（1）实验时要逐渐开启上水阀门，流量不能过大。

（2）在实验时要始终保持活动闸门顶部有水流溢出，以保证进水前池的水头为恒定水头。

（3）调节流量时需缓慢调节，并需等水流稳定后才能进行参数的测量。

思　考　题

1. 集水廊道的作用是什么？

2. 如何确定集水廊道的渗透系数？

3. 集水廊道实验与潜水完整井实验有何异同？

参　考　文　献

［1］ 徐正凡. 水力学（下册）［M］. 北京：高等教育出版社，1987.

［2］ 闻德逊，魏亚东，李兆年，等. 工程流体力学（水力学）（下册）［M］. 北京：高等教育出版社，1991.

［3］ 西南交通大学水力学教研室. 水力学［M］. 北京：高等教育出版社，1983.

第 27 章 有压渗流模拟实验

27.1 实验目的和要求

（1）掌握测量有压渗流流量的方法。

（2）掌握测量有压渗流阻力系数和水头损失的方法，并将测量结果与计算结果进行比较，分析其变化规律。

（3）确定有压渗流的渗透系数、扬压力和水工建筑物出口的水力坡度。

27.2 实验原理

在透水地基上修建闸、坝、河岸溢洪道等水工建筑物后，上游水位因受闸、坝等水工建筑物的影响而抬高，在水工建筑物的上、下游形成水位差，在此水位差的作用下，水工建筑物透水地基中产生渗流，此种渗流因受建筑物基础的限制，一般无自由表面，故称为有压渗流[1]。有压渗流对水工建筑物基础产生渗透压力，通常称为扬压力，扬压力直接影响水工建筑物的稳定和安全。图 27.1 为一有压闸基渗流，工程上需要确定通过闸基透水地基上的渗流量、渗流作用于闸基的扬压力以及渗流区的渗流速度等。

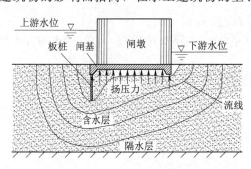

图 27.1 有压闸基渗流示意图

水工建筑物地基有压渗流的水力计算有多种方法。对于地下轮廓较简单的地基的有压渗流计算通常采用复变函数法、直线法和流网法[2]。对于复杂轮廓地基的有压渗流的计算主要有流网法、柯斯拉的独立系数法、巴甫洛夫斯基的分段法、丘加耶夫的阻力系数法以及毛昶熙和周保中改进的阻力系数法[3]。

直线法和流网法在水力学教材中已做过介绍[4]，本章主要介绍复杂轮廓地基渗流计算的改进阻力系数法。

1936 年，柯斯拉提出了计算有压渗流的独立系数法，该方法将闸坝不透水底板的复杂地下轮廓分解成几个简单的基本部件，而这些简单轮廓的地基渗流是各有其理论解的，柯斯拉的独立系数法是根据无限深地基的解析解得到的，所以适用于较深透水地基情况[3]。

1936 年，巴甫洛夫斯基提出用分段法计算有压渗流，该方法的基本思想是沿着各板桩画铅垂线，由铅垂线把复杂地基分成几段简单的部分，每一段的渗流可以利用已有的理论公式或比较简单的计算方法求其水头损失，然后按照叠加原理将各段的水头损失相加即得整个渗流区的水头损失；分段法适用于有限深的透水地基，优点是计算简单，缺点是不能直接从联立方程解出关键的角点水头[3]。

1957 年，丘加耶夫根据巴甫洛夫斯基的分段法原理和努麦罗夫渐近线法对急变渗流区计算的理论提出了阻力系数法，分段位置取在板桩前后的角点，把沿着地下轮廓线的地基渗流分成垂直的和水平的几个段单独处理。丘加耶夫的阻力系数法是根据有限深地基的分段解得到的，但也可以适用于无限地基的渗流计算[3]。

1980 年，毛昶熙和周保中在巴甫洛夫斯基的分段法和丘加耶夫的阻力系数法的基础上提出了改进的阻力系数法[5]，改进的阻力系数法与巴甫洛夫斯基的分段法和丘加耶夫的阻力系数法不同处在于渗流区域划分得更多，能够计算板桩或截墙底部角点的水头，同时对地下轮廓中的斜坡和短截墙凸起部分给出了局部修正方法，阻力系数的计算公式也有所不同，计算精度有所提高，所以在国内得到广泛的应用。

27.2.1 改进的阻力系数法的理论基础

下面以图 27.2 简单的矩形断面分析改进的阻力系数法的计算公式。

图 27.2 为一简单的矩形断面的有压渗流区，设渗流段的水平长度为 L，地基深度为 T，两断面之间的测压管水头差为 h，根据达西定律，通过该渗流区的单宽渗流量为

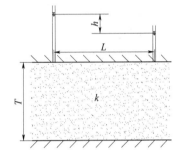

图 27.2 矩形断面渗流分析图

$$q = kJT = kT \frac{h}{L} \qquad (27.1)$$

式中：q 为单宽渗流量；k 为渗透系数；h 为渗流区的上游和下游的测压管水头差，也即水头损失；L 为渗流段的水平长度；$J = h/L$ 为渗流区的水力坡降。

对式 (27.1) 变形为

$$h = \frac{L}{T} \frac{q}{k} \qquad (27.2)$$

令 $\xi = L/T$，则得

$$h = \xi \frac{q}{k} \qquad (27.3)$$

式中：ξ 为阻力系数。

式 (27.3) 中，ξ 仅与渗流区的几何形状有关，是边界条件的函数。对于比较复杂的地下轮廓，须把整个渗流区大致按等势线位置分成几个典型的渗流段，每个典型渗流段都可利用理论解法或实验法求得阻力系数 ξ，对每一渗流段，渗流水头损失的计算式 (27.3) 可以写成

$$h_i = \xi_i \frac{q}{k} \qquad (27.4)$$

总水头损失为

$$H = \sum h_i = \frac{q}{k} \sum \xi_i \qquad (27.5)$$

式 (27.4) 和式 (27.5) 即为阻力系数法的理论公式。由式 (27.4) 可以看出，要求得各分段的水头损失，就要知道各分段的阻力系数 ξ_i、渗流的单宽流量 q 和渗透系数 k。

27.2.2　改进的阻力系数法的阻力系数

1. 阻力系数的基本公式

改进的阻力系数法在求各分段的阻力系数时，首先将地基轮廓进行分段，根据对水工建筑物地基轮廓的研究，一般有 3 种基本型式，即进出口段、内部垂直段和内部水平段，如图 27.3 所示。

图 27.3 (a) 为水工建筑物的进出口段，设该段的阻力系数为 ξ_0，图 27.3 (b) 为内部垂直段，该段的阻力系数设为 ξ_y，图 27.3 (c) 为内部水平段，该段的阻力系数设为 ξ_x。

毛昶熙和周保中给出 3 种基本型式的阻力系数的经验公式如下[2]。

(1) 进口和出口段的阻力系数为

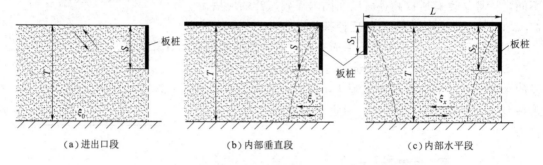

(a) 进出口段　　　　　(b) 内部垂直段　　　　　(c) 内部水平段

图 27.3　水工建筑物地基轮廓的 3 种基本型式

$$\xi_0 = 1.5\left(\frac{S}{T}\right)^{1.5} + 0.441 \tag{27.6}$$

(2) 内部垂直段的阻力系数为

$$\xi_y = 1.466 \lg \cot\left[\frac{\pi}{4}\left(1 - \frac{S}{T}\right)\right] \tag{27.7}$$

(3) 内部水平段的阻力系数为

$$\xi_x = \frac{L}{T} - 0.7\left(\frac{S_1}{T} + \frac{S_2}{T}\right) \tag{27.8}$$

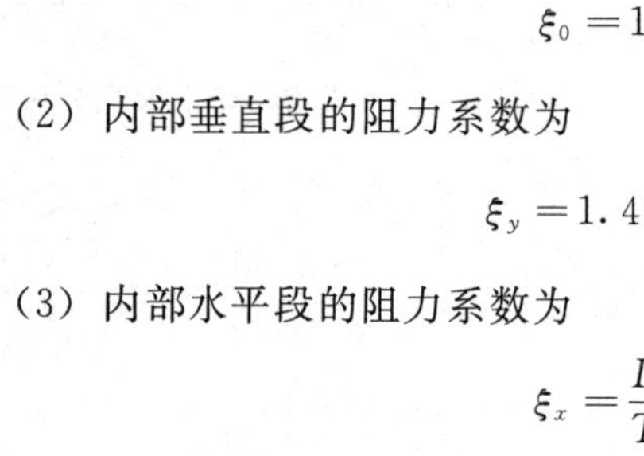

图 27.4　内部水平段的地基轮廓倾斜

当求得的 $\xi_x \leqslant 0$ 时取 $\xi_x = 0$。

式中：S 为板桩的垂直高度；T 为地基深度；S_1、S_2 分别为水平段两端板桩的高度。

2. 几种特殊情况的处理

(1) 如果内部水平段的地基轮廓倾斜时，如图 27.4 所示，则阻力系数计算过程为[2]

$$\overline{T} = \frac{T_1 + T_2}{2} \tag{27.9}$$

$$\xi_x = \frac{L}{T} - 0.7\left(\frac{S_1}{T_1} + \frac{S_2}{T_2}\right) \tag{27.10}$$

$$\alpha = 1.15 \frac{T_1 + T_2}{T_2 - T_1} \lg \frac{T_2}{T_1} \tag{27.11}$$

$$\xi_s = \alpha \xi_x = 2.3 \left[\frac{L - 0.35(T_2 + T_1)(S_1/T_1 + S_2/T_2)}{T_2 - T_1} \right] \lg \frac{T_2}{T_1} \tag{27.12}$$

式中：T_1、T_2分别为板桩高度小的一端和大的一端的地基深度；$\overline{T}$ 为平均地基深度；ξ_s 为地基轮廓倾斜时计算段的阻力系数；S_1、S_2分别为倾斜段两端板桩的高度。

（2）当进出口段板桩或截墙很短时，该处的渗流为急变渗流，在这种情况下，由式（27.6）计算的水工建筑物进出口处的阻力系数有较大的误差，需进行修正，修正过程如下[2]。

设进出口段未修正的水头损失为 h_0，修正后的水头损失为 h_0'，则

$$h_0' = \beta h_0 \tag{27.13}$$

式中：β 为修正系数；h_0 为未修正前用式（27.4）计算的进出口处的水头损失。

修正系数 β 可用式（27.14）计算[3]，即

$$\beta = 1.21 - \frac{1}{[12(T'/T)^2 + 2](S/T + 0.059)} \tag{27.14}$$

式中：T 仍为进出口段的地基深度；T' 为另一侧的地基深度。

在用式（27.14）计算 β 时，T' 可参照图 27.5 表示的方法取值。

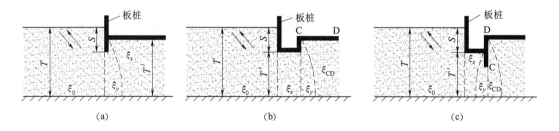

图 27.5　水工建筑物基础 3 种不同的进出口形式示意图

当求得的 $\beta > 1.0$ 时，取 $\beta = 1.0$，即不需要修正；求得的 $\beta < 1.0$ 时，需要修正。用修正后的系数 β 代入式（27.13）计算 h_0'。则进出口段的水头损失减小值为[2]

$$\Delta h = h_0 - h_0' = (1 - \beta) h_0 \tag{27.15}$$

式中：Δh 为水头损失减小值。

求得了水头损失减小值 Δh 后，还需将 Δh 按照下面的方法调整到相邻的水头损失值中去，具体步骤如下[2]。

1）如图 27.5（a）所示，如果 $\Delta h < h_x$，此时，与板桩相邻的水平段的水头应修正为

$$h_x' = h_x + \Delta h = h_x + (1 - \beta) h_0 \tag{27.16}$$

式中：h_x 为与进出口板桩相邻的水平段的水头损失；h_x' 为修正后的水平段的水头损失。

2）如图 27.5（b）和图 27.5（c）所示，如果 $h_x + h_y \geqslant \Delta h > h_x$，则相邻水平段的水头损失应修正为

$$h_x' = 2h_x \tag{27.17}$$

相邻的垂直段的水头损失应修正为

$$h'_y = h_y - h_x + \Delta h \tag{27.18}$$

式中：h_y 为与 h_x 相邻的垂直段的水头损失；h'_y 为修正后的垂直段的水头损失。

3）如图 27.5（b）和图 27.5（c）所示，如果 $\Delta h > h_x + h_y$，相邻水平段的水头损失修正后的计算式为式（27.17）。

相邻的垂直段的水头损失应修正为

$$h'_y = 2h_y \tag{27.19}$$

相邻 CD 段（水平段或垂直段）的水头损失修正为

$$h'_{CD} = h_{CD} + \Delta h - (h_x + h_y) \tag{27.20}$$

27.2.3　透水地基深度的处理[2]

当地基深度为有限深度时，地基深度 T 直接取其有限深度。当地基深度较大时，可化为有限深度计算，含水层计算的有限深度用 T_0 表示。设水工建筑物的地下轮廓的水平投影长度为 L_0，地下轮廓的垂直投影长度为 S_0，一般情况下，当 $L_0/S_0 \geqslant 1.0$ 时，含水层计算的有限深度 T_0 为

$$T_0 = 0.5L_0 \tag{27.21}$$

或

$$T_0 = 1.5S_0 \tag{27.22}$$

在取值时，应按式（27.21）和式（27.22）的计算结果取大值。

如果计算的地基有限深度 T_0 大于实际的地基深度 T 时，计算时仍采用实际地基深度 T；如果实际地基深度大于计算的地基有限深度 T_0 时，计算时地基深度则取为 T_0。

文献［6］给出的地基有效深度的计算公式为

当 $L_0/S_0 \geqslant 5.0$ 时，T_0 仍用式（27.21）计算。

当 $L_0/S_0 < 5.0$ 时

$$T_0 = \frac{5L_0}{1.6L_0/S_0 + 2} \tag{27.23}$$

算例：图 27.6 所示为某实验室的闸基渗流实验模型，已知闸基总长度为 150cm，以闸基面为基准面，上游水深 $H_1 = 37.5$cm，下游水深 $H_2 = 0$，上、下游水位差 $H = H_1 - H_2 = 37.5$cm，地基深度 $T = 37.5$cm，在闸基底部设齿墙和板桩，具体尺寸见图 27.6，试求闸基各角点和沿程的水头损失。

解：

（1）将闸基按照图 27.6 分为 15 段，即图中的 0—1、1—2、2—3、3—4、4—5、5—6、6—7、7—8、8—9、9—10、10—11、11—12、12—13、13—14、14—15。

（2）计算地基深度 T_0。由图 27.6 可以看出，闸基的水平投影长度为 $L_0 = 2.5 + 8 + 8 + 30 + 91 + 10.5 = 150$（cm），板桩的垂直投影长度 $S_0 = 20.5 + 3 + 1.5 = 25$（cm），$L_0/S_0 = 150/25 = 6 > 1.0$，用式（27.21）和式（27.22）求有效地基深度为

$$T_0 = 0.5L_0 = 0.5 \times 150 = 75\text{(cm)}$$

$$T_0 = 1.5S_0 = 1.5 \times 25 = 37.5\text{(cm)}$$

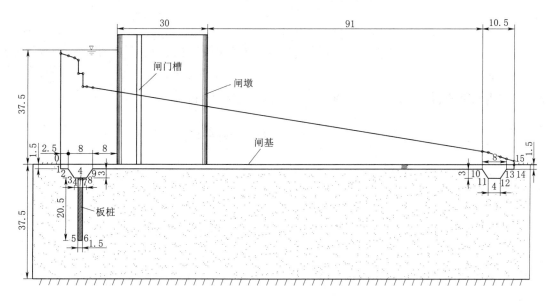

图 27.6 例题计算图（单位：cm）

根据要求，要取计算的大值作为计算值，但计算的大值 75cm 已超过了实际的地基深度 37.5cm，所以按实际的地基深度作为计算值。

（3）各段水头损失计算。

1）进口垂直段 0—1，由图 27.6 可以看出，垂直段深度 $S=1.5$cm，$T=37.5$cm，进口阻力系数为

$$\xi_{01} = 1.5\left(\frac{S}{T}\right)^{1.5} + 0.441 = 1.5 \times \left(\frac{1.5}{37.5}\right)^{1.5} + 0.441 = 0.453$$

2）水平段 1—2，水平段长度 $L=2.5$cm，$S_1=0$，$S_2=0$，$T=37.5$cm，水平段阻力系数为

$$\xi_{x1} = \frac{L}{T} - 0.7\left(\frac{S_1}{T} + \frac{S_2}{T}\right) = \frac{2.5}{37.5} - 0.7 \times \left(\frac{0}{37.5} + \frac{0}{37.5}\right) = 0.067$$

3）倾斜段 2—3，长度 $L=2.0$cm，$T_1=33$cm，$T_2=36$cm，$S_1=0$，$S_2=0$

$$\overline{T} = \frac{33 + 36}{2} = 34.5 \text{（cm）}$$

$$\xi_x = \frac{L}{\overline{T}} - 0.7\left(\frac{S_1}{T_1} + \frac{S_2}{T_2}\right) = \frac{2.0}{34.5} - 0.7 \times \left(\frac{0}{33} + \frac{0}{36}\right) = 0.058$$

$$\alpha = 1.15\frac{T_1 + T_2}{T_2 - T_1}\lg\frac{T_2}{T_1} = 1.15 \times \frac{33 + 36}{36 - 33} \times \lg\frac{36}{33} = 1$$

$$\xi_{s1} = \alpha\xi_x = 0.058$$

4）水平段 3—4，长度 $L=1.25$cm，$S_1=0$，$S_2=20.5$cm，$T=33$cm，水平段阻力系

数为

$$\xi_{x2} = \frac{L}{T} - 0.7\left(\frac{S_1}{T} + \frac{S_2}{T}\right) = \frac{1.25}{33} - 0.7 \times \left(\frac{0}{33} + \frac{20.5}{33}\right) = -0.397$$

ξ_{x2} 取 0。

5) 内部垂直段 4—5，垂直高度 $S = 20.5\text{cm}$，$T = 33\text{cm}$

$$\xi_{y1} = 1.466\lg\cot\left[\frac{\pi}{4}\left(1 - \frac{S}{T}\right)\right] = 1.466\lg\cot\left[\frac{\pi}{4}\left(1 - \frac{20.5}{33}\right)\right] = 0.753$$

6) 水平段 5—6，长度 $L = 1.5\text{cm}$，$S_1 = 20.5\text{cm}$，$S_2 = 20.5\text{cm}$，$T = 12.5\text{cm}$，水平段阻力系数为

$$\xi_{x3} = \frac{L}{T} - 0.7\left(\frac{S_1}{T} + \frac{S_2}{T}\right) = \frac{1.5}{12.5} - 0.7 \times \left(\frac{20.5}{12.5} + \frac{20.5}{12.5}\right) = -2.176$$

ξ_{x3} 取 0。

7) 内部垂直段 6—7，垂直高度 $S = 20.5\text{cm}$，$T = 33\text{cm}$

$$\xi_{y2} = 1.466\lg\cot\left[\frac{\pi}{4}\left(1 - \frac{S}{T}\right)\right] = 1.466\lg\cot\left[\frac{\pi}{4}\left(1 - \frac{20.5}{33}\right)\right] = 0.753$$

8) 水平段 7—8，长度 $L = 1.25\text{cm}$，$S_1 = 20.5\text{cm}$，$S_2 = 0$，$T = 33\text{cm}$，水平段阻力系数为

$$\xi_{x4} = \frac{L}{T} - 0.7\left(\frac{S_1}{T} + \frac{S_2}{T}\right) = \frac{1.25}{33} - 0.7 \times \left(\frac{20.5}{33} + \frac{0}{33}\right) = -0.389$$

ξ_{x4} 取 0。

9) 倾斜段 8—9，$L = 2.0\text{cm}$，$T_1 = 33\text{cm}$，$T_2 = 36\text{cm}$，$S_1 = 0$，$S_2 = 0$

$$\overline{T} = \frac{36 + 33}{2} = 34.5$$

$$\xi_x = \frac{L}{\overline{T}} - 0.7\left(\frac{S_1}{T_1} + \frac{S_2}{T_2}\right) = \frac{2.0}{34.5} - 0.7 \times \left(\frac{0}{33} + \frac{0}{36}\right) = 0.058$$

$$\alpha = 1.15\frac{T_1 + T_2}{T_2 - T_1}\lg\frac{T_2}{T_1} = 1.15 \times \frac{33 + 36}{36 - 33} \times \lg\frac{36}{33} = 1$$

$$\xi_{s2} = \alpha\xi_x = 0.058$$

10) 水平段 9—10，长度 $L = 129.0\text{cm}$，$S_1 = 0$，$S_2 = 0$，$T = 36\text{cm}$，水平段阻力系数为

$$\xi_{x5} = \frac{L}{T} - 0.7\left(\frac{S_1}{T} + \frac{S_2}{T}\right) = \frac{129}{36} - 0.7 \times \left(\frac{0}{36} + \frac{0}{36}\right) = 3.583$$

11) 倾斜段 10—11，$L = 2.0\text{cm}$，$T_1 = 33\text{cm}$，$T_2 = 36\text{cm}$，$S_1 = 0$，$S_2 = 0$

$$\overline{T} = \frac{33 + 36}{2} = 34.5$$

$$\xi_x = \frac{L}{\overline{T}} - 0.7\left(\frac{S_1}{T_1} + \frac{S_2}{T_2}\right) = \frac{2.0}{34.5} - 0.7 \times \left(\frac{0}{33} + \frac{0}{36}\right) = 0.058$$

$$\alpha = 1.15 \frac{T_1 + T_2}{T_2 - T_1} \lg \frac{T_2}{T_1} = 1.15 \times \frac{33 + 36}{36 - 33} \times \lg \frac{36}{33} = 1$$

$$\xi_{s3} = \alpha \xi_x = 0.058$$

12）水平段 11—12，长度 $L = 4.0 \text{cm}$，$S_1 = 0$，$S_2 = 0$，$T = 33 \text{cm}$，水平段阻力系数为

$$\xi_{x6} = \frac{L}{T} - 0.7 \left(\frac{S_1}{T} + \frac{S_2}{T} \right) = \frac{4.0}{33} - 0.7 \times \left(\frac{0}{33} + \frac{0}{33} \right) = 0.121$$

13）倾斜段 12—13，$L = 2.0 \text{cm}$，$T_1 = 33 \text{cm}$，$T_2 = 36 \text{cm}$，$S_1 = 0$，$S_2 = 0$

$$\overline{T} = \frac{36 + 33}{2} = 34.5$$

$$\xi_x = \frac{L}{\overline{T}} - 0.7 \left(\frac{S_1}{T_1} + \frac{S_2}{T_2} \right) = \frac{2.0}{34.5} - 0.7 \times \left(\frac{0}{33} + \frac{0}{36} \right) = 0.058$$

$$\alpha = 1.15 \frac{T_1 + T_2}{T_2 - T_1} \lg \frac{T_2}{T_1} = 1.15 \times \frac{33 + 36}{36 - 33} \times \lg \frac{36}{33} = 1$$

$$\xi_{s4} = \alpha \xi_x = 0.058$$

14）水平段 13—14，长度 $L = 2.5 \text{cm}$，$S_1 = 0$，$S_2 = 0$，$T = 37.5 \text{cm}$，水平段阻力系数为

$$\xi_{x7} = \frac{L}{T} - 0.7 \left(\frac{S_1}{T} + \frac{S_2}{T} \right) = \frac{2.5}{37.5} - 0.7 \times \left(\frac{0}{37.5} + \frac{0}{37.5} \right) = 0.067$$

15）出口垂直段 14—15，深度为 $S = 1.5 \text{cm}$，$T = 37.5 \text{cm}$，出口阻力系数为

$$\xi_{02} = 1.5 \left(\frac{S}{T} \right)^{1.5} + 0.441 = 1.5 \times \left(\frac{1.5}{37.5} \right)^{1.5} + 0.441 = 0.453$$

各段阻力系数之和为

$$\sum \xi_i = (0.453 + 0.067 + 0.058 + 0.000 + 0.753 + 0.000 + 0.753 + 0.000$$
$$+ 0.058 + 3.583 + 0.058 + 0.121 + 0.058 + 0.067 + 0.453) = 6.482$$

由式（27.5）计算单宽渗流量与渗透系数的比值为

$$q/k = H / \sum \xi_i = 37.5 / 6.482 = 5.7853$$

各段的水头损失用式（27.4）计算，即各段的阻力系数乘以 q/k，计算结果见表 27.1。

（4）进出口水头损失的修正。

1）进口段。修正系数按式（27.14）计算，由图 27.6 可以看出，进口段 $T = 37.5 \text{cm}$，$T' = 37.5 - 1.5 = 36 \text{cm}$，$S = 1.5 \text{cm}$ 则

$$\beta = 1.21 - \frac{1}{[12(T'/T)^2 + 2](S/T + 0.059)}$$

$$= 1.21 - \frac{1}{[12 \times (36/37.5)^2 + 2] \times (1.5/37.5 + 0.059)} = 0.4365$$

因为 $\beta < 1.0$，所以需对进口段的水头损失进行修正。

进口段修正后的水头损失用式（27.13）计算，即

$$h'_{0-1} = \beta h_{0-1} = 0.4365 \times 2.6207 = 1.1439 \text{(cm)}$$

进口段的水头损失减小值用式（27.15）计算，即

$$\Delta h = (1 - \beta)h_{0-1} = (1 - 0.4365) \times 2.6207 = 1.4768 \text{(cm)}$$

与进口段相邻的水平段和斜坡段的水头损失和为 $h_{1-2} + h_{2-3} = 0.3876 + 0.3355 = 0.7231$（cm）$< \Delta h = 1.4768$cm，所以相邻水平段 1—2 的水头损失用式（27.17）修正为

$$h'_{1-2} = 2h_{1-2} = 2 \times 0.3876 = 0.7752 \text{(cm)}$$

与 1—2 段相邻的垂直段 2—3 的水头损失用式（27.18）修正为

$$h'_{2-3} = 2h_{2-3} = 2 \times 0.3355 = 0.671 \text{(cm)}$$

相邻水平段 3—4 的水头损失用式（27.20）修正为

$$h_{3-4} = h_{3-4} + \Delta h - (h_{1-2} + h_{2-3}) = 0 + 1.4768 - (0.3876 + 0.3355) = 0.7537 \text{(cm)}$$

2）出口段。修正系数仍按式（27.14）计算，由图 27.6 可以看出，出口段 $T = 37.5$cm，$T' = 37.5 - 1.5 = 36$（cm），$S = 1.5$cm，所以由式（27.14）计算的 β 仍等于 0.4365。因为 $\beta < 1.0$，所以需对出口段的水头损失进行修正。

出口段修正后的水头损失用式（27.13）计算，即

$$h'_{14-15} = \beta h_{14-15} = 0.4365 \times 2.6207 = 1.1439 \text{(cm)}$$

$$\Delta h = (1 - \beta)h_{14-15} = (1 - 0.4365) \times 2.6207 = 1.4768 \text{(cm)}$$

与出口段相邻的斜坡段和水平段的水头损失和为 $h_{13-14} + h_{12-13} = 0.3876 + 0.3355 = 0.7231$（cm）。

因为 $\Delta h > h_{13-14} + h_{12-13}$，所以相邻水平段 13—14 的水头损失用式（27.17）修正为

$$h'_{13-14} = 2h_{13-14} = 2 \times 0.3876 = 0.7752 \text{(cm)}$$

与 13—14 段相邻的垂直段 12—13 的水头损失用式（27.19）修正为

$$h'_{12-13} = 2h_{12-13} = 2 \times 0.3355 = 0.671 \text{(cm)}$$

相邻斜坡段的水平段 11—12 的水头损失用式（27.20）修正为

$$h'_{11-12} = h_{11-12} + \Delta h - (h_{12-13} + h_{13-14}) = 0.7000 + 1.4768 - (0.3876 + 0.3355)$$

$$= 1.4537 \text{(cm)}$$

现将计算结果列入表 27.1。表 27.1 中计算各段末端闸基上的总水头是用总水头 37.5cm 减去各段水头损失之和，例如 0—1 段末端的总水头为 $37.5 - 1.1439 = 36.3561$（cm），1—2 段末端的总水头为 $37.5 - (1.1439 + 0.7752) = 35.5809$（cm），2—3 段末端的总水头为 $37.5 - (1.1439 + 0.7752 + 0.671) = 34.9099$（cm），…，以此类推。

表 27.1　　　　　　　　　　**例题各段阻力系数和各段水头损失计算表**

闸基地下轮廓分段号	各段阻力系数 ξ_i	修正前各段水头损失 h_i/cm	修正后各段水头损失 h_i/cm	各计算段末端闸基上的总水头/cm
0—1	0.453	2.6207	1.1439	36.3561
1—2	0.067	0.3876	0.7752	35.5809
2—3	0.058	0.3355	0.6710	34.9099
3—4	0.000	0.0000	0.7537	34.1562
4—5	0.753	4.3563	4.3563	29.7999
5—6	0.000	0.0000	0.0000	29.7999
6—7	0.753	4.3563	4.3563	25.4436
7—8	0.000	0.0000	0.0000	25.4436
8—9	0.058	0.3355	0.3355	25.1081
9—10	3.583	20.7286	20.7286	4.3795
10—11	0.058	0.3355	0.3355	4.044
11—12	0.121	0.7000	1.4537	2.5903
12—13	0.058	0.3355	0.6710	1.9193
13—14	0.067	0.3876	0.7752	1.1441
14—15	0.453	2.6207	1.1439	0.0000
合计	6.482	37.5000	37.5000	

27.2.4　绘制扬压力图和计算闸基出口段的水力坡度[2]

1. 绘制扬压力图

根据表中计算的各计算段末端闸基上的总水头绘扬压力图，由水头线、地下轮廓线和地下轮廓线上、下游端点做的铅垂线所包围的图形面积，即为扬压力图。由扬压力图即可计算出作用在单位宽度闸基上的扬压力，扬压力的计算公式为

$$P = \gamma A \tag{27.24}$$

式中：P 为扬压力；γ 为水的重度；A 为水头线、地下轮廓线和地下轮廓线上、下游端点做的铅垂线所包围的图形面积。

面积计算一般用梯形法，计算比较简单，这里不再赘述。

2. 计算闸基出口渗流的平均水力坡降

闸基出口渗流平均水力坡降为出口段修正后的水头损失除以出口段地下轮廓的垂直高度，即

$$J = h'_{14-15}/S \tag{27.25}$$

例如，由表 27.1 可以看出，修正后的闸基出口段的水头损失为 1.1439cm，地下轮廓的垂直高度为 1.5cm，所以

$$J = h'_{14-15}/S = 1.1439/1.5 = 0.7626$$

27.3 实验设备和仪器

实验设备为自循环实验系统，如图 27.7 所示。可以看出，实验设备由渗流实验槽系统、水工建筑物、供水和测量系统组成。

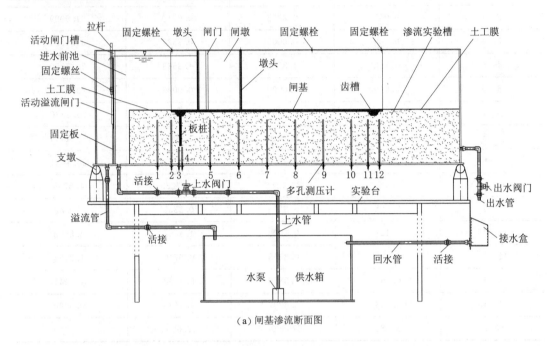

（a）闸基渗流断面图

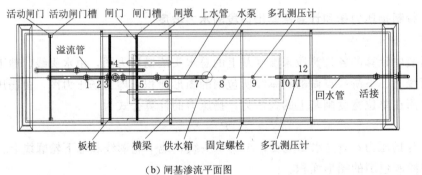

（b）闸基渗流平面图

图 27.7　有压闸基渗流模拟实验装置结构示意图

渗流实验槽系统由实验台、支墩、渗流实验槽、渗流实验槽左端的进水前池组成。支墩设在渗流实验槽底部的两端，支墩底部固定在实验台上。水工建筑物由闸基组成，装在渗流实验槽的透水地基上；闸基由不透水材料制作，在闸基的底部设齿槽和板桩，以减轻闸基的扬压力；在闸基的上部设闸墩和闸门，起挡水作用。在渗流实验槽底部的透水地基上设置多孔测压计，多孔测压计设置的原则是在闸基进口处、板桩前后、闸基出口前适当位置等设多孔测压计，多孔测压计与测压管相连接。为了固定水工建筑物，在渗流实验槽中还设置了横梁，横梁用固定螺栓与渗流实验槽连接，以保证闸基的稳定性。

供水和测量系统由供水箱、水泵、上水管、上水阀门、出水阀门、出水管、进水前池中的水位调节系统组成。上水阀门用以调节进入渗流实验槽左端进水前池的流量。在进水前池中设活动溢流闸门，活动溢流闸门可以上下调节，以控制进水前池的水位和稳定水位。出水阀门可以调节流量和控制下游水位。出水阀门下方装出水管，出水管下方设接水盒，水流通过接水盒后面的回水管流入供水箱。

测量仪器为量筒、秒表、测尺和洗耳球。

27.4 实验方法和步骤

（1）在渗流实验槽中装入实验沙，实验沙的顶部约为渗流实验槽高度的一半左右，实验沙表面为水平。

（2）在实验沙的上面装入水工建筑物（闸基），水工建筑物（闸基）需与渗流实验槽牢固联结。

（3）记录已知数据，如闸基长度、齿墙高度、长度、板桩高度和长度、渗流实验槽宽度 b、测压孔布置位置及间距。

（4）将进水前池中的活动溢流闸门调节到适当位置，并用固定螺丝固定，关闭出水阀门。

（5）打开水泵，打开上水阀门，使进水前池充满水，并保持活动溢流闸门顶部为溢流状态。

（6）调节出水阀门，使水流渗入整个实验沙，并使下游水位保持在适当位置，测量上下游水位差。

（7）用洗耳球将测压管中的空气排出。

（8）待水流稳定后，用测尺读取各测压管的水面读数，用量杯和秒表从出水阀门下面的出水管中测量流量 Q，流量除以渗流实验槽宽度即为单宽渗流量 q。

（9）用出水阀门调节下游水位，重复第（8）步 N 次。

（10）实验结束后将仪器恢复原状。

27.5 数据处理和成果分析

实验设备名称：　　　　　　　　　　　仪器编号：

同组学生姓名：

已知数据：闸基长度 $L=$　　　cm；齿槽深度＝　　　cm；齿槽长度＝　　　cm；
　　　　　板桩高度＝　　　cm；板桩长度＝　　　cm；渗流实验槽宽度 $b=$　　　cm。

1. 测压管读数和渗流量测量

测压管读数和渗流量测量记录见表 27.2。

表 27.2　　　　　　　　　　　　　　　　测压管读数和渗流量测量记录表

测压管编号	测压管距闸基进口距离 x_i /cm	上游水位＝　　　cm 下游水位＝　　　cm 流量 $Q=$　　　cm^3/s 闸基以上测压管读数 /cm	上游水位＝　　　cm 下游水位＝　　　cm 流量 $Q=$　　　cm^3/s 闸基以上测压管读数 /cm

学生签名：　　　　　　　　　教师签名：　　　　　　　　　实验日期：

2. 成果分析

（1）根据实测的渗流量 Q 和实验渗流槽的宽度 b，计算单宽渗流量 $q=Q/b$。

（2）根据实测的上、下游水位差，计算闸基渗流各段的阻力系数、水头损失和各计算段末端闸基上的总水头，计算过程参照例题，计算列表见表 27.3。

表 27.3　　　　　　　　　　　　　　　　闸 基 渗 流 计 算 表

闸基地下轮廓分段号	各段阻力系数 ξ_i	修正前各段水头损失 h_i/cm	修正后各段水头损失 h_i/cm	各计算段末端闸基上的总水头/cm

学生签名：　　　　　　　　　教师签名：　　　　　　　　　实验日期：

（3）确定渗流的渗透系数。渗透系数可以根据第 4 章的达西渗透实验确实。也可以由本实验直接确定，方法是测出闸门上、下游的水位差和流量，渗透系数由第 4 章的式（4.4）计算，对式（4.4）变形为

$$k = \frac{QL}{AH} \tag{27.26}$$

式中：A 为过水断面的面积，为实验沙的厚度乘以渗流实验槽的宽度；H 为水流从闸基起点流到闸基末端的水头损失，即上、下游水位差，可以直接由上、下游水位相减而得。

（4）绘制闸基上的扬压力图。将计算的各段末端闸基上的总水头和测压管水头以及闸基一同点绘在方格纸上，分析水头线的沿程变化规律，检验计算的正确性。用式（27.24）求出作用在闸基上的扬压力。

（5）由式（27.25）计算出口段渗流的平均水力坡降，验证闸基的稳定性。

27.6 实验中应注意的事项

（1）实验时要逐渐开启上水阀门，流量不能过大。

（2）在实验时要始终保持活动溢流闸门顶部上有水流溢出，以保证进水前池的水头为稳定水头。

（3）在实验时要保持闸门下游水位稳定。

（4）调节流量时需缓慢调节，并需等水流稳定后才能进行参数的测量。

思 考 题

1. 什么叫有压渗流，有压渗流与无压渗流有什么不同？
2. 计算闸基渗流水头损失的目的是什么？
3. 除阻力系数法外，还有什么方法可以计算有压渗流复杂地基的水头损失？

参 考 文 献

［1］ 武汉水利电力学院水力学教研室．水力学［M］．北京：人民教育出版社，1974.
［2］ 武汉水利电力学院水力学教研室．水力计算手册［M］．北京：水利电力出版社，1983.
［3］ 毛昶熙．渗流计算分析与控制［M］．2版．北京：中国水利水电出版社，2003.
［4］ 张志昌，魏炳乾，郝瑞霞．水力学（下册）［M］．2版．北京：中国水利水电出版社，2016.
［5］ 毛昶熙，周保中．闸坝地基渗流计算的改进阻力系数法［J］．水利学报，1980（5）：51－59.
［6］ 陈德亮，王长德．水工建筑物［M］．4版．北京：中国水利水电出版社，2005.

第28章　水文测站布置及大断面测量实验

28.1　实验目的和要求

（1）了解水文测验河段选择的条件及考虑因素。
（2）掌握河槽控制与断面控制的特点。
（3）学习测站布置的基本要素、规定和布置方法。
（4）掌握大断面测量与计算的方法。

28.2　实验原理

28.2.1　设立水文测站的目的

水文测站是指为收集水文要素资料在江河、湖泊、渠道、水库和流域内设立的各种水文观测场所的总称，是水文测验的基础设施。设水文测站的主要目的是通过观测获得水文资料，以反映水文要素的时空分布规律[1]。

各单个测站观测到的水文要素信息仅代表了站址处的水文情况。而流域上的水文情况需要在一些适当点布站观测，这些站点在地理位置上呈网状分布，就构成了水文站网。一般有流量站网、水位站网、泥沙站网、降水量站网等。水文站网应统一规划、统筹兼顾、布局科学、密度合理和技术先进[1]。

测站按其观测要素可以分为流量站、水位站、降水站、水面蒸发站、水质站、地下水站、墒情站等。按其设站目的分为基本站、实验站、专用站和辅助站。按工作模式分为驻测站、巡测站、间测站、自动观测站和委托站等。按测验水体的类型分为河道站、渠道站、水库站、湖泊站和感潮站等[1]。

28.2.2　水文测验河段的选择

设立水文测站时首先要对整个河道进行考察分析，这种分析是整体性的，可以在地图上大概确定各个水文站的粗略位置，在目前条件下，可以直接在三维数字地图上进行初步分析，然后再到现场进行具体的踏勘和判断，基本的判断方式就是依据水文测站控制的条件开展。

所选择的水文测验河段应满足以下条件：第一，能够达到测量的目的和任务，同时使得测站的作用最大化、合理化和最优化；第二，能够监测到本站超历史洪水或极枯径流信息，以保证信息的连续性和完整性；第三，测站所在的位置应有利于测量工作的简化、数据的统计和整理，即尽可能使测站水位流量关系呈现单一曲线。

选择河段应考虑的因素：对于平原河流，因尽量选择河道顺直、均匀，河道糙率、比降、断面保持稳定,河道内不易生长水草的河段,河道顺直长度一般大于本断面历史最大洪水时河宽的 3～5 倍;对于山区河流,应根据河段水位的高、低统筹考虑,对于中、低水位的河段,应尽量选择有稳定石梁、急滩的位置,对于高水位的河段,应尽量选择有稳定卡口、急弯的河段,但需注意,弯道上游附近的河段应规整。根据河道地形和人为因素,应避开乱石阻塞、分流、斜流、严重漫滩等不利地形,避开受人为因素影响的码头、渡口、易发生冰坝、冰塞等处。根据当地居民居住情况,尽量选择在居民点附近。

实际勘测时应注意以下几个方面。

(1) 勘测调查前的准备工作。明确目的和任务,确定调查内容,编制调查大纲。查阅水文地质资料,了解勘测调查河段流域的分布、行政区划、地形状况、附近水准点基点。

(2) 调查内容。

1) 河流控制情况的调查。了解河段有无汇流、分流、串沟、回水、死水、卡口、石梁、弯道、深槽,以及河道最大漫滩宽度,拟设控制断面的位置和与此有关的河道顺直段的长度、控制断面的稳定情况等。

2) 河流水情的调查。了解河流历年最高和最低洪水的发生情况,最高和最低洪水位的位置,最大漫滩边界,估算最大和最小洪水流量,查清洪水来源、洪水波浪的大小、水流的流向变化、泥石流及其成因,了解下游可能产生的变动回水影响范围等。

3) 河床组成的调查。了解河道的演变和冲於变化情况;河床地质情况,如砾石、岩石、沙、壤土、黏土、淤泥在河段内的分布。

4) 水草、冰凌情况的调查。了解河道水草的类型、水草的生长季节和分布范围;封冻和流冰的时间、冰坝、冰塞、冰凌堆积的地点和对水流壅高的程度。

5) 流域自然地理情况调查。流域行政界限的划分、人口居住情况、气候情况、铁路、公路、桥梁等交通设施分布情况、已建水利工程和规划水利工程、拟设测站的工作条件等。

(3) 野外测量。野外测量工作主要是进行简易地形测量、河道大断面测量、水流的流向测量以及瞬时水面比降测量等。

(4) 编写勘测报告。勘测报告分为报告和报告的附件。勘测报告包括勘测的目的、任务和范围、对测验河段调查的成果、所选测验河段设站的位置、设站方案及依据、设站方案存在的问题以及解决方法。报告的附件包括测量成果、附图、附表等[3]。

28.2.3 水文测站的控制

测站按其汇流面积和作用分为三级,即大河控制站、区域代表站和小河站。按精度要求分为一类精度站、二类精度站和三类精度站。

测站控制是决定测站监测的所有水力要素的总称,分为断面控制和河槽控制两种。当测站控制的要素仅发生在一个横断面上时称为断面控制;当决定测站控制的水力要素发生在一段河槽上时称为河槽控制。

1. 断面控制[1]

断面控制实际上就是根据水力学临界水深的概念,在河槽某一断面寻求能发生临界水深的条件。在临界水深断面处弗劳德数等于 1。

图 28.1 为水流通过某一河槽底部有凸起的断面，在该断面上游是缓流，而在该断面下游是急流，因此该断面为临界流断面，临界流断面上的水深为临界水深，其弗劳德数为

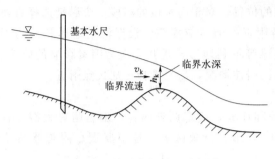

图 28.1　临界水深断面示意图

$$Fr = \frac{v_k}{\sqrt{gA_k/B_k}} = 1.0 \quad (28.1)$$

式中：Fr 为水流的弗劳德数；v_k 为临界流速；g 为重力加速度；A_k 为临界断面的过水断面面积；B_k 为临界断面的水面宽度。

由式（28.1）得

$$v_k = \sqrt{gA_k/B_k} \quad (28.2)$$

则通过临界断面的流量为

$$Q = A_k v_k = \sqrt{gA_k^3/B_k} \quad (28.3)$$

对于矩形断面，$A_k/B_k = h_k$，则

$$Fr = \frac{v_k}{\sqrt{gh_k}} = 1 \quad (28.4)$$

$$v_k = \sqrt{gh_k} \quad (28.5)$$

$$Q = A_k v_k = B_k \sqrt{gh_k^3} \quad (28.6)$$

式中：h_k 为临界水深。

因为过水断面面积和水面宽度均为水深的函数，所以过水断面的流量关系可以表示为

$$Q = f(h_k) \quad (28.7)$$

如果用临界断面的水位来表示，则式（28.7）可以写成

$$Q = f(H_k) \quad (28.8)$$

式中：H_k 为临界断面的水位。

由式（28.7）或式（28.8）可以看出，在临界断面流量与水深或水位呈单一关系，影响这一关系的水力学要素仅仅发生在该断面处，因此起到了断面控制的作用，这个断面被称为控制断面。

当水流经过石梁、堰坝、急滩、卡口、跌坎、缓坡向陡坡转折时均可能发生临界水深，形成控制断面。只要其形成临界水深断面的结构稳定不变，一定的流量就会对应固定的水头，可以通过测量水头计算流量。

需要注意的是，由于石梁、卡口等都是通过河槽特殊地形产生临界流来维持水位流量的单一关系，一旦临界流的条件消失，则其控制作用也随之消失，比如比较小的石梁在小水时有临界断面，而在流量超过一定值的大水时就可能没有临界水深；对于卡口，当流量很小时也可能没有产生临界水深，而在流量较大时就会产生临界水深的条件，形成临界断面。

2. 河槽控制[1]

当水位流量关系要靠一段河槽所发生的阻力作用来控制，决定过水流量的水力要素发生在一段河道上而不是一个断面处的称为河槽控制。对于天然河道，如果某一河段的底坡、断面形状、糙率等因素比较稳定，则水位流量关系也比较稳定。对于顺直且河床稳定

的河道，其水位流量关系可以近似用曼宁公式计算，即

$$v = \sqrt{i}\, R^{2/3}/n \qquad\qquad (28.9)$$

$$Q = A\sqrt{i}\, R^{2/3}/n \qquad\qquad (28.10)$$

式（28.10）可以写成

$$Q = f(A, R, n, i) \qquad\qquad (28.11)$$

式中：A 为过水断面面积，为该段河道上过水断面面积的平均值；n 为糙率；i 为水面比降，其值是上游断面与下游断面水位差与两断面之间距离的比值，该值由该段河段的特性决定；R 为水力半径，即过水断面积 A 与断面湿周 χ 的比值，湿周 χ 为对应的上、下游断面的平均湿周。

因为糙率 n 和水面比降 i 值由河道本身性质决定，断面面积 A 与水力半径 R 决定于断面因素 Ω 和水位 H，因此有

$$Q = f(H, \Omega, n, i) \qquad\qquad (28.12)$$

式（28.12）说明影响河道流量大小的水力因素为水位、断面因素、糙率和水面比降。因此要使水位流量关系呈单一关系，必须满足下列两个条件之一：①在同水位下，Ω、n、i 恒定不变；②在同一水位下，虽然 Ω、n、i 恒定不变，但它们对流量大小的影响恰好互相补偿。符合上述条件的一段河槽，能够使水位流量关系保持稳定，这就形成了河槽控制作用。

3. 断面布设[1]

断面布设包括布设基线、水准点和各种断面。根据观测需要，一个流量站会设立不同用途的观测断面：基本水尺断面、流速仪测流断面、浮标测流断面（浮标上断面、浮标下断面）、比降水尺断面（比降上断面、比降下断面）等，如图 28.2 所示。

（1）基线：用经纬仪或全站仪测角交会法推求测验垂线在断面上的位置（起点距）而在岸上布设的线段称为基线。基线一般应垂直于测流横断面，其起点应在测流断面线上。从测定起点距的精度出发，基线的长度应使测角仪器瞄准测流断面上

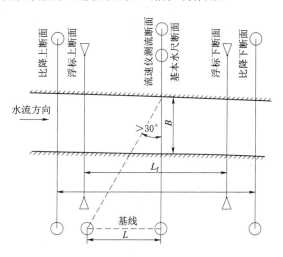

图 28.2　水文测站基线与断面布设示意图

最远点的方向线与横断面的夹角不小于 30°，即应使基线长度不小于河宽 B 的 0.6 倍。

（2）基本水尺断面：基本水尺断面应设置在水流平顺处，两岸水面无横比降，无漩涡、回流、死水、分岔流等发生。地形条件便于观测及安装自记水位计和其他测流设备，水尺沿断面展开，垂直于水流方向。

（3）流速仪法测流断面：为流速仪法测流而设置的断面。断面位置应尽量与基本水尺断面重合，且与断面平均流向垂直。若不能与基本水尺断面重合时，应尽量缩短二者之间的距离，中间不能有支流汇入与分出，以满足两断面间的流量相等。

（4）浮标测流断面：浮标测流断面为浮标法测定流量或水位而设置。一般设上、中、下 3 个断面（也可以是更多的断面），一般中断面应与流速仪测流断面重合，上、下断面之间的间距不宜太短，其距离应为断面最大流速的 50～80 倍，条件困难时可适当缩短，但不得小于最大断面平均流速值的 20 倍。

（5）比降水尺断面：用来观测河流的水面比降和分析河床的糙率。比降水尺断面应设在顺直河段上，上、下游水尺应布设在基本水尺断面的上、下游，上、下游水尺断面的间距可用式（28.13）计算，即

$$L = \frac{2}{\Delta z^2 x_s^2}(S_m^2 + \sqrt{S_m^4 + 2\Delta z x_s^2 S_g^2}) \tag{28.13}$$

式中：L 为上、下游比降水尺断面间距，m；Δz 为河道每千米长的水面落差，mm，一般取中水位的平均值；x_s 为比降测算允许的不确定度，可取 10%；S_m 为水准测量每公里线路上的标准差，mm，根据水准测量的等级而定，对于三等水准为 6mm，对于四等水准为 10mm；S_g 为比降水尺观测误差，mm，中高水位有防浪静水设备时可取 2～5mm。

4. 断面测量[1,2]

断面测量的实质是测定河床线上某些转折点的位置及高程，包括水道断面测量和大断面测量。

断面测量的内容是测定河床各点的起点距及其高程，对水上部分各点高程采用四等水准测量；水下部分则是测量各垂线水深并测读测深时的水位。

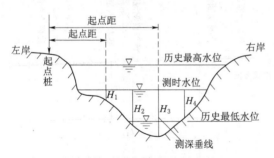

图 28.3　断面测量工作示意图

（1）水道断面测量。自由水面线与河床线之间的范围称为水道断面，如图 28.3 所示。水道断面测量是在断面上布设一定数量的测深垂线，施测各条垂线的水深，同时测得每条测深垂线与岸上某一固定点（断面的起点桩）的水平距离，称为起点距，并同时观测水位，用施测时的水位减去水深，得到各测深垂线处的河底高程。该高程可以是国家水准点引用的高程，也可以是河床上某一点相对于某一基面的高度。

（2）大断面测量。大断面测量是流量测验的基础，是单独进行的，用于研究测站断面的情况以及在流量计算时采用的断面。

根据水文测验规范：测站的基本水尺断面、流速仪测流断面、浮标中断面和比降断面均应进行大断面测量。测量的范围，应为水下部分的水道断面测量和岸上部分的水准测量。将水道断面所测水深 H_i 结果根据施测时水面的高程换算得到河底各点的高程；大断面测量的范围应测至历史最高洪水位以上 0.5～1.0m。漫滩较远的河流，可测至最高洪水边界，有堤防的河流，应测至堤防背河侧的地方为止。

通常大断面测量在枯水期进行，此时水上部分所占比重大，易于测量，所测精度高。某水文站基本水尺断面的大断面测量如图 28.4 所示。本次实验各组对布设的基本水尺断面也要进行大断面测量。

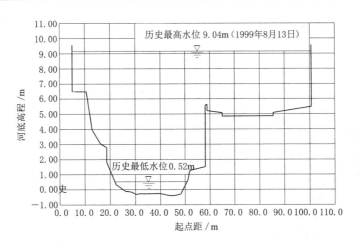

图 28.4　某水文站基本水尺断面大断面测量图

（3）起点距测量。起点距的测量也就是测量各测深垂线距起点桩的水平距离。在实际操作中确定起点距的方法通常为平面交汇法。可以用经纬仪测角交会法确定。方法是将经纬仪架设在岸上的基线的端点位置 C，起点桩为 A，如图 28.5（a）和图 28.5（b）所示，测量与断面上各测深垂线的水平夹角，即可用三角公式计算起点距。根据基线的类型不同，计算时应分别采用不同的公式。

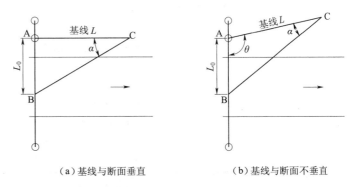

（a）基线与断面垂直　　　　（b）基线与断面不垂直

图 28.5　交汇法测量起点距计算示意图

当基线与断面垂直，如图 28.5（a）所示，则起点距的计算公式为

$$L_0 = L \tan\alpha \tag{28.14}$$

当基线与断面不垂直时，如图 28.5（b）所示，计算时可用三角形正弦定律计算起点距，即

$$L_0 = L \sin\alpha / \sin(\theta + \alpha) \tag{28.15}$$

式中：L_0 为起点距；L 为基线长度；α 为基线与基点至测深垂线间的夹角；θ 为基线与断面的夹角。

28.3　实验设备和仪器

河道模拟实验用的设备和仪器如图 28.6 所示；实验用的河道为模拟河道，如图 28.7 所示。模拟河道由进口水库、管道输水系统、模拟河道、回水系统和测量系统组成。

管道输水系统由水库、水泵、进水阀门、进水池阀门、调节阀门组成。模拟河道为一段河槽，在其长度方向不同区域或断面上分布有宽浅河槽、卡口、石梁、陡坡、窄深河槽等，同时下游尾端设置了集水池、电动尾门，如图 28.6（b）所示。回水系统由三角量水堰和回水渠组成。

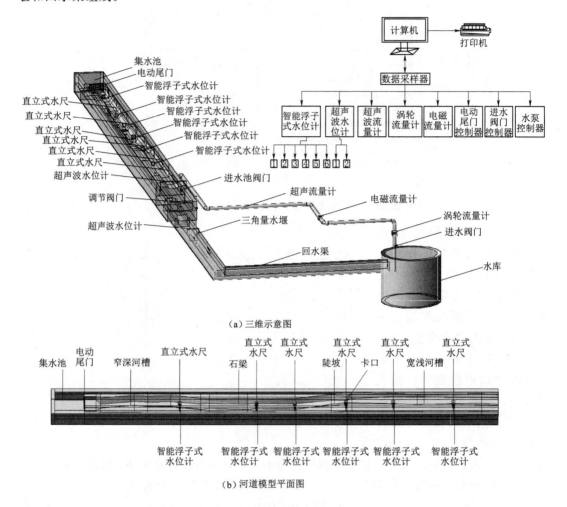

（a）三维示意图

（b）河道模型平面图

图 28.6　水位模拟实验用的设备和仪器示意图

图 28.7　模拟河道

测量系统由计算机、打印机、数据采集器、电动尾门控制器、进水阀门控制器和水泵控制器组成，如图 28.6（a）所示。水泵控制器用以开启和关闭水泵；进水阀门控制器可以自动调节进水阀门的开度，以控制流量；电动尾门控制器负责电动尾门的开启、调节和关闭；数据采集器负责各种传感器测量信号的收集和转换，传感器有智能浮子式水位计、超声波水位计、涡轮流量计、电磁流量计、超声波流量计，数据采集器将转换后的信号传入计算机，由计算机进行数据的采集、处理和分析；打印机负责将分析结果打印出来。

河道上设有直立式水尺，可以直接读出河道的水位。还设有水平尺（配水平长支架）、钢尺、直角尺、记号笔、经纬仪、水准仪等。

28.4 实验方法和步骤

1. 河道的踏勘

顺着河道从上游至下游认真踏勘，对如下内容进行描述。

（1）定性描述河道各段特征和与测站控制方式相对应的断面或河槽类型，说明地形特征及可能的测站控制方式；

（2）定量描述记录顺直河道的长度，控制断面可能布置的位置。

2. 基本测量断面的布设和基线布设

实验时根据河道的基本特点，选择测站控制方式（断面控制或河槽控制）。根据不同的测站控制方式，布设测验断面的基本水尺断面、基线、流速仪测流断面、浮标测流断面及比降测量断面等，并用记号笔在河道的一侧标记出，每组记录下所在位置。

3. 基本水尺断面的大断面测量

将水平尺搭在模拟河道上，向下 1cm 处假定为历年最高水位。在基本水尺断面上进行大断面的测量；水平方向上，起点桩处为 0；垂直方向上，假定测验河段河床最低点以下 1cm 处高程为 0，选择大断面测深垂线点并标记（一般按均匀分布的原则布设测深点，也可选择大断面特征点）。使用钢尺、直角尺依次测量大断面各特征点的起点距和各点高程，记录测得的数据并用坐标纸绘制大断面测量图。

4. 实验结束后将仪器和设备恢复原状

28.5 数据处理和成果分析

实验设备名称：　　　　　　　　　　　　　仪器编号：

同组学生姓名：

已知数据：起点距计算公式。

1. 实验数据记录

实验数据记录见表 28.1。

表 28.1　　　　　　　　　　　实验数据记录表

垂线	起点距/m	河底高程/m	垂线间距/m	部分面积/m²
左水边				
1				
2				
3				
4				
5				
6				

续表

垂线	起点距/m	河底高程/m	垂线间距/m	部分面积/m²
7				
8				
9				
10				
右水边				

学生签名：　　　　　　教师签名：　　　　　　实验日期：

2. 数据分析

（1）根据对河道特征的踏勘，描述河道的特征。

（2）对于断面控制，分析为什么测流断面要设在其上游附近。

（3）撰写本组的断面布设过程以及大断面测量过程。

（4）利用坐标纸画出大断面图，并计算大断面面积。

（5）画出高程与断面面积关系曲线。

28.6　实验中应注意的事项

（1）大断面测量时，需要假定最高洪水位。

（2）对于断面控制，测流断面设在其上游附近，不能设在控制断面上或其下游。

（3）实验过程中必须做好实验记录，实验完成后应清理现场。

（4）在实验中要注意仪器设备的安全和人身安全，以防损坏仪器和人员受伤。

思　考　题

1. 简要说明水道断面和大断面的概念以及区别。

2. 在河道中有石梁和卡口对断面控制有什么作用？

3. 断面控制和河槽控制有什么不同，各自有什么优点，有什么缺点？

4. 实验中如何确定基线和起点距？

5. 确定测站位置，设置测站基本水尺断面的原则有哪些？

参　考　文　献

[1]　罗国平，陈松生，张建新．水文测验 [M]．北京：中国水利水电出版社，2017．

[2]　谢悦波，丁晶，杨明江．水信息技术 [M]．北京：中国水利水电出版社，2009．

[3]　水利电力部水利司．水文测验手册（第一册，野外工作）[M]．北京：水利电力出版社，1975．

第29章 水 位 观 测

29.1 实验目的和要求

（1）掌握水位观测的设备和方法。
（2）了解不同类型水位计测量水位的原理和使用方法。
（3）掌握水位测量和日平均水位的计算方法。

29.2 实验原理

29.2.1 水位高程和基面[1]

水位是指河流、湖泊、水库及海洋等水体的自由水面相对于某一基准面的高程，其单位以 m 计。规范规定在人工测量水位时，测量精度为 0.01m，而对于自动测量要求其精度不低于 0.02m，并且自动观测必须在每天早上用人工观测的数据进行调校。基准面也称基面，基面是确定水位和高程的起始水平面。高程是指某点到基面的垂直距离。赋予基面原点以高程，就形成一个高程基准。

水位高程基准有 4 种类型：地区或国家基准、假定高程基准、测站自定义高程基准、冻结水准点高程相应高程基准，习惯上称为绝对基面、假定基面、测站基面和冻结基面。

绝对基面：将某一海滨地点平均海平面的高程定为 0.000m 作为水准基面称为绝对基面。我国现在统一规定的绝对基面为黄海基面。

假定基面：在缺乏水准点可以引据的情况下，可以暂时给测站基本水准点或临时水准点假定一个高程值，以此作为测站高程测量计算的起算点。假定基面多用于临时断面、应急监测和不影响水位使用的情况。本次实验所采用的就是假定基面，假定各组所在测量断面河床最低点以下 1cm 处为零点，即假定基面在河床最低点以下 1cm 处。

测站基面：在某些偏僻、崎岖地区或国家高程控制系统难以将水准网覆盖到水文测站附近，测站自建一个自定义高程控制系统称为测站基面。测站基面的零点高程略低于测站历年最低水位或河床最低点以下 0.5~1.0m；对于水深较大的河流可以取历年最低水位以下 0.5~1.0m。

冻结基面：是绝对基面的一个特殊使用形式。它是在联测地区或国家高程系统后，测站基本水准点开始启用时，把水准测量所确定的绝对高程值冻结不变，长期使用，从而在基本水准点下推定了一个与绝对基面非常接近的水准面，这个水准面即为冻结基面。

水位是最基本的水文观测项目，是水利建设、防汛抗旱和航运的重要依据。在堤防、水库、坝高、电站、堰闸、灌溉、排涝等水利工程建设的规划、设计、施工、管理运用中都必须应用水位资料；其他工程如航道、桥梁及涵洞、船坞、港口、给水、排水、公路路面标高的确定等也需要用到水位资料[1]。

水位与高程数值一样，要指明其所用基面才有意义。图 29.1 是测站基面方式下的基准面、水准点、水尺零点和水位关系示意图。图 29.2 是冻结基面方式下的基准面、水准点、水尺零点和水位的关系示意图。

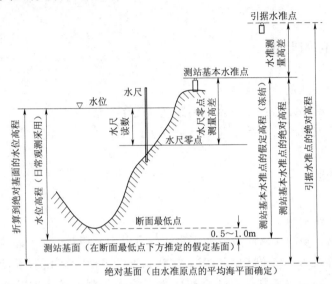

图 29.1 测站基面方式下的基准面、水准点、水尺零点和水位关系图

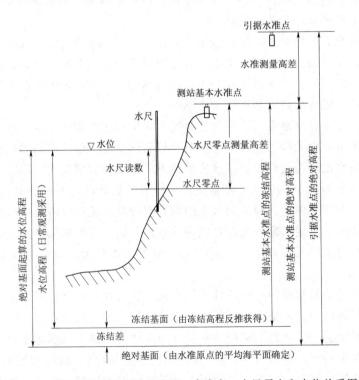

图 29.2 冻结基面方式下的基准面、水准点、水尺零点和水位关系图

29.2.2 日平均水位的计算[1,2]

平均水位是某观测站不同时段水位的均值或同一水体各观测点同时水位的均值。日平均水位是指在某一水位观测点一日内水位的平均值。

日平均水位的计算有面积包围法和算术平均法。在计算时多采用面积包围法。

1. 面积包围法

将该日从零时至 24 时的水位过程线与横轴所包围的面积除以 24 小时，即得日平均水位。该法适用于一日内水位变化剧烈、观测次数多但观测时距不等的情况。面积包围法计算日平均水位的公式为

$$\overline{z} = \frac{1}{2\sum\limits_{i=1}^{n} \Delta t_i} \left[(z_0 + z_1)\Delta t_1 + (z_1 + z_2)\Delta t_2 + (z_2 + z_3)\Delta t_3 + \cdots + (z_{n-1} + z_n)\Delta t_n \right]$$

(29.1)

式中：$\overline{z}$ 为面积包围法计算的日平均水位，m；Δt_i 为各相邻测次间的时距，h；z_i 为各测次的水位值，m；z_0 为零时的水位值，m；z_n 为 24 时的水位值，m。

因为 $\sum\limits_{i=1}^{n} \Delta t_i = 24$，所以式（29.1）可以写成

$$\overline{z} = \frac{1}{48} \left[(z_0 + z_1)\Delta t_1 + (z_1 + z_2)\Delta t_2 + (z_2 + z_3)\Delta t_3 + \cdots + (z_{n-1} + z_n)\Delta t_n \right]$$

(29.2)

对式（29.2）重新整理得

$$\overline{z} = \frac{1}{48} \left[z_0 \Delta t_1 + z_1(\Delta t_1 + \Delta t_2) + z_2(\Delta t_2 + \Delta t_3) + \cdots + z_{n-1}(\Delta t_{n-1} + \Delta t_n) + z_n \Delta t_n \right]$$

(29.3)

如果测量时距相等，可采用如下简易的面积包围法计算日平均水位[2]，即

$$\overline{z} = \frac{1}{m} \left[\frac{z_0}{2} + z_1 + z_2 + \cdots + z_{n-1} + \frac{z_n}{2} \right]$$

(29.4)

式中：m 为测量日内等时距的时段数，$m = n - 1$。

在用面积包围法计算日平均水位时，可以简化计算，即将自记水位计过程线上摘录的相邻转折点之间的水位视作直线变化，以折线过程线视作实际水位过程，如图 29.3 所示。

必须注意，在用面积包围法计算日平均水位时，要求有 0 时和 24 时的水位值。

而实际测量中该两个值是很难获取的，因此如果没有观测 0 时或 24 时的水位值，应根据前、后日相邻水位进行直线内插法求出 z_0 和 z_{24}，如图 29.4 所示。

z_0 的计算公式为

$$z_0 = z_q + \frac{24 - t_q}{24 + t_{d1} - t_q}(z_{d1} - z_q)$$

(29.5)

式中：z_0 为当日零时的水位值；z_q 为前日距零时最近的一次水位测量值；z_{d1} 为当日 t_{d1} 时的水位测量值；t_q 为前日距当日零时最近的一次的测量时间；t_{d1} 为当日距零时最近的一次测量时间。

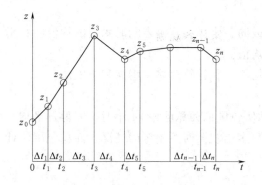

图 29.3　面积包围法计算简图

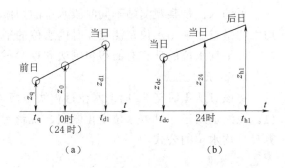

图 29.4　内插法示意图

z_{24} 的计算公式为

$$z_{24} = z_{dc} + \frac{24 - t_{dc}}{24 + t_{h1} - t_{dc}}(z_{h1} - z_{dc}) \qquad (29.6)$$

式中：z_{24} 为当日 24 时的水位值；z_{dc} 为当日 24 时前距 24 时最近一次的水位测量值；z_{h1} 为后日 t_{h1} 时的水位测量值；t_{dc} 为当日 24 时前距 24 时最近的一次测量时间；t_{h1} 为后日距前日 24 时最近的一次测量时间。

算例：根据表 29.1 用面积包围法计算 6 日的日平均水位。

表 29.1　　　　　　　　　　　　　5 日、6 日和 7 日不同时刻水位测量

日期	5 日	6 日					7 日
时刻/h	18：00	8：00	11：00	13：00	17：00	19：00	8：00
水位/m	3.47	3.69	3.80	3.85	3.95	4.03	4.59

解：

由表 29.1 可以看出，6 日没有 0 时的实测水位，也没有 24 时的实测水位，需用 5 日 18 时的实测水位和 7 日 8 时的实测水位插值求解 6 日 0 时和 24 时的水位，然后才能用面积包围法计算 6 日的日平均水位。

6 日 0 时的水位，由表中可以看出，$z_q = 3.47$m，$t_q = 18$h，$z_{d1} = 3.69$m，$t_{d1} = 8$h，代入式（29.5）得

$$z_0 = z_q + \frac{24 - t_q}{24 + t_{d1} - t_q}(z_{d1} - z_q) = 3.47 + \frac{24 - 18}{24 + 8 - 18} \times (3.69 - 3.47) = 3.56(\text{m})$$

6 日 24 时的水位，由表中可以看出，$z_{dc} = 4.03$m，$t_{dc} = 19$h，$z_{h1} = 4.59$m，$t_{h1} = 8$h，代入式（29.6）得

$$z_{24} = z_{dc} + \frac{24 - t_{dc}}{24 + t_{h1} - t_{dc}}(z_{h1} - z_{dc}) = 4.03 + \frac{24 - 19}{24 + 8 - 19} \times (4.59 - 4.03) = 4.25(\text{m})$$

测量时段为 $\Delta t_1 = 8 - 0 = 8$h，$\Delta t_2 = 11 - 8 = 3$h，$\Delta t_3 = 13 - 11 = 2$h，$\Delta t_4 = 17 - 13 = 4$h，$\Delta t_5 = 19 - 17 = 2$h，$\Delta t_6 = 24 - 19 = 5$h。

由此得 6 日各测量时刻的水位和测量时段见表 29.2。

表 29.2　　　　　　　　　　　　　6 日各测量时刻的水位和测量时段

时刻/h	0	8：00	11：00	13：00	17：00	19：00	24：00
水位/m	3.56	3.69	3.80	3.85	3.95	4.03	4.25
时段 Δt_i/h		8	3	2	4	2	5

由式（29.2）计算 6 日的平均水位为

$$\overline{z} = \frac{1}{48}\left[(z_0 + z_1)\Delta t_1 + (z_1 + z_2)\Delta t_2 + (z_2 + z_3)\Delta t_3 + \cdots + (z_{n-1} + z_n)\Delta t_n\right]$$

$$= \frac{1}{48} \times \big[(3.56 + 3.69) \times 8 + (3.69 + 3.80) \times 3 + (3.80 + 3.85) \times 2$$

$$+ (3.85 + 3.95) \times 4 + (3.95 + 4.03) \times 2 + (4.03 + 4.25) \times 5\big]$$

$$= 3.84(\mathrm{m})$$

2. 算术平均法

将多次测量值相加，除以测量次数，即为观测的平均水位。该法适用于一日内水位变化缓慢，或水位变化较大，而且是等时距人工观测或从自记水位计上摘录时，可用此法。对于本实验模拟河道的测量数据，也可以用此法计算，即

$$\overline{z}_s = \frac{1}{n}\sum_{i=1}^{n} z_i \tag{29.7}$$

式中：n 为观测次数；$\overline{z}_s$ 为用算术平均法计算的日平均水位；z_i 为各次观测的水位。

用算术平均法计算日平均水位与用面积包围法计算的日平均水位相差不能超过 $1\sim2\mathrm{cm}$。

需要强调的是，算术平均法只适用于水位变幅较小的等时距测量的情况，对于水位变化剧烈，且测量不是等时距时应采用面积包围法计算日平均水位。

3. 河道站和湖泊站水位观测的基本要求。

（1）在水位平稳时，每 8 小时观测一次。

（2）水位变化较大时或出现涨落较缓慢的峰谷时，采用四段制测量，每日 2 时、8时、14 时、20 时观测 4 次。

（3）洪水期或水位变化急剧时，可每 $1\sim6$ 小时观测一次，洪水暴涨暴落时，根据需要加密测次，为每半小时或若干分钟观测一次，准确测得出现的峰、谷水位和完整反映水位变化过程。

（4）在稳定封冻期，没有冰塞现象且水位平稳时，可每 $2\sim5$ 天观测一次，但月初月末 2 天必须观测。

（5）在水位变化缓慢时，每日 8 时、20 时观测 2 次，枯水期 20 时观测确有困难的测站，可提前至其他时间观测。

29.3　实验设备和仪器

29.3.1　水位观测的仪器

水位观测的仪器有水尺和自记水位计。用水尺观测水位称为直接观测；而用自记水位

计观测水位称为间接观测。

按水尺断面性质和作用的不同，水尺分为基本水尺、辅助水尺、比降水尺、最高水位水尺（洪峰水尺）。

基本水尺是水文站和水位站用来观测水位的主要水尺。

辅助水尺是当测验河段出现横比降或在利用堰闸、涵洞等测流设施，有淹没出流时，在河流对岸或下游专门设立的水尺。

比降水尺是为观测河流水面比降而在测验河段上、下游所设立的水尺。

最高水位水尺（洪峰水尺）是汛期专门用于测记洪峰水位的水尺。

水尺可分为直立式、倾斜式、矮桩式和悬垂式 4 种，其中直立式应用的最为普遍，其他三种则根据地形和需要而定。

水尺上设有专门的刻度，可以直接观测水位，人工看水位主要用水尺板或水尺桩，观测时记录水尺读数，水位按式（29.8）计算，即

$$水位＝水尺零点高程＋水尺读数 \tag{29.8}$$

式中：水尺零点高程是指水尺板上刻度起点的高程，可以预先测量出来。

水尺设置的位置必须便于观测人员接近，直接观读水位，并应避开涡流、回流、漂浮物等影响。在风浪较大的地区，必要时应修建静水井与河道观测断面连通，将水尺设置在静水井中测量水位。

自记水位计是由感应器、传感器以及记录装置三部分组成自动测量水位的仪器。水位传感器有超声波传感器、压力传感器、液深传感器和浮子传感器。自记水位计可以测记整个水位的变化过程。

自记水位计有浮子式水位计、气泡水位计、压力式水位计、超声波水位计和雷达水位计等，这里主要介绍浮子式水位计、压力式水位计和超声波水位计的原理和特点。

1. 浮子式水位计

浮子式水位计是利用水面的浮子随水面一同升降，并将它的运动通过比例轮传递给记录装置或指示装置的一种水位自记仪器。由感应部分、传动部分、记录部分、外壳等部分组成。浮子式水位计按记录时间长短分为日记型、旬记型、月记型。

2. 压力式水位计

压力式水位计主要由压力传感器、引压管路（包括信号和供电电缆）、测量仪器和显示仪器组成。其原理是通过用压力传感器或压力变送器测量出测点的静水压强值，根据水体重度计算出测点以上的水面高度，推算出对应的水位值。根据压力接触原理可以分为水下直接测量和通过通气管传递水下压力的气泡式间接测量的方式，所用传感器为压力式传感器。

3. 超声波水位计

超声波水位计是一种把声学和电子技术相结合的水位观测仪器。利用超声波在不同介质中的传播特性差异，将换能器安装在水下（液介式）或水上（气介式）某一已知高程位置，通过记录换能器脉冲源所发射超声波信号，测量超声波通过水面反射的往返时间来测量水位的仪器。

图 29.5 为非接触式超声波水位传感器的工作原理图。在测量水位时，传感器向水面发射超声波，到达水面反射后又传回传感器，从发射到接收之间有一段时间差 t，可由式

（29.9）计算传感器至水面的距离。

$$H = 0.5ct \qquad (29.9)$$

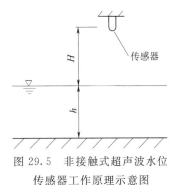

图 29.5　非接触式超声波水位传感器工作原理示意图

式中：c 为超声波的传播速度；H 为传感器到水面的距离；t 为超声波从发射到接受的时间。

知道 H 后即可利用传感器的安装高程计算出水面高程。

由于外部环境如温度、湿度、气压等因素的影响，使得超声波的传播速度有一些波动，影响测量精度。

29.3.2　水位观测模拟实验用的设备和仪器

实验用的河道为模拟河道，如图 28.6 和图 28.7 所示。

29.4　实验方法和步骤

29.4.1　模拟河道测量时段的模拟方法

在教学实验中，测量时段受课时限制，无法像原型水位测验一样进行长时间观测，为了在有限的课时内使学生掌握水位测验的过程，实验过程可以按两种方法进行。

（1）将实验过程按 1 小时分为 6 个时间段，即每 10min 为一时间段，模拟时段为 0 时、4 时、8 时、12 时、16 时、20 时和 24 时。这种方法为等时距测量方法，日平均水位直接可以用算术平均法计算。

（2）将实验过程确定为 70min，前 5min 模拟前日最后一次测量的水位（相当于前日的 22 时）。中间 60min 模拟当日测量的水位。当日测量的水位不一定按等时距测量，可以分为 8 时（20min）、12 时（间隔 10min）、16 时（间隔 10min）和 20 时（间隔 10min）。最后到 70min 时模拟后日第一次测量的水位（相当于后日 2 时）。这种方法为不等时距测量，而且没有测量 0 时和 24 时的水位，日平均水位可以用面积包围法计算，在计算时 0 时和 24 时的水位需用插值法求出，计算公式为式（29.5）和式（29.6）。

29.4.2　模拟河道水位测量

（1）熟悉河道的特征，记录河道的测量断面，确定各测量断面的河底高程。

（2）打开水泵，观测水流现象，调节渠道下游的电动尾门，调整河道水深为合适深度，描述河道的水流流态。

（3）通过调节管道的进水阀门来模拟河道流量依次增大或减小。选定 4 个增大过程的流量和 3 个减小过程的流量（即流量增大过程选 4 个不同时段的阀门开度、减小过程选 3 个不同的阀门开度）作为一场洪水模拟过程。但需注意在实验开始时需测量一次水位。测量可以按照表 29.3 的时间进行

表 29.3　　　　　　　　水位测量模拟时间

模拟时间	前 5min	中间 60min						后 5min
		10'	20'	30'	40'	50'	60'	
原型时间/h	前日 22 时	当日 4 时	当日 8 时	当日 12 时	当日 16 时	当日 20 时	当日 24 时	后日 2 时

（4）打开计算机，监控水位传感器的水位变化和流量传感器的流量变化。

（5）测量水位和流量。每次阀门调节后，待刚刚到达测量时间，按计算机上的采集键，即可同步采集各种水位计和流量计的水位和流量，采集结束后计算机自动将采集到的数据进行保存。如果用人工测量，则同步由人工读取直立式水位计的水面读数，该读数加测量断面的河底高程即为水位高程。

（6）每个时刻的水位和流量测 3 次，计算时采用该时刻水位的平均值。

（7）一次测量完成后，按照选定的流量过程调节进水阀门的开度，重复第（5）步和第（6）步 7 次，其中 4 个增大过程的流量，3 个减小过程的流量。

（8）实验结束后将仪器恢复原状。

29.5 数据处理和成果分析

1. 数据记录

计算机采集的水位实验记录见表 29.4，人工读取的水位实验记录见表 29.5。

表 29.4　　　　　　　　　　　计算机采集的水位实验记录表

测量时间/min	模拟原型时间/h	水位计1/m	水位计2/m	水位计3/m	水位计4/m	水位计5/m	水位计6/m
5	前日 22 时						
测次水位平均值							
15	当日 4 时						
测次水位平均值							
25	当日 8 时						
测次水位平均值							
35	当日 12 时						
测次水位平均值							
45	当日 16 时						
测次水位平均值							

测量时间/min	模拟原型时间/h	水位计 1/m	水位计 2/m	水位计 3/m	水位计 4/m	水位计 5/m	水位计 6/m
55	当日 20 时						
测次水位平均值							
65	当日 24 时						
测次水位平均值							
70	后日 2 时						
测次水位平均值							
最终水位平均值（算术平均法）							
最终水位平均值（面积包围法）							

学生签名：　　　　　　　　教师签名：　　　　　　　　实验日期：

表 29.5　　人工读取的水位测量记录表

测量时间/min	模拟原型时间/h	水尺 1/m	水尺 2/m	水尺 3/m	水尺 4/m	水尺 5/m	水尺 6/m
5	前日 22 时						
测次水位平均值							
15	当日 4 时						
测次水位平均值							
25	当日 8 时						
测次水位平均值							
35	当日 12 时						
测次水位平均值							

测量时间/min	模拟原型时间/h	水尺 1/m	水尺 2/m	水尺 3/m	水尺 4/m	水尺 5/m	水尺 6/m
45	当日 16 时						
测次水位平均值							
55	当日 20 时						
测次水位平均值							
65	当日 24 时						
测次水位平均值							
70	后日 2 时						
测次水位平均值							
最终水位平均值（算术平均法）							
最终水位平均值（面积包围法）							

学生签名：　　　　　　　　教师签名：　　　　　　　实验日期：

2. 成果分析

（1）根据表 29.4 和表 29.5，确定各水位计和水尺测量的各点的水位。

（2）日平均水位的计算。日平均水位的计算可采用面积包围法或算术平均法，即用式（29.2）或式（29.7）计算。

在用算术平均法计算日平均水位时，取表 29.4 和表 29.5 中模拟时段为当日的 0 时、4 时、8 时、12 时、16 时、20 时和 24 时，其中 0 时用测量时间为 5min 时的水位值。在用面积包围法计算日平均水位时，取表 29.4 和表 29.5 中前日的 22 时，当日的 8 时、12 时、16 时、20 时和次日的 2 时，0 时和 24 时需用插值法求出。

将两种计算结果进行比较，分析其差值产生的原因。

29.6　实验中应注意的事项

（1）实验中应注意分工合作，协调好每个人的测量项目。

（2）为了减少水位观测的误差，在用直立水尺读取水面读数时，眼睛尽可能平视水面，以减小读数误差。

思 考 题

1. 简述不同水位计的适用条件及优缺点。

2. 描述整个河道水流特点（如流速、水位的变化等），根据水位观测数据，画出实验时段的水位历时曲线。

3. 计算日平均水位时，面积包围法和算术平均法有何不同，哪种方法计算的精度高，为什么？

参 考 文 献

[1] 罗国平，陈松生，张建新. 水文测验 [M]. 北京：中国水利水电出版社，2017.

[2] 赵志贡，岳利军，赵彦增. 水文测验学 [M]. 郑州：黄河水利出版社，2005.

[3] 向治安. 水文测验 [M]. 北京：水利电力出版社，1983.

第 30 章　流速面积法测量流量实验

30.1　实验目的和要求

（1）掌握流速面积法测量明渠流量的方法。

（2）掌握旋杯式流速仪或手持式电波流速仪的原理和结构。

（3）掌握用流速仪测流的原理和计算方法。

30.2　实验原理

30.2.1　明渠流量测量的方法

流量是指单位时间内通过某一过水断面的水量，是管道和河流最重要的水力特性要素之一。

流量测量可分为封闭管道的流量测量和明渠流量测量两大类。前者所测的大多是有压管道的流量，这种流量测量的方法已比较成熟，测量仪器主要有文丘里流量计、涡轮流量计、电磁流量计、超声波流量计等。后者所测的是明渠的流量，因为明渠水流有自由表面，其过水断面面积和流速都会随流量而变化，所以流量测量比较困难，本章结合水文测验课程要求，主要介绍明渠或者准确地说是扩大到河道流量测量的范畴。

明渠流量测量的方法主要有流速面积法、水力学法、化学法、物理法和直接法[1]。

流速面积法：通过实测过水断面上的流速和断面面积来求得流量，其依据是流量等于某一过水断面上的流速的积分。流速面积法测流主要有流速仪法、走航式 ADCP 法、浮标法等。在水文测验中，采用转子式流速仪以流速面积法进行河道流量测量的方法是基本方法，也是用于标定其他方法应用于河道流量测量的校订方法。本章的实验就是采用转子式流速仪进行模拟河道各断面的流量测量。

水力学法：根据能量守恒原理和相应的水力学公式，建立流量与水位或水深的关系。水力学法主要有水工建筑物测流、堰槽测流、比降面积法测流等。

化学法：化学法也叫稀释法，根据质量守恒原理，将一定浓度已知量的指示剂在上游注入河流中，指示剂在向下游的流动过程中扩散稀释，其扩散稀释后的浓度与水流的流量成正比，如果测得下游某一断面水中指示剂的浓度即可推算出流量。

物理法：利用某种物理量受水流运动影响的变化来测定流速，并推算流量。这种测量方法有超声法、电磁感应法、电波法等。

直接法：直接法也叫体积法，在一定时段内，直接测量承水器中或基本没有径流来源的河、沟、湾内水的体积变化来推求流量。

本章主要介绍流速面积法测流的原理和方法。

30.2.2 流速面积法测流的原理

通过河渠某一断面的流量 Q，可以表示为断面平均流速 v 与断面面积 A 的乘积，即 $Q=vA$。流速面积法测流应包括断面平均流速和过水断面面积测量两部分。流速测量的目的是寻求断面垂线流速分布的规律和断面流速分布规律，在掌握流速在每个单元面积上的分布规律基础上通过一定的理论分析确定流量。

1. 垂线流速分布规律

垂线流速分布的理论有指数分布规律、抛物线分布规律和对数分布规律，指数分布规律和对数分布规律也称流速分布的指数律和对数律，是比较常用的两种型式。

流速分布的指数律可以表示为[2]

$$u/u_{\max}=(y/h)^n \tag{30.1}$$

式中：u 为垂线上任一点的流速；$u_{\max}$ 为垂线上的最大流速；y 为垂线上任一点的水深，h 为垂线水深；n 为指数。

流速分布的抛物线分布规律为[1]

$$u=u_{\max}-\frac{1}{2P}\ (y-h_{\mathrm{m}})^2 \tag{30.2}$$

式中：P 为抛物线焦点在 x 轴的坐标；h_{m} 为最大测点流速处的水深。

流速分布的对数律可以表示为[2]

$$u=u_{\max}+\frac{v_*}{k}\ln\frac{y}{h} \tag{30.3}$$

式中：k 为卡门常数；v_* 为摩阻流速。

下面用流速分布的对数律分析垂线上流速分布规律和垂线平均流速的计算方法。

图 30.1 所示为二元明渠均匀流的流速分布，设其流速分布为对数律分布，测点流速计算公式为式（30.3）。设垂线上的平均流速为 v，则

$$v=\frac{1}{h}\int_{\delta_0}^h u\,\mathrm{d}y=\frac{1}{h}\int_{\delta_0}^h (u_{\max}+\frac{v_*}{k}\ln\frac{y}{h})\,\mathrm{d}y \quad (30.4)$$

式中：δ_0 为黏性底层厚度。

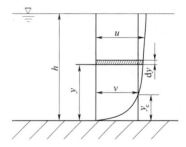

图 30.1 明渠流速分布图

对式（30.4）积分得

$$v=\frac{u_{\max}}{h}(h-\delta_0)+\frac{v_*}{kh}\left[\left(h\ln\frac{h}{h}-\delta_0\ln\frac{\delta_0}{h}\right)-(h-\delta_0)\right] \tag{30.5}$$

由于黏性底层厚度 δ_0 很小，$h-\delta_0\approx h$，故式（30.5）可以写成

$$v=u_{\max}-\frac{v_*}{kh}\left(\delta_0\ln\frac{\delta_0}{h}+h\right) \tag{30.6}$$

当 $\delta_0\rightarrow 0$ 时，$\delta_0\ln(\delta_0/h)$ 为不定式 $0\cdot(-\infty)$，用洛比达法则，则

$$\lim_{\delta_0\rightarrow 0}\delta_0\ln\frac{\delta_0}{h}=\lim_{\delta_0\rightarrow 0}\frac{\ln(\delta_0/h)}{1/\delta_0}=\lim_{\delta_0\rightarrow 0}\left(-\frac{h/(h\delta_0)}{1/\delta_0^2}\right)=-\lim_{\delta_0\rightarrow 0}\delta_0=0 \tag{30.7}$$

由此得垂线平均流速 v 为

$$v = u_{\max} - v_* / k \tag{30.8}$$

由图 30.1 可以看出，当 $u = v$ 时，对应的水深为 y_c，因此有

$$u_{\max} + \frac{v_*}{k} \ln \frac{y_c}{h} = u_{\max} - \frac{v_*}{k} \tag{30.9}$$

由式（30.9）得 $\ln (y_c/h) = -1$，或 $\ln (h/y_c) = 1$，即 $h/y_c = e$，则

$$y_c = h/e = 0.368h \tag{30.10}$$

$$h - y_c = h - 0.368h = 0.632h \tag{30.11}$$

式（30.11）说明，在水面以下 $0.632h$ 处的流速 u 等于垂线平均流速 v。

下面再运用流速分布指数律公式推导垂线平均流速的位置。设指数律的流速分布为式（30.1），则

$$v = \frac{1}{h} \int_0^h u \, \mathrm{d}y = \frac{1}{h} \int_0^h u_{\max} \left(\frac{y}{h} \right)^n \mathrm{d}y = \frac{u_{\max}}{(n+1)h^{n+1}} y^{n+1} \Big|_0^h = \frac{u_{\max}}{n+1} \tag{30.12}$$

当 $y = y_c$ 时，$u = v$，则

$$v = u_{\max} (y_c/h)^n \tag{30.13}$$

令式（30.12）和式（30.13）相等，可得

$$y_c = \left(\frac{1}{n+1} \right)^{1/n} h \tag{30.14}$$

式中的指数 $n = 1/8$，代入式（30.14）得

$$y_c = 0.39h \tag{30.15}$$

$$h - y_c = h - 0.39h = 0.61h \tag{30.16}$$

式（30.16）表明，用流速分布的指数律时，距水面约 $0.61h$ 处的垂线流速等于垂线平均流速。

由上面对流速分布的对数律和指数律的分析可以看出，在水面下约 $0.6h$ 处的垂线流速等于垂线平均流速。所以在用流速仪测量流速时，一般可以用水面下 $0.6h$ 处的流速近似地代表垂线平均流速。

在实际测量中，往往只能测得垂线上不同点的点流速，可以采用一点法、二点法、三点法、五点法等，在水深小于 0.5m 时采用一点法。利用垂线上多个分布点的点流速计算垂线平均流速的方法如下：

设 $\eta = y/h$，y 为自河底算起的测点水深，h 为垂线水深，v_η 为垂线上距河底相对距离为 η 处的流速，v_η 可表示为[3]

$$v_\eta = v + \frac{v_*}{k} (1 + \ln\eta) \tag{30.17}$$

式中：v 为垂线平均流速。

摩阻流速可用式（30.18）计算，即

$$v_* = \sqrt{ghJ} \tag{30.18}$$

式中：J 为水力坡度，对于明渠均匀流，J 等于渠底坡度。卡门常数 k 对于明渠等于 0.54。

对于明渠，垂线平均流速可用谢才公式表示为

$$v = C\sqrt{hJ} \tag{30.19}$$

式中：C 为谢才系数。

将式（30.19）代入式（30.18）得

$$v_* = \sqrt{ghJ} = \frac{C\sqrt{g}\sqrt{hJ}}{C} = \frac{\sqrt{g}\,v}{C} \qquad (30.20)$$

将式（30.20）代入式（30.17）得

$$v_\eta = v\left[1 + \frac{\sqrt{g}}{kC}(1 + \ln\eta)\right] \qquad (30.21)$$

对于明渠，将卡门常数 $k=0.54$、谢才系数 $C=50$ 代入式（30.21）得[3]

$$v_\eta = v(1.116 + 0.116\ln\eta) \qquad (30.22)$$

以 $v=1.0$，并以不同的 η 值代入式（30.22），可求得垂线上相对水深点与其相对流速的关系见表30.1。

表 30.1 $v=1.0$ 时 η 与 v_η 关系

η	1.0	0.9	0.8	0.7	0.6	0.5	0.4	0.3	0.2	0.1	0.01
v_η	1.12	1.10	1.09	1.07	1.06	1.04	1.01	0.98	0.93	0.85	0.58

由表30.1可以看出，当 $y/h=\eta=0.4$ 处的测点流速与垂线平均流速的比值为1.01，即自水面算起的相对水深 $(h-y)/h$ 为0.6处的测点流速 $v_{0.6} \approx v$，这与前面用流速分布的对数律和指数律得到的结果基本一致。由此可得用一点法测量垂线平均流速的计算式为

$$v = v_{0.6} \qquad (30.23)$$

在 $\eta=0.2$ 和 $\eta=0.8$ 处，v_η 值为0.93和1.09，即 $(1.09+0.93)/2=1.01$，故有

$$v = \frac{1}{2}(v_{0.2} + v_{0.8}) \qquad (30.24)$$

式（30.24）即所谓的垂线平均流速的二点法测流。同理有

三点法： $$v = \frac{1}{3}(v_{0.2} + v_{0.6} + v_{0.8}) \qquad (30.25)$$

五点法： $$v = \frac{1}{10}(v_{0.0} + 3v_{0.2} + 3v_{0.6} + 2v_{0.8} + v_{1.0}) \qquad (30.26)$$

六点法： $$v = \frac{1}{10}(v_{0.0} + 2v_{0.2} + 2v_{0.4} + 2v_{0.6} + 2v_{0.8} + v_{1.0}) \qquad (30.27)$$

十一点法： $$v = \frac{1}{10}\left(\frac{1}{2}v_{0.0} + v_{0.1} + v_{0.2} + v_{0.3} + v_{0.4} + v_{0.5} + v_{0.6} + v_{0.7} + \right.$$

$$\left. v_{0.8} + v_{0.9} + \frac{1}{2}v_{1.0}\right) \qquad (30.28)$$

另一种方法是将距水面0.6倍水深处的流速赋权，其平均流速的计算公式为[4]

$$v = \frac{1}{4}(v_{0.2} + 2v_{0.6} + v_{0.8}) \qquad (30.29)$$

式中：$v_{0.0}$、$v_{0.1}$、$v_{0.2}$、$\cdots$、$v_{1.0}$ 为水面下 0、$0.1h$、$0.2h$、$\cdots$、$1.0h$ 处的流速。

2. 断面流速分布规律[1]

断面流速分布受断面形状、糙率、冰冻、水草、风、水深、河流弯曲等因素的影响，

情况比较复杂。一般测流断面应选在比较顺直的河段。对于基本顺直的河段，中泓流速大，岸边附近流速小；水面流速大，河底流速小；大水深处流速大，浅水处流速小；垂线的最大流速，畅流期出现在水面至相对水深 0.2 的范围，如图 30.2（a）所示。封冻期由于盖面冰的影响，对水流阻力增大，最大流速从水面移向半深处，等流速线闭合，如图30.2（b）所示。

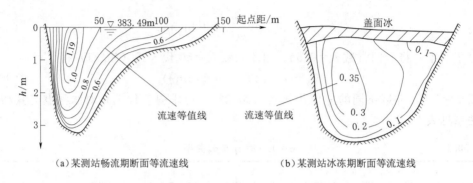

（a）某测站畅流期断面等流速线　　　　　（b）某测站冰冻期断面等流速线

图 30.2　某测点畅流期和冰冻期断面等流速分布示意图（单位：m/s）

3. 断面流量的计算

断面流量的计算常用的有图解法、平均分割法和中间分割法。现以图 30.3 做一说明。

（1）图解法[4]。图解法也叫水深—流速面积法或部分中间法。这种方法是将每条垂线上的平均流速 v 与相应的水深 h 的乘积（vh），点绘在水面的上方，如图 30.3 所示。当流速和测深的垂线不相同时，可沿河宽绘出流速 v 曲线，从图上查出每条测深垂线相应的平均流速 v，并以此绘 vh 曲线。vh 曲线与水面线之间所包围的面积，表示断面的流量，在计算机快速发展的今天，图解法逐渐在生产实际中被淘汰，偶尔用于数据验证。

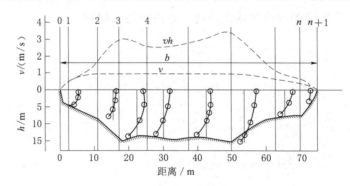

图 30.3　流量计算的图解法

（2）平均分割法。断面可看作由几部分组成，如图 30.3 所示，每部分均以两条相邻的垂线为边界。

若 v_1 和 v_2 分别为第一条和第二条垂线的平均流速，h_1 和 h_2 分别为垂线 1 和垂线 2 的水深，b_{1-2} 为上述两条垂线之间的水平间距，其部分流量为

$$Q_{1-2} = \left(\frac{v_1 + v_2}{2}\right)\left(\frac{h_1 + h_2}{2}\right)b_{1-2} \tag{30.30}$$

岸边至垂线 1 之间和最末垂线 n 至另一岸边之间这两部分流量，可假定岸边的水深和流速为零，仍按式（30.30）计算。但是，如果这两部分流量占总流量的比重较大，则可用国际标准推荐的公式计算岸边平均流速[4]，即

$$v_{\mathrm{b}} = \frac{m v_{\mathrm{a}}}{m+1} \qquad (30.31)$$

式中：v_{b} 为岸边流速；m 为系数，取值范围为 5～7，如果岸边比较粗糙则 m 取为 5，如果岸边比较光滑则 m 取为 7；v_{a} 为离岸边最近一个垂线的平均流速。

我国水文测验手册规定[5]，岸边流速的计算公式为

$$v_{\mathrm{b}} = \alpha v_{\mathrm{a}} \qquad (30.32)$$

式中：α 为岸边流速系数。

α 的取值与岸边情况有关，对于斜坡岸边，水深均匀地变浅至零的岸边部分，$\alpha = 0.67～0.75$，均值取为 0.70；对于陡岸边，不平整陡岸 $\alpha = 0.80$，光滑陡岸 $\alpha = 0.90$；对于死水边，死水与流水交界处，$\alpha = 0.60$。

可见，国际标准给出的系数值适应于陡岸边的情况。

断面总流量为

$$Q = Q_{0\text{-}1} + Q_{1\text{-}2} + Q_{2\text{-}3} + \cdots \qquad (30.33)$$

（3）中间分割法。部分流量的计算公式为

$$Q_i = \frac{1}{2}(b_{1\text{-}2} + b_{2\text{-}3}) v_2 h_2 \qquad (30.34)$$

式中：v_2、h_2 为第 2 条垂线的平均流速和水深；$b_{1\text{-}2}$、$b_{2\text{-}3}$ 为 1 与 2 两条垂线之间和 2 与 3 两条垂线之间的宽度。

此法假定两岸边的流量由式（30.35）计算，即

$$Q_{\mathrm{b}} = \frac{1}{2} v_{\mathrm{b}} h_{\mathrm{b}} b_{0\text{-}1} \qquad (30.35)$$

式中：Q_{b} 为岸边流量；v_{b}、h_{b} 分别为靠近两岸边的垂线平均流速和水深。

总流量仍用式（30.33）计算。

30.2.3　断面测深垂线、测流垂线和测速点的选择

在拟定测流垂线时，首先要选定测流地点。根据河（渠）宽度的大小，测量河（渠）的宽度，沿宽度布置一定数目的测流垂线。

河（渠）道又分为窄深河（渠）道和宽浅河（渠）道。当水面宽度与断面平均水深之比小于 100 时为窄深河（渠）道，大于 100 为宽浅河（渠）道。

测速垂线的数目要满足确定断面形状和面积的需求。一般分为精测法、常测法和简测法。精测法是在断面上设较多的垂线，以研究各级水位下测流断面的水力要素，其测量结果作为该断面的标准数据，为常测法和简测法以及浮标法提供依据。常测法是在保证一定精度的前提下，经过精简分析选用较少的垂线来测量水深和流速。简测法在保证一定精度的情况下，经过精简分析用尽可能少的垂线，以节省工作量。

1. 断面测深垂线的选择

精测法测深垂线总数应不小于表 30.2 所列的数字，并尽可能测出河道断面的转折点。

表 30.2 精测法最少测深垂线数目

水面宽/m	<5	5	50	100	300	1000	>1000
窄深河（渠）	10	12	20	24	30	30	30
宽浅河（渠）			20	30	40	50	>50

测深垂线的选择原则，在河床剖面规则的情况下，间距不大于河（渠）宽度的 1/15，在河床剖面不规则的情况下，间距不大于 1/20。

2. 断面测速垂线的选择

测速垂线的选择有精测法和常测法。精测法和常测法测速垂线的总数应不小于表 30.3 所示的数字。

表 30.3 精测法和常测法最少测速垂线数目

水面宽/m		<5	5	50	100	300	1000	>1000
精测法	窄深河（渠）	5	6	10	12~15	15~20	15~25	>25
	宽浅河（渠）			10	15	20	25	>25
常测法		3~5	5	6~8	7~9	8~13	8~13	>13

对于宽深比特别大或漫滩严重，河床是大卵石、乱石组成或部分流串沟较多的特殊情况，测速垂线数目要适当增加。

3. 垂线测速点的选择

垂线测速点数目的选择，要根据垂线水深来确定，见表 30.4。

表 30.4 精测法垂线测速点分布

水深/m		垂线上测速点数目和位置	
悬杆悬吊	悬索悬吊	畅流期	冰期
>1.0	>3.0	五点法（0.0, 0.2, 0.6, 0.8, 1.0）	六点法（0.0, 0.2, 0.4, 0.6, 0.8, 1.0）
0.4~1.0	1.5~3.0	三点法（0.2, 0.6, 0.8） 二点法（0.2, 0.8）	
0.16~0.4	0.6~1.5	一点法（0.6 或 0.5）	
	<0.6	改用悬杆悬吊或其他测流方法	改用悬杆悬吊
<0.16		改用小浮标或其他测流方法	

不管是用悬杆还是用悬索吊流速仪测速，垂线上测速点的间距都不宜小于流速仪旋桨、旋叶或旋杯的直径。当仪器放到测点时，要使仪器转轴中心或轭架中线对各测点的偏距不大于 0.1 倍的水深。在测河底附近流速时，应使流速仪旋转部分的边缘离开河（渠）底 2~5cm。

30.3 实验设备和仪器

实验设备为自循环模拟河道实验系统，见第 28 章的图 28.6 和图 28.7。

实验仪器为钢卷尺、带尺度的测杆、水平尺、LS45-2 旋杯式流速仪或旋桨式流速仪、手持式电波流速仪。

旋杯式和旋桨式流速仪的工作原理是：当流速仪放入水流中，水流作用于流速仪的感应元件（或称转子）时，由于它的迎水面的各部分受到水压力不同而产生压力差，以致形成一个转动力矩，使转子产生转动，流速仪转子的转速 n 与流速之间存在着一定的函数关系，可表示为

$$v = kn + c \tag{30.36}$$

其中
$$n = N/\Delta t$$

式中：n 为流速仪转子的转速；Δt 为流速仪的测量时间；N 为 Δt 时间内流速仪转子的转数；k 为阻力系数；c 为启动转速。k 和 c 由流速仪制造厂家提供，也可以通过检定槽的实验确定。

利用这一关系，在野外测验中，测得转子的转速 n，就可以计算出所测测点水流的流速。

手持式电波流速仪是一种利用无线电磁波多普勒效应的测量仪器，是浮标法测流的一种变化方式。其基本原理与多普勒雷达相似，即物体辐射的波长因为波源和观测者的相对运动而产生变化。测定流速时，雷达枪先向水流方向发出无线电波，当电波的能量撞击水面时，波的能量的一小部分返回到雷达设置天线。然后，雷达设备根据发射和返回信号频率的不同，测定水流速度。

手持式电波流速仪测量的是水面波浪迎波面或是水面漂浮物的反射波，所测流速称为水面虚流速，其断面虚流量的计算公式为

$$Q_x = v_x A \tag{30.37}$$

式中：Q_x 为虚流量；v_x 为水面虚流速；A 为过水断面面积。

实际过水断面的流量需要用浮标系数加以修正，即

$$Q = K_j Q_x \tag{30.38}$$

式中：K_j 为浮标系数；Q 为过水断面的实际流量。

浮标系数 K_j 应该根据不同流量时流速仪精测法与同时刻浮标法测量结果进行比较得到。在没有标定的测站，根据我国各测站长期积累的测验经验，该值的经验取值范围如下：对于湿润地区的大、中河流取 0.85～0.90，小河取 0.75～0.85；干旱地区的大、中河流可取 0.80～0.85，小河取 0.70～0.80。

30.4　实验方法和步骤

（1）熟悉旋杯式流速仪和手持式电波流速仪结构，根据使用说明书，学会仪器的组装和使用方法。

（2）根据第 28 章的图 28.6 选取测量断面。测量断面的选取原则是在较顺直河段选取。

（3）打开水泵，调节前池水位，使水流通过模拟河道并流入下游渠道返回水库，等待水流稳定。

（4）水流稳定后，用钢尺测量水面宽度，并确定起点距。

（5）根据水面宽度由表 30.2 选取测深垂线，用直尺测量出每条垂线的水深。

（6）根据水面宽度由表 30.3 选取测速垂线，测速垂线最好和测深垂线相同。根据测速垂线的水深由表 30.4 确定每条测速垂线的测速点数目和测点距水面的相对距离。

（7）将旋杯式流速仪套置在测杆上，放在需要测量的垂线上，调整流速仪的旋杯位置使之中心正好处于垂线的测点位置。

（8）根据流速仪的测流要求测出测点的流速。该测点流速测完后，调整测杆高度，使旋杯中心处于垂线上另一测点位置，测出该点的流速。

（9）一条垂线的流速测完后，将流速仪置于另一条测速垂线上，重复第（8）步的实验步骤直至将所有垂线测点流速测出为止。

（10）流速测完后，将流速仪和测杆上的水滴擦干净，晾干后放回仪器箱。

（11）用手持式电波流速仪测量同一断面水面的虚流速。

（12）用电磁流量计或涡轮流量计测流量或用三角量水堰上方的超声波水位计测量量水堰上的水深，计算出通过三角量水堰的流量。

（13）实验结束后将仪器和设备恢复原状。

30.5　数据处理和成果分析

实验设备名称：　　　　　　　　　　　　　　仪器编号：

同组学生姓名：

已知数据：测量断面水面宽度 $b=$ 　　　 cm；流速仪型号：

流速仪流速计算公式：　　　　　　　　　　起点距计算公式：

1. 用旋杯式流速仪测量断面流速和计算流量

测深和测速垂线位置、垂线平均流速测量和流量计算见表 30.5。

表 30.5　　　　　　　　测深和测速垂线位置、垂线平均流速测量和流量计算

垂线编号	起点距/m	水位/m	河底高程/m	水深/m	垂线间距/m	部分面积/m²	垂线平均流速/(m/s)	部分面积平均流速/(m/s)	部分流量/(m³/s)
左水边									
1									
2									
3									
4									
5									
右水边									
测量结果统计									
水面宽度/m	断面面积/m²	断面平均流速/(m/s)	断面最大流速/(m/s)	断面总流量/(cm³/s)	断面开始水位/m	测流结束水位/m	断面平均水位/m	断面平均水深/m	断面最大水深/m

学生签名：　　　　　　　教师签名：　　　　　　　实验日期：

2. 用手持电波流速仪测量同一断面的水面虚流速

3. 成果分析

(1) 根据垂线点流速的数量，可以选用式（30.23）～式（30.28）中的相关公式计算垂线平均流速。

(2) 在用平均分割法计算部分流量时，岸边流速用式（30.32）计算。

(3) 在用中间分割法计算部分流量时，两岸边的流量用式（30.35）计算。

(4) 在用旋杯式流速仪测量流速时，部分流量的计算公式可以用式（30.30）和式（30.34）中的任意一个公式计算，总流量用式（30.33）计算。

(5) 用手持式电波流速仪测量水面虚流速，其断面总流量用式（30.38）计算。

(6) 计算水流通过三角量水堰的流量，计算公式为

$$Q = 1.343H^{2.47} \tag{30.39}$$

式中：H 为量水堰上的水深，m，由超声波水位计测量。

(7) 将用流速仪测量的流量与用三角量水堰或电磁流量计或涡轮流量计测得的流量进行比较，分析测量误差。

(8) 根据实测流量与手持式电波流速仪测定结果，计算利用手持式电波流速仪测量流量的浮标系数。

30.6　实验中应注意的事项

(1) 在组装旋杯式流速仪时，一定要按照说明书组装，电源线和信号线不可接反。

(2) 使用旋杯式流速仪，插拔信号插头应在断电后进行。

(3) 测流速时，测量人员要分工协作，按照说明书要求正确操作流速仪，否则测量的流速可能不正确。

(4) 实验过程中必须做好记录。

思 考 题

1. 简要说明河道中流速沿垂线和横断面的分布规律。

2. 流量测验的方法有几类，各有什么优缺点？

3. 垂线数目和测流精度有什么关系？

4. 旋杯式流速仪与手持电波流速仪测流的不同点有哪些？

5. 用流速仪法测量的过水断面流量与用量水堰测量的流量值可能不一样，试分析误差的主要来源。

参 考 文 献

［1］　罗国平，陈松生，张建新．水文测验［M］．北京：中国水利水电出版社，2017.

［2］　张志昌，肖宏武，毛兆民．明渠测流的理论和方法［M］．西安：陕西人民出版社，2004.

［3］　向治安．水文测验［M］．北京：水利电力出版社，1983.

［4］　ISO 标准手册 16．明渠水流测量［M］．北京：中国标准出版社，1986.

［5］　水利电力部水利司．水文测验手册（第一册）［M］．北京：水利电力出版社，1975.